Cahiers de Logique et d'Épistémologie
Volume 9

Logique Dynamique de la Fiction

Pour une approche dialogique

Cahiers de Logique et d'Épistémologie Series Editors
Dov Gabbay   dov.gabbay@kcl.ac.uk
Shahid Rahman   shahid.rahman@univ-lille3.fr

Assistance Technique
Juan Redmond   juanredmond@yahoo.fr

Logique Dynamique de la Fiction

Pour une approche dialogique

Juan Redmond

Préface de
John Woods

ISBN 978-1-84890-031-8

College Publications
Scientific Director: Dov Gabbay
Managing Director: Jane Spurr
Department of Computer Science
King's College London, Strand, London WC2R 2LS, UK

http://www.collegepublications.co.uk

Original cover design by orchid creative   www.orchidcreative.co.uk
Printed by Lightning Source, Milton Keynes, UK

A Delia, María Inés et Aldo

Logique dynamique
de la fiction
Pour une approche dialogique

Table de Matieres

Préface

Fiction is a standing interest of aestheticians and literary scholars. It has attracted the focused attention of logicians and formal semanticists only since the early 1970s. The word "focused" is a necessary qualification. Philosophers of language have long shown a readiness to accommodate fictional discourse in their own wholly general accounts of language. Dealt with this way, the treatment of fiction is a byproduct of the more general account. Such was the approach of Frege and Russell, and of the many others who followed in their train. In the 1970s, a small number of theorists proposed that a satisfactory semantics of fiction could not be obtained in theories in which fiction is an after-thought. Accordingly, the byproduct assumption was abandoned and replaced by the idea that the semantics of fiction would have to be a purpose-built response arising from a stand-alone research programme in the study of literary texts.

In a rough and ready way, the claim that the logic of fiction is a stand-alone research enterprise is equivalent to the claim that no single antecedently existing theory would suffice for the semantical analysis of fiction. This does not mean – nor is it true – that a stand-alone account of fiction could not be an aggregation of parts of different theories. But it does mean that overall the results of these theoretical borrowings would be an account of fiction of a genuinely novel character, whose novelty would match fiction's own semantic peculiarities.

Leading examples of existing theories from which stand-alone analysists of fiction would make their borrowing and fashion their adaptations are – in no particular order – existence-neutral quantification theory, free logics, meinongean logics, modal logic, many-valued logic and paraconsistent logics. In one good meaning of the term, the logics of fiction that emerged from the integration of prior ideas are *synthetic* theories. They owe their originality – their stand-aloneness – not to the novelty of their parts but rather to the originality of their combination. It wouldn't be wrong to say that a theory of fiction fashioned in this way entailed a novel *recycling* of parts of already existing theories, where, in their original forms, these theories were not in any focused way theories of the fictional. Accordingly, a logic of fiction would be an original synthesis of fiction-neutral theoretical parts.

A brief remark on adaptability

It would be difficult to overestimate the importance to synthetic theories of the *adaptability* of their constituent parts. It is hardly ever the case that borrowed elements operate in a borrowing theory just as they are in their original states. A simple example makes the point. A good many proponents of purpose-built theories of fiction take note of the fact that expressions such as "In *The Hound of the Baskervilles …*" function as *sentence-operators*. That is, whenever the dots are replaced by a sentence, the result is itself a sentence. Arguably, aside from the negation sign, the sentence-operator prefixes most closely studied by logicians are sentence-operators that are also *modal* operators – expressions such as "Necessarily …" and "Possibly …". This gives rise to an obvious procedural question: Shall we construe *fictive* sentence-operators as modal expressions? An answer to this question (on which the jury is still out) matters greatly for the semantic character of the ensuing theory. A further example – concerning which the jury is not out – is the embedment of modal operators in dialogue logic in the manner of Rahman and Rückert. This requires adjustments of modal syntax to the nature of *moves* in a dialogue game, with concomitant and significant consequences for the logic's semantics.

Perhaps the question of greatest importance for the synthetic approach is:

Have the theory's parts been judiciously selected? Are they rich enough, varied enough, and adaptable enough to give the purpose of a stand-alone synthesis a reasonable chance of being realized?

The Redmond logic

Although not expressly formulated in these terms, M. Redmond's thesis is predicated on the assumption – indeed the reasoned conviction – that when one considers the leading examples of stand-alone theories of the fictional fashioned by logicians in the period from 1970 onwards, the answer to this fundamental question is No. It is No in the sense that the mainstream logics of fiction – cobbled together with borrowings from existence-neutral and free logics, modal logics, meinongean logics, and so on – have not been rich enough or varied enough or adaptable enough to hit the desired targets. M. Redmond develops his own account in the context of particular proposals for enriching the theoretical mix. Collectively, these proposals characterize a theoretical approach developed in Lille by Shahid Rahman and his able team of co-researchers. For ease of reference I will refer to this orientation and the people who advance it "the Lille School".

A prominent feature of the Lille School's treatment of fiction is the role it assigns to *dialogical* considerations, in a sense of dialogic arising in the 1950s from the Erlangen School, in work by Lorenzen and Lorenz – although in this case bearing the marks of fruitful adaptation in Lille. Lille is an important centre for dialogue logic, and M. Redmond has given it a central place in his account of fiction. To the best of my knowledge, the closest that a mainstream theory of fiction has come to providing a place for dialogic is the so-called *speech-act* approach, typified by an early paper of John Searle. But there is nothing in those treatments that captures the idea that in both the organization of literary texts and in their engagement by readers there are factors of irreducibly dialogical import, whose failure to recognize will significantly crimp a theory's chance of success.

A further appropriation, of particular relevance to the first one, is *dynamic logic*, dating from some preliminary insights of Prior, also in the 1950s, in which the modal operator □ is read as "after any change". Changes are changes of *states* and are effected by *processes*. In as much as dialogues are structurally processive and staged entities, a dynamic logic is a wholly natural constituent of a dialogical approach to fiction.

A third component of M. Redmond's logic is one that takes into account the role of names and quantifiers peculiar as they function in fictional contexts. To this end, he adds a *free logic* to his account.

Generically speaking, a free logic is one in which names are free of the requirement that their bearers be real objects, yet in which quantifiers retain existential import. To accommodate the idea that in some nontrivial sense sentences of a story are true – for example, it is true that Holmes lived in London; it is not true that he lived in Palo Alto – it becomes necessary to place restrictions on the Existential Generalization Rule.

Those, then, are the main logical components of M. Redmond's account of fiction. In his own words, "l'enjeu est de developer une logique *libre dynamic* dans le cadre conceptuel *dialogique*" (emphases added), which is an extension to fictional contexts of work, some joint and some solo, by Rahman and Kieff.

A natural question for a theory of fiction is: Given that Sherlock Holmes is an object of *fiction*, is there any *object* who Holmes is? In some treatments, the answer to this question is a pre-emptive No, and is so at considerable cost to our pre-theoretical intuitions, one of which is perfectly captured by the sentence "Il y a des chose qui n'existent pas". M. Redmond's own answer is the more intuitively generous one. His is an account designed to be open to the possibility that there is an intellectually honest sense of object according to which that is precisely what Holmes is; that is a *bona fide* object, albeit of a particular kind.

This, in turn, triggers another good question: Where will the fictional-object theorist get his account of objects? Will he build it *de novo,* or will he effect the adaptation of something already developed? In selecting the latter course, M. Redmond adds another component to his synthetic mix – in this instance, the adaptation of a *metaphysics* of objects, two of the leading examples of which are a form of Meinongeanism and an artefactual theory in the manner of Thomasson.

We have it, then, (schematically) that the Redmond logic of fiction is the synthetic integration of a dynamic free dialogue logic augmented by a theory of objects.

Assessment

Logique Dynamique de la Fiction is a masterly piece of work and a substantial contribution to a disciplined understanding of human thought and discourse about the unreal. It is, in that very respect, a logic working at the very heart of *les sciences humaines*. M. Redmond's command of the literature – actually of the several literatures associated with each of the constituent parts of his synthesis – is not only substantial and comprehensive; it is also rather breath-taking. Equally impressive is the technical assurance displayed by the formal development of the constituent logics, and the virtuosity with which they are adapted to the purposes of his project. Expositions are clear, well-informed and accurate. Arguments are carefully made and even when, in rare cases, not wholly convincing, never dismissible without effort. The ensuing synthesis has an intellectual spaciousness and conceptual grandeur rarely seen in doctoral theses on my side of the Atlantic.

I myself do not agree with everything advanced in this impressive work. I am not convinced that, even after skillful adaptation, free logic is the right logic for fictional names and quantifiers. Nor do I think that it is necessary for a fictional theory's semantic adequacy to preserve the intuition that the objects of fiction are objects. Even so, I know of no other place in which these (by my lights) questionable views are more forcefully and attractively advanced than in *Logique Dynamique de la Fiction*. M. Redmond has set the bar high for those disposed to disagree with him on these matters.

On the other hand, I find myself rather captivated by the insight that the practices of fiction – its writing and its reading – possess an inherently dialogical structure, and with it, the idea that to get the semantics of fiction right it will be necessary to dynamize the underlying logic.

An especially agreeable discovery for the reader of this thesis is the vitality of the Redmond logic in illuminating what normally would be thought of as purely literary features of stories by writers such as Borges and Ménard. The usual reaction by literary scholars to the logic of fiction is a stony indifference. What the Redmond project helps us see is that if we build the logic of fiction in the requisite way, we will furnish ourselves with the means – both technical and conceptual – to advance the study of fiction well beyond the precincts of reference theory, truth theory and inference theory. I find this a delightful development, lending desired emphasis to the proposition that when directed to activities performed by actual human agents, a well-made logic is a humanities discipline at least as much as it is a mathematical one.

Logique Dynamique de la Fiction is a substantial success. I should like to convey to M. Redmond my warmest commendation.

Prof. John Woods, FRSC
Director of The Abductive Systems Group
UBC Honorary Professor of Logic,
University of British Columbia
Charles S. Peirce Professor of Logic
Group on Logic, Information and Computation
King's College London

Introduction[1]

> Sylph, n. An immaterial but visible being that inhabited the air when the air was an element an before it was fatally polluted with factory smoke, sewer gas and similar products of civilization. Sylphs were allied to gnomes, nymphs and salamanders, which dwelt, respectively, in earth, water and fire, all now insalubrious. Sylphs, like fowls of the air, were male and female, to no purpose, apparently, for it they had progeny they must have nested in accessible places, none of the chicks having ever been seen.
>
> (Ambrose Bierce. *The devil's dictionary*)

Est-ce qu'il y a des fictions ? Lorsqu'on réalise que la plupart des êtres humains ont partagé leur vie avec des personnages comme le Père Noël, un être humain né d'une femme vierge, un être humain né de plusieurs femmes (vierges ou non), des dragons, etc., la question paraît absurde. On répondrait, en effet, qu'il y a en fait tellement de fictions qu'on en connaît plus que d'êtres humains. Cependant, avec la même conviction, on leur attribue ce qui est considéré en général comme leur caractéristique la plus importante: leur non-existence. Ainsi, on a passé du temps, depuis l'enfance, avec des choses qui n'existent pas. Intuitivement la notion d'existence relève ici de l'espace et du temps. Ce qui fait du dragon de *La chanson des Nibelungen* une fiction – à la différence du chat qui miaule à mes côtés en ce moment – c'est que le dragon n'habite pas l'univers spatio-temporel. On dit aux enfants pour les rassurer : les dragons n'existent pas.

---

[1] Je tiens à exprimer mes sincères remerciements et témoigner de ma grande reconnaissance à tous ceux qui ont contribué de près ou de loin à la réalisation de cet ouvrage, spécialement à Françoise Petitpas pour ses corrections en langue française.

Par ailleurs, les êtres humains partagent leur vie avec des choses qualifiées d'existantes mais dont ils savent que jamais ils ne les rencontreront dans l'espace et le temps. En fait, l'espace et le temps sont tellement restreints pour les humains que, si on tient compte de cette limitation, certaines connaissances usuelles nous seraient impossibles. Par exemple, un enfant qui apprend l'Histoire de France maîtrise certains détails de la vie d'hommes et de femmes, certains événements concernant ces êtres humains, qui se situent en dehors de la portion d'espace-temps que lui-même occupe. De même il apprendra certains rituels quotidiens relatifs à des êtres vivants qui – sauf dans des occasions exceptionnelles – il ne *verra* jamais. Par exemple, on apprend aux enfants à se laver les mains à différentes occasions à cause des bactéries. Par conséquent, il n'est pas absurde, à notre avis, que de manière similaire on s'engage dans des pratiques concernant des hommes et des femmes qu'on ne retrouvera jamais dans la vie quotidienne, tels que Don Quichotte ou Madame Bovary. Il s'agit, en effet, de personnages de fiction ou de la mythologie qui nous font rêver, éprouver de la joie, de la tristesse ou de la rage, bien qu'ils n'existent pas.

Bien que, à plusieurs reprises, des exemples de la mythologie et de la fiction ont été une source significative d'énigmes et de contrexemples qui ont guidé le développement de différentes théories, la fiction a toujours été considérée comme un sujet secondaire dans la philosophie. En effet, ceux qui se sont occupés de la fiction, comme ceux qui continuent à le faire de nos jours, partagent une présupposition plus ou moins généralisée ayant trait à la nature des fictions : les objets fictionnels (si jamais on peut les appeler 'objets'), sont des choses étranges, inhabituelles, très différentes des choses ordinaires autour de nous, dans notre maison ou dans notre ville.

En général, les inquiétudes philosophiques concernant les fictions sont de deux sortes : *sémantiques* et *ontologiques*. D'un point de vue sémantique il a d'abord été mis en doute si on a besoin du recours aux entités fictionnelles pour donner une signification à une partie du langage naturel. Et même si un tel recours était reconnu comme obligatoire, il serait nécessaire d'expliquer comment certains composants des phrases peuvent référer à ces entités si difficiles à repérer que sont les fictions. Autrement dit, pour reprendre la question du début : comment est-il possible qu'il y ait des choses qui n'existent pas ? Le problématique de cette interrogation concerne directement la notion d'objet non-existant, notamment pour ceux qui s'inscrivent dans la perspective de Hume :

« L'idée d'existence est donc exactement la même chose que l'idée de ce que nous concevons comme existant. Réfléchir simplement à quelque chose ou y réfléchir comme existant, ce ne sont pas deux choses différentes l'une de l'autre. Cette idée, quand elle est jointe à l'idée d'un objet, ne lui ajoute rien. Tout ce que nous concevons, nous le concevons comme existant. Toute idée qu'il nous plaît de former est l'idée d'un être, et l'idée d'un être est toute idée qu'il nous plaît de former. »[2]

En effet, pour Hume penser à un objet c'est nécessairement penser à un objet existant. Autrement dit, penser à un objet et penser à un objet comme existant est équivalent. Donc, le concept d'un objet inclurait le concept d'existence et ainsi le concept d'un objet non-existant serait une contradiction. Les idées de Hume sont présentes dans l'œuvre d'Emmanuel Kant[3], mais ce dernier, contrairement à Hume, refuse que l'existence soit un prédicat réel des objets. L'intérêt de Kant était de démolir l'argument ontologique qui prétendait que dans le concept de Dieu – en tant qu'être possédant toutes les perfections – l'existence ne pouvait pas être absente de sorte que penser à Dieu c'est penser à Dieu existant. La contestation kantienne est parfois considérée comme une anticipation de la sémantique élaborée par Gottlob Frege où l'existence n'est pas un prédicat qui s'applique à des objets sinon à d'autres prédicats. En suivant les idées de Frege, et indirectement les idées de Kant, si l'existence n'est pas un prédicat, la « non-existence », en tant qu'attribut de ce qui n'a pas d'existence, ne l'est pas non plus. Ainsi, dire d'un objet qu'il est non existant, après Frege, c'est une sorte de non-sens rendu possible par le fait de ne pas respecter les règles syntaxiques de la logique. Dire qu'*il y a* un objet est équivalent à dire qu'*il existe* un objet. « Il y a » et « il existe » sont équivalents, ayant pour contrepartie formelle le quantificateur existentiel « ∃ ». En conséquence, ce dernier est interprété comme une forme d'« engagement ontologique ».

---

[2] Hume, 2000, Livre I, Partie II, Section VI, trad. Philippe Folliot.
[3] Kant, 1781/1789. B626, 627/A598, 599.

En revanche, lorsqu'on voudrait considérer les fictions comme des objets non-existants, il semble que la première chose à faire est de s'éloigner de la tradition Hume-Kant-Frege et de considérer l'existence comme une sorte de prédicat applicable à *certains* individus. D'abord, du point de vue de la langue naturelle, on doit tenir compte du fait que des expressions comme « il y a des objets non-existants » peuvent être différenciées des expressions comme « il existe des objets non-existants ». C'est le point de vue de certains philosophes comme Meinong et Zalta qui soutiennent la différence irréductible entre les expressions « il y a » et « il existe ». Pour eux, un énoncé comme « il y a un x tel que... » s'exprime $\exists x(...x...)$, et « il existe un x tel que... » s'exprime $\exists x(E!x \land ...x...)$, où « E! » correspond au prédicat « il existe ». Ici le quantificateur « $\exists$ » n'a aucun engagement ontologique.

D'autres philosophes, comme Graham Priest, affirment qu'il n'y a aucune différence entre les expressions « il y a des objets » et « il existe des objets » (*there is* et *there exists*), toutes les deux – à son avis – engagées ontologiquement. En effet, à l'aide d'un quantificateur ontologiquement neutre ($\mathfrak{I}$) et du prédicat d'existence E, Priest formule l'énoncé « Il existe/Il y a quelque chose de rouge » de la manière suivante : $\mathfrak{I}x(Ex\&Rx)$[4]. Dans ce sens, l'expression $\mathfrak{I}xCx$ se lit : « Quelque chose est rouge » sans s'engager dans l'existence d'aucune chose. De même pour « Quelque chose n'existe pas » qui se correspond avec $\mathfrak{I}x(\neg Ex)$.

Ainsi, dans ces perspectives, quel que soit le type de quantificateur qu'on utilise, c'est le prédicat d'existence qui permet d'établir la distinction entre certaines choses qui apparaissent dans les récits de fiction (des choses qui n'existent pas) et les objets réels (localisés dans l'espace et le temps). On va s'occuper, dans le présent travail, des perspectives qui se servent d'un prédicat d'existence et par la suite on proposera un dispositif permettant de rendre explicite la distinction entre objet réel et objet fictif, sans pour autant faire usage d'un prédicat d'existence de premier ordre.

---

[4] Priest, 2005, p.14.

Quant à la question *ontologique*, il y a un grand désaccord entre les philosophes concernant la nature des objets non-existants. S'ils ne se trouvent parmi nous comme des objets concrets, quelle sorte de choses sont-ils ? Différentes réponses ont été données à cette question et chacune correspond à une prise de position spécifique : des entités abstraites, des entités possibles, des non-existants du type meinongien, etc. Quoi qu'il en soit, l'enquête devrait conduire à déterminer si une telle sorte d'entités occupe une place parmi les entités concrètes. Autrement dit, en admettant qu'il y ait de telles entités, la question est : quelles relations entretiennent-elles avec les entités concrètes ?

Un des premiers travaux de recherche philosophique à l'égard des objets non-existants se trouve dans l'article « Théorie des objets » d'Alexius Meinong. En effet, dans son travail Meinong propose un « principe d'intentionnalité », qui affirme que tout acte mental (penser, chercher, imaginer, craindre, etc.) est caractérisé comme acte de « visée intentionnelle » vers un objet. Par exemple « chercher » est toujours chercher quelque chose. Mais la recherche de quelque chose (de même pour « imaginer », « penser », etc.) n'exige pas que l'objet recherché (la cible de l'acte) soit existant. Les aventures de Lope de Aguirre – un conquérant espagnol du XVI siècle – qui cherchait El Dorado, une ville non existante d'Amérique du Sud supposée regorgeant d'or, constituent un cas célèbre d'acte ne visant pas un existant. Les actes mentaux peuvent être dirigés vers des choses non-existantes, ce qui semble remettre en cause le principe d'intentionnalité. S'ils sont des actes qui visent toujours des objets, vers quel objet (non-existant) Aguirre dirigeait-il ses recherches ? Pour ne pas renoncer à ce principe, certains philosophes comme Brentano[5] soutiennent que l'intentionnalité n'est pas une relation du tout et, par conséquent, ne requiert pas l'existence d'un objet. Meinong propose, quant à lui, de considérer que si l'objet visé par les actes mentaux n'est pas un objet existant, il sera un objet non-existant. On abordera les enjeux de l'intentionnalité et des objets non-existants dans la première section de notre travail.

---

[5] Brentano, 1874.

Néanmoins, avoir donné une solution ontologique à la situation des entités fictionnelles, ne signifie pas en avoir résolu de manière satisfaisante les enjeux sémantiques, surtout référentiels. En effet, la présence des termes singuliers (noms d'objets et de personnages non-existants), continue à être problématique pour l'analyse sémantique du langage. Un de ces problèmes est de déterminer la sémantique des énoncés existentiels négatifs, par exemple, lorsqu'on affirme « El Dorado n'existe pas ». En effet, il paraît impossible de nier l'existence d'un individu sans tomber dans une contradiction. Les raisons peuvent être schématisées comme suit : (i) seuls les énoncés avec une signification peuvent être vrais ; (ii) la signification d'un énoncé est une fonction des significations des termes qui le constituent ; (iii) si un terme singulier k a une signification, alors il dénote quelque chose ; donc, (iv) si k dénote quelque chose, l'énoncé « k n'existe pas » sera toujours faux. Mais, pour un énoncé comme « El Dorado n'existe pas », l'analyse se complique. En effet, si l'énoncé est vrai (ce qui paraît le point de vue le plus raisonnable), l'énoncé et ses composants devront avoir une signification. Par la suite le terme singulier El Dorado dénote quelque chose (en vertu de iii), et l'énoncé « El Dorado n'existe pas » sera faux. Donc, la supposition que « El Dorado n'existe pas » est vrai implique que « El Dorado n'existe pas » est faux. En résumé : soit le terme El Dorado dénote quelque chose et l'énoncé « El Dorado n'existe pas » est faux ; soit le terme El Dorado ne dénote rien et l'énoncé « El Dorado n'existe pas » n'a pas de signification (il n'est ni vrai ni faux).

Une des solutions possibles au problème des énoncés négatifs d'existence procède d'un article célèbre, « On Denoting » de Bertrand Russell, qu'on considère souvent comme l'acte de naissance de la philosophie analytique. Une nouvelle école fondée, comme on l'a remarqué ailleurs[6], en rapport à la question des non existants. En se servant de nouveaux outils logiques (notamment des quantificateurs de Frege) la solution consiste à paraphraser les énoncés du type « El Dorado n'existe pas » de façon à les transformer en des expressions quantifiées où les termes singuliers disparaissent. La procédure se développe en deux pas : (1) on fait correspondre à chaque terme singulier une description définie : le terme

---

[6] Rahman, 2010.

singulier El Dorado devra être analysé comme « la ville sud-américaine regorgeant d'or ». Ainsi, l'énoncé « El Dorado n'existe pas » est équivalent à « la ville sud-américaine regorgeant d'or n'existe pas » ; (2) en accord avec la théorie des descriptions définies de Russell, l'énoncé « la ville sud-américaine regorgeant d'or n'existe pas » sera paraphrasé comme « il existe exactement un individu x, tel que x est une ville d'Amérique du Sud et x regorge d'or ». Cette paraphrase se traduit par une formulation quantifiée dans laquelle les termes singuliers ont été remplacés par des prédicats. De telles formulations commencent toujours par un quantificateur existentiel chargé ontologiquement, et seront donc toujours fausses. La théorie des descriptions prétend ainsi résoudre le problème des existentiels négatifs. En effet, à l'aide de la paraphrase qui remplace des noms comme El Dorado par descriptions définies, les énoncés existentiels négatifs à propos d'objets non-existants (notamment les fictions) seront toujours vrais.

Néanmoins, la solution proposée par la théorie des descriptions est assez décevante par ses conséquences. La plus importante est le fait que tous les énoncés à propos des non-existants seront faux, à exception de l'affirmation de leur non existence. Ainsi, bien qu'il soit vrai que « la ville sud-américaine regorgeant d'or n'existe pas », non seulement sera faux que « la ville sud-américaine regorgeant d'or est une ville » mais encore faux que « la ville sud-américaine regorgeant d'or se trouve en Amérique du Sud ».

La justification de cette façon d'aborder le sujet est très ciblée: en science, il est peut-être intéressant de ne parler que des choses réelles. Veut-on raisonner à l'aide d'une expérience mentale dans laquelle les propositions contrefactuelles sont autre chose que des assertions existentielles fausses? Dans ce cas on devrait considérer que les objets de l'expérience mentale sont des éléments du domaine, et leur appliquer la logique classique de premier ordre. Autrement dit, on devrait raisonner comme si le monde décrit par l'expérience était réel, et pour ce faire, il n'y a pas besoin d'autre chose que d'une logique classique. Bien entendu, ce qu'on ne peut jamais faire, c'est raisonner entre les deux domaines (celui des existants et celui des non existants). Dans cette tradition, il y a une autre possibilité qu'on pourrait appeler « le stratagème de Hilbert » et qui consiste à considérer la totalité des objets du domaine comme des signes et à traiter ces signes avec des opérations. C'est-à-dire, raisonner de manière syntaxique et traiter les objets du domaine comme s'ils avaient tous le même statut ontologique.

En plus de cette conséquence indésirable, à savoir que la seule vérité à propos des fictions est qu'elles n'existent pas, il y a une autre difficulté à propos des termes singuliers (les noms propres). En effet, il semble ne pas y avoir de liaison stricte entre les noms propres et les descriptions définies correspondantes. Parfois on utilise des noms sans penser ou sans les rattacher à aucune description définie. Surtout dans les cas où on ne dispose d'aucune description. Plusieurs fois, pour signaler certains personnages historiques, on connait seulement le nom car on ne dispose d'aucune autre information. D'autres fois la description change sans que le nom cesse de signaler le même individu. Par exemple, Aristote restera toujours Aristote quand bien même on découvrirait qu'il n'est pas né à Stagire. Enfin, qu'il faille trouver une paraphrase pour chaque nom propre rend certainement plus difficile l'application de la paraphrase par descriptions.

Il faut tenir compte du fait qu'il y a, dans le discours scientifique aussi, des expressions dépourvues de référence. Par exemple : « le plus grand nombre naturel ». Il s'agit d'un vide de signification auquel Frege prétend remédier en stipulant, pour ce type d'expressions vides, le nombre 0 comme référence. De cette manière on découvre les limites de la perspective de Frege à l'égard des récits fictionnels. En effet, certains énoncés, bien qu'ils figurent dans une histoire de fiction, possèdent une référence. C'est le cas, entre autres, de la fiction historique où on trouve des énoncés comme « Napoléon est un général français » dans lequel tous les termes référent. Cependant Frege aurait refusé d'attribuer une valeur de vérité à cet énoncé, mais pas à cause de termes qui ne référent pas (voir à ce sujet le chapitre IV, partie 2).

Dans la perspective qui s'amorce avec Frege, la notion de référence 'sous-détermine' en quelque sorte les développements philosophiques à l'égard de la logique. En effet, comme l'indique John Woods[7], la notion de référence n'est pas un objectif primaire dans les approches standards de la logique mathématique – au sein de laquelle la référence des noms est

---

[7] Woods, 2007, pp.1062-63.

représentée par la notion primitive d'objet-désignation. Elle possède plutôt une nécessité instrumentale :

« As we have said, by the lights of his own philosophical logic, the treatement of reference in Frege's mathematical logic is deficient. But it is adequate, he thought, for the attainment of the mathematical logic's primary target's. [...] This is very much not the case with fiction. Reference and truth are of central importance, both conceptually and formally. In the logic of fiction, reference and truth are not instrumental necessities. They are theoretically primary. »[8]

A propos d'une notion aussi centrale que celle de référence, restant toujours sujet de la recherche des logiciens, il faudra donc se demander maintenant dans quelle mesure la question de la fiction est une question logique. Ce n'est qu'à la condition d'éclairer ce point qu'on peut espérer élaborer une logique de la fiction. Woods identifie trois niveaux auxquels s'insère la fiction dans l'analyse logique[9] : un niveau *mathématique* où les fictions sont contrôlées par une extension d'une logique préexistante, sans s'intéresser particulièrement au *concept* de fiction ; un niveau *conceptuel* ou philosophique, où la logique de la fiction est comprise comme l'analyse du concept de fiction tenant compte de la philosophie du langage et de la notion de contexte – ce qui donne à ce niveau une dimension pragmatique ; finalement un troisième niveau mixte, où la logique de fiction est une structure mathématique dont l'objectif primaire comprend toutes les caractéristiques d'un traitement conceptuel adéquat du fictif, aussi bien que les objectifs traditionnels de conséquence logique et de vérité logique.

Ces trois niveaux permettront d'identifier, selon Woods, les objectifs du logicien au moment de définir les enjeux propres à une logique de la fiction. Ces objectifs correspondraient – selon Woods – aux propriétés visées (*target properties*) qu'il est raisonnable de supposer qu'une telle logique voudrait chercher à élucider. Etant donné que les notions de « référence », de « vérité

---

[8] *Ibid.*, p.1067 (dorénavant on fait les citations dans la langue originale lors de l'absence de traduction en français)
[9] *Ibid.*, p.1065.

logique » et de « relation de conséquence logique » appartiennent au répertoire conceptuel de toute logique, ils appartiendront aussi à celui d'une logique de la fiction. Le présent travail suit donc, de manière générale le chemin tracé par Woods.

Ainsi par exemple, un logicien intéressé par une logique permettant l'usage de termes dépourvus de référence est par là même en contact avec les problématiques de la fiction. En effet, selon une des conceptions principales de la notion, un terme fictif est un terme sans référence. Mais la caractéristique la plus importante – selon Woods – qui fait du discours fictionnel un sujet d'intérêt pour le logicien, c'est celle à laquelle Nicholas Rescher pointe lorsqu'il désigne un discours fictionnel comme un « groupe aporétique » (*aporetic cluster*). Un groupe aporétique est un ensemble d'énoncés tels que chacun, pris séparément, est plausible au regard des connaissances d'arrière-plan, bien que pris ensemble, ils soient mutuellement incompatibles. Cette dissonance entre les deux caractéristiques imprègne le discours d'une nuance paradoxale qui bloque toute entreprise cognitive à l'égard du discours fictionnel. Et les paradoxes, comme le signale Woods, ont toujours été l'objet d'une attention particulière de la part des logiciens.

Woods estime qu'une approche logique de la fiction est en accord avec les plus fondamentales de nos intuitions à propos des fictions littéraires. En particulier, Woods remarque que : (i) la référence aux fictions est possible bien qu'elles n'existent pas ; (ii) quelques énoncés à propos des fictions sont vrais ; (iii) quelques conclusions tirées à partir de énoncés qui concernent fictions sont correctes (et d'autres non) ; (iv) il y a un rapport direct entre les trois premières intuitions et l'autorité de l'auteur et (v) par le biais d'énoncés fictionnels, il est possible de se référer à des choses réelles.

Parmi les intuitions concernant la fiction pointées par Woods, ce sont celles portant sur la notion de référence qu'on étudiera plus spécialement ici. Cette notion sera associée à celle d'identité de personnages et objets fictionnels, dans la recherche d'une logique de la fiction qui se propose de partir de la considération des pratiques littéraires élémentaires.

Les idées de Woods à propos de ce sujet sont développées dans un des premiers travaux de recherche consacrés à l'analyse logique des fictions.

John Woods et la logique de la fiction.

Comme nous l'avons remarqué plus haut, une théorie sémantique de la fiction était très loin des principales préoccupations de la tradition qui commence avec Frege. On remarquera, à cet égard, que les approches postérieures ont suivi ses recherches concernant les problèmes de la référence, des descriptions et des questions d'existence, mais pas spécifiquement les questions soulevées par la fiction. En effet, après les contributions de Strawson[10], qui a mené une discussion avec Russell à propos des présuppositions existentielles, et jusqu'à l'année 1974, les publications et recherches se sont dirigées vers les enjeux de la référence, la logique de l'existence et aussi les questions de l'engagement ontologique dans les langages formels, mais rien qui puisse s'appeler une théorie des fictions. Les contributions de Meinong à ce sujet furent sans doute déterminantes, mais pas même lui ne peut être crédité d'une véritable théorie des fictions.

C'est avec *The Logic of Fiction* de John Woods, publié en 1974 qu'on trouve un exposé systématique d'une théorie qui reconnaît l'ensemble de problèmes qui accompagnent le propos de Frege et les théories de Russell vis-à-vis des fictions, et que depuis lors on essaie d'éviter. On reconnait dans le travail de Woods une forte influence des intuitions philosophiques de Meinong, mais on ne peut pas dire que la perspective de Woods se réduise à celle du philosophe autrichien. En effet, à différents égards, l'approche de Woods ne suit pas celle de Meinong. Par exemple, en ce qui concerne la notion d'objet, la perspective de Meinong est plus large : les fictions sont un cas particulier dans une théorie qui comprend tous les objets, et dans laquelle à chaque description correspond un objet décrit. En revanche, le propos de Woods se limite proprement aux fictions en proposant à leur égard la distinction entre objets fictionnels et *nonesuches* (littéralement « nontels », le terme est difficile à traduire en français). Si, pour Meinong, à

---

[10] Strawson, 1950.

chaque combinaison de propriétés correspond un objet, pour Woods en revanche il y a certaines descriptions que ne réfèrent à rien : les objets auxquels elles semblent se référer sont des *nonesuches*.

A bien des égards, Woods a été le premier philosophe à prendre en compte le fait qu'une fiction peut être impossible. En effet, si les objets fictifs sont admis, il faut alors admettre que ces objets détiennent des propriétés incohérentes ou contradictoires. Dans ce sens, concevoir une théorie adéquate de la fiction exigerait une révision des règles fondamentales de la logique, afin d'éviter la conclusion que tout ouvrage de fiction qui admet de tels objets a un contenu trivial. La trivialité est conséquence du principe *ex contradictione quodlibet* : $[\varphi \wedge \neg\varphi \vdash \omega]$, en vertu duquel tout énoncé ω est une conséquence logique des énoncés composant un récit fictionnel qui admet des contradictions $(\varphi \wedge \neg\varphi)$. Normalement une telle logique devrait renoncer aux principes qui mènent à la trivialité, à la manière des logiques paraconsistantes. Cependant, de telles logiques supposent une énorme machinerie technique, à laquelle Woods préfère une restriction du principe $[\varphi \wedge \neg\varphi \vdash \omega]$[11].

Mais s'il est vrai que dans la fiction tout est permis, il semble alors que l'idée de concevoir une logique de la fiction soit vouée à l'échec. En effet, lorsque la vérité d'un énoncé dépend de l'auteur, si ce dernier affirme que « le cercle est carré », alors il est vrai que le cercle est carré, quoi qu'en dise la logique classique. Une logique de la fiction a donc besoin d'une flexibilité suffisante pour se confronter à ce problème. Plus particulièrement une logique de la fiction ne doit pas être limitée seulement aux objets possibles et c'est dans ce sens que le propos de Woods n'est pas d'élaborer une logique des *possibilia*. Pour Woods les objets fictionnels, peut importe la manière dont ils sont décrits, ne sont jamais des objets *possibles* mais des objets *non-actuels*. En effet, Woods considère qu'il n'est pas possible pour un objet de fiction d'exister, même si l'auteur ne leur a attribué aucune propriété impossible. « *Fictional individuals seem, on the contrary, very much to be impossibilia.* »[12] En effet, du point de vue de Woods les objets fictionnels

---

[11] Peacock and Irvine, 2005, p.324.
[12] Woods, 1974, p.76.

sont plus proches des *impossibilia*. Non dans le sens modal, selon lequel des objets aux attributs contradictoires habitent des mondes (im)possibles, mais dans le sens qu'ils ne peuvent être membres d'aucun monde qui puisse être actualisé : « They are impossibilia rather in the sense that they cannot be members of any world that can be actualized. A possible individual is one whose existence is possible, but it is in the very nature or essence of fictional beings not to exist [...] »[13]

Les fictions dans le monde

Outre les problèmes liés à l'incohérence du discours fictionnel, une des difficultés majeures que présente l'analyse logique des fictions, et qui a été soulignée pour la première fois par Woods, réside dans la détermination des *relations* qu'entretiennent les fictions avec les objets réels. Dans les relations à deux places qui apparaissent dans les récits fictionnels comme, par exemple, « x aime y » ou « x boit du thé avec y », un problème se pose concernant d'une part le statut ontologique des objets x et y ; et d'autre part le statut des conclusions que l'on peut tirer des assertions de l'auteur lorsqu'une telle relation est symétrique. Reprenons l'exemple de Woods. Si Conan Doyle avait affirmé dans une de ses histoires que « Holmes boit du thé avec Gladstone » (Gladstone étant un personnage historique réel), alors on devrait être en droit d'en inférer la converse symétrique : « Gladstone boit du thé avec Holmes », ce qui est difficilement acceptable.

La première solution que Woods propose[14], consiste à distinguer entre la *fictionnalisation* et les descriptions qui sont *historiquement constitutives* des objets créés par un auteur dans son récit de fiction. Historique doit être compris ici au sens de : ce qui est raconté dans une histoire de fiction. Ce que l'auteur dit d'un objet fictionnel de sa propre création est historiquement constitutif de cet objet. Ce que l'auteur dit à propos des objets réels dans l'histoire est une fictionnalisation de ces objets. Néanmoins il ne s'agit pas d'une distinction entre différents types de prédicats ou de relations. En effet, les énoncés sont des fictionnalisations ou historiquement constitutives selon la façon dont ils sont utilisés. Il semble s'agir plutôt d'une

---

[13] loc. cit.
[14] Woods, op. cit., p.137.

distinction entre différents niveaux sémantiques de vérité, autrement dit, entre les différentes façons de rendre vrai un énoncé. Les fictionnalisations, pour les objets réels autant que pour les fictions, sont toujours vraies « selon l'auteur », c'est-à-dire, selon les affirmations de l'auteur constituant le récit. Dans le cas d'une fictionnalisation vraie à propos d'un objet fictif, il s'agit d'un objet qui n'a pas été créé par l'auteur. Par contre, la vérité ou fausseté des énoncés historiquement constitutifs, que ce soit des objets fictionnels comme des objets réels, ne dépend pas de ce que dit l'auteur.

Un peu plus loin dans son chapitre II, Woods introduit un contraste explicite entre « vrai dans la réalité » et « vrai dans la fiction » et il offre une définition récursive partielle de cette dernière [15]. Comme le note Woods[16], toute tentative de rassembler les deux requiert un traitement non standard de la cohérence. Mais au lieu de continuer dans cette direction, Woods retourne à une notion qu'il avait proposée déjà dans les premières pages : celle de *sensibilité au pari* (*bet-sensitivity*). Les énoncés à propos des objets fictifs – affirme Woods – ne sont ni vrai ni faux, mais ils sont susceptibles de faire l'objet d'un pari (pour des agents rationnels). Si on parie que Sherlock Holmes est un détective contre quelqu'un qui parie qu'il est un menuisier, on gagne et l'autre perd. Mais on ne gagne pas parce que l'énoncé est vrai, ou parce que l'énoncé de l'adversaire est faux. On gagne juste parce qu'il est correct de l'affirmer bien qu'il ne soit pas le cas qu'il soit vrai[17]. C'est-à-dire, selon Woods, qu'il est vrai par convention (*true-by-convention*) que Holmes est un détective, tandis qu'il est faux par convention (*false-by-convention*) qu'il soit menuisier. Woods rend donc compte de la vérité par convention par un contrefactuel : « *The sentence φ is true-(false-) by convention iff (i) φ is nonbivalent and (ii) if φ were bivalent it would be true (false).* »[18] A cette définition contrefactuelle, correspondrait une sémantique de mondes possibles, mais il est discutable que les mondes fictionnels puissent être confondus avec des mondes possibles.

---

[15] *Ibid.*, pp.61-63.
[16] *Ibid.*, pp.61.
[17] *Ibid.*, p.92.
[18] *Ibid.*, p.94.

La perspective de Woods est complétée dans le dernier chapitre par un dispositif modal. Il s'agit d'un opérateur modal O[…] (*olim-operator*) qui affirme : « dans la fiction, c'est le cas que […] ». Etant donné que, dans la perspective de Woods, les énoncés n'ont pas de valeur de vérité et que les termes singuliers fictionnels (les noms des objets et de personnages inventés par un auteur) n'ont pas de référence, la sémantique de l'opérateur O est substitutionnelle et suit la *condition élémentaire*[19] suivante : (*sayso condition*) : « O[φ] remplit la *condition élémentaire* si et seulement si φ est un énoncé qui se produit dans une histoire de fiction ou φ est conséquence logique d'un autre énoncé ψ qui remplit la *condition élémentaire*. »

L'utilisation des opérateurs modaux a donné en général des résultats fructueux à l'égard du discours fictionnel, mais il reste encore des difficultés que ces opérateurs ne permettent pas de traiter. En effet, l'utilisation d'opérateurs modaux vise à résoudre les problèmes de dénotation de termes fictifs comme « El Dorado » ou « Emma Bovary ». En général, l'opérateur de fiction est la contrepartie formelle de l'expression « selon l'histoire H, … ». L'opérateur se place devant l'énoncé fictionnel, que celui-ci contienne ou non des termes fictionnels du genre « Emma Bovary ». Considérons, en guise d'exemple, l'énoncé suivant : (1) « Emma Bovary se suicide à l'arsenic ». Avec l'opérateur de fiction, l'énoncé final est : (2) « Selon *Madame Bovary*, Emma Bovary se suicide à l'arsenic ». Il s'avère, en effet, que le premier peut être faux dans une situation où le second énoncé (avec l'opérateur de fiction) est vrai. L'énoncé (2), en effet, ne présuppose pas qu'il y ait ou qu'il existe une femme appelée Emma Bovary. De la sorte, avec ce dispositif, le problème de la signification des énoncés contenant les termes fictifs semble résolu. Néanmoins, la stratégie de l'opérateur de fiction présente des inconvénients lorsqu'on sort du discours fictionnel. En effet, lors d'affirmations à propos des personnages de fiction en tant que tels, c'est-à-dire, en tant que personnages de fiction crées par certains auteurs, l'opérateur de fiction rate son objectif. Soit par exemple l'énoncé suivant, généralement considéré comme vrai : (3) « Emma Bovary est un personnage créé par Gustave Flaubert ». Avec la stratégie de l'opérateur de fiction, l'énoncé est traduit ainsi : (3') « Selon l'histoire H, Emma Bovary est un

---

[19] *Ibid.*, p.133

personnage créé par Gustave Flaubert », ce qui peut être vrai pour une histoire H donnée, mais n'est certainement pas ce que l'on comprend par (3).

Cet exemple qui paraît mettre en question la stratégie de l'opérateur de fiction, donne l'occasion d'introduire une distinction qui sera utilisée plus loin : la distinction entre discours *internaliste* et discours *externaliste*. Le discours internaliste c'est le discours (l'ensemble des énoncés) qui compose le récit ou l'œuvre littéraire en considération. Le discours externaliste, en revanche, est un discours (un ensemble d'affirmations) à propos des fictions. Autrement dit, le discours dans lequel on s'intéresse aux fictions en tant qu'entités ou objets créés par un auteur. Lorsqu'on affirme « Don Quichotte est un personnage créé par Cervantès », on ne veut pas dire que Cervantès a créé un être vivant et concret à la manière d'un Golem comme dans la légende de Rabbi Loew. Le Don Quichotte de l'énoncé « Don Quichotte est un personnage créé par Cervantès », est plutôt le personnage en tant que création littéraire. Mais, qu'est-ce qu'un personnage créé littérairement ? Au cours de ce travail, on essayera de donner une réponse à cette interrogation à partir de la théorie des artéfacts d'Amie Thomasson[20].

L'opérateur de fiction est sans doute adéquat pour le discours internaliste, où les personnages et les objets sont traités - selon l'histoire - comme des choses réelles. Mais pour le discours externaliste, la situation change parce qu'on ne considère pas les personnages tels qu'ils sont décrits par l'auteur mais comme des créations rattachées, normalement, à un auteur. Dans le discours externaliste l'opérateur échoue dans son propos. Les meinongiens pensent donner une solution à ce problème en restituant une capacité de dénotation aux termes singuliers fictifs. En effet, pour les meinongiens il *y a* des objets fictifs bien qu'ils n'*existent* pas : ils constituent une espèce d'objets non-existants. Ainsi, à partir de l'énoncé « El Dorado est une ville regorgeant d'or » on ne peut pas déduire qu'il existe une ville regorgeant d'or, mais on peut soutenir qu'il y en a une qui appartient à la classe des objets non-existants. Les meinongiens remplacent l'énoncé « El Dorado n'existe pas » par « El Dorado est un objet non-existant ». Le

---

[20] Thomasson, 1999.

chapitre II, partie 2 sera consacré à une discussion de la position meinongienne.

Il existe une autre solution aux problèmes que pose l'analyse logique et philosophique de la fiction, notamment le problème de la référence des termes singuliers. Le point de départ, c'est l'explicitation des présuppositions existentielles dans la sémantique des langages formels. Du point de vue de la logique classique[21], la signification des termes singuliers (leur contribution à la signification totale d'un énoncé où ils apparaissent) est l'objet qu'ils dénotent (voir *iii* plus haut) ; d'autre part, les quantificateurs sont conçus comme ayant engagement ontologique (ils renvoient aux objets *existant* dans le domaine). Ainsi, pour les termes singuliers comme pour les quantificateurs, la sémantique de la logique classique présuppose toujours qu'on ne s'occupe que des choses existantes. Cette présupposition se traduit dans certains principes de la logique classique, notamment la *généralisation existentielle*. En effet, le principe de généralisation existentielle affirme que s'il est vrai que la condition P s'applique à l'individu *k*, alors il est vrai qu'il existe *quelque chose* à quoi s'applique la condition P. Autrement dit, si la condition P s'applique à l'individu *k*, l'individu *k* doit exister. En conséquence, si ce que l'on cherche est une logique « libre » de ces présupposés, on peut considérer la généralisation existentielle comme un obstacle. En supprimant ce principe, on peut élaborer une logique qui compte parmi ses éléments syntaxiques des termes singuliers qui ne dénotent pas des existants. Henri Leonard[22] et Karel Lambert[23], entre autres, ont développé les notions fondamentales de cette approche. On les analysera en détail dans la seconde section de ce travail.

Le présent travail.

Les problématiques de la fiction et de l'engagement ontologique couvrent des champs de recherche toujours plus larges. Le propos du présent travail consiste essentiellement à discuter la question du « raisonnement avec des fictions », ce qui pour nous constitue véritablement une question *logique*.

---

[21] La tradition Frege-Russell-Quine.
[22] Leonard, 1956.
[23] Lambert, 2003.

Si ce travail commence par s'intéresser au problème sous l'angle historique, notre position critique face à ces façons d'aborder la fiction mènera à développer des arguments en faveur d'une approche *dynamique* du raisonnement sur les fictions. Que l'on considère les fictions comme faisant partie des non existants ou non, l'enjeu est aussi de se positionner philosophiquement vis-à-vis des difficultés de l'élaboration d'une dynamique des fictions.

Cependant, que ce soit dans les perspectives libres ou intentionnelles qu'on a mentionné plus haut, force est de constater que les logiques qui proposent une interprétation des énoncés contenant des termes singuliers vides s'appuient encore trop souvent sur des présuppositions ou des conventions métaphysiques ou philosophiques. Notre propos est alors de tenir compte, dans le langage objet, d'une relation à notre avis cruciale pour la signification des quantificateurs : la relation entre action et proposition, ou plutôt entre le choix d'un terme singulier et l'assertion d'une proposition résultant de ce choix. C'est là une considération qui était déjà implicite dans les traitements des quantificateurs en déduction naturelle chez Jaskowski[24]. Pour ce faire, on doit remettre en question l'interprétation statique des quantificateurs au profit d'une interprétation dynamique. Il s'agira donc de donner un cadre général dans lequel les problèmes liés à la fiction trouveront un traitement nouveau.

Suivant cet objectif, l'enjeu est de développer une logique libre dynamique dans le cadre conceptuel dialogique[25]. En effet, la perspective que propose le présent travail, ouvertement critique à l'égard des logiques libres traditionnelles, a pour enjeu de proposer une compréhension novatrice de l'existence : l'existence comme fonction de choix. [Les logiques libres traditionnelles traitent généralement l'existence comme un prédicat et abordent les questions ontologiques en termes de relations entre propositions.] Notre argument consiste à montrer que l'existence ne doit pas être comprise comme un prédicat, de façon *statique*, mais en termes de

---

[24] Jaskowski, S. : 1934, « On the rules of supposition in formal logic », *in Studia Logica 1*, 5-32.
[25] Rahman, 2001; Rahman&Keiff, 2004; Keiff, 2009.

choix, de façon *dynamique*. La dialogique, de par sa dimension pragmatique, est le contexte idéal pour implémenter cette notion de choix dans la logique. En effet, la dialogique permet d'appréhender le statut ontologique des constantes figurant dans une preuve en fonction de choix régis par l'application de règles logiques. Cette approche a notamment pour conséquence intéressante que le statut ontologique des constantes et l'import existentiel des quantificateurs peuvent varier au cours d'une preuve. On conclura sur un nouveau défi pour la logique de la fiction : appréhender la fiction en la considérant dans sa relation à un acte créatif, de nouveau de façon *dynamique*. On terminera en posant les fondements d'une dialogique de la fiction dans laquelle on implémente la notion phénoménologique de *dépendance ontologique*, dans le cadre d'un système dialogique libre pour un langage de premier ordre.

La relation de dépendance ontologique, en effet, a été inspirée par le travail d'Amie Thomasson[26] en théorie de la fiction. Thomasson a comme but principal de rechercher les conditions d'identité des fictions, et les modes de référence aux fictions, au regard des pratiques littéraires le plus simples. La thèse principale de Thomasson est que les fictions sont des entités abstraites et dépendantes, qui font partie du royaume des choses existantes. Thomasson remarque que le traitement des fictions de la part des autres approches, notamment celui des *réalistes* qui postulent des fictions (comme les meinongiens), ou celui des *irréalistes* qui écartent toute possibilité de considérer de choses non existantes (comme dans la tradition Frege, Russell, Quine), continu à envisager les fictions en tant qu'entités étranges et de manipulation difficile. En s'appuyant justement sur cette supposition, les irréalistes les rejettent et refusent de les accommoder dans une théorie par crainte des contradictions ; et les réalistes, eux-aussi par crainte des contradictions, les ont placées dans un royaume ontologique spécial. Le propos de Thomasson est justement de contourner ces difficultés en intégrant les fictions en tant qu'artéfacts dans la totalité des entités, dépendantes et indépendantes, qui composent le monde. A notre avis, toute perspective qui s'occupe des fictions doit fournir - tant pour les œuvres littéraires que pour leurs personnages - un critère d'identité précis qui

---

[26] Thomasson, 1999.

fournira un point de départ à tout traitement théorique des fictions. La première section du présent travail suivra (comme *filum ariadnae*) la même ligne directrice que l'étude de Thomasson mais en cherchant des éléments et dispositifs contribuant à l'élaboration de la logique dynamique de la fiction.

En résumé, nous avons divisé le présent travail en deux sections. L'idée directrice développée par la section I correspond à l'interrogation portant sur les contributions de l'analyse philosophique et littéraire au sujet de la fiction. Une telle interrogation vise à trouver les éléments pour élaborer une logique dynamique de la fiction qui permet de rendre compte des argumentations portant sur des domaines ontologiques croisés, c'est-à-dire, des argumentations qui portent sur des personnages fictifs et des entités réelles. Après une analyse dont le fil conducteur est la recherche de conditions d'identité et de référence pour les fictions, les suivants éléments ont été repérés dans la perspective de la théorie de artéfacts de Amie Thomasson : (i) la notion de *dépendance ontologique* et (ii) la notion *d'artéfact*.

A l'égard des contributions de la logique dialogique au sujet de la fiction, le but de l'analyse suivie dans la section II est de trouver les dispositifs qui seront intégrés à ceux de la première section pour compléter le projet du présent travail : une logique de la fiction. Les résultats sont les suivants : (iii) la notion de *statut symbolique* et (iv) la notion de *dynamique*. D'une part, la notion de dynamique concerne la contribution majeure de l'approche dialogique à l'analyse de la fiction : la notion de *choix* stratégique qui permettra d'exprimer l'existence ou non-existence des individus intervenants dans une argumentation, loin des approches *statiques* qui se servent d'un prédicat pour le même propos. D'autre part, elle prétend refléter les changements de statut ontologique auxquels sont soumis certains personnages et objets d'un récit de fiction au fur et à mesure que l'histoire se déroule. Ce dernier propos nous a été inspiré par l'écrivain Jorge Luis Borges. En effet, certains personnages de Borges partent d'un statut ontologique indéterminé qu'ils gardent tout au long de l'histoire pour après devenir réels, fictions ou fictions des fictions dans le dénouement de l'histoire de fiction. Parfois, telles transformations exigent une mise à jour des statuts de tous les éléments du récit. Nous rendons explicite cette dimension ontologiquement indéterminée à l'aide de la notion de statut symbolique de Hugh MacColl. A la fin de la section II, nous intégrons les quatre notions remarquées précédemment en posant les fondements d'une logique dynamique des fictions pour le premier ordre dans la perspective dialogique. Pour la notion d'artéfact, nous avons suivi les idées d'Amie Thomasson qui se centrent sur la notion de dépendance ontologique : essentiellement, l'enjeu est d'implémenter cette dépendance dans la dialogique comme un prédicat, notamment en remarquant les avantages par rapport au prédicat d'existence. Cette dépendance permettra d'identifier les objets et les personnages fictifs en fonction de choix stratégiques dans la perspective dialogique.

La logique dynamique des fictions est un développement de la première logique libre élaboré dans l'approche dialogique par Shahid Rahman : *Frege's Nightmare*. Dans la logique de Rahman, certains choix d'individus se correspondent, dans une lecture modèle théorétique, avec les entités réelles. Ainsi, en reprenant son travail, nous gardons l'action de choix pour identifier non seulement les objets réels mais aussi les fictions : la relation entre un actif créatif et la fiction résultant de cet acte sont capturées à travers la dépendance entre les choix et les relations de dépendance ontologique qui en résultent. Nous capturons ainsi l'idée que toutes les fictions dépendent d'un objet existant à travers lequel elles sont transmises ou préservées.

Quelques précisions lexicographiques

Par pratiques littéraires on comprend tous les débats, discussions et encore recherches littéraires qui présupposent toujours l'existence d'un accord à propos des entités sur lesquels porte la pratique. En effet, lorsqu'on discute de fiction, soit dans un essai théorique soit dans la rue avec des ami(e)s à la sortie du cinéma ou du théâtre, on présuppose qu'on sait de quoi on parle. Autrement dit, on prévoit dans une discussion, par exemple, qu'on parle de la même œuvre littéraire, des mêmes objets ou personnages et non d'autres. Mais cette présupposition, loin d'être un point à concéder aisément, montre sa véritable condition problématique lorsqu'on essaye de la justifier. En effet, l'élaboration d'un critère d'identité pour les œuvres littéraires et pour les personnages de fiction présente de nombreuses difficultés qui relèvent, en particulier pour les personnages, de leur condition d'entités n'existant pas spatialement.

On appellera *œuvre littéraire* tout création ou invention d'un auteur ou plusieurs auteurs où est racontée une histoire, simple ou complexe. Par simple ou complexe on veut dire que pour le présent travail on ne tiendra pas compte des dimensions d'une œuvre, qu'elle soit composée de quelques lignes, comme la brève histoire de John Woods [27], ou qu'elle soit interminable comme le livre de sable de Jorge Luis Borges[28]. On appelle *histoire* ou *discours* le contenu exprimé par un auteur à l'aide d'un langage déterminé auquel correspond une compréhension spécifique. Etre une histoire ou être une œuvre littéraire présuppose toujours une communauté d'individus linguistiquement capable de saisir le contenu de l'histoire, c'est-à-dire, de reconnaitre et de comprendre une ligne argumentative (aussi s'il s'agit d'un paradoxe). Du coup, on considère toujours les œuvres littéraires en rapport avec un être humain qui les a créées, mais on n'écartera pas pour autant les cas exceptionnels où l'œuvre est le fruit du hasard.

Idée directrice générale

Pour parvenir à notre fin, l'élaboration d'une logique libre de la fiction dans la perspective dialogique, on suivra deux lignes de recherche principales qui donnent forme à notre travail. D'un part on s'occupera des approches philosophiques et littéraires de la notion théorique de fiction (section I). D'autre part, notre attention se portera sur le traitement que la logique dialogique propose du même sujet (section II). Au bout de ce parcours on recueillera les éléments nécessaires pour l'élaboration d'une logique dialogique applicable aux argumentations qui portent en même temps sur des fictions et des objets réels.

---

[27] voir 1.1, chap. II.
[28] Borges, 1999, p.1327.

Section I: Approches philosophiques et littéraires de la notion de fiction

L'interrogation générale qui guide le développement de cette section est la suivante : qu'est-ce que l'analyse philosophique et littéraire du sujet de la fiction peut nous offrir pour l'élaboration d'une logique dialogique de la fiction ? Autrement dit, en quoi l'analyse philosophique et littéraire de la fiction contribue à l'élaboration d'une logique dynamique de la fiction ? Par logique dialogique de la fiction on comprend une structure réglementée de jeu de langage qui permet de rendre compte des argumentations portant sur des domaines ontologiques croisés, c'est-à-dire, des argumentations qui portent sur des personnages fictifs et entités réelles.

Pour donner réponse à une telle interrogation on suivra comme ligne directrice, la recherche des conditions d'identité et référence. En effet, les éléments qu'on entend déterminer seront cherchés en examinant ce qui convient aux pratiques littéraires les plus élémentaires : la recherche d'un critère pour pouvoir identifier les fictions et, en même temps, éclaircir en quoi le traitement de la fiction concerne la notion de référence : est-ce que les termes fictionnels se rapportent à quelque chose dans le monde ? La notion d'identité concerne, d'un part, les énoncés qui composent les récits mêmes : qu'est-ce qui fait d'un écrit un récit de fiction ? (chapitre 1) ; d'autre part, la possibilité d'identifier (ou différencier) les personnages qui apparaissent dans les histoires de fiction (chapitre 2). La question de la référence sera toujours présente mais on n'atteindra une réponse que dans le dernier chapitre de la section (chapitre 3). Les contributions finales que les éléments de cette section apportent seront présentées en fin de seconde section.

Chapitre I : Statut des énoncés de fiction : Objets réels et récits fictionnels

Notre réflexion à propos de la fiction s'inscrit d'abord dans le cadre plus élargi d'une analyse qui s'interroge sur le rapport entretenu entre le langage et le monde. Dans ce sens, la question qui porte sur le statut des énoncés de fiction, détient un intérêt méthodologique concernant les possibilités de fournir un critère qui permettrait de différencier les textes fictionnels des textes non fictionnels en fonction d'un certain rapport avec le monde. En particulier, on montrera les problèmes présentés par la détermination de la fonction des termes référentiels (les noms de choses qui existent) dans le discours internaliste. Lorsque les termes référentiels apparaissent dans un récit de fiction, continuent-ils à se rapporter aux choses dans le monde ou est-ce que toute liaison est coupée ?

Dans ce qui suit, on s'interroge sur le statut des énoncés de fiction et les récits qu'ils composent. Une telle interrogation a pour but de déterminer (i) s'il y a un critère pour identifier les récits de fiction qui permettrait aussi de les distinguer des récits référentiels comme dans le cas du discours historique ; (ii) quel rapport entretiennent les énoncés fictifs avec le monde, question qui conduit à la fois (iia) à s'interroger à propos du rôle des termes singuliers référentiels à l'intérieur du récit (est-ce qu'ils continuent à référer ou non aux choses dans le monde ?), et (iib) à déterminer jusqu'à quel point le discours fictionnel participe de notre accès gnoséologique au monde (est-ce que le discours fictionnel nous aide ou nous dit quelque chose du monde réel ?)

1. Feindre la référence : un « arrière-plan » pour donner du sens à la fiction

Dans un article paru en 1954, Margaret Macdonald s'interroge sur certains sujets qui ouvrent des perspectives de recherche intéressantes. Sa réflexion concerne principalement le statut du langage de la fiction. La méthode qu'elle propose consiste à comparer les énoncés fictionnels et les énoncés référentiels pour rendre compte de ce qui caractérise les premiers.

Dans cette perspective, son analyse en vient à considérer la fonction des termes référentiels dans les contextes fictionnels. Elle remarque qu' « il n'y a que très peu de textes de fiction dont le contenu soit totalement fictif »29. L'occurrence de termes référentiels dans les contextes fictionnels remplit des fonctions différentes de celles qui sont les leurs dans le discours référentiel. Nous pouvons ici remarquer que Macdonald aborde le rapport entre énoncés fictionnels impliquant des termes référentiels et énoncés proprement référentiels à partir des notions de vérité et de fausseté :

« Par ailleurs, des personnes et des événements historiques semblent envahir la fiction : ils sont en fait le matériau même des romans « historiques ». Est-ce que les phrases qui dénotent ou décrivent de tels lieux, personnages ou événements n'expriment pas des assertions vraies ou fausses ? »

Le propos de Macdonald n'est toutefois pas sémantique. Elle s'intéresse plutôt aux critères de fiabilité et de précision auxquels sont normalement soumis les récits historiques. En ce sens, les énoncés de fiction qui impliquent des termes référentiels doivent être évalués selon des critères autres. Macdonald poursuit :

« Néanmoins, ils ne fonctionnent certainement pas de manière intégrale comme ils le feraient dans un rapport ou un document historique. Ils continuent à faire partie d'un récit fictif. Un conteur n'est pas discrédité comme reporter s'il réarrange les squares de Londres ou s'il ajoute une rue inconnue à la ville pour les besoins de son œuvre ni s'il crédite un personnage historique de discours et d'aventures ignorées des historiens »

Si donc les énoncés de fiction qui impliquent des termes référentiels échappent au jugement de la correction référentielle, il faut toutefois s'interroger sur le rapport entretenu par ces mêmes termes référentiels avec la réalité. Lorsqu'une romancière parle de Napoléon, s'agit-il du même Napoléon que celui dont parle l'Histoire ? La réponse que donne Macdonald consiste à reconnaître au terme référentiel un double rôle.

---

29 Macdonald, 1954, p.223.

Lorsque ce double rôle est perdu, c'est la crédibilité du texte référentiel qui est atteinte, celui-ci perd de sa puissance à faire croire ce qu'il raconte, en particulier dans le cas d'un roman historique. Et lorsque, à son avis, ce régime double se perd, la crédibilité du texte fictionnel est mise en cause : en quelque sorte le texte perdrait la force de faire croire ce qu'il raconte, spécialement s'il s'agit d'un roman historique. Nous reviendrons sur ce point.

« Un récit qui introduit Napoléon ou Cromwell mais qui s'éloigne de manière fantaisiste de la vérité historique pèche contre la vraisemblance qui semble être son but : il est donc dépourvu de plausibilité et ennuyeux. Ou s'il est néanmoins intéressant, on se demandera : « Mais pourquoi appeler ce personnage Oliver Cromwell, Lord Protector d'Angleterre ? » La même remarque vaut pour les lieux géographiques : si on appelle « Londres » quelque endroit qui est totalement méconnaissable, ce nom sera dépourvu de pertinence »

Donc, le romancier utilise des termes qui réfèrent à la façon de matériaux pour l'élaboration d'un récit fictionnel. Et cette référence au monde est présente, selon Macdonald, mais seulement au sens où elle permet de construire une sorte de cadre ou d'arrière-plan à partir duquel la fiction peut se développer :

« J'incline donc à dire qu'un conteur n'énonce pas des assertions informatives concernant des personnes, des lieux et des événements réels, même lorsque de tels éléments sont mentionnés dans des phrases fictionnelles : je dirai plutôt qu'ils fonctionnent eux aussi comme les éléments purement fictionnels avec lesquels ils sont toujours mélangés dans le récit. La Russie en tant que décor de l'histoire des Rostov diffère de la Russie que Napoléon a envahie et qui ne contenait pas les Rostov. Il y a eu une bataille de Waterloo, mais George Osborne n'en a pas été une victime, sauf dans le roman de Thackeray. Tolstoï n'a pas créé la Russie, ni Thackeray la bataille de Waterloo. Mais on peut dire que Tolstoï a créé la-Russie-comme-arrière-fond-des-Kostov et que Thackeray a créé Waterloo-comme-décor-de-la-mort-de-George-Osborne. On pourrait dire que la mention de choses réelles dans une œuvre de fiction possède un double rôle : elle réfère à un objet réel et elle contribue au développement du récit. »[30]

La différence entre récits de fiction et récits avec engagement référentiel (par exemple les récits historiques) se traduit donc par le fait qu'on ne les juge pas de la même manière. L'analyse n'en reste pas moins insuffisante. D'une part, s'agissant des termes qui sont de pures fictions (comme Pégase, Don Quichotte ou Emma Bovary), faut-il dire leur reconnaître ou non une référence ? Quel est leur rôle intra- et transtextuel ? Peut-on exhiber des éléments suffisants pour élaborer un critère d'identité qui permette de reconnaître le même personnage dans différents récits ou de le distinguer d'un autre ? D'autre part, à quels critères pouvons-nous reconnaître qu'un récit constitue une fiction ? Les éléments recueillis jusque-là sont-ils suffisants ? Non, dit Macdonald. Une information extérieure au récit est requise.

En effet, selon Macdonald, le texte continue à entretenir un statut ambivalent à l'égard de ses composants, qu'ils soient identifiés comme des termes strictement fictionnels ou non. La nature fictionnel d'un énoncé, affirme Macdonald, ne tient pas à la nature de ses composants, elle réside dans une « simulation » :

« Lorsqu'un conteur 'feint', il simule une description factuelle »[31]

Une fois le texte de fiction composé, ce ne sont pas les matériaux utilisés ni les arrière-fonds élaborés qui font d'un récit, un récit de fiction sinon l'intention de l'auteur de simuler des descriptions comme s'il s'agissait des récits référentiels. Mais comment est-ce que l'auteur manifeste ses intentions ? Une manière possible : c'est le choix des expressions ou des formules qui permettent au lecteur de n'avoir aucune hésitation par rapport au statut d'une histoire (fiction ou non fiction). Dans ce sens, l'analyse de Macdonald, à propos de l'identité des récits fictionnels, se placerait dans le cadre de la recherche des indices formels propres à chaque genre littéraire.

---

[30] Loc. cit

[31] Macdonald, op. cit., p.219.

Est-ce qu'il est possible, en général, d'identifier un texte pour des traits syntactiques ?

2. Indices formels insuffisants

Certains critiques pensent qu'il y a des marques propres à la fiction dans les textes. Ainsi, par exemple, Käte Hamburger[32] croit déceler des indices de fictionalité dans l'omniscience du narrateur présente pour le biais du discours indirect libre, ou dans l'emploi de certains verbes comme espérer, croire, etc. Mais spécialement par rapport aux indices d'omniscience, un critère d'identité construit sur telles marques n'arriverait pas à différencier une véritable autobiographie de l'autobiographie d'un personnage écrit par un romancier. En effet, toutes les autobiographies révèlent l'omniscience du narrateur et dans ce sens il résulte difficile de s'appuyer sur la syntaxe pour établir une distinction. C'est justement le point de vue de Gérard Genette qui nie qu'il y ait d'indices formels suffisants au niveau interne qui permettraient de déterminer une différence de statut : d'une part les textes référentiels (comme les textes historiques) et d'autre part les récits fictionnels inventés par des romanciers.

En général il s'agit pour Genette de savoir s'il y a des différences formelles d'ordre narratologique entre un texte référentiel (comme un texte historique) et un texte de fiction. Pour esquisser une réponse satisfaisante on peut tenir compte d'une part les analyses théoriques (i) et d'autre part l'histoire de la réception des textes (ii). L'analyse théorique porte principalement sur l'enquête que mène Genette dans son livre *Fiction et diction*, plus spécialement le chapitre sur les récits fictionnels et les récits factuels. Deux points renforcent son argument en faveur de la fragilité de critères formels. D'abord le constat que la narratologie a toujours construit ses énoncés à partir des corpus fictionnels. Il remarque, en ce sens, que les instruments élaborés par lui-même dans son livre *Figures III* sont utilisables aussi bien pour l'élaboration de récits fictionnels que pour de textes référentiels. De la sorte, le résultat serait une certaine indiscernabilité des procédés narratifs utilisés dans chaque contexte. D'autre part, mais comme conséquence de l'antérieur, la réversibilité des critères de fonctionnement

---

[32] Hamburger, 1986.

narratifs due au jeu des échanges. Selon Genette, les textes sont généralement « mêlés », dans le sens qu'il ait une emprunte permanente d'un régime à l'autre. Les textes référentiels emploient des procédés qui sembleraient relever que de la fiction et vice-versa. Voyons l'explication que Genette donne avec ces exemples :

« Les « indices » de la fiction ne sont pas tous d'ordre narratologique, d'abord parce qu'ils ne sont pas tous d'ordre textuel : le plus souvent, et peut être de plus en plus souvent, un texte de fiction se signale comme tel par des marques paratextuelles[33] qui mettent le lecteur à l'abri de toute méprise et dont l'indication générique « roman », sur la page de titre ou la couverture, est un exemple parmi bien d'autres. Ensuite parce que certains de ses indices textuels sont, par exemple, d'ordre thématique (un énoncé invraisemblable comme « Le chêne un jour dit au roseau… » ne peut être que fictionnel) ou stylistique : le discours indirect libre, que je compte parmi les traits narratifs, est souvent considéré comme un fait de style. Les noms de personnages ont parfois, à l'instar de théâtre classique, valeur de signes romanesques. Certains incipit traditionnels (« Il était une fois », « Once upon a time » ou, selon la formule des conteurs majorquins citée par Jakobson : « Aixo era y non era ») fonctionnent comme des marques génériques […]. Si l'on considère les pratiques réelles, on doit admettre qu'il n'existe ni fiction pure ni Histoire si rigoureuse qu'elle s'abstienne de toute « mise en intrigue » et de tout procédé romanesque ; que les deux régimes ne sont donc pas aussi éloignés l'un de l'autre, ni chacun de son côté, aussi d'homogènes qu'on peut le supposer à distance… »[34]

Toujours est-il que, pour Genette, une fois qu'on accepte d'une part l'hypothèse du caractère métaphorique des expressions, d'autre part le jeu d'échanges qu'on a mentionné plus en haut, les procédés narratifs utilisés dans chaque contexte deviennent indiscernables. Qu'est-ce qui nous

---

[33] « Paratexte » : titre, sous-titre, intertitres; préfaces, postfaces, avertissements, avant-propos, etc., notes marginales, infrapaginales, terminales ; épigraphes ; illustrations ; prière d'insérer, bande, jaquette, et bien d'autres types de signaux accessoires », [Palimpsestes, Paris, Seuil, 1982, p.9].

[34] Genette, 1991, pp.89-93.

empêcherait de commencer la biographie d'un personnage dont la vie ressemble à celle des personnages fantastiques par « il était une fois... », indice typique des récits de fiction. De même pour des énoncés comme « Le Renard s'en saisit et dit : Mon bon Monsieur... ». Naturellement les renards ne parlent pas, mais rien n'empêche d'utiliser le mot « Renard » dans un sens métaphorique pour parler de son voisin avec qui on a une relation similaire à celle d'une fable. De même pour une histoire de fiction si l'auteur a été tellement fidèle aux descriptions de l'assassinat d'un homme infidèle par sa femme jalouse que si l'on trouvait la même histoire dans un morceau de papier isolé, on croirait qu'il s'agit d'un article de journal :

« Les échanges réciproques nous amènent [...] à atténuer fortement l'hypothèse d'une différence à priori de régime narratif entre fiction et non-fiction. »[35]

Pour ce qui est de l'histoire de la réception des textes, l'analyse en vient également à soutenir l'idée d'une indiscernabilité de statut à cause de l'insuffisance des indices formels. Principalement pour les exemples historiques déjà résolus, comme on l'a vu précédemment (Les Lettres portugaises et d'autres), mais aussi pour ceux qui restent encore ouverts ou indéterminés. En quelque sorte, cette suspension de jugement classificatoire (fiction ou non), repose sur l'histoire même des échanges formels et des emprunts.

Donc, d'une part, Macdonald nous propose l'idée d'un 'arrière plan' constitué par des termes référentiels qui permettent au lecteur de tracer un rapport avec le monde réel. Mais il s'agit d'une élaboration qui, pourtant, ne permet pas d'identifier un texte en tant que récit de fiction. Mais la recherche d'autres traces formelles, toujours d'un point de vue internaliste, paraît inutile selon l'analyse de Genette : tout indice formel est insuffisant. Cependant, il existe toujours la possibilité d'utiliser le paratexte. En effet, lorsqu'on pense à l'intention de l'auteur comme une certaine action de feindre une histoire, il est possible de mettre au courant les lecteurs à travers des indices paratextuels. Cette exigence, en effet, qui peut se traduire pour la

---

[35] *Ibid.*, p.91.

présence de dénonciateurs externes (une étiquette ou autre indicateur sur la couverture du livre) sera reprise par la perspective pragmatique qui pense au romancier comme partie déterminante dans la constitution du statut d'un récit de fiction et qui permettrait de le différencier des écrits référentiels.

3. Rôle de l'auteur et perméabilité référentielle.

C'est essentiellement la théorie des actes de langage qui a mis l'accent sur cet aspect (John L. Austin, R. Ohmann, John Searle, M.L. Ryan, M.-L. Pratt). En effet, Searle, dans son livre *Sens et expression*, développe spécialement cette idée de l'énoncé fictionnel comme simulation d'une description factuelle. L'analyse qu'il propose des actes de langage classe les énoncés de fiction parmi les actes dont la compréhension requiert des considérations spéciales. C'est le cas de certaines questions qu'il est possible d'appeler « cumulatives » dans la mesure où elles enveloppent une autre question. Ainsi des questions comme : « Avez-vous l'heure ? », « Avez-vous du sel ? » De telles questions laissent entendre une autre demande, sous-jacente : on veut l'heure, on veut du sel. C'est aussi le cas avec des figures du discours telles que la métaphore. Qu'est-ce qu'on veut dire lorsqu'on dit d'un homme qu'il est un lion ? [36] Comment expliquer qu'une telle prédication ne soit pas rejetée comme étant dépourvue de sens ? Dans ce type d'expressions il y a sans doute une sorte de détournement du sens habituel des mots ; une transposition ou une substitution d'un sens par un autre. Le sens habituel des phrases qui tiennent en compte la référence directe au monde de certains composants, est remplacé par un nouveau sens qui gagne dans un contexte spécifique. Dans le cas des œuvres littéraires ce contexte serait le contexte fictionnel dont les énoncés fictionnels présentent une caractéristique qui décide de leur singularité : leur compréhension est indépendante de la référence des termes qui les composent.

Sur la base de ce constat, Searle propose de définir l'énoncé fictionnel comme une « assertion feinte, sans intention de tromper ». Cette définition, comme auparavant la définition de Macdonald, met en avant la notion d'intention de l'auteur. Cette intention se manifeste normalement par des

---

[36] Exemple pris de Victor Hugo par Michel Meyer dans *Principia rhetorica : Théorie générale de l'argumentation*, 2008.

indicateurs extra- ou paratextuels, comme par exemple la mention « roman » sur la couverture d'un livre. De tels indicateurs décident du rayon dans lequel sera rangé le livre. En l'absence d'un indicateur, on pourra présumer que tel rayon convient plus qu'un autre ; jusqu'à ce qu'une information nouvelle contraigne à un « déménagement ». C'est l'histoire du livre de Wolfgang Hildesheimer, *Marbot. Eine Biographie*, que rapporte Jean-Marie Schaeffer[37]. Déjà l'auteur d'une biographie de Mozart, Hildesheimer publie la biographie d'un esthéticien et critique d'art anglais, Sir Andrew Marbot. Mais voilà : Sir Andrew Marbot n'a jamais existé, ce qui n'empêche pas plusieurs critiques littéraires de se laisser abuser jusqu'à ce que Hildesheimer finisse par convenir de la supercherie. De même avec les cinq lettres qui composent les *Lettres portugaises*, des lettres prétendument adressées par une religieuse portugaise à son amant, et qui se sont finalement révélées être l'œuvre d'un écrivain français, Gabriel de Guilleragues (1628-1685).

Qu'il faille prendre en compte les indicateurs extra- ou paratextuels qui déterminent l'intention de l'auteur signifie que, pour Searle, le statut des énoncés fictionnels échappe à l'enquête formelle. Des critères pragmatiques remédient à l'impossibilité d'expliciter des critères formels. Les « intentions illocutoires » de l'auteur sont incontournables :

« [...] *feindre* est un verbe intentionnel : c'est-à-dire dire que c'est un de ces verbes qui contiennent, logé en eux, le concept d'intention. Il n'est pas possible de dire quelque chose si l'on n'a pas eu l'intention de feindre de le faire. Ainsi notre première conclusion nous conduit immédiatement à une seconde : le critère d'identité qui permet de reconnaître si un texte est ou non une œuvre de fiction doit nécessairement résider dans les intentions illocutoires de l'auteur. Il n'y a pas de propriété textuelle, syntaxique ou sémantique qui permette d'identifier un texte comme œuvre de fiction. Ce qui en fait une œuvre de fiction est, pour ainsi dire, la posture illocutoire que l'auteur prend par rapport à elle, et cette posture dépend des intentions illocutoires complexes que l'auteur a quand il écrit ou quand il compose l'œuvre.

---

[37] Schaeffer, 1999, p.133.

Il y a eu une école de critique littéraire qui pensait que l'on ne devait pas prendre en considération les intentions de l'auteur quand on examinait une œuvre de fiction. Peut-être y a-t-il un niveau d'intention ou cette conception extraordinaire devient acceptable ; peut-être ne doit-on pas prendre en compte les motivations cachées de l'auteur quand on analyse son œuvre ; mais si l'on se place à un niveau plus fondamental, il est absurde de supposer qu'un critique puisse ignorer complètement les intentions de l'auteur : le seul fait d'identifier un texte comme roman, poème ou simplement comme texte suppose déjà que l'on se prononce sur l'intentions de l'auteur. »[38]

En revenant à la question que pose la présence d'expressions référentielles dans un texte de fiction, nous pouvons noter une différence entre le point de vue de Searle et celui de Macdonald. Bien qu'une œuvre littéraire ou un récit de fiction ne nous parle pas du monde, quelques composants des énoncés fictionnels retrouvent leur puissance de référence au monde. Autrement dit, bien que les histoires de fiction (ce qui racontent les récits ou œuvres de fiction) ne pourront jamais être considérées comme un discours qui décrive, explique ou affirme des choses sur le monde, il y a certains composants des énoncés qui continuent à maintenir un trait avec le monde. On appellera ce possible affranchissement au monde réel de la signification de certains composants présents dans un récit de fiction comme perméabilité référentielle[39]. Tel est le cas des termes référentiels dans un texte de fiction. Soit, par exemple, la mention de Paris ou celle de Moscou dans les romans de Tolstoï :

« La plupart des récits de fiction contiennent des éléments qui ne relèvent pas seulement de la fiction : à côté de références feintes à Sherlock Holmes et à Watson, il y a dans Sherlock Holmes des références réelles à Londres, à Baker Street et à la gare de Paddington. Dans 'Guerre et paix', l'histoire de Pierre et de Natacha est un récit de fiction portant sur des

---

[38] Searle, 1979, p.92.
[39] Rahman, 2010.

personnages de fiction, mais la Russie de 'Guerre et paix' est la Russie réelle, et la guerre contre Napoléon est la vraie guerre contre le vrai Napoléon » [40]

Donc, Searle considère que ces termes singuliers ne sont pas dépourvus de leur référence originale au monde réel. Dans quelque sorte, comme fait mention Rahman dans son article, il s'agit des histoires inventées autour d'objets réels [41]. Mais comment cette référence opère-t-elle ? Il faut ici distinguer différents niveaux :

(i) à un premier niveau, très général, la lecture du texte de fiction donne accès à une vision du monde légèrement modifiée.

(ii) à un second niveau on considère les énoncés eux-mêmes, ainsi que les termes singuliers qui les composent (noms d'individus, noms de lieux géographiques, noms d'événements historiques). Chacun de ces termes établit une dynamique référentielle au sens où les énoncés du récit fictionnel ajustent ces mots au monde extérieur à la fiction.

Comment comprendre que ces termes continuent à être rattachés ou monde ? C'est que, s'ils sont isolés, il est certainement possible de les considérer selon une approche compositionnelle et leur reconnaître une signification vérifonctionnelle (une valeur de vérité dans le cas d'un énoncé, un objet dans le cas d'un terme singulier). Mais lorsqu'on les réintègre dans le texte, cette signification disparaît.

(iii) A un troisième niveau on considère ces énoncés généraux qui ont valeur de « maximes » et qui font apparaître, au sein même de la fiction, des règles du comportement renvoyant à des comportements dans le monde réel. On sort ici des limites de l'univers fictionnel pour réfléchir une portion du réel, le lecteur pouvant évaluer la justesse de la réflexion.

Parfois l'auteur d'un récit de fiction introduit dans le récit des énonciations qui ne relèvent pas de la fiction, et qui ne font pas partie du récit. Pour prendre un exemple connu, Tolstoï commence Anna Karénine

---

[40] Searle, 1979, p.116.
[41] Rahman, op. cit.

avec la phrase : « Les familles heureuses sont toutes heureuses de la même manière, mais les familles malheureuses sont malheureuses d'une manière distincte, originale. » Ceci n'est pas une énonciation de fiction, mais une énonciation sérieuse. C'est une véritable assertion. Elle fait partie du roman, mais non du récit de fiction. Quand Nabokov, au débout de Ada, déforme délibérément la citation de Tolstoï en disant : « Toutes les familles heureuses sont plus ou moins dissemblables ; mais toutes les familles malheureuses se ressemblent plus ou moins », il contredit directement Tolstoï (et se moque de lui). L'une et l'autre sont de véritables assertions, quoique celle de Nabokov résulte d'une déformation satirique de la citation de Tolstoï.

Selon une telle approche, un récit de fiction oscillerait entre ces deux pôles : le pôle référentiel et le pôle fictionnel strict. Plutôt *statique* – au sens où il n'en émergerait aucun sens nouveau – cette oscillation serait parfaitement harmonieuse. Elle permettrait au lecteur de passer d'un régime de lecture à l'autre. Il pourrait ainsi décider d'isoler certains énoncés ou certains noms pour les soumettre à une lecture référentielle.

Donc, la fragilité des indices formels pour identifier le statut d'un texte mène à considérer des critères externes. On a vu chez Searle que l'étiquette *Roman* sur la couverture d'un livre n'annule pas pour autant le caractère référentiel de certains termes présents. Searle et aussi Macdonald, pensent les énoncés de fiction liés au monde : le romancier se sert des choses du monde, et ils sont dans quelque sorte et différemment présentes dans l'œuvre littéraire. Mais dans la perspective de Genette l'analyse se développe autrement.

4. Le lion qui est un mouton : étanchéité et composition diachronique du récit de fiction

Selon Genette, la coexistence des termes référentiels et fictionnels à l'intérieur du récit de fiction -point de vue internaliste- entrelace un tissu autonome. En effet, pour Genette, le fictionnel et le non-fictionnel se réunissent de telle sorte que « le tout est plus fictif que chacune de ses parties ». De ce fait, le récit de fiction, considéré comme une totalité, ne renvoie sérieusement à aucun élément du monde. C'est dans ce sens que Genette pense à *l'étanchéité* d'un récit de fiction, c'est-à-dire, à l'impossibilité d'établir une liaison entre les énoncés et le monde, le discours fictionnel étanche est fermé sur lui-même. Les termes singuliers, qui hors du contexte fictionnel se comportent comme des noms propres ordinaires (qui ont une référence : signalent un objet dans le monde), deviennent des homonymes. L'emprunt des noms d'objets de la réalité (noms de villes ou de personnes, par exemple) est suivi d'une transformation qui fait d'eux de simples descriptions sans engagement ontologique (ne concernent pas les choses dans l'espace et le temps). Le nom *Napoléon* dans un récit fictionnel n'a pas le même rôle que le nom *Napoléon* que dans les textes d'histoire :

« Le texte de fiction est […] intransitif, d'une manière qui ne tient pas au caractère immodifiable de sa forme, mais au caractère fictionnel de son objet, qui détermine une fonction paradoxale de pseudo-référence, ou de dénotation sans dénoté. Cette fonction –que la théorie des actes de langage décrit en termes d'assertions feintes, la narratologie comme une dissociation entre l'auteur (énonciateur réel) et le narrateur (énonciateur fictif), d'autres encore, comme Käte Hamburger, par une substitution au je-origine de l'auteur, du je-origine fictif des personnages-, Nelson Goodman la caractérise, en termes logiques, comme constituée de prédicats « monadiques », ou « à une seule place » : une description de Pickwick n'est rien d'autre qu'une description-de-Pickwick, indivisible en ce sens qu'elle ne se rapporte à rien d'extérieur à elle. Si Napoléon désigne un membre effectif de l'espèce humaine, Sherlock Holmes ou Gilberte Swann ne désigne personne en dehors du texte de Conan Doyle ou de Proust ; c'est une désignation qui tourne sur elle-même et ne sort pas de sa propre sphère. Le texte de fiction ne conduit à aucune réalité extratextuelle, chaque emprunt qu'il fait (constamment) à la réalité (« Sherlock Holmes habitait 221 B Baker Street », « Gilberte Swann avait les yeux noirs », etc.) se transforme en élément de fiction, comme Napoléon dans *Guerre et paix* ou Rouen dans *Madame Bovary*. Il est donc intransitif à sa manière, non parce que ses énoncés sont perçus comme intangibles […], mais parce que les êtres auxquels ils s'appliquent n'ont pas d'existence en dehors d'eux et nous y renvoient dans une circularité infinie. »[42]

---

[42] Genette, 1991, pp.36-37.

Comment expliquer cette opération dont il opère une transformation à l'égard de certaines caractéristiques ou propriétés des composants ? Genette l'explique en termes de patchwork : le texte de fiction comme un assemblage de morceaux hétérogènes confectionné dans un jeu de métaphores et d'emprunt au réel.

« Enfin, les référents le plus typiquement fictionnels, Anna Karénine ou Sherlock Holmes, peuvent fort bien avoir été substitués à des « modèles » réels qui ont posé pour eux [...], de sorte que la fictionalité des propositions qui les concernent ne tient qu'à une duplicité de référence, le texte dénotant un *x* fictif alors qu'il décrit un *y* réel. Il n'est pas question d'entrer ici dans le détail infiniment complexe de ces procédés, mais il faut au moins garder à l'esprit que le « discours de fiction » est en fait un patchwork, ou un amalgame plus ou moins homogénéisé d'éléments hétéroclites empruntés pour la plupart à la réalité. Comme le lion n'est guère, selon Valéry, que de mouton digéré, la fiction n'est guère que du réel fictionalisé, et la définition de son discours en termes illocutoires ne peut être que fluctuante, ou globale et synthétique : ses assertions ne sont pas clairement toutes également feintes, et aucune d'elles peut être ne l'est rigoureusement et intégralement – pas plus qu'une sirène ou un centaure n'est intégralement un être imaginaire. Il en est sans doute de même de la fiction comme discours que de la fiction comme entité, ou comme image : le tout y est plus fictif que chacune de ses parties. »[43]

Cette métaphore du lion en tant que mouton digéré précise très bien son point de vue. Une fois que le lion a mangé du mouton, il le digère. Le processus de digestion transforme la chose digérée en la chose qui la digère. Le lion est alors du mouton digéré. De manière analogue, dans le parcours temporel de la constitution du récit de fiction il y ait, dans un premier temps, le moment de l'emprunt au réel dont les termes continuent à référer comme dans des textes factuels. A la suite, une fois le texte fini, l'analyse du statut exige une vision globale qui se passe de l'étape d'assemblage d'éléments hétérogènes fournis par l'expérience : l' « ingestion » transformatrice a déjà opérée et le récit se présente comme un patchwork

---

[43] *Ibid.*, pp.58-60.

dont l'absorption a enlevé tout trait des composants avec la réalité. Il s'agirait, en effet, d'une lecture diachronique qui permettrait de rendre compte des différentes étapes, à partir de l'emprunte du réel jusqu'à la constitution finale du récit, dont les termes singuliers perdent leur caractère référentiel.

L'insuffisance des indices formels a conduit l'analyse à mettre en avant des indicateurs extratextuels pour manifester les intentions de l'auteur. Pour Searle comme pour Genette, les critères censés décider de la nature fictionnelle ou non d'un récit exigent la connaissance de l'intention de l'auteur. Lorsque cette information n'est pas disponible, la nature du récit demeure indéterminée. De même, que l'on affirme, comme Genette, l'étanchéité du récit, ou que l'on affirme, au contraire, l'ouverture du récit au monde par des morceaux référentiels qui le composent (perméabilité), le rôle des termes singuliers purement fictifs (les noms des personnages inventés, par exemple) reste incertain avec l'analyse qu'on a conduite jusqu'ici. On s'occupera spécialement des termes fictifs à partir du chapitre 2. En effet, on verra le rôle que les différentes perspectives l'assignent dans les récits de fiction, soit ceux qui assurent sa neutralité totale par rapport au monde en les qualifiant des termes vides, soit ceux qui postulent de référents sous la forme d'objets ou entités fictionnels.

Voyons maintenant quels rapports ont les récits fictifs avec d'autres types de récits, comme les historiques, à l'égard de l'insuffisance des indices formelles et l'intention de l'auteur.

5. Intention, histoires fictionnelles et récits historiques.
5.1 Récits de fiction et témoignage

Le témoignage est le résultat de l'acte de témoigner. Et témoigner c'est un acte intentionnel représentable, à notre avis, par un opérateur de témoignage Ψ tel que, pour une assertion bien formée α, $\Psi\alpha$ se lit : *il est soutenu que* α. Ou bien, pour l'individu k_1, on pourrait considérer l'expression suivante : $k_1\Psi\alpha$: *k1 soutient que* α. Il s'agit d'un opérateur intentionnel qui a pour résultat une logique non compositionnelle. Si le témoin k1 soutien que Pa, on ne peut pas en déduire que le témoin a soutenu que Pb, bien qu'on sait que a=b. Par exemple, pour « *k1 soutient qu'au moment de l'accident on voyait l'étoile du matin dans l'horizon* » ne se suit pas « *k1 soutient que au moment de l'accident on voyait l'étoile du soir dans l'horizon* » bien que « *L'étoile du matin* » et « *l'étoile du soir* » ont la même dénotation (Vénus).

D'un point de vue chronologique, le témoignage précède le récit historique, bien qu'après l'élaboration du récit puissent apparaître d'autres témoignages qui le corroborent ou pas, mais il s'agira toujours de témoignages qui décrivent des événements antérieurs à la rédaction du récit historique.

Le témoignage peut également être considéré comme un phénomène linguistique, dans la mesure où il s'agit d'une déclaration qui confirme la véracité de ce que l'on a vu, entendu, perçu, vécu. Cette déclaration constituant le témoignage, décrit un événement qui établit ainsi un lien référentiel avec des états de fait du passé. Un passé sans doute irrécupérable, autrement le témoignage n'aurait aucun sens.

De la même manière, on peut considérer que le récit de fiction maintient une correspondance avec des événements qui, « selon l'histoire de fiction », sont vrais. Naturellement, la notion de référence n'est ici pas la même que dans le première cas. Cependant, les événements décrits à l'intérieur du récit de fiction sont aussi parfois des événements extérieurs qui témoignent ce qu'exprime l'histoire de fiction.

En effet, le récit de fiction peut se rapporter à la réalité en termes de témoignages. Il est possible de considérer au moins deux cas : (*i*) le récit de fiction décrit des événements qui correspondent à des faits du passé. Dans ce cas, il établit une correspondance avec la réalité (hasardeuse ou pas), correspondance qui ne visera jamais les mêmes propos qui caractérisent les récits historiques.

La description d'événements réels dans un récit de fiction ne sera jamais mise en cause par des témoignages la contredisant. Ceci dit, si jamais un nouvel témoignage montre que ces événements n'ont jamais existé, le récit perdra cette liaison avec la réalité bien que son statut de fictionnel restera inchangé ; (*ii*) le récit de fiction anticipe de manière prémonitoire des événements futurs qui se produiront tels qu'ils sont décrits dans ce dernier. Dans un premier temps, la description n'a pas pour but de se référer à la réalité, mais une fois que l'événement se produit, le récit de fiction se rapporte à cette dernière selon le cas (i) décrit précédemment. Ces deux cas (i et ii) semblent présenter une caractérisation qui vient enrichir le statut (déjà) fictionnel du récit. Ainsi, le récit de fiction basé sur des témoignages semblerait correspondre à une fiction historique ; tandis que le récit de fiction anticipant des événements de l'avenir semblerait correspondre à un texte prophétique.

Par la suite, on verra quels sont les types de mutation auxquels sont sujets les récits historiques et fictionnels – à l'égard de leur statut – face à la confrontation de nouveaux témoignages.

5.2 La mise en cause des statuts des récits

Par la suite, on voudrait signaler le fait que, à l'égard des énoncés de fiction, c'est l'œuvre de fiction même qui garantit le statut des énoncés qui la composent. Ce qui n'est pas le cas du texte historique (ou référentiel en général), en effet, ce dernier ne garantit pas le statut des énoncés qui le composent.

Lorsqu'on considère qu'un récit historique a pour but de rendre compte des événements du passé, le témoignage comme source de reconstitution chronologique possède un rôle important. En effet, pour Aristote, il s'agit de « chroniques qui sont nécessairement l'exposé, non d'une action une, mais d'une période unique avec tous les événements qui se sont produits dans son cours, affectant un seul ou plusieurs hommes et entretenant les uns avec les autres des relations contingentes. »[44] Ainsi, les témoignages constituent la source qui certifie la véracité des événements qui se sont produits. Autrement dit, lorsqu'on appelle récit historique les écrits élaborés à partir de témoignages, le but est de rendre possible une reconstitution chronologique du passé selon une compréhension spécifique. Naturellement, pas tous les récits historiques partagent ce but, de même, pas tous les

---

[44] Aristote, *Poétique*, 1459a 22-24 (trad. J. Lallot et R. Dupont-Roc).

témoignages consistent en des déclarations (orales ou écrites). Mais, pour l'intérêt de ce travail, qui consiste à établir des ressemblances et dissemblances entre les récits historiques et fictionnels, on va s'en tenir au caractère linguistique des témoignages ainsi qu'à la définition de récit historique donnée par Aristote.

Par rapport à la compréhension spécifique ou au critère qui caractérise une reconstitution historique, il y a, à notre avis, différentes approches du récit historique. Par exemple, on peut reconstituer une bataille sous une approche à intérêt médical qui nous permettra de comprendre (à partir d'une reconstitution chronologique) comment les blessés ont été repérés, transportés et soignés au cours de celle-ci ; ou bien on peut reconstituer la bataille sous une approche qui s'intéresse à la stratégie développée par le général et qui nous permettra de comprendre la distribution de l'armée et les mouvements des soldats dans le champ de bataille. Dans tous les cas, la reconstitution se fait à partir de témoignages, peut être les mêmes, mais qui mettent l'accent sur différents éléments en fonction de la compréhension souhaitée.

À notre avis, un récit historique tient également compte de l'intention de l'auteur. Le recours à des éléments extérieurs pour préciser le statut d'un texte n'est en effet pas une prérogative des textes de fiction. Les récits historiques sont soumis à la même exigence. Mais en dehors de l'intention de l'auteur qu'on rend explicite, par exemple, au moyen d'une étiquette, c'est le *témoignage* qui détermine la spécificité d'un récit en tant qu'historique. En fait, c'est le témoignage qui prétend établir une correspondance entre la description donnée par un récit et des événements du passé.

Le point commun entre les fictions (telles le *Quichotte*) et un récit historique qui décrit des événements quelconques, est le fait qu'aucun des deux ne s'exprime à propos des choses dans l'espace et le temps. Dans ce sens, un récit historique peut être mis en cause lorsque le témoignage où repose le récit est contesté par un autre. De ce fait, un nouveau témoignage plus convaincant pourrait conduire, soit à remplacer un récit qui décrit certains faits par un autre, soit à l'indétermination totale à cause de l'absence d'un critère de décision définitif qui nous mènerait à préférer un témoignage à un autre. Dans le premier cas, le remplacement d'un témoignage par un autre nie la crédibilité du premier récit, cependant, le premier texte pourrait difficilement être qualifié de fictionnel, étant donné que l'intention de l'auteur était une autre. L'indétermination du second est similaire au cas des *Lettres Portugaises* tel qu'on l'a présenté précédemment.

De la même manière, on pourrait mettre en cause le statut des textes de fiction par le biais du scepticisme vis-à-vis de l'intention de l'auteur. Bien que, dans la plupart des cas, c'est l'intention de l'auteur où repose le récit qui certifie son statut de fictionnel, il se pourrait que, par hasard, le texte décrive des faits réels. D'où il serait légitime de se demander quelle était vraiment l'intention de l'auteur. Or, la mise en cause de cette intention ne conduit qu'à l'indétermination totale. D'une certaine manière, la perspective de Macdonald, Searle, comme celle des autres, présuppose l'intention de l'auteur comme un point de départ incontestable.

À notre avis, les textes de sciences expérimentales doivent être considérés autrement. En effet, pour savoir si un texte décrit un fait ou pas, c'est-à-dire, s'il y a quelque chose qui lui correspond dans le monde, on peut toujours y accéder par de procédés expérimentaux (vérification impossible pour les récits historiques). Cependant, la notion d'expérimentation présente des difficultés qu'on ne voudrait pas aborder dans cette présentation. On se limitera à attirer l'attention sur le fait que, à la différence des écrits de sciences expérimentales, la déclaration du témoin pour les textes historiques est l'unique trait avec des faits singuliers qui ne peuvent pas se répéter.

Comme on l'a mentionné précédemment, le statut d'historique d'un récit ne garantit pas le statut des énoncés qui le composent. En effet, on a vu que, normalement, une certaine reconstitution chronologique est mise en cause par d'autres témoignages. Ainsi, l'étiquette d'historique sur la couverture ne garantie pas la véracité ou la correspondance immuable des affirmations du récit avec des événements du passé.

En effet, dans ce dernier cas, un nouveau témoignage peut contester quelques affirmations faites par un historien dans son œuvre sans que celle-ci devienne complètement fictionnelle. Par contre, le fait de reconnaître dans une œuvre de fiction des similitudes avec la réalité, des affirmations qui deviennent scientifiquement vraies ou d'objets imaginaires qui se matérialisent après un certain temps, n'a aucune conséquence sur le caractère fictionnel de l'œuvre. Les œuvres de Jules Verne continueront à demeurer dans les étagères de fiction des libraries, bien qu'elles anticipent certaines réussites scientifiques contemporaines.

5.3 De scientifique à fictif : le rôle de l'éditeur

Dans certains cas, il est possible de changer le statut d'un texte scientifique moyennant l'insertion d'indicateurs externes. Notamment celui des textes scientifiques où établir une correspondance directe avec la réalité s'avère plus difficile.

En effet, il ne s'agit pas de changer de statut à travers un témoignage différent, mais de faire sortir le texte du domaine référentiel en ajoutant un indicateur externe. Un des cas les plus célèbres de l'histoire est celui de l'avant propos rédigé par Andreas Osiander, celui qui s'occupât de la publication de *De revolutionibus orbium coelestium* de Nicolas Copernic. Craignant les conséquences d'une publication susceptible de mettre en cause le courant principal des croyances de l'époque, Osiander avait inséré une préface (sans signature) pour tenter de disqualifier le statut référentiel du texte. En effet, le texte de Copernic proposait un modèle cosmologique alternatif (le système héliocentrique) comme véritable structure de l'univers et qui résolvait tous les inconvénients de calcul de positions des astres que le modèle officiellement accepté (le système géocentrique) laissait sans réponse. Le plus remarquable de l'indicateur externe inséré par Osiander est le suivant :

« … l'auteur de cet ouvrage n'a rien commis qui mérite d'être blâmé. C'est en effet le propre de l'astronomie, de recueillir, par une observation soigneuse et habile, l'histoire des mouvements célestes. Ensuite d'imaginer et d'inventer leurs causes ou les hypothèses, quelles qu'elles soient, d'après lesquelles supposées les mêmes mouvements pourraient être correctement calculés tant dans le futur que dans le présent, d'après les principes de la Géométrie, quoique nulle méthode ne puisse atteindre les vraies. Or ici l'auteur a soutenu excellemment les deux. Et en effet il n'est pas nécessaire que ces hypothèses soient vraies, bien plus pas même vraisemblables, mais cela suffit uniquement si elles produisent le calcul en accord avec les observations... »[45]

C'est Johannes Kepler qui fit remarquer le manque de fondement d'un tel avant-propos dans l'ouvrage de Copernic. Kepler même qualifie de « fiction » la version de Copernic avec la préface d'Osiander :

« C'est une fiction très absurde, je l'admets, de prétendre que les phénomènes de la nature puissent s'expliquer par des fausses raisons. Mais cette fiction n'est pas dans Copernic. Il croyait que ses hypothèses étaient vraies, non moins que les anciens astronomes dont vous parlez. Et non seulement il le croyait mais il démontre qu'elles sont vraies... [...] Voulez vous connaître l'auteur de cette fiction qui vous emplit d'une telle colère? Andréas Osiander est nommé dans mon exemplaire, de la main de Jérôme Schreiber, de Nuremberg. Andréas qui surveilla l'impression du livre de Copernic, regardait la préface que vous déclarez très absurde comme très avisée [...] et la mit en tête du livre quand Copernic était soit déjà mort soit inconscient [de ce que faisait Osiander] »[46]

Il faut remarquer que l'efficacité de cette préface se trouve dans le fait qu'Osiander ne l'a jamais signée, elle a donc été attribuée à Copernic même. Le mystère de la préface dura trois siècles : bien que la participation d'Osiander eût été révélée par Kepler en 1609 et mentionnée par Gassendi dans sa biographie de 1647, les éditions ultérieures de *De revolutionibus orbium coelestium* (Bâle, 1566 et Amsterdam, 1617) reprirent la préface sans commentaire, laissant au lecteur l'impression qu'elle appartenait à Copernic. Seule l'édition de Varsovie de 1854 cite le nom d'Osiander.

---

[45] Copernic, 1998, Avant-propos.

[46] Johannes Kepler, Astronomia Nova, Prefatory matter, Gesammelte Werke, vol. III.

Jusqu'ici, on a vu comment différents auteurs expliquent la relation ou l'absence de relation entre les récits fictionnels et le monde. Soit une étanchéité totale pour Genette, qui coupe tous les liens du récit de fiction avec le monde ; soit une perméabilité référentielle pour Searle, qui consent des ligatures référentielles de quelques morceaux d'une œuvre littéraire, soit la constitution d'un arrière plan avec Macdonald, qui permet de situer le lecteur à l'égard de la narration fictive.

On poursuivra l'analyse par la présentation de deux auteurs qui pensent la relation entre fiction et monde différemment. D'une part, on analysera la perspective épistémologique de Nelson Goodman qui attribue au discours fictionnel (plus précisément aux histoires de fiction) un rôle constitutif de la réalité à partir d'une référentialité figurée. Il s'agit, en effet, d'une perspective qui s'intéresse à intégrer le discours fictionnel dans un processus de construction de la réalité à partir de l'élaboration de ce qu'il appelle versions du monde. D'autre part, l'approche gnoséologique de Jean-Marie Schaeffer qui prétend rétablir la notion de fiction comme inhérente aux facultés de l'être humain à travers lesquelles il comprend et connais le monde.

6. Fiction et constitution du monde

Pour Nelson Goodman, l'interrogation qui porte sur le statut des énoncés de fiction renvoie à la question de la construction du monde. Pour arriver à expliquer le rapport établi par Goodman entre fiction et élaboration de mondes (pluriel), on abordera initialement la notion de projection de prédicats tel qu'elle a été présenté dans son livre *Fact, Fiction, and Forecast*[47]. Dans ce texte, en effet, Goodman formule ce qu'il appelle le problème général de la projection, duquel le « nouvel énigme de l'induction » est un exemple. Le problème que se manifeste avec la projection, est fondé sur l'idée générale qu'on projette des prédicats pour comprendre la réalité en suivant, apparemment, certaines règles qu'on voudrait bien éclaircir. Ce projection de prédicats constitue pour Goodman l'acte même de construire mondes, en fonction de l'approche constructiviste que Goodman défend

---

[47] Goodman, 1983.

principalement dans *Ways of Worldmaking*[48]. Projection d'un prédicat, pour donner une première mais très faible notion qu'après on précisera, est l'application des prédicats aux choses du monde (dans le sens qu'on dit : l'objet là est *rouge*).

Hume, en effet, avait prétendu que les inductions sont fondées sur des régularités trouvées dans l'expérience et conclu que les prédictions inductives peuvent très bien s'avérer être fauses. Dans *Fact, Fiction, and Forecast*, Goodman souligne comment les « régularités » sont eux-mêmes problématiques. Le point de Goodman est qu'il n'y a aucune différence entre les prédicats qu'on utilise et les prédicats qu'on pourrait avoir utilisé dans une projection.

« To say that valid predictions are those base on past regularities, is thus quite pointless. Regularities are where you find them, and you can find them anywhere. »[49]

La énigme de l'induction (et en général le problème de la projection) oblige à chercher une explication qui ne passe pas par les règles. Autrement dit, le problème qui se pose au moment de chercher les fondements sur lesquels on projette certains prédicats et pas d'autres, trouve chez Goodman une réponse pragmatique. En effet, la raison selon laquelle certains prédicats ont plus de succès que d'autres, est fondée sur l'habitude ou ancrage (entrenchment) de certains prédicats et pas d'autres dans une communauté.

Cette idée d'habitude ou ancrage, combinée avec l'idée du succès de la projection de certains prédicats ou symboles plutôt que d'autres, permet – dans la perspective de Goodman – de parler des différentes réalités construites à l'égard de l'accès cognitive de l'être humain au monde, dont l'art est un composant fondamental. Goodman appelle *versions du monde* à ces projections.

---

[48] Goodman, 1978.
[49] Goodman, 1983, p.82.

Pour Goodman, l'élaboration de versions du monde, en effet, n'est pas le privilège d'une approche spécifique. Les textes scientifiques, par exemple, constituent eux-mêmes des versions du monde et remplissent les mêmes fonctions que les récits artistiques. Le propos de Goodman est de donner au discours de la philosophie de l'art – spécialement le discours à propos des fictions- le même degré, entre autres, que l'épistémologie. De la sorte, les récits de fiction sont une version du monde et remplissent une fonction épistémologique :

« Je m'intéresse en priorité ici à ces manières de faire le monde et à ces versions ; car une thèse majeure de ce livre est que, non moins sérieusement que les sciences, les arts doivent être considérés comme de modes de découverte, de création, et d'élargissement de la connaissance au sens large d'avancement de la compréhension, et que la philosophie de l'art devrait alors être conçue comme partie intégrante de la métaphysique et de l'épistémologie. »[50]

Ainsi, les œuvres d'art sont aussi –pour Goodman- des symboles qui se réfèrent au monde de différents manières, les mondes qu'elles mêmes contribuent à construire.

En général, pour Goodman, comprendre le monde de l'art n'est pas différent de comprendre le monde de la science ou de la perception ordinaire. Une telle compréhension nécessite de l'interprétation des différents symboles impliqués dans ces domaines. Et l'interpétation de telles symboles doit tenir compte à la fois, des projections de la communauté dont ces symboles sont ancrées. Autrement dit, ce qui est perçus comme un style artistique, ou comme révolutionnaire, ou comme un critère qui permet distinguer entre littéraire et non littéraire, dépend de ce qui est habituel à l'intérieur d'une communauté culturelle, artistique et linguistique.

La notion de symbole, de laquelle on donnera plus de précisions en bas, est centrale dans la perspective de Goodman. En effet, c'est au moyen de

---

[50] Goodman, 1978, p.133.

symboles des sciences et des arts, selon Goodman, qu'on perçoit, comprend et construit les mondes de notre expérience.

Pour éclaircir la notion de symbole chez Goodman, il faut tenir compte que, en général, comment un symbole réfère, soit dénotation soit exemplification, ce qu'il réfère ou lesquelles de ses caractéristiques il exemplifie, repose sur le système de symbolisation dans lequel le symbole se trouve. En effet, les symboles sont des signes qui ont gagné son statut de symboles - linguistiques, musicaux, graphiques, etc.- pour appartenir à un système symbolique. Et les symboles diffèrent les uns des autres en fonction de la syntaxe et des règles sémantiques différentes qui conforment le système. Considérons un exemple d'un système symbolique, disons, la langue française : elle est composée d'un schéma symbolique, c'est-à-dire, d'une collection de symboles ou caractères avec des règles de combinaison pour construire des nouveaux symboles et associés à un domaine de référence. Dans la langue française, par exemple, le schéma symbolique est composé de caractères comme les lettres de l'alphabet romain – "a," "b", "c", etc. – aussi bien que des caractères composés comme « chien » ou « chat ». Le mode de référence fondamentale pour les systèmes symboliques est la dénotation. Le *schéma* est régi par des règles syntaxiques qui déterminent la forme et la manière de combiner les caractères. Le *système*, par des règles sémantiques qui déterminent comment la gamme de symboles dans le schéma se référer au domaine de référence.

A l'égard de l'art en particulier et des activités symboliques, en général, Goodman préconise une forme de cognitivisme: en utilisant des symboles on découvre (et construit) le monde où on habite. De la sorte, les symboles (entre eux les artistiques) ont un intérêt cognitive qui font de l'art, à son avis, une branche de l'épistémologie. Peintures, sculptures, des sonates de musique, pièces de danse, œuvres littéraires, etc., sont des entités composées de symboles, qui possèdent des fonctions différentes et maintiennent des relations différentes avec les mondes qu'ils réfèrent. Ainsi les œuvres d'art en général nécessitent d'interprétation et les interpréter consiste à comprendre ce qu'ils réfèrent, de quelle manière, et à l'intérieur de quel système de règles.

Puisque la symbolisation est pour Goodman la même comme la référence, il doit aussi être souligné, d'abord, que la référence a, dans son avis, des modes différents et, deuxièmement, que quelque chose n'est un symbole que à l'intérieur d'un système symbolique, c'est-à-dire, une structure régi par les règles syntaxiques et sémantiques distinctives de symboles de ce genre. Entre les systèmes symboliques les plus représentatives se trouvent les langages naturelles, mais il y a aussi d'autres exemples qui concernent des représentations non linguistiques comme les auditives et visuels.

6.1 Modes de Référence : dénotation et exemplification

La notion fondamentale qui est au cœur de la théorie de Goodman de symboles est celui de la référence. Dénotation et exemplification sont les deux modes fondamentales de référence qui Goodman développe dans son analyse.

La dénotation est la relation entre "une étiquette", comme « Mahatma Gandhi » ou « le premier homme sur la lune » et ce qu'elle étiquette. Ainsi, conformément à la perspective nominaliste de Goodman, posséder la caractéristique signalée par un prédicat ou étiquette (comme être rouge), est équivalent à être dénoté par le prédicat ou étiquette. De la sorte, la possession est l'inverse de dénotation : le prédicat être rouge dénote tous les choses qui possèdent telle caractéristique.

L'exemplification est plus proche de la notion d'échantillon. Il y a des objets qui sont dénotés par une étiquète, prédicat ou caractéristique (possession) mais ils ne l'exemplifient pas. L'exemplification est possession plus référence, c'est-à-dire, le symbole qu'exemplifie doit renvoyer à l'étiquète ou prédicat qui l'a dénoté. Dans ce sens le symbole se comporte comme un échantillon du prédicat. Lequel de ses propriétés un échantillon exemplifie, dépend du système dans lequel l'échantillon est utilisé. En effet, tandis que le prédicat rouge dénote tous les choses portant ce couleur, seulement les objets qui servent d'échantillons du couleur rouge exemplifient ce prédicat, comme par exemple un éventail de couleurs de peinture rouge dans une quincaillerie. Cet éventail n'exemplifie pas, en effet, tous les caractéristiques qui possède, mais seulement ce qui sont pertinentes dans les systèmes utilisés pour peindre, c'est-à-dire, la couleur rouge. La taille, forme et qualité du papier de l'éventail seront prises en compte, en tant qu'échantillon des éventails offerts par un éditorial qui vend de produits graphiques aux magasins.

Il y a aussi des dénotations *figuratives* qui permettent au discours fictionnel d'être considéré comme une possible version de la réalité. En effet, la fiction occupe une place importante dans la construction du monde, dans le sens que le composants des énoncés gagnent une référence à l'égard du système symbolique qui les contienne. Goodman affirme que « Les portraits peints ou écrits de Don Quichotte, par exemple, ne dénotent pas Don Quichotte –qui n'est simplement pas pour être dénoté ». Mais ils « jouent un rôle éminent dans la construction du monde ». L'espace de la fiction, en effet, constitue le lieu où l'écrivain forge le monde à travers des dénotations figuratives, un lieu autre que l'espace de la science. Et cette construction se fait au moyen de la projection d'étiquettes qu'on pourrait appeler « fictionnels » :

> « L'application du terme fictif Don Quichotte à des personnes réelles, comme l'application métaphorique du terme non fictif Napoléon à d'autres généraux, et comme l'application littérale de quelque terme nouvellement inventé comme « vitamine » ou « radioactif » aux substances, toutes ces applications opèrent une réorganisation de notre monde familier en choisissent et en soulignent à titre de genre pertinent une catégorie qui coupe au travers de routines bien rodées. »[51]

La projection des termes fictifs permet, en effet, de réorganiser les choses selon une compréhension spécifique.

De la sorte, l'absence de référence dans un sens réaliste coïncide avec une possibilité qui enrichit la présence du discours fictionnel : concrètement la capacité que Goodman attribue aux termes singuliers fictifs d'une dénotation figurative. Autrement dit, on regarde les choses du monde à travers les versions qu'on a construit par le biais d'une projection qui permet

---

[51] *Ibid.*, p.134.

de dénotations figuratives des étiquettes fictionnels. Et on les regarde d'une manière figurative au sens où chacun de ces objets correspond à la version :

« Don Quichotte, entendu littéralement, ne s'applique à personne mais, au sens figuré, s'applique à nombre d'entre nous – par exemple à moi dans mes penchants pour les moulins à vent de la linguistique contemporaine »[52]

Par rapport au discours fictionnel, on a l'impression chez Goodman qu'il n'y a pas de termes singuliers ou termes généraux. En effet, toutes les expressions dénotatives se transforment dans une sorte de *schéma prédicatif* qui permet de dénoter figurativement les choses de la réalité. De la sorte, ce qui à l'intérieur de l'œuvre littéraire se présente comme un nom : *Don Quichotte*, se transforme dans le schéma prédicative *être quichottesque*, qui permet de dénoter des gens réels qui réunissent tels caractéristiques. Tel schéma peut dénoter qu'un individu ou un ensemble d'individus.

6.2 Versions et mondes possibles

Parmi les différentes critiques à la perspective de Goodman, on fera mention de celle que Roger Pouivet adresse aux notions de monde et versions. En effet, Pouivet attire l'attention sur les problèmes de compréhension qui résultent de l'idée de *versions* du monde. Initialement parce que la pluralité de versions paraît conduire à la de pluralité de mondes actuels. Nos avons vu, en effet, que chez Goodman il y a plusieurs versions possibles de la réalité : versions scientifiques, versions esthétiques, etc. Mais, si l'idée d'un monde indépendant de tout version est insoutenable dans la perspective de Goodman, comment est-ce qu'on doit comprendre, alors, la coexistence de ces mondes ?

En effet, selon la formulation courante de « pluralité de mondes », ont est amené, selon Pouivet, à la postulation inacceptable ontologiquement d'une pluralité de mondes actuels. Il peut avoir une pluralité de mondes possibles, selon Pouivet, mais jamais une pluralité de mondes actuels. Mais l'engagement de Goodman avec cette idée est explicite :

---

[52] *Ibid.*, p.134.

« Les multiples mondes que j'autorise correspondent exactement aux mondes réels faits par, et répondant à, des versions vraies ou correctes. Les mondes possibles ou impossibles censés répondre à des versions fausses, n'ont pas de place dans ma philosophie. »[53]

Une manière de s'expliquer cette pluralité, autre qu'une interprétation ontologique, est de comprendre la pluralité en termes figuratifs. Autrement dit, l'expression « pluralité de mondes », affirme Pouivet, peut être comprise comme une façon de parler des multiples versions du monde. Mais pour ce chemin portant, on n'arrive pas à expliquer la notion de « monde des mondes »[54] qui fait du premier monde, selon Pouivet (en suivant une idée de Frédéric Nef[55]), un objet hors de toute version possible. Il faut aussi tenir en compte, selon Pouivet, qu'en plus d'une pluralité de mondes, la notion de multiples versions aboutirait à la de multiplication des créateurs : un créateur pour chaque monde créé. Il s'agirait, en effet, d'une interprétation idéaliste de la perspective goodmanienne selon laquelle nous faisons des mondes en construisant des systèmes symboliques projectibles, comme on a déjà remarqué plus haut. Mais pour Pouivet soit il y a un créateur, soit il n'y en a aucun, puisque sinon il y aura une sorte d'emboîtement de créateurs qui contredirait sa propre condition étant donné qu'aucun créateur peut être la création d'aucune autre créateur.

Une autre manière de comprendre la pluralité des versions, selon Pouivet, est à l'égard de la thèse de Goodman selon laquelle « l'ontologie est évanescente »[56]. Au moyen de cette formulation, selon Pouivet, Goodman exprimerait « le refus d'une ontologie absolue, qui prétendrait dire comment sont les choses en elles mêmes, indépendamment de toute version. »[57] De la sorte, Goodman développe sa vaine pragmatique dans la perspective de versions, dans le sens que on ne tient pas compte des choses du monde, mais du « rôle que joue l'activité, le processus même de se rapporter aux choses,

---

[53] Goodman, 1992 [1978], p.125.
[54] Goodman, 1994, p.172.
[55] Nef, 1991
[56] Goodman, 1984, p.29.
[57] Pouivet, 1996, p.80.

dans la considération de la réalité. [...] Quand on fait des mondes, ce ne sont pas les mondes qui importent, mais ce que l'on fait. »[58]

La perspective de Pouivet, en effet, s'enrichie de la perspective de Goodman. En général, le propos de Pouivet est de considérer art et connaissance comme des royaumes pas dissemblables. Pouivet va à la rencontre des perspectives plutôt kantiennes qui soutiennent une dissociation entre l'acte de connaissance et l'expérience esthétique. Outre que rétablir une interface solide entre l'art et la connaissance (sensibilité & rationalité), Pouivet soutienne que l'esthétique même est un domaine de la logique. La logique comprise –de manière générale- comme une étude formelle des relations entre des éléments. De ce fait, l'esthétique –affirme Pouivet- est la mise en œuvre de relations logiques parfaitement déterminés. En effet, l'expérience esthétique -selon Pouivet- se met en rapport avec la connaissance pour le fait que toujours présuppose la maîtrise d'un système symbolique. Cette maîtrise peut être comprise comme la capacité de mettre en œuvre des relations logiques entre des éléments déterminés. De la sorte, Pouivet parle d'expérience esthétique cognitive.

Le propos de Pouivet est de montrer qu'en fait il n'y a pas une distinction entre des sciences ou connaissance rationnel, d'une part, et l'art d'autre. Le point fort de son propos est-ce qu'il n'y a qu'une seule activité cognitive qui s'exerce également dans le domaine esthétique que dans le domaine conceptuel. Ainsi, la maîtrise des symboles de la part de l'esthétique peut être décrite avec une logique. La logique dont il pense Pouivet, est une logique de premier ordre. En effet, les relations logiques mises en jeu dans la description du fonctionnement esthétique des symboles sont extensionnelles : les quantificateurs, dans sa perspective, ne rangent que sur des entités individuelles.

De la sorte, avec un intérêt centré dans l'élaboration d'un discours esthétique soumis à des exigences logiques, Pouivet se limite à la logique de premier ordre. Autrement dit, dans un langage qu'empêche des formulations où des concepts, comme par exemple : joie et tristesse, soient considérés

---

[58] *Ibid.*, p.81.

comme des objets. De ce fait, l'extensionalisme qui propose Pouivet pourrait être identifié avec un nominalisme pour les distinguer du platonisme qui caractérise les logiques de second ordre. En suivant le *dictum* de Ockham qu'assure une perspective ontologique parcimonieuse, Pouivet attend se tenir s'approcher, dans son analyse de l'esthétique, au consignes de l'analyse logico-linguistique.

Par rapport aux énoncés de fiction, le propos de Pouivet est de « fournir un appareillage conceptuel suffisamment neutre (d'un point de vue ontologique) grâce auquel il est possible d'examiner le fonctionnement symbolique des étiquètes non dénotantes. »[59] L'enjeu ontologique de fournir un critère dont une étiquette est dénotant ou non, ne concerne pas la recherche de Pouivet, bien que pour lui les énoncés fictionnels sont des énoncés contenant au moins un terme fictionnel. Les termes fictionnels (comme Don Quichotte) sont compris, en accord avec la perspective de Goodman, comme des étiquettes. Ces étiquettes, selon Pouivet, peuvent fonctionner de deux manières différentes : soit ils assument l'existence des objets fictifs, en assument un perspective réaliste et ontologiquement engagé (Pouivet pense plutôt à Meinong et Parsons) ; soit ils n'assument pas l'existence des objets fictifs (perspective ontologiquement neutre). De la sorte, le fonctionnement symbolique des étiquettes est le suivant : si l'étiquette est chargée ontologiquement, dénote l'objet existant et le même objet exemplifie l'étiquette concernée ou d'autres prédicats. Lorsque l'étiquette est ontologiquement neutre, c'est l'étiquette même qu'occupe la place de l'objet. Voyons les deux cas avec un exemple : pour ceux qui croient à l'existence de « Pegasus », l'étiquette « être un cheval ailée » dénote un objet existant et le même objet existant exemplifie, par exemple, le prédicat « être une créature volante ». Pour ce qui ne croient pas à l'existence de « Pegasus », ce qu'exemplifie l'étiquette « être une créature volante », est la même étiquette « Pegasus » ou une image de lui, bien que le prédicat « être une créature volante » ne dénote aucun cheval ailée.

« Quand quelque chose est étiqueté par le prédicat « être irréel », c'est qu'il s'agit d'une étiquette et non d'un objet qui lui-même est dénoté par des

---

[59] *Ibid.*, p.130.

prédicats, x, y ou z s'appliquant à des objets et non à des étiquettes. Si dans la fiction, ce qui est en place d'objet ce sont des étiquettes, se demander si des tels objets existent n'est plus de mise ou, au moins, n'est plus nécessaire à la compréhension du fonctionnement des symboles fictionnels. Dans une ontologie sans anges les images d'anges ne dénotent pas des anges, mais sont exclusivement des étiquettes exemplifiant le prédicat « être un ange », lequel ne dénote pas des objets mais des étiquettes. »[60]

Toujours avec le même intérêt centré dans rapport entre langage et monde, voyons maintenant comment contribue Jean-Marie Schaeffer à l'analyse de la fiction.

7. Rôle gnoséologique des fictions :

Dans *Pourquoi la fiction ?*, Jean-Marie Schaeffer accorde une place centrale à la fiction dans la gestion de notre rapport au monde. Il défend la fiction comme une des modalités de perception, de compréhension et d'apprentissage du monde inhérente à l'être humain. Son approche prétend dissoudre le dualisme traditionnel établi entre l'illusion que produit la fiction et les moyens de connaissance du monde. Un dualisme qui ne permet pas de penser les fictions comme intervenantes dans aucun processus gnoséologique. En général, pour légitimer la fiction, il se sert de théories de la psychologie cognitive qui lui permettent de donner aux fictions un rôle spécifique dans les processus d'apprentissage.

Lorsqu'on a reconnu un texte comme fictionnel, que s'ensuit-il ? Quelle est l'attitude que chacun entretient avec les énoncés qu'y apparaissent ? Dans la perspective de Schaeffer, une fois qu'on est entré dans la fiction (point de départ : texte reconnu comme tel), on établit un rapport spécial avec les énoncés fictifs dont l'illusion qu'ils produisent (leurres) n'ont pas le même effet sur le lecteur. En effet, si le lecteur les regarderait sérieusement, c'est-à-dire, comme des énoncés qui décrivent des choses réelles, il sera piégé pour les désajustements des affirmations avec la réalité.

---

[60] *Ibid.*, p.130.

Pour Schaeffer ce rapport spécial avec le caractère fictionnel du texte répond aux attitudes que le lecteur entretient avec le texte. De la sorte, Schaeffer centre son analyse sur les mécanismes qui règlent la crédulité et l'incrédulité des lecteurs à l'égard des leurres que produisent les illusions et les conséquences qui en dérivent.

7.1 Neutralisation des leurres :

La perspective de Schaeffer ne se réduit pas à la fiction littéraire : au contraire, elle envisage, un faisceau de pratiques qui considèrent aussi bien le texte que l'espace de la mise en scène au théâtre, la fiction cinématographique ou encore le jeu de l'enfant. Dans tous les cas, la fiction serait comprise comme le moyen de négocier le rapport au monde, que ce soit par la lecture ou par le jeu.

Dans le cas particulier de la fiction littéraire, les mécanismes de contrôle dont parle Schaeffer accomplissent une action de neutralisation des leurres produits par les illusions générées par les récits de fiction. Cette neutralisation dérive dans une « acceptation » du contenu du récit de fiction de la part du lecteur. En effet, cette acceptation met en garde le lecteur par rapport à la fausseté du texte, mais, en même temps, lui permet de croire ce que raconte l'histoire. On serait prêt à accepter qu'au 221 B Baker Street habite un détective appelé Sherlock Holmes, mais on ne se rendra jamais à Londres pour aller frapper à sa porte, surtout parce que sa maison et lui-même n'existent pas. Cette acceptation, comme mode de lecture particulier, apparaît bien reflétée dans l'expression du poète anglais Samuel Taylor Coleridge : « suspension consentie de l'incrédulité » (*willing suspension of disbelief*)[61].

---

[61] « [...] il fut convenu que je concentrerais mes efforts sur des personnages surnaturels, ou au moins romantiques, afin de faire naître en chacun de nous un intérêt humain et un semblant de vérité suffisants pour accorder, pour un moment, à ces fruits de l'imagination cette suspension consentie de l'incrédulité, qui constitue la foi poétique. » [Coleridge S.T. *Biographia Literaria*, 1817]

Cette suspension consiste en une interruption de tout engagement vérifonctionnel à l'égard des affirmations du récit fictionnel. C'est justement l'engagement qui caractérise une lecture référentielle qui maintiendrait notre attention à la surface compositionnelle du vrai et du faux. En effet, au moyen de cette interruption – qui se traduit par une suspension consentie de l'incrédulité –, on est dispensé de faire face au récit de fiction comme s'il s'agissait d'un tissu de signes qui doit être interprété en rapport avec le monde réel.

Cette interruption, qui en même temps est une acceptation de la part du lecteur des affirmations qui composent le récit de fiction, permet de se représenter l'accès à la fiction comme une immersion dont les mécanismes ou dispositifs de contrôle qui neutralisent les leurres opèrent à tout instant. En effet, cette immersion volontaire se fait avec les poumons pleins d'oxygène afin de neutraliser les effets des leurres qui produisent les expressions du récit. Il s'agit –selon Schaeffer- de ne pas céder à l'illusion.

7.2 Immersion et modélisation fictionnelles :

L'immersion en tant que moyen joue pour Schaeffer un rôle fondamental dans la fiction. C'est elle qui nous permet d'accéder au but de tout dispositif fictionnel : l'univers de fiction. Elle active ou réactive le processus de modélisation fictionnelle et nous amène à adopter l'attitude du « comme si ». Selon Schaeffer, les représentations fictionnelles ainsi que les représentations factuelles ou référentielles, ont le même statut en tant que représentations. En effet, les deux relèvent de notre capacité à modéliser le monde par le biais de représentations. Lorsqu'on est confronté à la fiction (lecture d'un roman, spectacle ou jeu d'enfants), l'immersion fictionnelle se produit au moment de percevoir les représentations qui apparaissent avec les contraintes d'utilisation mentionnées précédemment. Mais il s'agit toujours de représentations, telles qu'on en aperçoit dans toutes les situations de la vie quotidienne.

Ainsi, d'une part, à l'égard de la fiction, on suspend le jugement qui porte sur le vrai et le faux et, d'une autre, on bloque temporairement la capacité de contrôler ce que l'on perçoit. De cette manière, la fiction provoque une interruption entre la capacité de percevoir les représentations et les jugements selon le vrai et le faux. Par exemple, on ne songerait jamais à appeler la police lors d'un assassinat commis dans un film de fiction qu'on a vu au cinéma.

Pour Schaeffer, il est important de distinguer entre les notions d'*immersion* et de *modélisation* comme deux aspects du même dispositif fictionnel. En effet, cette distinction permettrait d'éviter des conceptions concurrentes de la fiction sur la base d'avoir privilégié une des deux notions. En particulier, celles qui réduisent le dispositif fictionnel à la fabrication de semblants et celles qui s'opposent à cette procédure. La distinction entre immersion et modélisation concerne, d'un côté, le moyen qu'il met en œuvre, à savoir l'immersion même ; et d'un autre, le but qui est servi par ce moyen, à savoir l'accès à la modélisation fictionnelle d'états de faits quelconques. La fiction n'a pas pour but de nous leurrer, mais elle se sert des leurres pour atteindre sa véritable finalité, celle de nous engager dans une activité de modélisation, à savoir, *entrer* dans la fiction.

Schaeffer dénonce une confusion entre *moyen* et *but* comme la source des difficultés qui caractérise la reconnaissance de la valeur modélisante de la fiction, d'où son rôle gnoséologique. Selon lui, la confusion est due, d'une part, (i) à la façon dont nous abordons, de manière générale, le problème de la relation entre la fiction et les autres modalités de la représentation (la perception, les croyances référentielles, la connaissance abstraite, la réflexion, etc.), d'autre part, (ii) à la manière dont les dispositifs fictionnels peuvent se rapporter à la réalité dans laquelle on vit. Le premier problème semble concerner la relation entre représentation fictionnelle et assertion référentielle, qu'au même temps concerne la différence de statut entre les entités fictionnelles et les entités de la réalité physique qui est à l'origine de la deuxième confusion.

De ce fait, l'analyse de la fiction conduit, selon Schaeffer, à celle du statut référentiel des phrases fictionnelles et à celle du statut ontologique des entités fictives. Schaeffer affirme que cette approche a influencé les définitions philosophiques de la fiction proposées au XXème siècle, dans ce que Schaeffer appelle un cadre résolument sémantique. Mais pour lui, le statut des fictions ne saurait être défini à ce niveau étant données les insuffisances de ces approches.

En effet, l'un des points les plus décisifs de l'approche de Schaeffer est de montrer que les questions de dénotation des énoncés fictionnels et de statut ontologique des entités fictives sont secondaires. Ainsi, s'appuyant sur le propos de Gérard Genette, il prétend que la fiction « est au-delà du vrai et du faux »[62] car elle met entre parenthèses la question de la valeur référentielle et du statut ontologique des représentations qu'elle induit. Référence et statut ontologique n'ont finalement que peu d'intérêt pour la compréhension des dispositifs fictionnels : « [*ils*] témoignent du fait que la philosophie a un problème avec la fiction »[63]. Ainsi, la différence entre fiction et non-fiction est, pour lui, d'ordre pragmatique et ne concerne ni la référence ni les questions ontologiques.

Sur ce point, Schaeffer revient aux thèses de Searle. C'est lui qui, à son avis, propose l'alternative la plus adéquate : celle de remplacer l'approche sémantique par une perspective *pragmatique*. Dans la perspective de Searle ce qui distingue la fiction d'autres modalités de représentation, est pour l'essentiel un *usage* spécifique. En accord avec l'idée qu' « il n'y a pas de propriété textuelle, syntactique ou sémantique qui permette d'identifier un texte comme œuvre de fiction », pour lui, tout ce qui compte, c'est « la posture illocutoire que l'auteur prend par rapport à elle »[64]. En s'appuyant sur cette perspective dont on a donné plus de détails précédemment Schaeffer souligne que, ce qui caractérise les représentations fictionnelles, est moins leur statut logique (qui peut en fait être plus divers) que l'usage qu'on peut en faire[65].

A notre avis, pour Schaeffer, la vérité et fausseté des énoncés fictionnels n'est sujette qu'à une sémantique compositionnelle. Mais réduire les capacités de la logique à celles d'une sémantique référentielle semble négliger

---

[62] Genette, 1991.
[63] Schaeffer, 1999, p.211.
[64] Searle, 1979, [1982], p.109.
[65] Schaeffer, 1999, p.200

les contributions de la logique des dernières années. Surtout en ce qui concerne les développements dans la direction de la théorie de jeux et plus particulièrement, concernant ce travail, le pragmatisme dialogique. Concrètement, on défendra l'idée qu'il est possible de s'engager avec une preuve des énoncés fictionnels dans le cadre d'une approche pragmatique qui comprenne la signification comme un usage spécifique du langage. Nous reviendrons sur ce point par la suite.

Selon Schaeffer, au lieu de s'occuper du type de relation qu'entretient la fiction avec la réalité, il convient plutôt de se demander pour quel genre de réalité *est* la fiction elle-même. Une telle perspective ouverte par Schaeffer s'interroge de préférence sur la fonctionnalité de la fiction à l'égard de la réalité que sur des questions ontologiques. Plus précisément, il s'agit de savoir comment la fiction *opère* dans la réalité. Pour lui, la fiction opère comme une modélisation mimétique selon trois modes différents : contenus mentaux, actions humaines physiquement incarnées et représentations publiquement accessibles (paroles, textes écrits, images fixes, cinéma, documents sonores, etc.) La première repose sur les deux dernières. Ainsi, Schaeffer, considère la fiction comme partie intégrante de la réalité, dans la mesure où la fiction, en tant que réalité pragmatique, nécessite toujours l'instauration d'une attitude mentale spécifique (soit l'autostimulation imaginative, soit la feintise partagée dans le cas des fictions publiques). De ce fait, si toute fiction existe au moins comme contenu mental, la réciproque n'est pas correcte : seuls sont fictionnels les contenus mentaux délimités par le cadre pragmatique d'une autostimulation imaginative ou d'une feintise partagée, vécus sur le mode de l'immersion fictionnelle.

La notion de « feintise ludique partagée », qui revient au concept de « feintise partagée » de Searle, relève de la dimension consensuelle de la réception des fictions par les lecteurs. Le point est ici que la fiction n'est pas un phénomène isolé. Tout acte de perception et de reconnaissance d'une fiction est un acte partagé par les autres membres de la société. C'est dans ce sens que la fiction se distingue du leurre et du mensonge : les énoncés trompeurs ne relèvent pas de cette dimension consensuelle étant donné que leur spécificité n'est pas partagée par tous.

7.3 La composition dialectique du récit de fiction

Jusqu'ici, l'argumentation en faveur de la fiction pour laquelle Schaeffer s'engage passe donc par une description des mécanismes de contrôle de l'illusion. Dans ce sens, le *pourquoi* de la fiction consiste à fonder sa nécessité gnoséologique sur la base de son rôle psychologique dans l'apprentissage.

Voyons maintenant le rôle attribué par Schaeffer aux termes référentiels par rapport aux termes strictement fictionnels ainsi que leur possible participation dans le processus d'apprentissage.

À différence de Searle, qui s'engage avec la vision synchronique d'une coexistence harmonieuse entre deux types des termes : fictionnels et référentiels, Schaeffer s'incline plutôt pour une vision qu'on pourrait qualifier de dialectique dans laquelle il y a une totalité intégrée qui ne retient pas le statut des composants. Comme on l'a vu précédemment, pour Searle, le lecteur alterne entre deux régimes de lecture lui permettant d'isoler certaines expressions afin de leur appliquer une lecture référentielle.

Néanmoins, le point de vue de Schaeffer est plus proche de la perspective de Gérard Genette. En partant de l'affirmation de ce dernier : « le tout est plus fictif que chacune des ses parties », Schaeffer propose un rapport dialectique entre les différents niveaux. Dialectique la mesure où la totalité composée n'acquiert pas son statut à partir du statut des composants. En effet, le statut global du texte de fiction, qui émerge comme fictionnel, n'est pas établi à partir des statuts des énoncés qui le composent. Ces derniers restent les uns fictionnels et les autres référentiels :

« Dans la mesure où il dépend du cadre de la feintise ludique partagée, le caractère fictionnel d'une représentation est une propriété émergente du modèle global, c'est-à-dire qu'il s'agit d'une propriété qui ne saurait être réduite à −ni être déduite de- la sommation du caractère dénotationnel ou non des éléments locaux que se modèle combine. »[66]

---

[66] Schaeffer, 1999, p.224

Etant donné la place centrale qu'occupe la fiction dans la gestion de notre rapport avec le monde, cette coprésence dialectique nous informe de la manière particulière dont la fiction joue son rôle cognitif :

« La fiction [...] n'est pas isotrope en ce sens que son statut n'est pas réductible à –ou déductible de- la sommation des valeurs de vérité des éléments dont elle se compose, mais dépend d'une condition qui n'appartient qu'au modèle dans sa globalité, en ce que la modélisation fictionnelle impose des contraintes particulières à la manière dont elle peut entrer en relation avec nous autres représentations [...]. »[67]

Donc, par rapport aux termes référentiels, les récits de fiction parlent du monde mais pas de manière directe. Autrement dit, ils gagnent un statut gnoséologique dans la gestion des rapports qu'on entretient avec le monde.

L'exploration des perspectives de Goodman et de Schaeffer a aidé à comprendre l'importance du rôle de la fiction dans l'interface gnoséologique et épistémologique de l'être humain et le monde. De plus, à notre avis, les deux perspectives pourront être considérées comme complémentaires au propos du présent travail. En effet, considérer la fiction dans son rôle actif dans la constitution de la réalité ou dans sa participation dans des processus de connaissance du monde, est tout à fait compatible avec le rôle que, à notre avis, possède la notion de fiction dans la logique, notamment l'action d'établir une distinction au niveau du choix d'individus dans un processus de preuve.

8. Fiction et contraste

Avant de finir cette section on voudrait faire quelques remarques à propos du rôle des termes référentiels et non référentiels (fictifs) dans les récits de fiction. A notre avis, entre les cas d'étanchéité (Genette) et les îlots référentiels (Searle), il y a la possibilité de comprendre le rôle des termes singuliers à l'égard d'une dynamique établie par le lecteur au moment de se confronter aux affirmations du récit. En quelque sorte, la dynamique permet

---

[67] Schaeffer, 1999, p.225

de produire un effet de contraste entre la possible référence des termes qui apparaissent dans un récit et les objets réels. En effet, on a deux cas possibles à analyser : (i) soit il s'agit de termes référentiels : tel le terme « Paris » pour se référer à une ville réelle, (ii) soit il s'agit de termes strictement fictionnels tels « Pégase » ou « Emma Bovary ».

Pour le premier cas on considère l'exemple suivant : imaginons un romancier qu'utilise le mot « Paris » pour désigner la capitale française où se promène son personnage inventé. On se demande s'il s'agit de la ville française ou pas. Mais, à notre avis, la question de la référence est seulement une étape dans le processus qui donne le nouveau statut au terme Paris. On estime que le terme Paris gagne son nouveau statut grâce au contraste qu'établi le lecteur entre la ville française (l'objet réel) et la représentation de cette dernière dans le récit. Notamment à l'égard de la présence d'éléments n'appartenant pas à l'objet réel, comme par exemple un personnage (inexistant) qui se promène près de la Place d'Italie à Paris. Une fois le texte reconnu comme récit de fiction (par le biais de l'intention de l'auteur reflété dans la couverture), les énoncés gagnent leur statut fictionnel dans le jeu dynamique de contraste que le lecteur établi entre les objets du monde et les représentations du texte.

En accord avec la discussion qui met en cause les indices formels pour l'identité d'un texte en tant que fiction, on ne croit qu'une phrase du type : « le dinosaure faisait la sieste sous l'Arc de Triomphe à Paris » est fictionnel que par l'aveu explicite de l'auteur. Mais une fois franchie cette détermination, le « Paris » de l'affirmation gagne son statut fictionnel justement parce qu'il fait référence à la ville française (l'objet réel) où il n'y a pas des dinosaures qui se promènent et encore moins, des animaux préhistoriques qui font la sieste sous l'Arc de Triomphe. A notre avis, peu importe, du point de vue internaliste, s'il s'agit de la même ville de Paris ou pas, ce qu'importe c'est la signification que gagnent les termes singuliers dans le jeu dynamique de lecture.

Pour le deuxième cas, il se passe la même chose, par exemple avec le terme « Pégase » (le cheval ailée). C'est justement la référence aux chevaux et aux choses ailées qui permet de donner à Pégase toute sa dimension fictionnelle : les chevaux n'ont pas d'ailes et les choses ailées ne hennissent pas. Mais il faut dire ici que la signification que gagne le terme Pégase dans un récit de fiction ne concerne que le rôle du terme par rapport au processus de lecture. Ce processus consiste à établir un contraste entre les différentes références concernées et la représentation d'un individu réunissant tous les attributs de ces références. Mais il faut dire aussi que la signification des termes en tant que fictionnels ne concerne pas des questions ontologiques et ne met pas en cause le fait que Pégase puisse concerner lui-même une entité abstraite.

Dans le cas des noms fictionnels où il n'est pas possible de faire des contrastes directes, à la manière dont on compare un cheval ailé (sa représentation) avec un véritable cheval, son statut vient donné –à partir de la déclaration du romancier- par le simple fait que de tels personnages font partie de l'invention de l'auteur. C'est le cas de « Rossinante », le cheval de « Don Quichotte » dont rien contraste avec les autres chevaux, seulement qu'il a été inventé par Cervantès.

Le but ici est simplement de signaler qu'il est possible d'imaginer le rapport entre un lecteur et les récits fictionnels comme un rapport dynamique et permanent avec la réalité. Un rapport dynamique consistant en une interaction incessante fondée, principalement, sur la non-coïncidence ou la démesure entre la réalité et les représentations induites par la lecture d'un récit de fiction. La fiction se trouve dans la discordance, dans l'asymétrie, dans la disproportion qui nous étonne.

Jusqu'ici on a exploré la question du statut des récits de fiction en cherchant les fondements pour élaborer un critère qui permettra de différencier les textes référentiels (tels les ouvrages historiques) des récits fictionnels. A cet égard, on s'est interrogé également sur le rôle des termes référentiels qui participent dans un récit pour voir jusqu'à quel point leur présence entretient un rapport direct avec le monde.

Dorénavant l'analyse va s'enrichir avec de nouvelles perspectives mais continuera toujours sur la voie de la même interrogation. En effet, on continuera la recherche sur le statut des énoncés de fiction et sur le statut des récits de fiction, mais avec un intérêt qui se dirige vers le rôle que remplissent les termes fictionnels, non seulement à l'intérieur du récit (point de vue internaliste) mais aussi à travers les différentes œuvres littéraires (point de vue externaliste). Dans ce sens, on se servira dans ce qui suit de la scission entre réalistes et irréalistes. Par la suite, on sera engagé avec des contraintes ontologiques à l'égard de l'utilisation de termes fictifs. En effet, l'analyse de ce travail s'orientera vers les avantages ou désavantages de postuler l'existence d'entités fictives.

Chapitre II : Facta et Ficta : Objets fictifs et fiction : Le point de vue externaliste

À la suite d'une analyse dont on a mis l'accent sur le statut des énoncés de fiction et le récit qu'ils composent, ainsi que sur le rôle des termes référentiels qu'y apparaissent, on propose maintenant de poursuivre la réflexion sur les fictions à partir de la distinction entre réalistes et irréalistes. Une telle distinction prétend insérer dans l'analyse la discussion qui porte sur le rôle des termes singuliers fictifs dans les récits de fiction (noms de personnages, villes, etc.). En effet, pour ceux qui s'engagent avec le postulat des objets ou entités fictives (les réalistes), le rôle des termes singuliers fictifs garde des ressemblances et des dissonances avec les termes référentiels, ce qu'on explorera chez différents auteurs. Pour ceux qui essayent d'éviter tout postulat (les irréalistes), le rôle des termes fictifs est nul à l'égard des sémantiques référentielles soutenues par la plupart d'entre eux.

L'introduction de la distinction entre réalistes et irréalistes engage l'analyse avec des considérations ontologiques à l'égard des fictions. En effet, soit l'interrogation pour le statut des termes singuliers dans des récits de fiction amène à la considération d'un domaine d'individus où il y a des existantes et des fictions, soit l'analyse ne tient compte que du domaine des existants.

Par suite, nous explorerons, dans les perspectives réaliste et irréaliste, les avantages et inconvénients de la postulation ou non des fictions par rapport à l'élaboration d'une théorie de la fiction qui puisse rendre compte des exigences minimales imposées par les pratiques littéraires les plus élémentaires. Il s'agit des exigences minimales qui rendent possible une discussion dans la rue ou un échange d'opinions au sujet d'un personnage. Autrement dit, l'analyse se poursuivra avec l'intérêt de savoir si les réalistes, aussi bien que les irréalistes, parviennent à donner des réponses satisfaisantes à deux des principaux problèmes que, à notre avis, toute théorie s'occupant des fictions se doit de résoudre, à savoir : (i) la question des conditions d'identité valables pour les personnages ; (ii) se confronter aux problèmes habituellement produits par la notion de référence des noms, à l'égard du caractère fictionnel des personnages. On analysera les avantages et inconvénients de chaque perspective aussi bien pour ceux qui postulent des fictions que pour ceux qui les nient (réalistes et irréalistes).

1. La perspective des irréalistes : Faire semblant (*pretense*) et Faire croire (*make-believe*)

Comme nous avons remarqué quelques lignes plus en haut, on étendra l'interrogation pour le statut du discours fictionnel à la présence des termes singuliers fictifs. En effet, en plus des termes référentiels on considérera les enjeux sémantiques et ontologiques de nommer des objets et des personnages inventés par un auteur dans un récit de fiction. Sémantique dans la mesure où l'analyse se dirige vers les questions de la référence des termes fictifs et la valeur de vérité des phrases où ils apparaissent. Ontologique puisque les perspectives qui s'occupent de discours fictionnel à l'égard des termes fictifs se divisent en ceux qui postulent des objets ou entités fictifs qu'habitent le monde parmi les autres objets (réalistes) et ceux qui nient tout statut ontologique aux fictions (irréalistes).

Dans ce premier segment du chapitre, on va s'occuper des irréalistes. Avec ce propos on verra comment est-ce que cette perspective -qu'on pourrait dénommer parcimonieuse dans le sens que ses supporteurs conduisent son analyse du discours fictionnel en essayant de no élargir le royaume des objets.

1.1 L'utilisation des énoncés

Certains auteurs pensent qu'il y a des marques propres à la fiction. C'est le cas de Hamburger[68] qui, comme nous avons remarqué plus en haut, croit apercevoir des indices de fictionalité dans l'emploi de certains verbes ou dans l'usage du discours indirect qui manifeste l'omniscience d'un narrateur. Nous avons vu aussi comment ces indices résultent insuffisantes à l'égard des exemples qui montrent nettement qu'il ne faut pas confondre des symptômes de fictionalité avec ce qui fait qu'un texte est fictionnel ou non.

---

[68] Hamburger, 1986.

Une autre alternative de penser en quoi est-il de fictionnel un écrit en général, soit un récit, un roman ou une œuvre littéraire, c'est de penser à la relation qui gardent les mots avec le monde. Autrement dit, penser à les propriétés sémantiques de référence et de valeur de vérité des phrases ou ils apparaissent comme la caractéristique qui distingue le fictionnel du non fictionnel. Des telles propriétés seraient inexistantes dans les textes de fiction. C'est la perspective des descriptivistes dont il y a des point de vues comme ce de Bertrand Russell qui prétend que toute affirmation qui porte sur des personnages fictifs (à exception de la négation de son existence) est fausse puisqu'il s'agit de noms de personnages sans référence (comme ce de Pégase), ou celle de Gottlob Frege qui nie toute valeur de vérité ou phrases composés des termes sans signification (*Bedeutung*) tel le cas des noms des fictions. On analysera la perspective des descriptivistes plus en détail dans les chapitres suivants.

D'entre ceux qui nient tout statut ontologique aux fictions, on va s'occuper des perspectives de Kendal Walton[69] et Gregory Currie[70] comme le plus représentatives des irréalistes, à l'égard, principalement, des critiques qu'ils dirigent vers les descriptivistes.

En effet, pour ceux deux auteurs ce qui caractérise un texte de fiction n'est pas une relation absente entre le langage et le monde (référence) ou une valeur de vérité spécifique qui serait toujours le vrai, le fausse ou l'absence des deux valeurs. L'absence de référence au monde est mise en question par le fait que certains auteurs de fiction explicitement s'engagent avec des récits de fictions dont il y a des références au monde, comme –par exemple- la mention de Napoléon dans certains œuvres de Tolstoï. De même, lorsqu'on tient en compte le discours de la critique littéraire, il y a un traitement des personnages de fiction comme des individus spécifiques tout en étant une œuvre référentiel. Et pour ce qui concerne la valeur de vérité que caractériserait un récit comme étant de fiction ou non et qui pour certains auteurs serait la fausseté, dans la plus part de cas il ne faut pas attendre le moment décrit pour un romancier de science fiction qui décrit des

---

[69] Walton, 1990.
[70] Currie, 1990.

événements futurs ou de mettre en place certains opérations pour éprouver qu'il s'agit d'un texte de fiction. Aussi dans les textes référentiels (comme les historiques) il y a parfois des descriptions que s'avèrent fausses sans changer le statut de référentiel du texte.

Currie affirme que la distinction entre textes fictionnels et non fictionnels, loin de reposer sous des propriétés sémantiques, peut être établie en fonction de la manière dont les énoncés sont utilisés. En effet, ce qui caractérise un texte comme de fiction pour Currie ne serait pas une propriété sémantique mais pragmatique. De même que Searle, Currie affirme que certains énoncés, et l'ensemble qu'ils composent, gagnent son statut de fictionnel en fonction de la manière dont l'auteur les utilise. D'après Searle, comme nous avons mentionné plus en haut, tandis que dans un discours non fictionnel j'asserte les énoncés (comme, par exemple, dans les textes d'histoire ou géographie), dans un discours fictionnel l'auteur feins de les asserter. En effet, le point de vue de Searle, qui met du côté de l'auteur le pois de la détermination d'un discours en tant que fictionnel, propose que « Un auteur de fiction feint d'accomplir des actes illocutoires qu'il n'accomplit pas en réalité »[71] mais sans intentions de tromper.

Différents auteurs dirigent de critiques spécifiques contre le point de vue de Searle. Pour Walton, par exemple, l'action de feindre n'a rien à avoir avec ce qui fait qu'un récit soit fictionnel. Walton prétend dans sa perspective de chercher une caractéristique qui ne le relève pas que des énoncés de fiction. Dans ce sens la seule intention d'un auteur qui fait des assertions ne trouve une réception adéquate dans ce qu'il y a de fictionnel dans l'art pictural ou la sculpture. Currie, à son tour, pense que c'est bien en fonction d'un acte engagé par l'auteur de fiction que le texte est fictionnel, mais non l'acte de feindre d'asserter quelque chose. En effet, à la base du fictionnel il y a un acte intentionnel de la part de l'auteur comme condition nécessaire mais no suffisante. En effet, pour Currie il faut une condition complémentaire qui concerne l'acte communicationnel de raconter des histoires. L'auteur qui écrit un récit de fiction, pour Currie, s'engage dans un acte communicationnel avec l'intention que le public fasse semblant de

---

[71] Searle, 1974, p.109.

croire le contenu de l'histoire qu'il raconte. Il y a une communication, aussi, dans le sens que la communauté des lecteurs est au courant des intentions de l'auteur de générer une histoire de fiction.

Walton, à la fois, critique chez Currie la part de communicationnel qui correspond à la génération des récits de fiction. Il donne un exemple[72] dont il imagine que le texte a été écrit par hasard par des causes naturelles. A la manière comment la mer désigne des formes sur le sable. Walton affirme que l'absence d'un auteur n'empêche pas d'éprouver plaisir, peur et angoisse comme si c'était un récit d'un auteur reconnu. En fait, selon Walton, on peut lire une histoire ou récit de fiction sans établir aucun acte de communication avec l'auteur en se demandant quels étaient ses intentions. Clairement Walton n'est pas d'accord avec un point de vue intentionnaliste.

Dans la perspective de Walton, en effet, ce qui est particulière des histoires de fiction ne dépend pas de la personne qui les raconte (l'auteur) mais plutôt dans leur réception de la part du publique (les lecteurs). Dans la perspective de Walton, c'est une fonction de la compréhension des lecteurs qu'un texte sera considéré comme une fiction ou non. Walton définie la fictionalité par sa fonction d'être « le support (prop) dans des jeux de faire-croire (*make balieve*) ». Qualifier un texte de fictionnel de la part des lecteurs, en effet, présuppose pour Walton que les lecteurs s'insèrent dans une pratique collective dont le caractère de fictionnel s'avère reconnu par l'ensemble des individus d'une communauté. Alors, le pois de la détermination du caractère fictionnel d'une œuvre écrite se trouve pour Walton dans la communauté qui décide. Et la communauté décide à partir du pouvoir de faire croire (*make believe*) qui possède l'histoire telle qu'elle est raconté par son auteur. Si l'histoire est suffisamment convaincante pour nous faire croire en c'est qui raconte, donc elle sera considéré comme une fiction, autrement no. Mais il ne s'agit pas d'être convaincu de qu'il s'agit d'une histoire référentiel. En tant qu'invitation à un jeu non officiel, l'objet spécialement désigné pour nous immerger dans un monde de fiction : le récit écrit, mot par mot, doit être élaboré de manière tel qui nous permet (à nous les lecteurs) de croire à ce qui raconte. Lorsqu'on est entré au jeu du

---

[72] Walton, 1990, pp. 85-89.

faire croire, on génère des fausses assertions à propos de ce qui raconte l'histoire en imaginant que les noms et les affirmations vraiment réfèrent des objets et parlent vraiment de faits réels. Cette attitude de faire-semblant se verra reflété dans la technique que, dans la perspective de Walton, permet de reformuler les assertions sans que soit nécessaire la postulation d'objets fictionnels (voir formulation 1 plus en bas).

Walton affirme que la fiction possède le rôle de « servir de support (prop) dans des jeux de faire croire (*make-believe*) ». Pour fiction, Walton, comprend non seulement le littéraire sinon les autres modes de représentations des fictions comme l'art pictural, la sculpture et aussi les jeux des enfants. En effet, de nos premiers jours qu'à son avis se met en place la recherche des objets comme support de l'imagination. Lorsque les enfants jouent à la police et le voleur, à la poupée, etc., les enfants cherchent des objets quelconques qui feront le rôle de pistolets, de bébés, de chevaux, etc., Le propos de Walton consiste justement à penser note rapport avec les œuvres d'art représentationnelles comme une continuation de notre activité enfantine. Un support ou « prop » -comme Walton l'appelle- c'est un objet qui génère des assertions fictionnelles. Dans le jeu d'un enfant, par exemple, un morceau de bois peut être le support de l'assertion « mon pistolet ne marche pas ». De même avec les œuvres d'art représentationnelles. Le support dans une image de Rubens c'est la peinture elle-même faite de taches sur une toile. Dans une œuvre littéraire sont les mots écrits sur papier. Mais le plus important pour Walton c'est que parce qu'il y a un accord entre les participants qu'un objet fonctionne comme support collectif pour un jeu de faire semblant. L'accord entre les participants se reflète pour le respect aux règles de jeu. Les règles établissent ce qu'il faut suivre ou accepter pour n'est pas être hors-jeu. Un des règles plus déterminant c'est celle qui fait des objets de props (le principe de génération[73]) et que dans aucune cas s'agit d'une règle arbitraire ou privée mais accordée et partagée avec d'autres membres de la communauté. Les assertions produites pour le jeu de faire croire sont celles qui doivent être imaginés par les participants.

---

[73] *Ibid.*, p. 38.

Les supports en tant que props ont un rôle fondamental dans la création des mondes de fiction. En effet, les supports confèrent aux assertions fictionnels et aux mondes qu'ils produisent une sorte d'objectivité et indépendance qui nous conduisent à éprouver l'histoire fictionnelle de manière très intense. Dans ce sens, la notion de représentation possède un rôle fondamental dans la conception de Walton. En effet, dans le jeu de faire croire la notion de représentation est plus élargie et ne tient pas seulement en compte les objets qui occasionnellement sont utilisés pour représenter des choses qui appartiennent à un monde de fiction. Walton parle, en effet, des « jeux autorisés » dont il y a des supports qu'ont été créés en vue d'un certain but. Ainsi, par exemple, on achète un avion-jouet en plastique pour servir d'avion. C'est dans ce sens, en effet, qu'il faut comprendre le rôle d'un récit de fiction ou d'une œuvre d'art , c'est-à-dire, comme des objets qu'ont été créés spécifiquement dans le but d'être utilisés comme supports dans des jeux d'un certain type qui permet de nous représenter une histoire. Tout objet dont le rôle est de nous faire imaginer (comme l'acte de représenter de choses) est une œuvre de fiction pour Walton, soit pour les objets qu'occasionnellement sont utilisés dans un jeu de faire croire, soit pour ceux qu'ont été créés spécifiquement pour un jeu déterminé.

Dans quelque sorte le critère qui propose Walton exige que le récit ou histoire que nous serions prêts à analyser pour la détermination de son statut (fictionnel ou non), soit suffisamment –disons- riche et complexe pour nous engager dans un jeu de faire croire dont on décidera tout au final si l'histoire a acquis le but d'être fictionnel. Cependant, et à manière de critique, on ne voit pas très clairement où se trouve le faire croire pour une histoire bref ou très bref et qu'on voudrait classer comme étant une fiction. Imaginons, par exemple, l'histoire suivant : [*histoire de fiction*] « il y avait une fois un rossignol qui discutait de logique avec les hommes et il avait toujours raison » [fin de l'histoire]. Sa complexité, en effet, ne permet pas un analyse très profonds : un oiseau qui discute de logique c'est un être imaginaire (inexistant) et l'histoire se développe de manière très simple : l'oiseau a toujours raison lors de les discutions avec les êtres humaines. Comment réagir en tant que publique en considérant une histoire de cette dimension et à l'égard du faire croire ? Autrement dit, on voit pas comment pourrait-il être justifié que notre petite histoire ne soit pas une histoire de fiction. En discutant sur ce sujet avec Shahid Rahman et John Woods, ce dernier propose comme fictionnel l'histoire suivant : [indication paratextuelle : *histoire de fiction*], [Titre : *P∧~P, A Short Story*, by John Woods], [Histoire : « Once upon a time, it came about that P and also that ~P. The End »].

Dans la perspective de Walton, le statut des histoires est objet de changement à l'égard de sa réception de la part des lecteurs. En effet, des anciennes histoires considérées comme des textes religieux ou historiques peuvent être considérés autrement par une communauté postérieure. Mais la détermination d'un texte comme fictionnel n'est pas si arbitraire comme il paraît. Normalement, selon Walton, il y a une sorte de tradition qui tient en compte l'origine des œuvres et la manière comment ont été considérés par des communautés plus anciennes. Cependant il existe toujours cette possibilité de changement que certains auteurs considèrent comme une faiblesse du critère de Walton. La déficience consisterait au fait qu'une communauté peut se tromper quant à la fictionalité d'une histoire ou un récit, donc il ne s'agirait pas d'un critère univoque.

En effet, la critique que différents auteurs dirigent vers la perspective de Walton concerne son propos de que le statut d'un texte de fiction soit déterminé indépendamment des intentions de l'auteur. Différents exemples montrent les limites de la perspective de Walton, comme le cas des hypothèses scientifiques en médecine qualifiés de fictionnels à cause de qu'elles étaient soutenues sur l'idée de l'existence d'êtres invisibles (aux yeux de l'être humain), avant l'existence du microscope ; ou, à l'inverse, le cas des astronomes que considéreraient scientifiques les théories à propos d'une planète appelé Vulcan (inexistante). En tous cas les critiques cherchent à surligner le fait que s'appuyer sur la réception de la part des lecteurs pour élaborer un critère de fictionalité est insuffisant.

1.2 Faire croire et point de vue internaliste

Revenons maintenant à l'analyse d'un point de vue internaliste que Walton effectue. En effet, dans la perspective de Walton les phrases qui se produisent dans le contexte de « parler de la fiction » sont comprises comme des affirmations sur le type de faire semblant engagé dans la discussion de l'histoire. Par exemple, si quelqu'un affirme « Don Quichotte avait perdu la raison », dans la perspective de Walton se correspond avec l'affirmation suivante :

Formulation 1 :
« *Don Quichotte de la Mancha* est tel que celui qui s'engage dans un faire-semblant de type K (revendiquant « Don Quichotte avait perdu la raison ») dans un jeu autorisé pour cela, fait de lui-même une fiction dans ce jeu dont il parle vraiment. »[74]

Cependant on dirait que, parfois, on se place dehors du faire croire lorsqu'on parle des fictions sans faire semblant qu'elles sont des choses réelles. Dans ce sens, la réduction de tout discours sur la fiction à cette perspective qui paraphrase les énoncés en suivant la formulation 1, se montre un peu forcé. Il paraît qu'on se place dehors du faire croire, par exemple, lorsque nous parlons des personnages en tant que caractères fictionnels qui apparaissent dans des récits de fictions ou des caractères créés par un auteur. Si j'affirme « Madame Bovary est une création de Flaubert », on ne veut pas dire que Flaubert a engendré un être humain sinon que, pourtant, on parle du personnage tel qu'il le décrit dans son œuvre. Ainsi, la théorie de Walton rend compte de notre discours internaliste sur les fictions, dont on joue le jeu du faire croire en faisant semblant « comme si » il y avait de tels individus sans assumer qu'il y en a. Mais il ne tient pas en compte le discours hors de jeu, autrement dit, le discours sérieux sur des fictions, la perspective externaliste, qu'en principe ne nous engage avec rien d'autre qu'avec les descriptions élaborés par l'auteur du récit.

Par rapport à cette critique, justement, Walton propose la notion de « jeux non officiels » de faire croire (*make believe*). Donc, pour avoir un discours sérieux sur des caractères fictionnels, participer à un jeu non officiel permettra d'offrir différentes lectures des affirmations sur des fictions que ne nous engagent pas avec des prétentions de réalité. Par exemple, pour « Don Quichotte est un caractère fictionnel » il offre la lecture suivante :

Formulation 2

---

[74] *Ibid.*, p. 400.

« Il peut y avoir un jeu non-officiel dans lequel celui qui dit [« Don Quichotte est un personnage (purement fictionnel) »] dit la vérité de manière fictionnelle, un jeu dans lequel il est fictionnel qu'il y ait deux sortes de gens : les gens « réels » et les « personnages de fiction. »[75]

Cependant, soit avec l'officialité, soit avec la non officialité des jeux du faire semblant, la possibilité de déterminer si une affirmation fictive est acceptable ou non est très limitée. D'un part à cause de l'absence de règles spécifiques établies qui spécifient le type de paraphrase qui correspond à chaque expression ; d'autre part, pour la notion de « jeux non officiels » qui Walton propose, il n'est pas claire quel type d'engagement présuppose la distinction entre des personnages de fiction et des choses réelles. Si nous sommes dans une perspective parcimonieuse qui refuse tout postulation d'objets, cette distinction n'a aucune incidence, disons, sémantique (référentiel) et donc, dans ce sens, on n'a pas sorti de la premier formulation de ce qui s'engage dans un faux-semblant du point de vue internaliste. L'analyse d'une phrase qui devrait être une question purement grammaticale, est basée sur le type d'objet référé soi-disant pour confondre les questions de sémantique et de syntaxe. Cette limitation, comme bien remarque Thomasson, fait de la perspective de Walton un programme de création des affirmations qui permet de dire, après les faits, que certaines affirmations semblent vraies en raison de son rôle dans un jeu ad hoc officiel ou non.

Autrement dit, et pour tenir en compte ce qui à notre avis est relevant pour les pratiques littéraires, les critiques littéraires et les autres individus faisant des affirmations telles que « Don Quichotte est un personnage fictionnel » semblent loin de participer à un jeu qu'involucre un certain faire croire. Ce dernier point nous parle de l'insuffisance de la perspective de Walton pour donner une théorie qui explique au même temps ce qui arrive avec les discours internaliste et le discours externaliste.

---

[75] Loc. cit.

Outre que les inconvénients de la perspective de Walton, à l'égard d'établir des conditions d'identité suffisantes, il a des remarques à faire concernant les exigences du jeu de faire croire.

En effet, soit de la part du publique, soit de la part des objets qui font de props dans le jeu de faire semblant, on a quelques critiques à poser :

• Premièrement, l'exigence d'une participation active de la part de lecteur dans le propos de Walton est, à notre avis, une exigence excessive. En effet, en suivant Mark Sainsbury[76], on voit que demander aux lecteurs une contribution active et permanent dans un jeu de faire croire, ne relève pas de la passivité que –à notre avis- caractérise normalement l'activité des lecteurs de fiction en face d'une œuvre littéraire. Cette passivité se manifeste comme un se laisser conduire neutre le long de l'histoire.

• D'autre part, en concernent les props, on considère une exigence aussi excessive le fait qu'une fiction se met en place qu'à travers un objet, surtout dans les divertissements des enfants. On peut bien comprendre que dans le cas de la littérature, l'accès au récit écrit ou enregistré matériellement d'une autre manière est inévitable. Mais dans les amusements des enfants il n'y a pas toujours des objets pour établir des jeux de faire croire. En effet, il se passe suivant que les enfants imaginent lutter contre de montres en faisant la mimique tout seules dans l'air ou de jouer aux cowboys en montant des chevaux sauvages qui représentent en ouvrant un peu les jambes pour marcher (accompagné normalement pour la mimique du son des casques des pattes d'un cheval. On pourrait penser à la représentation même en tant que prop mais une telle hypothèse fait collapser la distinction entre objet et représentation qui génère la fiction.

• Un dernier point qu'on voudrait surligner, et qui reprend une observation qu'on a fait auparavant à propos des histoires brèves, concerne ce qu'on peut appeler la matière et la forme du jeu de faire semblant. En effet, on a l'impression que chez Walton le jeu de faire croire ne concerne pas directement le contenu de l'histoire sinon la manière de la raconter ou

---

[76] Sainbury, 2009, Chap. 1.4.

la forme dont le romancier expose son histoire. Par exemple, pour un même contenu, comme l'histoire d'un homme très jaloux qui finisse pour tuer sa femme, on a plusieurs manières de la mettre en œuvre. Certaines mises en œuvre feront croire l'audience, certaines autres non. Mais comment mettre en œuvre cette distinction face à la brièveté de certaines histoires ? Plus compliqué devient l'analyse lorsqu'on prend en compte que pour certains auteurs comme Sainsbury, le faire croire parfois se met en œuvre de manière involontaire, avant de commencer à lire une histoire : « Like belief, but unlike pretense, make believe is often involuntary. To open a novel with a normally receptive mind is to start make believing. »[77] En effet, cette attitude qui concerne la volonté, répond à notre faculté de pouvoir resister les effets emotionnels d'un récit de fiction: « One can resist the temptation to make believe by an effort of will, saying to oneself that one is reading mindless drivel which one should not engage with. This deliberately destructive attitude is one of the few ways to avoid the involuntary surge of emotion that one otherwise feels when affecting fictional scenes are vividly described. »[78] La réponse émotionnel est une conséquence immédiate du jeu de faire croire, mais est un sujet qu'on n'abordera pas dans notre travail.

En ce qui concerne la référence et l'identité des personnages, il ne parait pas avoir un critère spécifique que l'on pourrait en déduire. Il paraît s'agir d'une identité définie à partir de prédicats assignées par l'auteur aux fictions dans le récit. Un tel critère a des problèmes, à notre avis, insurmontables, comme on remarquera plus en bas.

2. La perspective des réalistes : Meinong, les meinongiens et les conditions d'identité des fictions

À continuation, on présentera l'approche réaliste des meinongiens comme une des représentantes les plus influentes des perspectives philosophiques de la postulation des fictions. D'abord, on exposera brièvement la pensée d'Alexius Meinong et par la suite on concentrera notre

---

[77] Sainsbury, 2009.
[78] Op. cit.

analyse sur les perspectives de Terence Parsons et Edward Zalta. Dans tous les cas, il s'agira de présentations non exhaustives dont on cherche à souligner les points qui, à notre avis, sont en rapport avec la recherche des conditions permettant l'élaboration d'un critère d'identité pour les personnages de fiction et qui permettront aussi de donner des conditions pour la référence des noms fictifs. En effet, le but sera d'explorer les véritables possibilités des approches meinongiennes à l'égard de l'identité et de la référence aux fictions, tout en s'interrogeant en quoi ces dernières contribuent à la notion de création des fictions, notamment chez Terence Parsons et Edward Zalta.

Parmi les théories qui postulent des objets de fiction, les plus populaires et les plus développées sont celles qui suivent les idées du philosophe Autrichien Alexius Meinong (1853-1920). Son point de vue, présenté dans son livre *Über Gegenstandstheorie*[79], se construit à partir de la notion d'intentionnalité, c'est-à-dire, à partir de la possibilité d'avoir des actes intentionnels qui concernent des objets non-existants. Meinong distingue l'être d'un objet de l'existence du même objet. À continuation, on développera cette idée de Meinong à propos de l'indépendance entre l'existence ou non d'un objet et ce qu'il appelle les déterminations de sa constitution interne. Indépendance lui permettant d'affirmer que l'être (*Sein*) d'un objet n'est jamais déductible de son être-tel (*Sosein*). Par la suite, on s'attardera sur les perspectives de Terence Parsons et Edward Zalta ; les néo-meinongiens qui, par leur pensée, développèrent et enrichirent le propos de la pensée de Meinong.

2.1. Référence directe et objets inexistants

Premièrement, on dira quelques mots par rapport à la manière dont la référence est considérée en général dans la perspective des irréalistes. Pour rendre plus évident l'enjeu d'une considération de la référence à l'égard des objets inexistants, on commence par la notion de référence directe. En effet, sur ce point de vue il y a deux aspects à considérer : un aspect structurel et un aspect historique ou causal. D'un point de vue structurel, la théorie de la référence directe prétend que la signification d'un terme singulier est

---

[79] Meinong, 1904a, 1904b.

constituée par le référent lui-même. En effet, contrairement aux perspective frégéennes de la référence, un nom propre dénote directement son objet sans passer par des descriptions ou un sens (Sinn) pour les identifier. Dans la version modale de Saul Kripke[80], les termes singuliers référentiels sont des dénominateurs rigides puisqu'ils désignent le même individu dans tous les mondes ou contextes possibles. Quant au deuxième aspect de la théorie de la référence directe, il explique la référence à un objet par le lien historique ou causal qui relie un terme singulier à son porteur, généralement un acte de baptême qui rattache un objet à son nom.

Une conséquence de la théorie de la référence directe c'est d'avoir rendu indépendante la référence des descriptions définies. Si on découvre par exemple que, de nos jours, l'individu appelé Copernic n'était pas l'auteur des *Revolutionibus* mais son assistant Rethicus, cette découverte n'impliquerait pas que Rethicus est Copernic, ni que Copernic cesserait d'être Copernic.

Cependant, la théorie de la référence directe éprouve quelques difficultés à l'égard des noms propres vides. Notamment les énoncés existentiels négatifs vrais qui affirment la non existence d'un objet référé par le nom propre. Une des solutions possibles, celle de Meinong et des meinongiens (tels Parsons et Zalta) dont on s'occupera par la suite, consisterait à accepter l'engagement ontologique des termes singuliers qu'on utilise pour mentionner, entre autres, les fictions. Dans ce sens, dans les récits des fictions, les références des noms des personnages sont des individus inexistants.

2.2. Deux principes

Selon Meinong, les objets sont gouvernés par deux principes étroitement liés qui déterminent leur nature. La notion d'objet chez Meinong est, en effet, très étendue : Meinong appelle objet (*Gegenstand*) tout ce qui peut être expérimenté, c'est-à-dire, tout ce qui peut être la cible d'un acte mental. Cette notion d'objet est plus étendue dans la mesure où – dans la théorie des objets de Meinong-, il n'y a pas que ce qui existe dans l'espace et le temps qui trouve sa place ; le font aussi toutes les sortes de non-

---

[80] Kripke, 1972.

être. Il en est de même pour les objets impossibles comme le rond-carré ou des objets « bizarres » comme « La pensée sur lui-même ». On donnera des détails plus loin dans le chapitre.

Une catégorisation d'objets d'un point de vue intentionnel à partir des expériences mentaux élémentaires serait le suivant :

Expérience [*Erlebnis*]			
intellectuelle		émotionnelle	
Représentation [*Vorstellung*] sérieuse ou fantaisie	Pensée [*Gedanke*] sérieuse (= jugement [*Urteil*]) ou fantaisie (= assomption [*Annahme*])	Sentiment [*Gefühl*] sérieuse ou fantaisie	Désire [*Begehren*] sérieuse ou fantaisie
Objet de la représentation [*Vorstellungs-gegenstand*]: objectum [*Objekt*]	objet de la pensée [*Denkgegenstand*]: objective [*Objektiv*]	objet du sentiment [*Fühlgegenstand*]: dignitative [*Dignitativ*]	objet du désire [*Begehrungs-gegenstand*]: desiderative [*Desiderativ*]
Rouge	*Rouge est un couleur*	*L'attirance du rouge*	*Les fruits doivent être de couleur rouge*

Dans la perspective meinongienne, les objets sont régis par deux principes :(1) le principe de l'indépendance de l'être-ainsi (*Sosein*) par rapport à l'être (*Sein*)[81], où l'être-ainsi reflète la manière dont on considère un objet en relation avec ses propriétés : être de telle manière ou de telle autre selon les propriétés qui le caractérisent et (2) le principe d'indifférence[82] qui soutien qu'en lui-même, l'objet pur est indifférent à la notion d'être : il est, dans quelque sorte, le support par défaut. En effet, Meinong affirme que l'existence ou la non existence d'un objet est indépendante de sa constitution interne ; dans ce sens, l'être (*Sein*) d'un objet n'est jamais déductible de son être-ainsi (*Sosein*) : un objet est toujours extérieur à l'être (*außerseiend*).

Ainsi, pour Meinong, les objets sont indifférents aux notions d'existence et aux autres modalités de présence des objets qu'on détaillera plus loin. On peut dire que les objets chez Meinong sont extérieurs à l'ontologie, mais dans la mesure où ils n'ont plus les contraintes de celle-ci. L'institution d'un objet au moyen d'un ensemble de propriétés (sujet qu'on approfondira plus loin), se fait à partir du hors-être dans la mesure où il annule la question de l'existence. En ce qui concerne la fiction littéraire, sujet auquel on s'intéresse tout particulièrement dans ce travail, il y a dans ce « hors-être » un point essentiel dans la mesure où, indépendamment de la question de savoir si l'objet d'une description littéraire est une entité existante ou pas, on peut affirmer qu'il est tel que cette description le définit. Dans ce sens, la phrase canonique de Meinong, « il y a des objets qui n'existent pas », trouve sa signification dans la mesure où l'on peut considérer des objets indépendamment de leur existence. Plus loin, on verra quelles sont les limites d'une telle perspective en rapport avec l'identité des personnages dans une œuvre de fiction et à travers les différents volumes d'une série.

Formulé par Ernst Mally en 1903, Le Principe d'Indépendance affirme que « l'être-tel d'un objet n'est pas affecté par son non-être », c'est-à-dire, le fait d'avoir des propriétés est indépendant de la question de savoir si un objet a un être ou pas. Selon Meinong, ce principe combine plusieurs revendications. Particulièrement (1) le principe de caractérisation, qui

---

[81] "*Prinzip der Unabhängigkeit des Soseins vom Sein*" (Meinong, 1904b, §3–4)
[82] "*Satz vom Außersein des reinen Gegenstandes*" (Meinong, 1904b, §3–4)

postule que tout objet possède les propriétés qui le caractérisent (par exemple, «la rose rouge possède les propriétés d'être une rose et d'être rouge, respectivement), et (2) la dénégation de la supposition ontologique, qui refuse qu'il n'y a aucune proposition vraie sur des choses qui n'ont pas d'être) (Cf. Routley 1980).

Le *principe d'indifférence* affirme que « les objets sont par nature indifférents à l'être, bien qu'en tout cas l'un des deux modes de l'être de l'objet, son être ou son non-être, subsiste [est le cas] ». Cette formulation est censée être moins trompeuse que l'affirmation selon laquelle «l'objet pur» est au-delà de l'être et du non-être [*der reine Gegenstand stehe 'jenseits von Sein und Nichtsein*]. Selon cette dernière, ni l'être ni le non-être n'appartiennent à la constitution de la nature d'un objet, ce qui ne veut pas dire pour autant que l'objet n'a aucun des deux (l'être et le non-être). D'un point de vue logique, la loi du tiers exclu continue à être valide ici. Bien que le non-être d'un objet puisse être garanti par sa nature (son être-tel) -comme par exemple dans le cas du rond carré- le non-être n'appartient pas à sa nature. En d'autres termes, l'être (ou le non-être) ne font pas partie de la nature d'un objet. Pourtant, la loi du tiers exclu, stipule qu'à chaque objet correspond forcément un des deux.

2.3. Types d'être et objets

Meinong prend également en compte la distinction entre objets complets et objets incomplets. Les objets incomplets, à différence des complets, sont ceux qui sont indéterminés pour au moins une propriété (ne vérifient pas le principe de tiers exclu). En effet, les objets pures comme « le triangle » sont incomplets dans la mesure où il y a des propriétés dont on ne peut pas affirmer que ces objets les possèdent ou pas. Le fait que « le triangle » ne soit pas équilatéral ne veut pas dire qu'il ne le soit pas. Mais si les objets incomplets ne suivent pas la loi du tiers exclu, c'est par rapport à la négation interne qui porte sur les prédicats et non pas sur les phrases (négation externe). En effet, en suivant l'article de Johann Marek[83], Meinong aurait accepté la thèse suivant pour les objets impossibles : $\exists F \exists x$ $\neg[Fx \vee (\neg F)x]$, mais il aurait accepté aussi la loi de tiers exclu $\exists F \exists x(Fx \vee$

---

[83] *Stanford Encyclopedia of Philosophy.*

¬*Fx*), ce qui fait de sa philosophie une perspective classique. On verra plus loin, chez Terence Parsons et Edward Zalta, des perspectives qui font face aux contradictions produites par les objets incomplets au niveau de la négation externe.

Pour ce qui concerne l'être, Meinong stipule que tous les objets complets possèdent soit l'être, soit le non être, et que tous les objets incomplets manquent d'être. Du fait que les objets incomplets n'ont pas d'être, il ne s'ensuit pas qu'ils ont non-être. En effet, certains d'entre eux, par exemple, les objets incomplets qui sont déterminés de manière contradictoire, possèdent le non être; d'autres, comme *le triangle comme tel*, ne sont absolument pas déterminés en ce qui concerne l'être. Donc, du fait de n'avoir pas d'être s'ensuit soit la possession du non être, soit l'indétermination en ce qui concerne l'être.

L'indétermination par rapport à l'être ne doit pas se confondre avec l'indifférence par rapport à l'être : l'être extérieur [*Außersein*], parce que chaque objet possède être extérieur tandis que seulement certains d'entre eux ne sont pas déterminés en ce qui concerne l'être (1915, §25).

Pour Meinong, la détermination plus générale de l'être-tel (*Sosein*) est *être un objet*, tandis que la détermination plus générale d'être est l'être extérieur [*Außersein*].

Voyons maintenant une table non intentionnelle des différentes catégories d'objets, sans considérer les cas paradoxale et absurdes.

Objets (tous les objets ont un « hors-être » [*Außersein*])				
I.1-Objets qui possèdent l'être		I.2-Objets qui ne possèdent pas l'être		
I.1.1-Objets réels (existent et subsistent)	I.1.2-Objets idéels (seulement subsistent)	I.2.1-Objets non-contradictoires		I.2.2-Objets contradictoires
Objets complets		Objets complets	Objets incomplets	Objets complets et incomplets
Exemples Pommes, arbres, maisons, etc.	Exemples L'état de fait qui correspond au 'pomme sur la table', 'le nombre de pommes sur la table'.	Exemples L'idée platonicienne de pomme.	Exemples La montagne fait de pommes, La machine de mouvement perpétuelle.	Exemples Le rond carré.

Pour Meinong être a deux modes : l'existence E! (lié avec le temps) et la subsistance S! (qui est intemporel). Néanmoins Meinong stipule qu'existence implique de subsistance, et non-subsistance implique la non-existence (1915, §11, 63). Tous les objets qui subsistent sont complètement déterminés en ce qui concerne l'être, mais pas tous les objets complètes sont des existants ou possèdent l'être. (1915, §§25-7, 169-202).

E !→S !

¬S !→¬E !

$\forall$x(S !x →xa est déterminé par rapport à être)

¬[$\forall$x(x est complet →(x existe $\vee$ x possède être)]

La distinction idéel–réel chez Meinong peut être expliquée par les notions d'existence, subsistance et subsistance simple [*blossen Bestand*]. Un objet réel[84] soit existe en tant que réalité extérieur [*äußerlich real*], par exemple, une chaise ou un oiseau ; soit il pourrait exister d'accord aux conditions qui le déterminent [*innere Realität*], par exemple, une chaise d'or. Donc il y a des choses réels qui sont soit physiques, soit psychologiques.

---

[84] Meinong, 1978, pp.252–3, pp.366–7.

Si un objet qui subsiste également existe, il s'agit d'un objet réel, mais si un objet qui subsiste ne peut pas exister (c'est-à-dire, peut simplement subsister), il s'agit d'un objet idéal. Par conséquent, les objets idéaux n'existent pas. Il y a aussi les objets idéaux qui ne subsistent pas, par exemple l'être d'un biangle. Les absences, des limites, le numéro des chaises (existants ou inexistants), des ressemblances et des objectifs, sont les nouveaux exemples d'objets idéaux (1899, §6; 1910, §12).

Critiques de Russell

Afin d'explorer les limites du propos de Meinong à l'égard des objets et des types d'être dans la perspective extensionaliste de la logique classique, il résulte intéressant de voir les contraintes remarquées par Bertrand Russell dans sa critique à la théorie des objets meinongiens. En effet, Russell[85] qualifie la théorie de Meinong d'inconsistante pour les suivantes raisons :

(1) Certaines des propositions portant sur des objets impossibles (par exemple, "le rond-carré est rond et pas rond") sont contradictoires.

(2) Même si c'est un fait que l'existant roi de France (ou le rond-carré) n'existe pas, on doit aussi conclure (à l'aide du principe affirmant que les objets possèdent les propriétés qui les déterminent) qu'il existe.

Russell pense qu'il peut fournir une solution radicale aux incohérences de Meinong en appliquant sa théorie des descriptions définies. Une description définie est une expression de la forme « le X » ou « le tel et tel », où X sert à décrire un individu unique (par exemple : le président de la France ou l'auteur de Madame Bovary ») et qui, dans ce sens, se comporte comme un nom propre (tel Paris ou Londres). Dans son approche, Russell traite les descriptions définies (normalement exprimées sous la forme générale ιxPx) comme des symboles incomplets qui doivent être éliminés en faveur de l'utilisation des expressions quantifiées existentiellement.

En effet, selon Russell, les problèmes émergent de l'opinion erronée que la forme grammaticale de la langue correspond toujours à sa forme logique, et que si l'expression signifie quelque chose, elle doit toujours avoir une

---

[85] Russell, 1905a, mais aussi 1905b et 1907.

signification établie en termes de correspondance aux faits réels. Mais, alors que des expressions dénotationnelles du type « le tel et tel » (descriptions définies) semblent être des expressions référentielles, elles ne le sont pas forcément. Si la théorie de Meinong est prête à transgresser la loi du tiers exclu, c'est parce que, selon Russell, Meinong croit, à tort, que ces expressions sont référentielles. Il est pertinent de noter que référence a ici un sens externaliste fort : il s'agit toujours d'un élément extérieur au langage et qui correspond aux descriptions.

La réponse de Meinong à cette critique consiste à souligner la distinction entre l' « être existant » [*Existierend-sein*] comme une détermination de l'être-ainsi, et « existence » ("exister" [*Existieren*]) comme une détermination de l'être. La distinction de Meinong entre les jugements de l'être-tel et les jugements de l'être, combinés avec le principe d'indifférence qui dit que l'être n'appartient pas à la nature de l'objet (l'être-ainsi), rappelle le *dictum* de Kant qui nie que l'être soit un prédicat réel. Meinong, qui n'accepte pas non plus l'argument ontologique de Descartes, soutient que l'« être existant » est une détermination de l'être-ainsi. Dans ce sens, l' « être existant » peut être accepté même pour des objets comme « la montagne d'or existante », voire pour l'objet « le rond-carré existant » où l'existence, qui est une détermination de l'être, n'appartient pas plus à l'un qu'à l'autre (1907, §3; 1910, §20, 141 [105]). En d'autres termes, selon le principe de caractérisation, « la montagne d'or existante », et « le rond-carré existant » 'sont des existants mais ils n'existent pas. Russell ne pouvait pas voir la différence entre «être existant» et «exister».

2.4. Meinong et les Meinongiens : fictions, inconsistances et contradictions

Bien qu'à l'origine, l'approche meinongienne ne concerne pas directement les fictions, puisqu'elle s'occupe des objets non-existants en général, elle partage, en partie, les motivations et applications des objets de fiction. Les idées de Meinong ont été suivies par différents auteurs qui, malgré les différences, partagent certaines caractéristiques qu'on détaillera par la suite :

1.   Il y a au moins un objet qui correspond à chaque combinaison de propriétés (principe de compréhension)

2.   Certains de ces objets (notamment les fictions) n'ont pas d'existence.

3.   Bien qu'ils n'existent pas, ils *possèdent* les propriétés qui leur correspondent (principe de caractérisation).

Le principe de compréhension, d'un point de vue littéraire, correspond au moment où l'auteur décrit ses personnages au moyen de l'utilisation de propriétés. L'existence ou pas d'objets n'est pas déterminante pour sa présence dans l'univers des choses qu'il y ait. En effet, c'est le cas des fictions qui peuplent notre univers en tant qu'objets non-existants ou entités abstraites. Voyons maintenant comment chaque approche interprète la combinaison et possession des propriétés à l'égard des objets meinongiens.

Les critiques les plus tenaces contre les principes de caractérisation et de compréhension remontent à Russell[86] et ont été considérées pendant longtemps comme une réfutation définitive de la perspective de Meinong. Elles sont (i) l'objection d'inconsistance ; (ii) l'affirmation selon laquelle le principe de compréhension permet de montrer que tout existe (production a priori des choses). Voyons ces critiques plus en détail :

(i) par rapport à l'objection d'inconsistance, si l'on tient compte que dans la littérature il y a des caractérisations inconsistantes, le CP nous oblige à reconnaître non seulement des objets possibles, mais aussi des objets impossibles. En effet, il y a des objets qu'instancient des caractérisations qui ne respectent pas le principe de non-contradiction, à la manière du très fameux exemple de Quine[87] : « the round square cupola of *Berkeley College* », et qui pour telle raison seront des objets impossibles.

(ii) si l'UCP se tient pour tout condition, on peut mettre en route un argument ontologique général qui permet de prouver l'existence de quoi que ce soit. Par exemple, on peut choisir la condition $\varphi[x]$ = "x est d'or $\wedge$ x est

---

[86] Russell, 1905a-b.
[87] Quine, 1948.

une montagne ∧ x existe", et le résultat serait, a priori, une montagne d'or existante.

Les objections de Russell ont été tenue en compte par les meinongiens qui ont donné des solutions différents aux inconvénients d'inconsistance et génération a priori d'objets. En effet, des nombreuses reconstructions logico-sémantiques et interprétations philosophiques ont montré que la théorie des objets de Meinong était tenable à certains égards. Il y a au moins trois manières différentes de soutenir la théorie des objets de Meinong :

(1) Par la distinction nucléaire/extra-nucléaire proposée par Ernst Mally et suivie par Terence Parsons ;
(2) Par la considération d'un double copule – approche qui a aussi son origine chez Mally : la distinction pour un objet entre le fait d'être déterminé [*determiniert sein*] par une propriété d'une part et la satisfaction de cette propriété d'une autre [*erfüllen*] (Mally 1912). La distinction de Mally a été suivie par Zalta qui interprète la séparation comme une distinction entre deux modes de prédication de propriétés, à savoir encoder et exemplifier une propriété. D'autres auteurs favorables à cette approche sont Castañeda, Rapaport, Pasniczek et Reicher ;
(3) En adoptant une logique paraconsistente (Routley, Priest).

2.5. Terence Parsons et les propriétés nucléaires et extranucléaires

En effet, selon le principe de compréhension, il y a des objets qui correspondent aux propriétés employées par l'auteur pour décrire les personnages, par exemple, dans un récit de fiction. Mais le rapport entre propriétés et objets est loin d'être simple, surtout tenant en compte le caractère abstrait des fictions dans la perspective meinongienne. Est-ce qu'Emma Bovary est une femme dans le même mesure que Indira Gandhi? Et, que se passe-t-il avec les propriétés qui doit avoir un objet mais qui ne sont pas mentionnées par l'auteur dans le récit ? Ce genre de difficultés ont motivé Ernst Mally, un étudiant de Meinong, à proposer des distinctions très fructifères à l'égard de la considération des propriétés des objets abstraits. Dans cette section, on va considérer la séparation que Mally propose entre propriétés nucléaires et extra-nucléaires [*konstitutorische* versus *außerkonstitutorische Bestimmungen*] (Meinong 1972, §25). Les propriétés nucléaires sont celles qui caractérisent la nature d'un objet. Ce sont les propriétés qu'on pourrait qualifier d'ordinaires ou constitutives. Les propriétés extra-nucléaires surviennent sur ces propriétés nucléaires. Selon le principe de caractérisation, un objet comme par exemple le rond-carré, est rond et carré ; c'est-à-dire qu'il est déterminé par les propriétés nucléaires d'être rond et d'être carré. Le même objet possède comme propriétés extra-nucléaires : la propriété d'être déterminé par la propriété (nucléaire) d'être rond, la propriété d'être déterminé par deux propriétés nucléaires, la propriété de ne pas être déterminé par la propriété d'être rouge, être incomplet, ayant non être. D'un point de vue littéraire, la différence est donnée en termes du point de vue internaliste et externaliste. Les propriétés nucléaires sont les propriétés attribuées par l'auteur aux objets fictifs dans le récit de fiction (point de vue internaliste). En effet, il s'agit des propriétés dont l'auteur se sert pour décrire les personnages dans son récit, comme on dit de Meursault qu'il vivait dans l'Algérie française (du livre L'Étranger d'Albert Camus). Les propriétés extra-nucléaires sont toutes celles qu'on utilise pour faire des affirmations sur les fictions en général, soit sur les personnages soit sur l'œuvre où ils apparaissent. Par exemple, affirmer que Meursault est une fiction ou que Meursault est un personnage inventé par Camus, etc.

Une autre difficulté à laquelle doit se confronter la perspective meinongienne est la présence d'objets possédant des propriétés contradictoires. En général, d'un point de vue ontologique, les meinongiens acceptent les objets contradictoires, mais l'admission de tels objets conduit à des inconvénients logiques. En effet, l'acceptation d'objets contradictoires menace la cohérence du discours fictionnel dans la mesure où les affirmations qui composent le récit ne respectent pas le principe de non-contradiction (si le personnage X est une pomme qui n'est pas une pomme, donc [X est une pomme et X n'est pas une pomme]). En outre, si on est prêt à accepter que les fictions sont des objets incomplets, on conteste au même temps la loi du tiers exclu (parce qu'il y a des objets dont il n'est pas vrai qu'ils sont P ou non P).

En effet, parmi les différentes reconstructions logiques de la théorie des objets de Meinong, l'approche de Terence Parsons est une de plus remarquables et celle qui se sert de la distinction introduite par Mally entre propriétés nucléaires et extra-nucléaires. En se servant de cette distinction ainsi que de certaines restrictions qu'on détaillera plus loin, Parsons essaye de rendre acceptable la perspective meinongienne en donnant des solutions aux difficultés posées par la considération des objets à l'égard des propriétés qui les caractérisent et qu'on a mentionné auparavant.

Parsons adopte donc la distinction entre propriétés nucléaires et extra-nucléaires et les exemples qu'il utilise sont les suivants : pour les propriétés nucléaires : être d'or, être une montagne[88]. En ce qui concerne les extra-nucléaires, il distingue cinq catégories : (i) ontologiques (exister, être mythique, être fictionnel) ; (ii) modales (être possible, être impossible) ; (iii) intentionnelles (être pensé par Meinong, être vénéré par quelqu'un) ; (iv) techniques (être complet) [89]. Le principe de compréhension dans la perspective de Parsons ne concerne, en effet, que les propriétés nucléaires. Donc, les propriétés qui une fois combinées correspondent à un objet fictionnel –dans le cas de la littérature- sont celles attribuées au personnage dans le récit de fiction. Il est clair pour Parsons que si l'existence est une propriété, elle n'appartient pas au descriptif nucléaire qui caractérise l'objet : l'existence est une propriété extra-nucléaire.

Pourtant, à l'aide de deux types de propriétés, Parsons ne fait recours qu'à un seul type de prédication. En effet, le principe de caractérisation affirme que tous les objets portent leurs propriétés de la même manière, qu'il s'agisse d'objets fictionnels (comme Hamlet ou Madame Bovary) ou d'objets réels (comme la lune ou la Tour Eiffel). Et cette considération est un point très important dans la perspective de Parsons puisqu'elle confirme que les affirmations à l'intérieur d'un récit de fiction sont considérées sans l'aide d'un opérateur de fiction. Donc, on pourrait dire que chez Parsons, Hamlet possède la propriété d'être un prince de la même manière que Charles d'Angleterre l'est de nos jours, et que la Tour Eiffel possède la propriété d'être en fer tout comme le canon qui propulse les voyageurs à la lune dans le récit de Jules Verne. Donc, d'un point de vue internaliste, Parsons

---

[88] Parsons, 1980, p.23.

[89] *Ibid.*

considère les affirmations comme étant génuines. Mais une telle perspective doit résoudre les inconvénients logiques envisagés par un discours fictionnel (dans un récit de fiction) où l'auteur décrit des objets à l'aide de propriétés contradictoires. Par exemple, le cheval qui n'est pas un cheval ou l'homme qui a la même blessure de guerre au même temps, dans son bras et dans sa jambe. Mais selon la théorie de Parsons, le principe de non-contradiction ne s'applique pas aux objets qui n'existent pas. Donc, la cohérence qui doit garder un discours à l'aide du principe de non-contradiction ne concerne que les objets existants selon Parsons.

En effet, Parsons désigne les objets ayant des propriétés contradictoires des objets impossibles : « If we read at one point that Watson's old war wound is in his leg, and we read elsewhere that it is in his arm, then Watson may turn out to be an impossible object. That depends on haw the story goes. We might discount one of the two statements as a slip by the author. But we might not. In particular, if each statement is integral to the plot where it occurs, we might add both to the account, especially if they are so widely separated that we don't notice the incompatibility. And we may very well fill in 'the wound is in his leg *and not elsewhere*', together with 'Watson's arm is not located where his leg is', etc., until we have actually got an inconsistency in the account. And this may eventually lead us to attribute to him a set of nuclear properties such that no real object could have every property in the set; if so, Watson will be impossible. »[90]. Selon Parsons il ne s'agirait pas d'objets réels mais d'objets impossibles qui ne rendent pas le discours contradictoire puisque les affirmations à leur sujet dépassent la portée du principe de non-contradiction. Dans ce sens, les affirmations portant sur des objets impossibles ou contradictoires ne devront donc pas être considérées, selon Parsons, comme étant en rapport au principe classique *ex falso sequitur quodlibet*. Par exemple, si on dit, en reprenant l'exemple de Parsons, que Watson possède une blessure dans le bras et dans la jambe, on tend à exiger que la blessure soit exclusivement dans l'une des deux extrémités.

---

[90] Parsons, op. cit., p.184.

Voyons maintenant ce qui se passe avec le principe du tiers exclu. Au même temps que Parsons accepte les objets fictifs comme pouvant être des objets impossibles, au-delà de la portée du principe de non-contradiction, ces derniers sont entièrement concernés par le principe du tiers exclu. Selon le principe du tiers exclu, pour chaque propriété qu'on considère, les objets doivent soit la posséder soit ne pas la posséder. Les fictions telles qu'on les découvre dans un récit de fiction, ne vérifient pas ce principe étant donné qu'il y a des attributions qui ne sont pas mentionnées dans le récit. En effet, en lissant *Madame Bovary* de Flaubert on n'arrivera jamais à savoir si elle appartenait au groupe sanguin A+ ou pas. En fait, toutes les affirmations qui ne concernent pas directement ce qui est explicitement exprimé par l'auteur dans le récit sont, du point de vue du tiers exclu, indéterminées. A tel effet est-ce que Parsons qualifie les fictions d'objets incomplets, c'est-à-dire, d'objets dont il y des propriétés dont il n'est pas vrai qu'ils la possèdent ou ne la possèdent pas.

En résumé, on voit que Parsons évite les contradictions en admettant la possibilité d'objets impossibles où le principe de non-contradiction n'a pas lieu puisque son champ d'application est celui des choses existantes. En effet, on n'aura jamais de contradiction puisqu'avec les objets impossibles on ne pourrait jamais instancier le principe $\forall x \; \neg(\varphi x \wedge \neg \varphi x)$, ayant pour φ une propriété quelconque. Par contre, en ce qui concerne le tiers exclu, c'est l'instanciation et l'indétermination de la valuation dans la formule $\forall x \; (\varphi x \vee \neg \varphi x)$ qui fait des objets impossibles d'objets incomplets.

Il est intéressant de remarquer que, dans la perspective de Parsons, la correspondance entre propriétés et objets, selon le principe de compréhension, mène à la possibilité d'identifier les caractères fictionnels (qu'on abordera plus loin) et aussi de s'expliquer la relation entre un auteur et ses personnages inventés : la notion de création. En effet, Parsons conçoit la création des fictions comme la correspondance entre les propriétés combinées par un auteur pour la première fois au moment d'écrire son récit et les objets abstraits :

« I have said that, in a popular sense, an author creates characters, but this too is hard to analyze. It does not mean, for example, that the author brings those characters into existence, for they do not exist. Nor does he or she make them objects, for they were objects before they appeared in stories. We might say, I suppose, that the author makes them fictional objects, and that they were not fictional objects before the creative act. »[91]

Ainsi, les objets abstraits sont, dans quelque sorte, convoqués par l'auteur au moment de combiner des propriétés. Le statut d'abstrait précède celui de fictionnel et ce dernier n'est acquis qu'à travers l'auteur qui le fait apparaître dans son récit de fiction : mouvement de strictement non-existant à non-existant et fictionnel.

Plus loin, dans la partie concernant les observations critiques, on reviendra sur les difficultés de l'approche de Parsons à l'égard de la présence d'objets réels dans les récits de fictions. Voyons maintenant comment la deuxième distinction de Mally concernant les types de prédication a été suivie par Edward Zalta.

2.6. Zalta et les deux types de prédication :

Dans la perspective de Edward Zalta (et à partir de la distinction de Ernst Mally), un objet peut *avoir* ou *posséder* des propriétés de deux manières différentes : *exemplification* et *encodage*. Cette distinction suit ce que Maria Reicher appelle « la stratégie de la double copule »[92], qui part de l'hypothèse que la copule « est » est ambiguë. Dans ce sens, l'attribution de propriétés à des objets existants correspond à une exemplification de telle propriété chez l'objet ; une attribution faite à un objet non-existant s'appellera alors encodage. De la sorte, dans la perspective de Zalta, les objets ordinaires exemplifient leurs propriétés, les fictions seulement les encodent. Il faut remarquer que la distinction entre encodage et exemplification concerne des questions extensionnelles. En effet, lorsqu'un objet exemplifie une propriété P, il appartient à l'ensemble d'objets qui ont la même propriété, ce qui n'est pas le cas pour les objets qui encodent la même propriété. Par exemple, l'objet qui encode la propriété d'être un cheval n'est pas un cheval, de même, un objet qui encode les propriétés d'être rond et carré n'est ni rond

---

[91] *Ibid.*, p.188.

[92] Reicher, Maria. *Nonexistents Objects*. Stanford Encyclopedia of Philosophy.

ni carré. C'est-à-dire, quelque chose qui encode la propriété d'être un cheval n'appartient pas à la catégorie des chevaux, et quelque chose qui encode les propriétés d'être rond et carré n'appartient ni à la classe de choses rondes ni à la classe des choses carrés.

En effet, les objets qui encodent des propriétés ne sont pas des objets mentaux ni des objets dans l'espace et le temps, ce sont des *objets abstraits*. En général, tout ce qui encode au moins une propriété est un objet abstrait non-existant. Donc, dans la perspective de Zalta, les propriétés de la forme « encoder F » sont possédées que par des objets abstraits. En fait, les objets abstraits encodent leurs propriétés nucléaires et les objets fictionnels en particulier, encodent les propriétés qui leur sont attribuées dans le récit de fiction. On remarque ici une première différence avec Parsons puisque, pour Zalta, Hamlet n'est pas un prince comme Charles d'Angleterre ; le premier encode la propriété d'être un prince, tandis que le deuxième l'exemplifie.

À son tour, Zalta propose une solution aux inconsistances menaçant les discours qui s'occupent d'objets contradictoires. En effet, l'inconsistance émane des objets qui ne vérifient pas le principe de non-contradiction : $\forall x \neg(Px \land \neg Px)$. Et pour éviter les inconsistances, Zalta restreint l'application du principe de non-contradiction aux objets exemplifiant des propriétés, c'est-à-dire, les objets existants. Les objets fictionnels qui apparaissent dans un récit caractérisés au moyen des propriétés qu'ils encodent sont au-delà du principe de non-contradiction. Ainsi, rien ne peut exemplifier le fait d'être carré et de ne pas l'être . Néanmoins, un objet non-existant peut encoder les propriétés d'être carré et ne pas être carré, au-delà du principe de non-contradiction.

En ce qui concerne le tiers exclu, en fonction duquel les objets se définissent comme étant complets ou incomplets, l'exigence qui regne sur les objets devant toujours posséder une propriété ou pas $\forall x(Px \lor \neg Px)$, ne concerne pour Zalta que les propriétés exemplifiées. Autrement dit, les objets exemplifiant des propriétés, les objets existants, sont des objets complets. Par contre, cette exigence n'est pas valable pour les objets non-existants. En effet, ces derniers, tout comme les personnages de fiction dans un récit, encodent exactement les propriétés qui leur sont attribuées par l'auteur dans le récit de fiction, mais ils deviennent incomplets par rapport aux autres propriétés qui ne sont pas mentionnées par l'auteur. En effet, pour être complets d'un point de vue internaliste (à l'intérieur du récit), ils devraient encoder toute propriété possible, mais il est absurde d'imaginer qu'un auteur puisse accomplir une telle tâche.

D'un point de vue littéraire, on s'aperçoit que, en principe, les propriétés encodées par une fiction (un personnage, une ville imaginaire, etc.), sont les propriétés attribuées par l'auteur dans le récit de fiction. Dans le cas des objets réels qui font part du récit, tel Paris dans l'œuvre de Tolstoï, l'objet encode et exemplifie la propriété d'être une ville. Tandis que Anna Karénine encode la propriété d'être une femme mais elle ne va jamais exemplifier telle propriété.

L'acte de création d'una fiction pour Zalta, comme pour la plus part des meinongiens, se correspond avec celle de baptiser un objet non existant en tant que personnage fictif :

« Instead of pointing and mentioning the relevant name, the author *tells a story*. I suggest that the act of storytelling is a kind of extended baptism, and is a speech act more similar to definition than to assertion. A story is required to baptize a nonexistent object as a fictional character. The author doesn't really establish or determine the reference of the name or names used, except in a derivative sense. »[93]

Zalta propose également une relation primitive A*xy* (*x* est l'auteur de *y*), qui prétend capturer ce rapport entre les auteurs et leurs inventions littéraires, par rapport auxquelles Zalta nous dit : « we trust that our readers have at least an intuitive grasp on what it is to author something »[94]. Zalta appelle « natifs » les personnages qu'ont été crées ou originés entièrement dans un récit de fiction, à différence des personnages importés d'autres récits. En effet, Zalta explique qu'initialement les personnages d'un récit de fiction sont les objets qui exemplifient des propriétés « selon l'histoire » (ce

---

[93] Zalta, 2003.
[94] Zalta, 1983, p.91.

qui raconte le récit de fiction). Dans le langage de Zalta : « x est un personnage de s (Persg(x,s))=$_{df}$ (∃F) ΣsFx », dont on a la variable s qui range que dans des récits de fiction, Σs est l'opérateur de fiction « selon l'histoire » et Fx veut dire x exemplifie la propriété F (à différence de xF = x encode la propriété F). Alors, les objets qui exemplifient des propriétés « selon l'histoire » , sont soit des natifs soit des fictions (personnages natifs d'autres histoires). Pour définir les notions de natif et de fictionnel, Zalta commence par la relation primitive entre deux propositions F et G dans le cas où F se produit ou a lieu avant que G et qui est représentée ainsi : F < G. Le but de cette relation primitive est de rendre plus spécifique la notion d'« être originaire d'une histoire » :

« x est originaire de s (Orig(x,s))

=$_{df}$

(Persg(x,s) &A !x&(y)(y')(s')(Ays & Ay's' & (Ay's' < Ays)→¬ Persg(x,s')) »

et qu'on peut lire de la manière suivante : x est originaire de s si et seulement si x est un objet abstrait (A !x) qui est un personnage de s et qui n'est pas un personnage d'une histoire antérieur. Donc, à partir de cette expression on peut définir les notions de natif et fictionnel : « x est native de s (Native(x,s))=$_{df}$ Orig(x,s) » ; « x est fictionnel (Fict(x)) =$_{df}$ (∃s)Native(x,s)».

Pour finir, on remarque que ces définitions permettent de comprendre qu'un personnage peut faire part d'un récit dont il n'est pas natif. Mais le plus important, c'est qu'elles permettent d'élaborer un critère minimal pour l'identité des personnages. Minimal dans la mesure où elles permettront d'identifier les personnages natifs d'une histoire ou d'un récit : « The best we can accomplish here is to present a means of identifying the characters native to a given story. The identifying properties of native characters are exactly the properties exemplified by the character in the story »[95]. Donc, les propriétés qui permettent d'identifier un personnage sont les propriétés attribuées par l'auteur dans le récit de fiction. Zalta le présente sous forme d'axiome : (x)(s)(Native(x,s) → x=(ɩz)(F)(zF ≡ ΣsFx)) où l'on comprend que si x est native de s, alors il y a un objet qui encode les mêmes propriétés F qui exemplifie x selon l'histoire s. Par exemple, puisque Meursault est un

---

[95] *Ibid.*, p.93.

personnage natif de L'Étranger, il est l'objet abstrait qui encode les mêmes propriétés qui exemplifie Meursault selon L'Étranger. Zalta n'a pas développé davantage ce critère d'identité. On abordera le sujet de l'identité des personnages plus en détail et dans une perspective critique dans le chapitre suivant.

Remarques à propos des perspectives meinongiennes

Un avantage important des théories qui postulent des fictions comme les meinongiennes, est la considération des affirmations d'un point de vue externaliste. En effet, dans la perspective de Parsons, les affirmations dont on parle à propos des fictions, affirmations du genre : « Madame Bovary est une fiction » ou « Meursault est une invention de Camus », sont interprétées comme des prédications extra-nucléaires sur des objets fictionnels. Chez Zalta ce n'est pas différent, en effet, en dehors des propriétés encodées il y a des propriétés extra-nucléaires du genre « être une fiction » ou « créé par un certain auteur » (les mêmes que chez Parsons).

Cependant, des difficultés apparaissent au moment de considérer des affirmations qui contiennent des noms d'objets réels et dans une perspective internaliste. En effet, à l'intérieur du récit de fiction, les affirmations concernant des objets réels doivent être construites à partir des distinctions proposées par Parsons et Zalta. Dans ce sens, lorsqu'on dit « Meursault a été condamné à mort », la propriété « être condamné à mort » est nucléaire pour Parsons et encodée pour Zalta. Mais, si jamais un auteur écrit un roman où se tient l'affirmation suivante : « Simone de Beauvoir a été condamnée à mort », la phrase ne peut pas être analysée comme les autres bien que grammaticalement, elle possède la même structure. En effet, pour Parsons il ne s'agit pas d'une propriété nucléaire de Simone de Beauvoir, parce que (en fonction de la documentation historique disponible) Simone de Beauvoir n'a jamais été condamnée à mort. Il en va de même pour l'analyse de Zalta : « être condamné à mort » ne peut pas être une propriété encodée par Simone de Beauvoir car les objets existants chez Zalta n'encodent jamais des propriétés[96].

---

[96] *Ibid.*, p.95.

Donc, ces perspectives ne peuvent pas considérer les affirmations sur des objets existants qui apparaissent dans les récits de fiction de la même manière qu'elles considèrent des phrases similaires sur des objets fictifs. Parsons propose une solution en considérant des personnages substituts qui portent les noms des personnages réels et qui possèdent les propriétés nucléaires qui leur sont attribuées dans le récit. Pour « Simone de Beauvoir a été condamnée à mort » on considère la substitute de Simone de Beauvoir qui a la propriété d'avoir « été condamnée à mort ». Cependant, une telle technique exclut toute possibilité de faire intervenir la réalité dans les récits de fiction et à notre avis, il s'agit d'un coût bien trop élevé pour sauver les distinctions de Mally.

2.7. Critique au principe de caractérisation : Graham Priest

Le principe de caractérisation, tel que l'on a présenté plus haut, assure que les objets possèdent les caractéristiques décrites pour les conditions dont on utilise pour les dénoter. Dans la perspective de Graham Priest, en effet, l'existence fait partie de ces conditions et pour telle raison Priest nie que le principe soit valide sans restrictions. De la sorte, Priest propose une alternative aux problèmes qu'émergent dans le discours fictionnel lorsqu'il traite avec des objets et personnages inexistantes, notamment avec les objets impossibles On remarque que motivés par des inconvénients similaires, Parsons et Zalta avaient suivi les idées de Mally.

Toute description d'une chose doit être comprise comme un ensemble de conditions destinés à caractériser un individu ou objet. S'il s'agit d'une chose unique, la caractérisation se correspond avec une description définie. En effet, en suivant la perspective descriptiviste de Russell, une phrase du type « Le premier homme à lutter contre des moulins à vent » peut être paraphrasée selon le schéma suivant : « la chose qui satisfait telle et telle condition». Ainsi nous obtiendrons : l'objet x tel que x est un homme et x a lutté le premier contre des moulins à vent. Nous écrivons « ιx » pour « l'objet x tel que », Hx pour « x est un homme » et Mx pour « x a lutté le premier contre des moulins à vent ». Donc la traduction de « Le premier homme à lutter contre des moulins à vent », serait la description définie : $ιx(Hx \land Mx)$. En général $ιxC(x)$ où $C(x)$ est une certaine condition contenant des occurrences de x. En plus, étant donné que les descriptions occupent la place des noms propres dans une logique de premier ordre, ils peuvent être combinés avec des prédicats pour obtenir des phrases. Donc, si on écrit Ux pour « x est né en Espagne », la traduction de : « Le premier homme à lutter contre des moulins à vent est né en Espagne» est U[ɩx(xH∧xM)]. On peut réduire l'expression en remplacent la description définie entière par φ, et on obtient U[ix(xH∧xM)] = Uφ.

Priest affirme donc, qu'il résulte raisonnable d'accepter aussi que Hφ et Mφ. Autrement dit, que « Le premier homme à lutter contre des moulins à vents est un homme » et que « Le premier homme à lutter contre des moulins est le premier à lutter contre des moulins à vent ». Donc, en utilisant le principe de caractérisation, lorsqu'on caractérise un objet avec la condition M, rien n'empêche d'affirmer correctement M du même objet. Mais l'attribution sans restrictions des conditions aux objets, conduit à des conclusions absurdes qui relèvent de l'invalidité du principe. Par exemple pour « le cheval ailée existant », il sera vrai qu'il existe un cheval qui vole, et pour « l'existante femme du Pope », donc que le Pope est marié. Le but de Priest est de critiquer au même temps l'argument ontologique qui prétend prouver l'existence de dieu à partir de la considération de la description qui définie a dieu.

En fait, il s'agit d'un des critiques adressés par Russell [97] aux meinongiens : étant donné que l'existence est une propriété de premier ordre tout à fait normale dans la perspective meinongienne, on pourrait s'en servir du principe de caractérisation pour prouver l'existence de quoi que ce soit (génération à priori). En effet, pour n'importe quelle combinaison de prédicats y compris l'existence, il doit y avoir un objet existant que le correspond.

On a analysé dans une autre partie de notre travail les solutions qui ont été proposées par Zalta et Parsons (en suivant les suggestions de Mally), pour faire face aux problèmes de considérer l'existence comme un prédicat de premier ordre. Une troisième proposition, et qui provienne des suggestions

---

[97] Voir 2.4 du présent travail.

de Daniel Nolan[98], Nick Griffin[99], et surtout Graham Priest[100], est la suivante : (i) de construire une sémantique contenant des mondes impossibles en plus des possibles et, au même temps, (ii) l'admission du principe de caractérisation mais dans une version contextuel[101].

(i) Mondes impossibles

En général, un monde impossible est un monde où les lois logiques ne suivent pas l'interprétation considérée comme le courant dominant d'un système logique. Si le courant dominant est la logique classique L, un monde impossible est celle dans laquelle l'ensemble des vérités n'est pas celle qui tient dans une interprétation de L. Étant donné qu'une interprétation classique tient compte principalement du tiers exclu, un logicien classique peut envisager comme impossible un monde où la loi du tiers exclu n'est pas valide. Plus spécifique encore est la définition suivante : un monde impossible est celle où certaines contradictions sont vraies, c'est-à-dire, où les phrases du type φ et $\neg\varphi$ se tiennent simultanément, contre la loi de non-contradiction.

(ii) principe de caractérisation contextuel

L'admission d'un principe de caractérisation contextuel consiste à parametriser ou rattacher le principe de compréhension aux mondes. Autrement dit, selon la formulation du principe de caractérisation : quelque soit la condition $\varphi[x]$ élaboré à partir d'une combinaison de propriétés, il y a un objet qui est décrit pour ce condition. Mais l'objet possède telles propriétés qui le caractérisent, pas nécessairement dans le monde présent mais dans les mondes qui font vraie telle caractérisation :

Quelque soit la condition $\varphi[x]$ avec variables x libres,
quelques objets possèdent $\varphi[x]$ *à certains mondes*.

---

[98] Nolan, 1998.
[99] Griffin, 1998.
[100] Priest, 2005.
[101] Dans l'original en anglais : « Qualified Comprehension Principle ».

Dans cette perspective, les fictions sont considérées comme le résultat d'actes intentionnels et de représentations cognitives. La justification de Priest est la suivante :

« Cognitive agents represent the world to themselves in certain ways. These may not, in fact, be accurate representations of this world, but they may, none the less, be accurate representations of a *different* world. For example, if I imagine Sherlock Holmes, I represent the situation much as Victorian London (so, in particular, for example, there are no airplanes); but where there is a detective that lives in Baker St, and so on. The way I represent the world to be is not an accurate representation of our world. But our world could have been like that; there *is* a world that is like that. »[102]

En effet, selon Priest, on n'a pas besoin d'isoler un sous-ensemble de propriétés nucléaires, comme dans les autres perspectives qu'on a déjà analysé. En effet, on peut conserver le principe de caractérisation sans restriction étant donné que les objets piochés pour les conditions $\varphi[x]$ ne doivent pas posséder tous les propriétés qui les caractérisent dans tous les mondes. Ainsi, pour φ = {être d'or, être une montagne, être existant}, nous ne devrions pas présumer qu'un objet ainsi, c'est-à-dire, une montagne d'or existante, possède également ses propriétés qui le caractérisent sur le monde réel. Les montagnes d'or habitent les mondes où se tiennent les histoires de fiction à propos de montagnes d'or existantes.

Une sémantique qui tient compte du principe de caractérisation contextualisé pour mondes (possibles et impossibles), est formulée comme une structure de domaine constante. Autrement dit, dans la perspective meinongienne, le domaine de chaque monde est tout simplement la totalité des objets : que certains objet k_1 existe au monde w_1, mais pas au monde w_2, est prise en compte pour posséder ou instancier le prédicat d'existence E! à w_1 et non à w_2.

Le principe de compréhension générale qu'affirme que toute caractérisation sélectionne un objet, une fois contextualisé assure que pour

---

[102] Priest, 2005, p.84.

toute condition φ(x), il y a un objet qui rempli une telle condition mais dans un certain monde qui ne doit pas être nécessairement le monde actuel. En admettant des mondes impossibles, la perspective de Priest prétend expliquer comment il est possible de considérer des objets contradictoires comme la coupole ronde-carrée de Quine. Autrement dit, en admettant un objet k que, étant donné qu'il est rond et pour telle raison, ne peut pas être carré, l'objet est pourtant rond et pas rond : Rk∧¬Rk. Il s'agit d'admettre de mondes inconsistants qui réalisent des contradictions. De la sorte, dans la perspective de Priest on n'a pas besoin d'admettre des contradictions vraies dans le monde actuel.

En effet, comme dans l'exemple de Berto[103], lorsqu'on raconte une histoire sur un grimpeur qui grimpe à la coupole rond-carré du College de Berkeley, en supposant que "x grimpe à y" est un prédicat qu'engage avec l'existence des arguments x et y, alors le carré rond est rond, carré, et existant - pas à ce monde, ni à aucun autre monde possible, mais à ces mondes impossibles décrits par mon histoire et qui réalise la caractérisation « (existant) coupole rond-carrée de Berkeley College ».

On présentera la sémantique de Priest avec les détails techniques de sa logique dans la section seconde.

Derniers mots

Dans ce deuxième chapitre on s'est permis d'étendre l'analyse aux termes proprement fictionnels (noms des personnages, villes et toute sorte d'objets fantastiques imaginées par un auteur dans un récit de fiction). Une telle analyse a été faite dans le but de déterminer les contraintes et difficultés des deux principales approches au sujet de la fiction : la perspective des réalistes et la perspective des irréalistes. Chacune de ces perspectives soutient un engagement ontologique spécifique à l'égard des termes ou expressions fictives. Dans ce chapitre on a exploré leurs contributions au sujet de la référence et l'identité des personnages et des objets fictifs en général.

---

[103] Berto, 2009 : Modal Meinongianism and Fiction: the Best of Three Worlds

En ce qui concerne la référence, on a vu comment les réalistes présupposent que les termes fictifs dénotent des objets qui appartiennent à un domaine plus élargi que les « choses du monde ». En revanche, pour les irréalistes il n'y a pas de dénotation ; les termes sont référentiellement « vides ». En ce qui concerne l'identité des objets fictifs, on a critiqué le critère des réalistes élaboré à partir des propriétés attribués par l'auteur aux personnages et objets dans son histoire de fiction. On a remarqué aussi les problèmes de se servir uniquement des propriétés pour identifier les objets abstraits parmi lesquels se trouvent les fictions. Ces problèmes, à notre avis, mettent en exergue la nécessité de trouver un critère différent.

Dans le chapitre suivant on explorera la perspective réaliste d'Amie Thomasson : la théorie artéfactuelle, pour déterminer jusqu'à quel point elle est en mesure de donner de nouveau résultats à l'égard de l'identité et la référence aux créations fictionnels.

Chapitre III : La théorie des Artéfacts d'Amie Thomasson

1. Introduction
1.1 Entités fictives : réalistes et irréalistes

A la recherche d'une théorie de la fiction qui réponde aux exigences en matière d'identité et de référence, nous avons analysé jusqu'a présent, d'une part, les contributions des irréalistes, en particulier l'approche au discours fictionnel à partir des notions du *faire semblant* et de *faire croire*, pour en remarquer les difficultés des approches au moment de se confronter au discours externaliste. En effet, l'absence de critères spécifiques pour donner des conditions sémantiques adéquates aux énoncés à propos des fictions au-delà des frontières du récit, témoigne de l'inadéquation des approches qui prétendent aborder le discours fictionnel sans postuler des fictions.

D'autre part, on s'est occupé des approches réalistes, et, entre elles, de la perspective des néo-meinongiens comme la plus représentative, pour remarquer aussi les problèmes insurmontables de concevoir les fictions correspondant au model platonicien, des objets abstraits reconnaissables seulement au travers des propriétés. En effet, en accord avec cette model, une fiction est conçue comme un objet abstrait atemporel placé dans un domaine (Topos Ouranos) qui n'a aucune relation matérielle avec le monde où résident les objets concrets (dans l'espace et le temps). L'absence de tout attachement ou, disons, dépendance, permet de penser dans ce modèle les objets abstraits comme des objets nécessaires.

En général, les approches des réalistes et des irréalistes qu'on a analysées jusqu'à présent, demeurent toutefois insuffisantes vis-à-vis de nos expériences les plus élémentaires à la rencontre des histoires de fiction. En particulier, le fait de concevoir un personnage de fiction, comme par exemple Don Quichotte, comme une entité nécessaire, contredit le fait qu'on le considère normalement lié à son créateur Cervantès. Imaginer que Don Quichotte a toujours existé indépendamment de son créateur et qu'il existerait quand bien même toute l'humanité n'aurait jamais existé, à notre avis exige un compromis ou en effort difficile à concéder. En effet, à la différence des objets abstraits platoniciens, les fictions sont souvent décrites comme des créations de l'esprit humain ou de l'imagination. De la sorte, les caractères fictionnels ne se présentent pas seulement comme des entités dont l'existence dépend de l'existence d'autres êtres, mais aussi comme des entités qui arrivent dans un certain moment de l'histoire du monde et dans des conditions spécifiques en tant que produit de l'imagination de quelqu'un.

Cependant, la constatation des insuffisances, qu'on a déjà remarquée et qu'on remarquera plus bas, des approches néo-meinongiens ne signifie pas qu'on doive abandonner la conception abstractionniste des entités fictives. Il signifie seulement que les fictions ne se correspondent pas au modèle qu'Edmund Husserl appellerait des idéalités libres (entités platoniciennes). L'analyse de Husserl, en effet, peut nous aider à comprendre les caractéristiques des entités qu'on appelle chez les meinongiens les objets abstraits. Dans la perspective de Husserl, le domaine des entités abstraites n'est pas seulement rempli d'idéalités libres, il y a aussi des entités liées, à savoir, des entités abstraits qui dépendent de l'existence d'autres êtres pour exister :

« So zeigt sich, dass auch Kulturgebilde nicht immer ganz freie Idealitäten sind, und es ergibt sich der Unterschied zwischen freien Idealitäten (wie den logisch-mathematischen Gebilden und reinen Wesensstrukturen jeder Art) und den gebundenen Idealitäten, die in ihrem Seinssinn Realität mit sich führen und damit der realen Welt zugehören. [...] Wenn wir von Wahrheiten, wahren Sachverhalten im Sinne theoretischer Wissenschaft sprechen und davon, dass zu ihrem Sinne das Gelten „ein für allemal" und „für jedermann" gehört als dass Telos urteilender Feststellung, so sind dies freie Idealitäten. Sie sind an kein Territorium gebunden, bezw., haben ihr Territorium im Weltall und in jedem möglichen Weltall. Sie sind allräumlich uns allzeitlich, was ihre mögliche Reaktivierung betrifft. Gebundenen Idealitäten sind erdgebunden, marsgebunden, an besondere Territorien gebunden, etc. Aber auch die freien sind faktisch weltlich in einem historisch territorialen Auftreten, einem „Entdecktwerden" usw. »[104]

---

[104] Husserl 1948, p.321 (« Ainsi, il apparaît que même les formations culturelles ne sont pas toujours des idéalités totalement libres, et il en résulte la *différence entre*

Considérer des entités en tant que dépendantes à partir de cette distinction entre libres et liées, ouvre des possibilités de penser la configuration des objets, en général, de manière différente. En effet, dans tous les cas il s'agirait des entités qui ne sont pas indépendantes ou libres pour exister sinon des entités qui dépendent de manière stricte d'autres entités dans des différents sens. Spécialement dans un sens *métaphysique* et aussi *temporel* de la dépendance. Métaphysique dans le sens que les entités liées ou dépendantes existeraient seulement dans les mondes où les entités dont elles dépendant existent. Temporelle dans le sens que cette dépendance fait penser à une naissance ou point spécifique de l'histoire où les entités dépendantes commencent à exister.

Donc, il est possible de développer un type différent de théorie abstractionniste à l'égard des fictions où les entités fictives ne se correspondent pas aux entités libres (comme le font les meinongiens) mais avec des entités liées. Dans ce sens les entités fictionnelles dépendront d'autres êtres (êtres humains) pour devenir existantes et, dans un certain sens, pour continuer à exister. Leur condition de temporellement dépendantes des actes mentaux (l'imagination) permet de les concevoir comme des entités construites. Cette doctrine a été défendue pour la

---

idéalités libres (comme sont les formations logico-mathématiques et les structures essentielles pures de toute espèce) et *idéalités liées* qui comportent dans leur sens d'être une réalité et par là appartiennent au monde réel. [...] Quand nous parlons de vérités, d'états de choses vrais au sens de la science théorique, et du fait que la validité « une fois pour toutes » et « pour quiconque » appartient à leur sens comme télos de la position ferme qui constitue le juger, ce sont alors des *idéalités libres*. Elles ne sont pas liées à un territoire, ou plutôt elles ont leur territoire dans la totalité de l'univers et dans tout univers possible. Elles ont une omni-spatialité et une omni-temporalité en ce qui concerne leur réactivation possible. Les idéalités liées sont liées à la Terre, à Mars, à des territoires particulières, etc. » [trad. Denise Souche-Dagues, PUF])

première fois par Roman Ingarden[105] et aussi par d'autres chercheurs à différentes occasions[106].

Une nouvelle version de la théorie abstractionniste a été récemment présentée par Amie Thomasson, principalement dans son livre *Fiction and Metaphysics*. Le point de vue de Thomasson, en effet, en suivant l'approche Ingarden-Husserl, suit une perspective réaliste des caractères fictionnels que Thomasson appelle des *artéfacts abstraits* :

« As a realist about fictional characters, I hold that there are such fictional characters as Meursault, Hamlet, and Precious Ramotswe. This of course is not to say that are (or ever have been) such *people,* either here or in a spatially or modally distant 'fictional world'. Fictional characters, on my view, are a certain kind of abstract artifact, created in the process of telling works of fiction, and much like other abstract cultural creations such as laws, contracts, and stories themselves. »

De la sorte, dans la perspective de Thomasson, les caractères fictionnels ne sont pas les étranges habitants d'un autre domaine mais des artéfacts culturels abstraits (artéfacts) aussi ordinaires que les récits où ils apparaissent. Le plus important de la présentation que Thomasson fait de sa théorie, c'est le fait d'être développé avec l'intention de résoudre deux des majeurs inconvénients que trouve toute théorie des fictions : (i) comment se référer aux fictions ?, (ii) comment donner des conditions d'identité adéquates ? Des premières pages Thomasson suit une méthode qui prétend toujours en discussion la nature des caractères fictionnels. Ainsi, en effet, l'analyse explore à fond les coûts et avantages de la postulation de tels caractères, toujours dans un cadre ontologique à grande échelle qui cherche savoir si est plus convenable une théorie qui postule ou une théorie qui ne postule pas les objets fictifs. A la fin de ce parcours elle présente sa théorie des artéfacts.

---

[105] Ingarden, 1931.

[106] Searle, 1973 ; van Inwagen, 1979 ; Salmon, 1998. En fait, il paraît que la distinction même entre libres et liées a été suggéré à Husserl par Ingarden (voir Voltolini, 2006, p.39)

Comprendre les fictions comme de artéfacts, signifie les concevoir comme des entités dépendantes d'un acte de création singulière ou naissance (accompagné normalement d'un baptême) pour devenir existantes, donc dépendantes d'un auteur avec lequel elles maintiennent une liaison historique, dépendantes en même temps des copies de l'œuvre littéraire qui les a insérées dans la communauté linguistique (les lecteurs) pour continuer à exister, avec une restitution de leur capacité à être référées à travers des relations de dépendance, et finalement identifiables justement à travers ces relations de dépendances, et susceptibles de mourir lorsque certaines dépendance disparaissent.

Dans son propos, Thomasson divise ses arguments en deux. D'un part, ce qu'elle comprend comme des raisons pour ne pas refuser les fictions, c'est-à-dire, pour ne pas opter pour une perspective ontologique parcimonieuse qui prétend se passer de la postulation des entités fictives. D'autre part, des raisons pour les accepter, c'est-à-dire, pour les admettre dans notre ontologie. Si on comprend ici ontologie, selon Thomasson, comme la tâche qui se propose de donner du sens au monde, en particulier cela devrait nous aider à comprendre nos *expérience* et *discours* sur le monde. Et à l'occasion, il doit s'agir d'une ontologie qui tienne compte de la manière la plus appropriée, de nos pratiques littéraires les plus courantes :

« It only requires that we seek a theory able to analyze what our experience is about and whether our sentences are true or false as consistently, adequately, and elegantly as possible overall. »[107]

1.2 Fiction et dépendance

Les personnages fictionnels sont des créations culturelles, des artéfacts abstraits produits au moyen d'une intentionnalité et qui exigent des entités concrètes telles que des copies des histoires et une communauté de lecteurs pour continuer à exister. Dans ce sens, Thomasson considère, en effet, que la littérature et le langage même sont aussi des créations culturelles abstraites.

---

[107] Thomasson, 1999, p.73.

Littérature et langage, en effet, sont des créations du type représentationnel. Elles utilisent des symboles avec des significations pour représenter des choses autres qu'elles-mêmes. Il s'agit de symboles qui ont gagné leur signification à travers des actes intentionnels individuels ou collectifs. C'est justement le caractère représentationnel du langage qui fait de lui une entité culturelle rendant possible d'autres entités culturelles telles que les œuvres littéraires et les personnages de fiction.

Ainsi, le symbole « Don Quichotte » acquiert une signification en tant que nom d'un personnage fictionnel à travers l'acte intentionnel d'un auteur (l'acte d'écrire une histoire) – acte intentionnel avec objet – où le nom « Don Quichotte » réfère à l'artéfact Don Quichotte (compris comme une entité abstrait dépendante) – à travers les chaînes de dépendance. Et de même pour l'œuvre littéraire lorsqu'on considère la totalité des symboles qui la composent.

Dans cette perspective il n'y a aucune différence entre une œuvre littéraire et les artéfacts concernés. A cet égard, il résulte difficile pour Thomasson d'accepter les approches parcimonieuses qui prétendent renoncer à la postulation des personnages fictifs mais non aux œuvres littéraires.

C'est la notion de dépendance qui permet d'expliciter les artéfacts en tant que des entités *créés*. Il peut s'agir d'une dépendance à des entités réelles (dans l'espace et le temps) ou bien à des états mentaux.

Par rapport à la dépendance à des entités réelles, en effet, les artéfacts - en tant qu'entités créés - sont des entités rigidement dépendantes des activités réelles et de représentations intentionnelles de l'auteur qui les a créées. Dans ce sens ils dépendent rigidement et historiquement de l'auteur. Par contre, bien que les artéfacts dépendent d'une activité réelle particulière, pour continuer à exister la dépendance opère autrement. Pour continuer à exister, en effet, les artéfacts (personnages et œuvres littéraires) dépendent constamment et génériquement de l'existence d'au moins une copie de l'œuvre littéraire. Le mot « historique » veut dire qu'on a établi une dépendance chronologique avec un auteur qui a créé l'artefact dans un moment particulier de l'échelle (ou axe) du temps historique, mais qui n'exige pas la présence de l'auteur pour que l'artéfact continue à exister : l'artéfact peut survivre son auteur. Le mot « constant » veut dire, justement, qu'il y a une dépendance avec un objet réel sans lequel l'artéfact ne peut pas continuer à exister.

Il vaut la peine noter que pour Thomasson, tandis que les œuvre littéraires sont composées de mots, les personnages fictifs non. Par contre, les personnages fictifs sont créés par des mots (voir actes illocutoires) : « ... a fictional character is created by being represented in a work of literature »[108]

Cependant, parler de création et indiquer chronologiquement la naissance d'une fiction ne nous engage pas nécessairement avec une notion de création immédiate et ex nihilo à la manière comment, par exemple, de magicien qui semble faire sortir des lapins de son chapeau :

« Nonetheless, a character need not to be produced by a single author, certainly not in a single sitting. The creation process for fictional characters may vary greatly, not only by individual but also culture and literary tradition, and the origin of a character may be diffuse, encompassing many different acts of many different people over a prolonged period of time as is the case for example, with many mythical heroes, and even with the Nancy Drew of our time). Yet however diffuse and hard to track the origin of a particular character may be, the same principle holds that the character must have originated from its particular origin, and none other. »[109]

Par rapport à la dépendance à des actes mentaux, on considère que les personnages fictionnels deviennent existants par des actes créatifs d'un auteur. Dans ce sens, l'œuvre littéraire - et aussi les personnages créés - dépendent rigidement de ces actes créatifs (actes mentaux). Mais pour continuer à exister ils dépendent aussi constamment de ces actes mentaux.

---

[108] *Ibid.*, p.13.
[109] Thomasson, 1999, Note 3, p.140.

La proposition de Thomasson est la suivante : d'un part les entités spatiotemporelles et les états mentaux, d'autre part toutes les choses qui en dépendent. Les deux parties nous assurent, d'abord, qu'il aura entités physiques et intentionnalité, permettant d'avoir des abstracta dépendants génériquement des entités spatiotemporelles et des choses dépendantes des états mentaux. Le résultat serait, selon Thomasson, notre réalité spatiotemporelle de tous les jours et en plus le pouvoir créatif de l'intentionnalité humaine, soit sous la forme des pensées des individus ou des pratiques conjointes et les croyances d'une culture.

Par rapport à la dépendance à des états mentaux, on peut le schématiser de la manière suivante :

A. Entités concrètes qui dépendent des états mentaux : ce billet de cinq euros, la *Joconde*, etc.
B. Entités concrètes qui sont indépendantes des états mentaux : pierres, molécules, étoiles et planètes, etc.
C. Entités abstraites qui dépendent des états mentaux : lois, programmes informatiques, symphonies, etc.
D. Entités abstraites qui sont indépendantes des états mentaux : les numéros dans un sens platonique.

Pour poursuivre on va s'occuper plus en détail de l'acte intentionnel chez Thomasson. En effet, finalement Thomasson soutiendra la perspective selon laquelle l'acte intentionnel présuppose toujours un objet. Dans cette perspective, en effet, la notion de dépendance prend un rôle déterminant et sera développée par Thomasson dans ses différents aspects, principalement en ce qui concerne les notions de création, référence et d'identité des fictions.

2. L'acte intentionnel : présence et absence d'objets

L'objet d'une théorie de l'intentionnalité est d'offrir une analyse de la manière dont notre pensée s'oriente et expérimente les objets du monde dont elle s'occupe. Dans ce sens, il est pertinent de s'interroger sur la chose vers laquelle s'oriente notre pensée (s'il y a une telle chose) lorsqu'on participe aux pratiques littéraires les plus simples comme lire une histoire de fiction. A cet égard, quelques théories de l'intentionnalité, ainsi que du langage, ont essayé souvent d'éviter de postuler des entités fictives en cherchant des alternatives aux théories meinongiennes de l'intentionnalité (de la même manière que Russell a cherché une alternative pour la théorie meinongienne de la référence). D'entre les différentes perspectives, c'est l'approche du contenu qui atteint cet objectif, en accord avec la perspective de Husserl et suivie par d'autres théories contemporaines de l'intentionnalité, celles de Searle, Smith et McIntyre.

Il vaut la penne mentionner que certaines discussions à propos de l'intentionnalité ont été lancées (et beaucoup d'entre eux étaient prévus) par Franz Brentano dans son livre *Psychologie du point de vue empirique*, où Brentano affirme le suivante :

« Ce qui caractérise tout phénomène psychique, c'est ce que les Scolastiques du Moyen Âge ont appelé l'inexistence intentionnelle (ou encore mentale) d'un objet et ce que nous pourrions appeler nous-mêmes - en usant d'expressions qui n'excluent pas toute équivoque verbale- la relation à un contenu, la direction vers un objet (sans qu'il faille entendre par là une réalité (*Realität*) ou objectivité (*Gegenständlichkeit*) immanente. Tout phénomène psychique contient en soi quelque chose à titre d'objet (*Objekt*), mais chacun le contient à sa façon. Dans la représentation, c'est quelque chose qui est représenté, dans le jugement quelque chose qui est admis ou rejeté, dans l'amour quelque chose qui est aimé, dans la haine quelque chose qui est haï, dans le désir quelque chose qui est désiré et ainsi de suite.

Cette inexistence intentionnelle appartient exclusivement aux phénomènes psychiques. Aucun phénomène physique ne présente rien de semblable. Nous pouvons donc définir les phénomènes psychiques en disant que ce sont les phénomènes qui contiennent intentionnellement un objet (*Gegenstand*) en eux. »[110]

---

[110] Brentano, (1874), 2008, p.102

Ainsi, pour Brentano, l'acte intentionnel n'a aucun engagement ontologique, c'est-à-dire, l'objet intentionnel vers lequel se dirige l'acte mental est une chose plutôt psychologique et non physique. Certaines des principales idées de la tradition phénoménologique peuvent être reliées à ces paragraphes. À l'instar d'Edmund Husserl[111], qui était à la fois le fondateur de la Phénoménologie et un élève de Brentano, un des buts de l'analyse phénoménologique a été de montrer que la propriété essentielle de l'intentionnalité, d'être dirigée vers quelque chose, n'est pas subordonnée à savoir si certaines cibles réelles existent indépendamment de l'acte intentionnel lui-même.

Selon les théories du contenu, les relations intentionnelles à des objets de la perception peuvent être divisées en trois parts : (i) l'acte conscient, (ii) l'objet et (iii) le contenu. L'acte conscient c'est la perception particulière, la pensée, le désir, etc., qui a lieu dans le espace et le temps. L'objet de la relation intentionnelle c'est la chose dont l'acte conscient s'occupe ; normalement un objet physique ou état d'affaires qui sont dans le point de mire (visée) de l'acte intentionnel. Le contenu d'un acte est analogue au rôle joué par le « sens » chez Frege : c'est lui qui exprime le mode de donation ou de présentation de la référence (*Bedeutung*). Mais il n'est normalement pas quelque chose dont le sujet est explicitement conscient au cours de l'expérience intentionnelle.

Selon Thomasson, cette structure simple « acte-contenu-objet » des actes intentionnels a contribué à élaborer des théories du contenu qui visent à éviter la postulation des objets fictionnels. En effet, les actes qui concernent des personnages de fiction, seraient des actes avec un contenu mais sans objet. Par exemple, lorsqu'on pense à Don Quichotte, notre pensée aurait un contenu du type « le chevalier fou qui se battait contre les moulins de vents » mais il n'y aura pas d'objet dénoté par le ce contenu. De même que chez Frege il peut avoir du sens sans référence. On donnera plus détails sur Frege plus bas.

---

[111] Husserl, 1900, 1913.

Searle soutient cette idée, ce qui place sa perspective du côté des irréalistes :

« The fact that our statements mail fail to be true because of reference failure no longer inclines us to suppose that we must erect a Meinongian entity for such statements to be about. We realized that they have a propositional content which nothing satisfies, and in that sense they are not "about" anything. But in exactly the same way I am suggesting that the fact that our Intentional states may fail to be satisfied because there is no object referred to by their content should no longer puzzle us to the point where we feel inclined to erect an intermediate Meinongian entity or Intentional object for them to be about... there is no object which they are about. »[112]

A continuation on fera une présentation des principales approches à la théorie de l'acte intentionnel auxquelles Thomasson adresse des critiques qui visent à dénoncer inefficacité des approches que postulent des actes intentionnels sans objet. En effet, Thomasson essayera de montrer que les actes intentionnels sans objet trouvent des problèmes graves, principalement, au moment de donner des conditions d'identité pour les personnages fictives.

Les théories de l'acte intentionnel sans objet peuvent être divisées en deux genres : la théorie du contenu pur et la théorie du contexte pur.

2.1 Théorie du contenu pur : un acte intentionnel sans objet
Parmi les différents buts qui doivent accomplir une théorie de l'intentionnalité, elle doit fournir les fondements pour la compréhension des caractéristiques les plus importantes de l'intentionnalité, en incluant (i) indépendance de l'existence, (ii) dépendance de conception et (iii) sensibilité contextuelle.

Le contenu n'est pas uniquement le trait le plus distinctif de l'intentionnalité, mais aussi ce qui permet d'expliquer toutes les autres caractéristiques. Par indépendance de l'existence nous entendons que l'acte

---

[112] Searle, 1983, p.17.

intentionnel est indépendant de l'existence de l'objet vers lequel il se dirige. Il s'agit d'un acte intentionnel avec un contenu qui n'a réussi pas réussi à prescrire un objet, autrement dit, qui n'a pas besoin d'être dirigé vers aucun objet. De même, le fait qu'il peut y avoir différentes conceptions d'un même objet, peut être expliqué par le fait que deux contenus différents ou plus peuvent prescrire le même objet (dépendance de conception). Et la notion de contenu même peut expliquer comment il est possible qu'une même conception ou pensée puisse être dirigée vers différents objets lorsqu'on change de contexte (sensibilité contextuelle). Par exemple, le contenu « ordinateur portable » se dirige vers l'outil qui est en face de moi dans ce moment et aussi vers l'outil de mon collègue sur le bureau à côté de moi. On peut envisager déjà qu'en traitant des actes intentionnels sans objet (fictions) on devra faire des considérations spéciales pour ces propriétés.

Mais, comme Thomasson le remarque bien, considérées séparément, la dépendance de conception et la sensibilité contextuelle trouvent des explications adéquates. Mais les limitations de la théorie du contenu pur apparaissent une fois qu'on considère les propriétés toutes ensembles. En particulier, les actes intentionnels prétendument dépourvus d'objet existant, doivent aussi exhiber les propriétés de dépendance de conception et sensibilité contextuelle. Et c'est justement en analysant nos relations intentionnelles aux fictions qu'on pourra mieux déterminer les avantages ou non d'une telle théorie.

Le point de départ de la critique de Thomasson est la mise en question du caractère orienté ou dirigé des actes intentionnels. En effet, lorsque la théorie du contenu pur traite des expériences de la fiction comme des actes sans objet, selon Thomasson, les solutions classiques à la dépendance de conception et la sensibilité au contexte des actes intentionnels ne semblent pas fonctionner correctement. Le caractère « dirigé » de l'acte intentionnel, en effet, vient de sa compréhension en tant que relation. Ainsi, en tant que relation, en effet, l'interaction entre la conscience et le monde réel dans les actes de perception trouve un modèle d'explication initialement valable. Le caractère orienté de l'acte intentionnel s'explicite donc comme une relation non-symétrique R entre quelque chose (ξ) qui « pointe vers » et le « vers » qu'elle pointe (ζ). Ainsi nous aurions l'expression suivante : $R(\xi, \zeta)$. Mais c'est justement le caractère de « relation » des actes intentionnels sans objet que Thomasson trouve soupçonnable. Le caractère de relation, en effet, le constitue la 'présence' des deux extrêmes de la relation. Mais l'absence d'une chose vers laquelle se dirige l'acte intentionnel même, fait penser à l'inexistence de tout trait relationnel. C'est le cas du récit fictionnel dont les actes intentionnels prétendument entendus comme des relations dyadiques se présenteront comme des actes dirigés vers le vide.

« So the content theory is forced to either give up the idea that intentionality is a relation […], or to postulate a strange, possibly strange incoherent kind of relation simply to account for intentionality. »[113]

Voyons maintenant plus en détail les difficultés qui pose la compréhension d'une théorie qui prétend ne pas postuler d'objets fictionnels en considérant les caractéristiques les plus importantes qui distinguent les actes intentionnels.

2.1.a Dépendance de conception

La pratique littéraire nous montre qu'il peut avoir des actes intentionnels pour lesquels, selon la théorie du contenu pur, il n'y a pas d'objets. Dans la lecture de *Don Quichotte de la Mancha*, par exemple, notre pensée à propos du personnage serait une pensée vers le vide. Mais en même temps il paraît concevable qu'on pourrait se diriger vers les personnages qui apparaissent de manières différentes. Considérons les exemples suivants :

(1). Ma pensée à propos de l'auteur de La Métamorphose
(2). Ma pensée à propos du fils de Hermann Kafka
(3). Ma pensée à propos de Don Quichotte
(4). Ma pensée à propos du chevalier qui était accompagné par Sancho Panza.

La théorie du contenu dit que les deux premiers actes intentionnels correspondent à deux conceptions ou contenus différents mais se dirigent au même objet. En effet, nous avons deux contenus, « l'auteur de La Métamorphose » et le « fils de Hermann Kafka », qui choisissent le même

---

[113] Thomasson, 1999, p.78.

objet et la dépendance de conception s'explique sans problème. La même théorie nous explique, en accord avec la théorie précédente, que les deux derniers cas (3) et (4) correspondent à des actes intentionnels avec deux contenus différents mais pas d'objet. Mais si, justement il n'y a pas d'objet, comment établir la similitude entre les deux contenus ?

« So our ability to explain that these two thoughts are about the same thing, […] is lost, for it seems that the content theory can only tell us that there is no object in either case. »[114]

La pratique littéraire contredit carrément les conclusions de la théorie du contenu. En effet, autrement, la lecture d'un roman dont on unifie des différents contenus qui concernent un même personnage serait impossible. Sur la base de jamais confondre l'objet avec le contenu, le problème devient plus aigu si l'on considère la phrase suivante :

(5). Ma pensée à propos du prisonnier condamné à mort dans l'œuvre d'Albert Camus.

Thomasson remarque que non seulement la théorie du contenu n'explique pas que (3) et (4) sont à propos du même personnage mais qu'elle n'arrive non plus à expliquer que (5) est à propos d'un personnage différent. La théorie nous dit seulement que dans les trois cas il n'y a pas d'objet concerné. Quoi qu'il en soit de la notion d'objet fictionnel que l'on considère ici, l'absence d'objet exige un critère d'identité des contenus que cette perspective n'arrive pas à expliciter. De la sorte, l'argumentation critique de Thomasson porte sur le fait que puisqu'il n'y a pas d'objet vers lequel se dirige l'acte intentionnel (quel qu'il soit), alors il n'y a pas d'identité possible.

D'autres essais ont été faits pour donner des conditions d'identité des contenus suspectés de correspondre au même objet, mais toujours sans renoncer au refus de postuler des entités fictives comme le sujet de nos expériences de personnages fictionnels. Ils proposent d'unifier les actes

---

[114] *Ibid.*, p.80.

intentionnels (3) et (4) en fonction d'un sujet qui juge « comme si » ils étaient à propos du même objet. Ainsi, l'identité inclurait une individuation phénoménologique de l'objet par la conscience, bien qu'il n'existe aucun objet externe.

Smith et McIntyre [115], justement, offrent une perspective phénoménologique dont l'individuation par la conscience se fait par la présupposition d'un ensemble de croyances de base :

« An object is individuated in an act or attitude insofar as the act's Sinn [content] either presupposes or explicitly includes (in some appropriate way) a sense of which individual a given thing is, a sense of its 'identity'. »[116]

En effet, ce qui permettrait d'individualiser phénoménologiquement mes pensées, par exemple, à propos de Don Quichotte serait, d'une part, l'ensemble de croyances de base à propos des principes pertinents pour identifier des êtres humains ; d'autre part, l'ensemble de croyances à propos de Don Quichotte même. On pourrait formuler un principe pour réunir les contenus de pensée du type Don Quichotte de la manière suivante :

Pour Z= acte intentionnel et A= le nom d'un caractère fictionnel, Px= propriétés d'un individu.

« Z est une pensée du type A si et seulement si le contenu de Z est tel qu'il semble prescrire un homme avec les propriétés Px »

Pour (3) et (4), l'identité est acquise puisque les deux prescrivent le même objet comme le montre le principe « (3) [ou (4)] est une pensée du type Don Quichotte si et seulement si le contenu de (4) est tel qu'il semble prescrire un objet qui est un homme qui se croyait un chevalier médiéval, qui portait une armure ridicule, accompagné d'un écuyer et d'un vieux cheval fatigué, etc. »

---

[115] Smith et McIntyre, 1982, pp.370-371.
[116] Loc. cit.

La réunion des pensées à propos de caractères littéraires sur la base de leur identité dans la conscience se sert, en quelque sorte, du modèle d'identité des objets réels à partir des connaissances de base. Mais c'est là, justement, son point faible. Les écrivains de fiction souvent, créent des personnages qui ne gardent aucun rapport d'identité avec les objets réels. En fait, les caractères fictionnels peuvent violer tous les principes d'identité qui relèvent des êtres réels et sans perdre leur identité. C'est le cas des récits fantastiques où les personnages sont soumis à des processus de métamorphose qui les présentent initialement comme des êtres humains, ensuite comme des animaux et finalement les fait retourner à leur condition originale ou migrer dans une autre, toujours sans perdre leur identité. C'est-à-dire, sans perdre la possibilité de les identifier comme étant toujours le même personnage bien qu'il ait changé de configuration. Le personnage principal du roman de l'écrivain irlandais Bram Stoker, le prince Vlad Dracul, gagne la condition d'ensemble de rats ou de chauve souris pour revenir après à sa condition initiale selon les circonstances et sans laisser la moindre incertitude au lecteur qu'il s'agit toujours du même monstre. Mais nos connaissances de base à propos des « princes » nous disent clairement qu'il ne faut jamais les identifier avec un ensemble de rats. Si jamais on saute des premiers lignes du bouquin à la partie où le personnage vole comme un mammifère de l'ordre des chiroptères, on pourrait jamais les identifier sauf en lisant la partie manquante du récit. De même, tout trait avec des objets réels paraît coupé à l'égard des choses ou personnages exhibant des propriétés contradictoires qui apparaissent dans les récits. Donc, compter sur des connaissances de base qui relèvent de choses réelles pour identifier les caractères fictionnels, s'avère être un critère insuffisant.

En fait, ces contraintes avec l'identité par la conscience et qui renvoient en même temps aux problèmes de l'identité d'objets par des propriétés, montrent de manière claire les raisons pour lesquelles la plupart des perspectives scientifiques ne s'engagent pas avec la postulation des objets fictionnels :

« Given the unruliness of fictional characters, it seems highly unlikely that a mere admixture of beliefs about the individual and backgrounds beliefs about individuative principles for the kind in question can be sufficient even for individuating these entities for consciousness, much less for properly grouping our various intentional acts that we need to explain as being about the same fictional object. »[117]

Mais pour Thomasson ces contraintes indiquent seulement que les conditions d'identité doivent être établies autrement comme on verra plus bas. Voyons maintenant les critiques qu'elle adresse vers la considération de la sensibilité contextuelle dans les théories du contenu.

2.1.b La sensibilité contextuelle

Des problèmes similaires accusent la propriété de la sensibilité contextuelle des actes intentionnels. Le fait de se diriger vers différents objets dans différents contextes au moyen d'un même contenu, est mise en cause par le fait de ne pas disposer d'un critère d'identité clair. D'un part, la théorie du contenu n'arrive pas à éviter l'identité des contenus qui concernent à des personnages différents ; d'autre part, elle n'arrive pas à éviter qu'un même contenu puisse se diriger vers des objets différents et sans avoir changé de contexte.

(i) Indifférenciation de contenus distincts :

D'un part, l'identité d'un personnage par le contenu fait que le critère se centre sur l'expression du contenu. Mais ce critère paraît inacceptable étant donné que dans les cas de coïncidence des descriptions, c'est-à-dire, dans les cas des auteurs différents qui ont inventé des personnages semblables mais pas identiques, dans le sens qu'ils ne sont pas le même, l'identité par le contenu n'arrivera à établir aucune différence entre eux. En fait, il s'agit du problème même des meinongiens qui établissent des critères d'identité sur la base des propriétés.

Voyons l'exemple suivant : imaginons un personnage du livre *Don Quichotte de la Manche* identifiable à travers le contenu « le berger qui se lève très tôt pour aller travailler ». Imaginons également que dans un roman nippon de la même époque l'auteur, qui n'a jamais entendu parler du livre de Cervantès, décrit aussi un personnage avec la même expression « le berger

---

[117] Thomasson, 1999, p.83.

qui se lève très tôt pour aller travailler ». Bien qu'en principe les deux contenus décrivent la même chose, il est évident qu'il ne s'agit pas du même personnage étant donné que ces deux auteurs ont choisi une telle description indépendamment l'un de l'autre. Si l'on voulait différencier les deux personnages concernés par ces contenus, la théorie du contenu n'est pas de grande aide. Accuser l'écrivain nippon de plagiat (ou vice-versa) paraît non fondé. En effet, lorsque l'on tient compte du contenu, il est impossible d'éviter l'identité des personnages bien que la ressemblance soit œuvre de la coïncidence. Donc, on ne peut pas empêcher la théorie du contenu d'affirmer que les deux contenus sont identiques.

(ii) Indifférenciation des personnages à l'égard d'un même contenu

Pour les mêmes raisons qu'avant, un même contenu (soit celui exprimé dans l'œuvre de Cervantès ou celui de l'auteur nippon) peut se diriger indifféremment vers le personnage de Cervantès ou vers le personnage de l'auteur nippon, respectivement. Et si l'on voulait maintenir la différence entre les deux, la théorie du contenu nous abandonnerait.

2.2 Théorie du contexte pur : les actes intentionnels dans son contexte

Les critiques que Thomasson adresse aux différents types de théories de l'acte intentionnel, visent à montrer que le plus approprié est de postuler des objets fictionnels vers lesquels se dirigent les actes intentionnels. Mais avant d'y arriver elle s'occupe d'une autre perspective, en particulier, ce qui tiennent en compte les contextes auxquels se dirigent les actes intentionnels.

Il s'agit, donc d'unifier les actes intentionnels qui 'apparemment se dirigent vers un même objet sur la base du recours au seul contexte. Une des solutions possibles qu'analyse Thomasson pour se passer de la postulation d'objets fictionnels, place le recours au contexte en dehors la relation intentionnelle. Le principe[118] affirme que T est une pensée à propos de Don Quichotte (par exemple) si et seulement si le penseur de T se situe dans un contexte approprié devant une copie de Don Quichotte de la Manche (dérivée de l'original de Cervantès).

---

[118] *Ibid.*, p.85.

Par exemple, si deux pensées à propos de Don Quichotte se produisent dans le même contexte, alors je peux considérer qu'elles concernent le même individu. Le même contexte veut dire ici qu'on est, comme lecteurs, en face du même livre, qu'on lit les mots appropriés dans ce livre et que ces mots nous indiquent qu'il s'agit de Don Quichotte. S'il s'agit du même livre avec deux apparitions du même personnage dans la même histoire, l'explication paraît fonctionner. Mais s'il s'agit du même personnage dans une autre histoire et que je lis à partir d'un autre contexte, en fonction de quoi est-ce que je vais établir la correspondance avec le même individu ? Naturellement on peut établir la différence avec Emma Bovary de Flaubert étant donné qu'il s'agit vraiment d'un autre contexte : un autre livre et des mots différents. Même si les deux histoires apparaissent dans un même volume, on peut retracer l'histoire de chaque partie du volume avec le but de pouvoir déterminer les contextes historiques relevant de chaque histoire.

La critique principale qu'on peut opposer à cette perspective qui ne prend que le contexte comme critère, concerne la perception des mots sur le papier. La lecture des mêmes mots dans le même contexte ne garantit pas que mes pensées soient dirigées vers le même objet. Surtout parce que l'acte de lecture ne concerne pas toujours l'identité des personnages. Comme l'indique bien Thomasson, on peut lire une histoire en cherchant les détails formels comme, par exemple, la métrique dans un poème sans nous occuper des personnages qui y apparaissent.

En général il paraît peut croyable que ce soit seulement le contexte qui détermine l'identité des pensées étant donné que en quelque sorte on tient compte du contenu au moment de décider. En plus il paraît un peu mystérieux l'acte par lequel je déciderais que deux pensées concernent le même objet sans avoir un critère d'identité au préalable.

Par la suite on va s'occuper de la perspective que Thomasson considère plus fort : la théorie de l'objet intentionnel. On se servira aussi de cette perspective et des outils qu'elle met en place pour se confronter aux problèmes de la référence et l'identité des fictions. Ces outils seront la base de notre développement subséquent dans l'élaboration d'une logique qui permettra d'argumenter avec des fictions.

2.3 Théorie de l'acte intentionnel avec objet

L'analyse critique que Thomasson adresse aux théories de l'acte pur et du contenu pur tient à souligner les insuffisances de telles approches à l'égard de la recherche de conditions d'identité des personnages fictifs des points de vue internaliste et externaliste. Cette insuffisance renforce l'exigence de soutenir une perspective qui envisage des objets comme faisant partie de l'acte intentionnel. C'est justement l'approche que va soutenir Amie Thomasson : une théorie de l'acte intentionnel avec un objet qui a été créé dans l'acte intentionnel même. D'un point de vue littéraire il s'agit de l'acte par lequel l'auteur d'un récit de fiction crée ou invente ses personnages. Donc, l'objet de l'acte intentionnel (l'artéfact selon Thomasson) ne peut pas exister indépendamment de l'acte intentionnel dirigé vers lui. Cette dépendance de l'acte et de son objet marque une grande différence avec les meinongiens puisque, dans la perspective de Thomasson, bien qu'il y ait un engagement ontologique réaliste, les objets sont le fruit de l'acte même qui les a conçu et en aucun cas ne préexistent à ce moment comme chez les meinongiens. De la sorte, il s'agit des objets dépendants d'un acte intentionnel discuté déjà par Ingarden[119] et par rapport auxquels Thomasson affirme que les fictions sont une sous-classe.

Sur la base de considérer les fictions comme une sous-classe des objets intentionnels dépendants, on va présenter par la suite comment Thomasson envisage les artéfacts en tant qu'entités dépendantes, une des caractéristiques les plus importantes et la contribution, à notre avis, la plus remarquable de la théorie des artéfacts.

3. Dépendance et création
3.1 Dépendance constante et dépendance historique

Une fois explorés les différents actes intentionnels et avoir montré, selon Thomasson, l'urgence d'une théorie des actes intentionnels qui tienne en compte le contenu et l'objet, l'analyse de Thomasson s'intéresse à la notion de dépendance même pour savoir en quoi elle contribue à élaborer une nouvelle approche à l'égard des personnages de fiction. En effet, la relation

---

[119] Ingarden, 1964, p.47-52.

de dépendance permettra de fournir une nouvelle perspective pour mieux comprendre les engagements qu'entretiennent les personnages de fiction à l'égard des auteurs et des copies de l'œuvre littéraire où ils apparaissent. En effet, Thomasson proposera de concevoir les fictions en tant qu'entités abstraites dépendantes, c'est-à-dire que le statut des personnages de fiction soit établi en fonction des rapports qu'ils entretiennent avec l'auteur (ou auteurs) et les copies de l'œuvre littéraire. On appellera œuvre littéraire la partie abstraite de la création d'un écrivain qu'on ne devra jamais confondre avec le support papier. On donnera des détails plus bas.

Mais certainement la dépendance n'est pas un privilège des objets abstraits. Il s'agit d'un phénomène très commun et pour une extraordinaire variété d'objets. En effet, avoir de claires notions de dépendance est très important, selon Thomasson, non seulement pour les objets fictifs mais aussi pour des entités culturelles et institutionnelles et même pour des objets biologiques ou physiques. Donc, montrer quel type de dépendance caractérise les objets fictionnels fait apparaître clairement qu'il ne s'agit pas d'objets séparés sinon que, en revanche, elles partagent les mêmes caractéristiques que les autres objets de notre monde. Même il ne sera pas possible, selon Thomasson, de donner un statut à certains objets réels qu'à partir de la notion de dépendance.

La théorie de la dépendance dont Thomasson se sert est celle développée principalement dans les *Logische Untersuchungen* d'Edmund Husserl. Dans ces recherches, Husserl présente plusieurs définitions de fondement, une relation établie entre deux entités dont l'une ne peut pas continuer à exister sans l'autre. Mais, comme on a dit plus haut, c'est plutôt le travail de Roman Ingarden qu'inspire Thomasson. Ingarden développe une théorie de la dépendance qui relève de la temporalité et qui lui permet de distinguer entre dérivation et contingence. D'une part, Ingarden définit dérivation comme l'incapacité d'exister sauf comme produit d'une autre entité ; d'autre part, contingence comme l'incapacité de continuer à exister sans le support d'une autre entité. Ces deux notions, en effet, sont les précurseurs des notions de dépendance historique et constante dont Thomasson se sert pour caractériser les fictions en tant qu'artéfacts.

Le propos de Thomasson, à la différence d'Ingarden et des approches qui relèvent des questions sur le tout et la partie, est de capter des cas où l'entité soutien et l'entité dépendante sont identiques. Thomasson remarque, dans son analyse, que la formulation la plus habituelle de la relation de dépendance est la suivante : Nécessairement, si A existe, alors B existe. Il s'agit, en effet, d'une formulation de la relation de dépendance très élargie et qui permet de capter les cas le plus divers de dépendance. Le propos de Thomasson toutefois est de montrer que cette formulation est insuffisante. Surtout parce qu'elle ne permet pas de rendre compte ni de la création des fictions, ni de la nécessité des copies pour que les fictions continuent à exister (soit pour les personnages qui apparaissent dans une œuvre de fiction, soit pour l'œuvre elle-même).

Pour approfondir dans cette formulation, il faut d'abord tenir compte que le « nécessairement » de la formulation plus haut, peut être interprété au moins de deux manières différentes. En effet, Husserl distingue deux types de nécessité : une nécessité formelle et une autre matérielle. La nécessité formelle opère en tant que fonction sur des relations entre sujets neutres, comme la nécessité exprimée dans la formulation suivante : « nécessairement, un tout ne peut pas exister sans ses parties ». La nécessité matérielle, par contre, tient en compte de certaines particularités matérielles des entités concernées par la dépendance, par exemple dans la formulation suivante : « nécessairement, toutes les choses colorées sont aussi étendues ». Les deux nécessités devraient être susceptibles d'être découvertes *a priori* au moyen de la connaissance de certains principes formels ou la compréhension de la qualité matérielle des intervenants et des rapports entre eux.

Sur la base de ces distinctions, les relations de dépendance qui captent le mieux création et existence, selon Thomasson, sont les dépendances fondées sur une nécessité matérielle. Mais il reste savoir encore, à l'égard des fictions, si la dépendance est établie avec un objet particulier (dépendance rigide) ou avec un genre d'objets (dépendance générique), et si la relation de dépendance tient compte les variations dans le *temps* à lequel l'entité de soutien est soumise.

Mais la première critique s'adresse à la formulation générale de la dépendance. En effet, l'expression de la dépendance telle qu'on l'a présentée auparavant, est insuffisante si on veut tenir compte du temps tel qu'il est exigé dans le point b. Une formulation plus adéquate exigerait que si A existe dans un moment donné, donc B existerait aussi dans un moment qui peut être antérieur, coïncident ou même subséquent au premier moment. Pour tenir compte de cet aspect temporel et à partir toujours de la formulation de base, Thomasson propose de distinguer entre une dépendance *constante* et une autre *historique*.

a. la dépendance *constante* comme la relation qu'entretiennent deux entités lorsque l'une exige l'existence de l'autre à tout moment au cours duquel elle existe. Si A dépend de B (entité fondante), A existe à t et B à t' tel que t'=t.

b. La dépendance historique se présente comme celle-là pour devenir existante, c'est-à-dire, la relation qu'entretiennent deux entités telle que l'une exige de l'autre qu'elle soit existante dans un moment coïncident ou antérieur à tout moment au cours duquel l'entité dépendante existe. On pourrait l'exprimer de la manière suivante : si A dépend historiquement de B, A existe à t et B à t' tel que t'≤t.

Certainement Thomasson ne prétend pas trancher la question avec cette distinction. Elle admet la possibilité de trouver des entités dépendantes que, pourtant, n'entretient aucune des deux relations déjà mentionnées (ni constante ni historique).

Donc, la dépendance constante qu'on exprime de manière générale comme « A est constamment dépendant de B » (l'entité fondante), peut être formulée de manière plus précise, selon Thomasson, ainsi : « A existe à tout moment que B existe ». Lorsque l'entité fondante n'est qu'un individu spécifique, alors la relation est *rigide*. Si la dépendance, par contre, ne concerne pas un seul individu sinon un genre d'individus dont un individu quelconque, alors la relation est dite *générique*. Ainsi, pour établir une relation de dépendance rigide il suffit d'un objet. Autrement dit, la relation de dépendance rigide est réflexive. En effet, pour tout objet A se vérifie que nécessairement à tout moment A existe, A existe.

Néanmoins, bien que Thomasson considère que, pour différents propos, la relation de dépendance la plus intéressante engage des objets, elle ne les concerne pas exclusivement. Cette dépendance concerne aussi la combinaison d'individus et propriétés. De même, un des deux membres de la relation (ou les deux) peut être aussi un état de faits. A la manière dont l'état de fait « être valide d'une formule selon la logique intuitionniste » dépend de l'état de fait « avoir une preuve pour la formule » ou le fait « Don Quichotte étant un chevalier » qui dépend du fait « Don Quichotte disposant d'un cheval et d'une armure ». En effet, nous pouvons établir une relation de dépendance constante entre états de fait qui concernent un même objet. Par exemple pour un même individu a = Marie, le fait que « Marie soit un être qui a du cœur » dépend rigidement du fait que « Marie soit un être qui a du rein ». Finalement un état de fait peut être rigidement dépendant d'un objet ou vice-versa. Par exemple le fait que « Jules Verne était un écrivain de fiction » dépend rigidement de Jules Verne, et inversement. En plus, Thomasson propose -à l'égard de cette analyse, que la notion de « propriété essentielle » puisse être établie en termes de dépendance rigide. En effet, si l'objet A est rigidement dépendant d'un état de fait qui concerne la propriété alfa, alors la propriété alfa est une propriété essentielle.

D'autre part, la relation de dépendance peut être générique. Ça veut dire que la dépendance est établie non avec un individu spécifique mais avec un individu quelconque qui appartient au genre d'individus concerné par une propriété. Par exemple on dirait que l'objet *a* requiert quelque chose qui remplisse la propriété alfa de laquelle *a* dépend. Par exemple à tout moment que la France existe, il doit y avoir quelque chose qui remplisse ou instancie la propriété d'être un « citoyen français » (ou une citoyenne française). De même pour « Jules Verne était un écrivant » il doit y avoir au moins une chose qu'instancie la propriété d'être une « chose écrite par Jules Verne ».

3.2 Coprésence et synchronisme

On pourrait enrichir notre langage à propos des notions que propose Thomasson en disant que la caractéristique principale de la dépendance constante c'est la *coprésence* et de la dépendance historique le *synchronisme*.

D'un part, la coprésence décrit le fait qu'à tout moment la présence d'un individu (propriété ou état de fait) exige ou implique la présence d'une autre chose (pas nécessairement différente : soit un individu, une propriété ou un état de fait). Le synchronisme, d'autre part, nous dit qu'il y a au moins un intervalle de temps où ils ont été ensemble. Le synchronisme concerne directement la notion de création au sens où, par exemple, après l'acte de création d'un personnage par l'auteur, personnage et auteur vivent ensemble quelque temps, normalement jusqu'à la mort de l'auteur.

A de nombreuses reprises les écrits contenant des personnages inventés sont dévorés par les flammes sans jamais avoir été publiés ou même en n'ayant été connus que par leur auteur. Est-ce qu'on pourrait accepter qu'il s'agisse des véritables artéfacts ? La négative s'impose dans la perspective de Thomasson, à notre avis, étant donné le non-participation de la dimension de la réception par les lecteurs d'une communauté linguistique. Cette instance paraît incontournable pour la création des caractères littéraires. La création d'artéfacts présuppose en quelque sorte la réception et en même temps la reconnaissance de l'acte perlocutoire de l'auteur au moyen duquel les fictions naissent. En quelque sorte, avant la réception et la reconnaissance il n'y a pas de relation de dépendance établie. Parfois la relation de dépendance est établie a posteriori et rarement après la mort de l'auteur.

Donc, la relation de dépendance historique construite est caractérisée par le synchronisme. Thomasson la considère toutefois plus faible que la dépendance constante puisqu'elle n'exige pas la coprésence. En effet, elle continue à être une relation solide dans un sens chronologique, bien que l'auteur et ses créations ne soient pas ensemble à tout moment. En effet, après l'éventuelle disparition de l'objet fondateur, la relation de dépendance continue à exister. Ce point est très important parce qu'une lecture modale de ces relations, en imaginant que le récit de fiction se présente comme un monde possible, exige des considérations spéciales. En effet, si le but est de différencier les deux types de dépendances, il faut nécessairement introduire une échelle de temps dans le monde possible. Une dimension temporelle permettra d'expliquer que bien que les deux objets, le fondateur et le dépendant, soient dans le même monde, ils ne vérifient pas la coprésence : ils sont dans le même monde mais pas nécessairement à tout moment.

La dépendance constante nous amène à considérer les objets dans une relation représentable par paires ordonnées. En effet, chaque chose en relation de dépendance constante avec une autre existe de manière double. Elle ne perd pas son identité, mais existe dans une unité co-présentielle avec l'objet fondateur. Cette unité n'est pas présentielle sinon synchronique dans la dépendance historique. Ainsi, quel que soit l'objet historiquement dépendant, il y a ou il y a eu un autre objet que lui a donné l'existence et avec lequel il continue à être rattaché.

Par contre, penser à une dépendance historique générique produit des problèmes. Surtout si on la pense comme établie entre des objets. On pourrait opposer des objections du style kripkéennes au sens où à l'origine historique d'un objet il ne peut y avoir qu'un autre objet spécifique et pas un genre d'individus. Cependant, il est possible d'avoir une dépendance telle lorsqu'on considère un objet en dépendance avec 'les conditions' de leur création. Thomasson remarque qu'il s'agirait des conditions qui ont rendu possible la création ou le devenir existant d'un objet mais qui ne font pas partie de son identité. On dit, par exemple, qu'une peinture dépend génériquement des conditions qui ont rendu possible sa création (les qualifications du peintre, les moyens pour acquérir les matériaux, etc.) bien qu'elles ne figurent pas sur la toile.

La mise en place d'un dispositif formel qui reflète les relations de dépendance connaît de contraintes qu'on abordera plus bas.

3.3 Relations entre les différents types de dépendances
Thomasson présente de manière schématique les différentes relations. On pourrait les résumer de la manière suivante :

a) Si A a une dépendance constante avec B, alors A est historiquement dépendant de B.

Dans un premier temps cette implication paraît exiger que l'objet fondateur des deux relations de dépendance (B) soit le même. L'exemple de Thomasson vient confirmer cette idée. Voici l'exemple : un parti politique dépend des membres pour continuer à exister, donc il dépend des membres pour devenir existant. Mais cet exemple est un peu problématique à notre avis, dans le sens où il ne correspond pas à l'éclaircissement généralisé que Thomasson donne ensuite : la dépendance constante implique l'historique[120]. Il paraît acceptable que les objets qui ont une dépendance constante gardent aussi une relation de dépendance historique qui rend compte de l'acte de création de l'objet (surtout pour les fictions), mais non que les fondateurs des deux relations soient les mêmes. Un personnage de fiction comme Emma Bovary dépend constamment d'une copie de l'œuvre de Flaubert, mais Emma ne dépend pas historiquement de la copie sinon de Flaubert.

En effet, à notre avis, l'affirmation du fait que la dépendance constante implique l'historique décrit un rapport spécifique entre les deux types de dépendances. Concrètement on nous dit que les choses qui entraînent une relation de dépendance constante ont été créés à un moment donné. Et le moment t' où la chose a été créée ne doit pas appartenir nécessairement à l'intervalle de temps $[t_1, \dots t_n]$ de dépendance constante avec, par exemple, une copie de l'œuvre littéraire. Un personnage aurait pu être créé le siècle passé et dépendre d'un copie qui appartienne à une réimpression faite l'année dernière. Naturellement entre la dernière copie et l'œuvre original il y a une relation de dépendance qu'on abordera plus loin. Voyons un autre exemple : d'un point de vue intuitionniste on dit qu'il n'y a pas de vérité sans preuve. En fait la vérité d'une expression logique c'est sa preuve. On peut penser ici à une relation de dépendance constante entre l'assertion de la vérité d'une expression et la preuve qui la confirme. Mais la preuve même n'est pas l'origine historique de la vérité de la phrase sinon l'auteur de la preuve. On dirait : si l'assertion de la vérité logique d'une expression dépend constamment d'une preuve, ça implique que l'assertion possède une dépendance historique avec un autre objet. En effet, il doit y avoir un objet dont l'assertion dépend pour devenir existante. Et cette dernière n'est pas la preuve même sinon l'auteur de la preuve. Dans le même sens aucun scientifique ne niera que l'existence d'une preuve de l'incomplétude dépend (historiquement) de Gödel et non de la quarantaine de pages qu'il avait écrit (avec lesquelles la preuve a entraîné une dépendance constante).

---

[120] Thomasson, 1999, p. 33.

b) Si A est historiquement dépendant de B, alors A dépend de B.

Naturellement quelle que soit la dépendance, constante ou historique, les deux impliquent la dépendance.

c) Si A est rigidement / constamment / historiquement dépendant d'un état de fait qui engage la propriété alfa, alors l'objet A est génériquement / constamment / historiquement dépendant de alfa.

En effet, la dépendance rigide à un état de fait concernant une propriété, implique la dépendance générique à quelque chose qu'instancie la même propriété. Si l'être écrivain dépend du fait d'avoir des œuvres littéraires écrites, donc il doit y avoir quelque chose d'écrit. Autrement dit, si l'être écrivain dépend constamment et rigidement du fait d'avoir des œuvres écrites, alors l'être écrivain dépend génériquement de quelque chose qui remplit la propriété d'être une chose écrite. Du même pour l'individu « Gandhi » : il dépend du fait « Gandhi étant un homme », donc Gandhi dépend génériquement de quelque chose qu'instancie la propriété de « être un homme ».

Finalement Thomasson reconnait la transitivité pour les deux dépendances qu'elle a surlignées pour faire une contribution à l'analyse de la fiction : la dépendance constante et la dépendance historique. Comment comprendre la transitivité? Certainement en se représentant que la dépendance se transmet par une chaine qui relie les objets fondants et les objets dépendants. En général si un objet (état de fait, propriété), entretient une dépendance historique ou constante avec un objet (état de fait, propriété) et à la fois cette dernière avec un autre objet, alors la même dépendance existe entre le premier et le dernier.

3.4 La dépendance des caractères fictionnels : les artéfacts

Les deux dépendances, donc, que Thomasson reconnaît aux fictions sont la dépendance à leur auteur et la dépendance à la copie de l'œuvre littéraire où elles apparaissent. Par fictions ici on comprend non seulement les caractères créés par un auteur (ou plusieurs auteurs) dans une œuvre littéraire mais aussi l'œuvre littéraire même dans son caractère abstrait. La dépendance à un auteur, construite à travers l'acte intentionnel de création, est une *dépendance historique* et *rigide*. En effet, c'est le caractère historique de la dépendance qui fait des fictions des artéfacts, c'est-à-dire, des objets abstraits créés par une certaine forme d'intentionnalité qui caractérise l'activité des êtres humains.

La notion d'artéfact est une notion très élargie. En fait, comme signale Thomasson, nous sommes entourés d'artefacts des plus divers genres. Mais, pourtant, il n'y a pas une ontologie philosophique qui relève d'eux de manière complète. En effet, selon Thomasson, les difficultés concernent, d'une part, l'établissement des conditions d'identité précises ; d'autre part, l'absence d'une théorie qui relève de leur dépendance aux pensées et pratiques humaines.

A différence des autres artéfacts qui résultent aussi des actes intentionnels, par exemple des artéfacts dans l'espace et le temps comme une table ou un pont, les caractères fictionnels manquent de toute localisation spatio-temporelle. Cette absence de localité dans l'espace et le temps, selon Thomasson, fait des fictions des entités *abstraites*. En effet, non seulement les caractères fictionnels mais aussi l'œuvre littéraire se présentent comme des entités abstraites dépendantes.

En fait leur caractère abstrait rapproche énormément les artéfacts des objets meinongiens. Mais ce qui les différencie définitivement c'est le fait d'avoir une dépendance historique, c'est-à-dire, d'être créés dans un moment de l'histoire : « A deeper difference between the theories regards how many objects they say there are. Unlike the Meinongian, I do not employ any kind of comprehension principle and do not claim that there is an infinite, ever-present range of nonexistent (or abstract) objects. In the artifactual theory the only fictional objects there are those that are created. »[121]

Le propos de Thomasson, en effet, est de comprendre les fictions comme des artéfacts qui ne sont pas différents des autres artéfacts qui peuplent notre monde. Cette compréhension doit permettre aussi d'élaborer

---

[121] *Ibid.*, p.15.

une théorie qui fournisse des conditions d'identité solides pour les fictions et qui relèvent de pratiques humaines.

Donc, la dépendance des fictions aux œuvres littéraires est une *dépendance générique constante.* Elle est constante dans ce qu'elle relève de la coprésence : l'existence du caractère fictionnel dépend de l'existence au même temps d'une copie de l'œuvre littéraire qui se comporte comme l'objet fondateur. Générique, justement, parce que la dépendance est établie avec un copie quelconque d'entre les copies de l'ensemble généré à partir de l'original. En même temps, puisque la dépendance est transitive, les caractères fictionnels dépendront génériquement aussi de tous ceux dont l'œuvre littéraire dépend.

Donc, il y a deux types d'artéfacts : les concrets et les abstraits. La différence est établie en termes causals : les objets concrets sont dans l'espace et le temps, les objets abstraits non. En effet, les objets abstraits sont ceux qui n'occupent aucune place dans le monde. Ils n'ont pas de coordonnées spatiotemporelles : personne appelé Sherlock Holmes n'était un habitant humain de notre monde et encore moins habitait 221b Baker Street dans 1890, quoi que ceci fût l'adresse de cette résidence à l'époque. Donc, il n'y a aucune possibilité d'expérimenter les fictions ou d'éprouver leur présence parmi les objets concrets. Parfois on dit qu'un caractère fictionnel se trouve 'dans' une œuvre littéraire à la manière dont on dit qu'un livre se trouve sur l'étagère d'une bibliothèque. Mais seulement une copie spécifique de l'œuvre littéraire peut occuper une place dans notre bibliothèque. En effet, l'œuvre littéraire, elle, n'occupe aucune place dans l'espace non plus.

Par rapport à la dépendance, les deux types d'artéfacts entretiennent des relations similaires. Quel que soit l'artéfact – Sherlock Holmes, une boussole, un mariage, une théorie ou une démonstration logique – tous dépendent historiquement d'un créateur qui leur a donné l'existence dans un moment donné, et dépendent constamment d'un soutien matériel sans lequel ils disparaitraient. La distinction entre *type* et *token* peut être utile à cet effet. On dit qu'une œuvre littéraire d'un certain type occupe une place dans le monde en tant que copie (*token*). Et le rapport entre les deux est établi en termes de dépendance : l'œuvre littéraire dépend constamment et génériquement des copies (*tokens*) et elle continue à exister tant qu'il y a au moins une copie. Les *types* sont abstraits, les *tokens* sont concrets. Et tous deux partagent, à l'égard de l'analyse précédente, la caractéristique d'être des objets créés par un certain acte intentionnel de l'être humain, c'est-à-dire, il s'agit d'artéfacts. De la sorte, les caractères fictionnels qui dépendent constamment d'une œuvre littéraire (tous deux des objets abstraits), et qui, à la fois, dépendent génériquement d'une copie, partagent ces déterminations avec d'autres objets eux aussi créés par l'être humain.

Ainsi, les caractères fictionnels, selon Thomasson, se présentent comme un certain type d'artéfact abstrait. Mais il faut ne pas les confondre avec des objets platoniciens. La nécessité de postuler des entités mathématiques a conduit quelques approches théoriques à envisager une catégorie d'*abstracta* comme des entités sans changement, au-delà du temps et des locations spatiales. Mais les caractères fictionnels en tant qu'artéfacts abstraits, comme on a remarqué plus haut, n'appartiennent pas à cette catégorie puisque, d'une part, beaucoup d'entre eux sont dépendants des entités contingentes et ne peuvent pas être qualifiés de nécessaires ; d'autre part, ils ne se trouvent pas exclus de tout rapport avec le temps, étant donné qu'ils ont été créés dans un moment déterminé et dans des circonstances spécifiques. Et le plus important est qu'ils peuvent changer, et surtout qu'ils peuvent cesser d'exister.

3.5 Naissance, vie et mort des fictions

Les relations de dépendances qui caractérisent les fictions permettent de parler d'une naissance, une vie et une possible mort des fictions. En effet, la naissance correspond au moment de la création qu'on a analysée plus en haut. Une fois créées (nées), les fictions développent une vie constamment dépendante des copies de l'œuvre littéraire originelle et la durée de leur vie dépasse, normalement, la vie de leur auteur.

La relation de dépendance historique dans la perspective de Thomasson, est une sorte de liaison immuable dans le sens que les fictions vont toujours garder cette relation avec son auteur, aussi après la mort de ce dernier. Mais cela se passe autrement avec la relation constante parce que la disparition des copies est totalement possible. A cet égard les livres ont été jetés aux flammes à plusieurs reprises dans l'Histoire. Bref, les fictions peuvent mourir dans le sens d'une disparition totale si la relation de dépendance constante disparaît. Naturellement parler d'une mort à travers la disparition des copies est schématique dans le sens que le « décès » doit être au niveau culturel. En effet, la disparition totale de copies signifie que la communauté, linguistiquement capable d'interpréter le texte disparu, n'a pas de contact avec l'œuvre, et ignore également leur disparition.

On peut imaginer différents exemples de fictions mortes. On peut imaginer que les indigènes qu'avait rencontrés le sanguinaire Hernan Cortés dans l'actuel Mexique avaient leur propre imaginaire fantastique peuplé de personnages fictionnels. Le fait est que Cortés et ses camarades ont méprisé la culture en général et le langage nahuatl en particulier. Et que ce mépris a duré suffisamment d'années pour provoquer des pertes culturelles insurmontables de nos jours. Entre ces pertes il pourrait bien se trouver des personnages fictifs qui eût égard à l'action de Cortes (destruction du soutien matériel des œuvres de fiction et en plus la destruction de la culture même avec la subjugation de la communauté linguistique), se sont effondrés dans l'abîme de la mort. D'autres cas correspondent au fait qu'un auteur ait brûlé des écrits qui n'ont ainsi jamais vu la lumière publique.

3.6 Artéfacts et mondes possibles

Des avantages de la théorie des artéfacts par rapport aux meinongiens, sont envisageables lorsqu'on considère les caractères fictionnels dans une métaphysique modale. En effet, une logique modale traditionnelle considère des entités concrètes et actuelles et des entités concrètes et possibles. Lorsqu'on inclut des entités abstraites, elles doivent occuper des mondes possibles. Thomasson signale trois approches de la question des caractères fictionnels occupant quel monde. D'abord l'approche des incrédules qui affirment qu'il n'y a pas de caractères fictionnels ni dans le monde actuel ni dans des mondes possibles ; puis, l'approche possibiliste qui affirme qu'en tant que *possibilia*, les fictions sont dans des mondes possibles et jamais dans le monde actuel ; enfin, la perspective abstractiviste qui affirme qu'en tant qu'entités abstraites, les fictions sont membres de tous les mondes possibles en incluant le monde actuel. Mais la perspective de la théorie des artéfacts qui considère les fictions comme des entités dépendantes, ajoute de nouvelles exigences aux mondes où habitent les personnages fictifs : « Each of our familiar (actual) fictional characters is a member of the actual world and of those possible worlds that also contain all of requisite supporting entities. »[122]

En effet, en fonction des dépendances historiques et constantes qui caractérisent les fictions en tant qu'artéfacts, les mondes dont on considère des personnages fictionnels sont des mondes dans lesquels doivent aussi être présents leurs auteurs et les soutiens matériels sous la forme des copies de l'œuvre littéraire où ils apparaissent. Si dans le monde il n'y a pas l'auteur ou une copie de l'œuvre, alors, il n'y a pas de personnage non plus : « Assuming that an author's creative acts and a literary work about the character are also jointly sufficient for the fictional character, the character is present in all and only those worlds containing all of its requisite supporting entities. If any of these conditions is lacking, then the world does not contain the character, even if it may contain some of that character's foundations. »[123]

Aux effets d'une lecture modale de telles exigences, s'imposent quelques ajustements qui seront reflétés dans une structure bidimensionnelle. On abordera ce sujet dans la section II de notre travail.

3.7 Créations des fictions

Comme on l'a laissé entendre dans les points précédents, dans la perspective de Thomasson, tous les types d'artéfacts -sans distinction-, ont en commun avec les personnages fictionnels la particularité de l'exigence d'une création par des êtres intelligents. Mais la manière dont les personnages sont créés dans cette perspective suit une procédure *sui generis*. Parce que, à la différence des autres artéfacts dans l'espace et le temps qui ne sont pas créés par une simple description, les personnages fictionnels sont créés, selon Thomasson, simplement avec les mots qui les posent en principe comme étant « d'une certaine manière » (« ...fictional characters are created merely with words that posit them as being a certain way. »[124]). En effet, en

---

[122] *Ibid.*, p.38
[123] *Ibid.*, p.39
[124] *Ibid.*, p.12

général, les objet ou les personnage de fictions sont créés par leur représentation dans un récit de fiction (« …a fictional character is created by being represented in a work of literature.»[125]).

Le fait d'être créés par des actes linguistiques particuliers, selon Thomasson, approche l'acte de création des fictions d'autres actes illocutoires. Par exemple, lors d'un mariage, la déclaration des époux (acte illocutoire pour lequel les intervenants x et y manifestent leur consentement) sera pris par l'officier d'état civil comme l'acte qui à créé une nouvelle institution juridique : « le mariage de x et y ». De même qu'une fiction, cet objet abstrait possède une date de naissance et maintient une dépendance constante avec l'acte original ou avec les copies de l'acte original.

Les actes illocutoires appartiennent à la classification des actes de langage de John Langshow Austin en trois catégories : les actes *locutoires* que l'on accomplit dès lors que l'on dit quelque chose et indépendamment du sens que l'on communique ; les actes *illocutoires* que l'on accomplit en disant quelque chose et à cause de la signification de ce que l'on dit ; les actes *perlocutoires* que l'on accomplit par le fait d'avoir dit quelque chose et qui relèvent des conséquences de ce que l'on a dit.

Considérons la phrase suivante : Z : « Je te promets que je t'emmènerai au cinéma demain ». Le simple fait d'avoir énoncé la phrase correspondante, même en l'absence d'un destinataire, suffit à l'accomplissement d'un acte locutoire. En revanche, on a accompli par l'énoncé de Z un acte illocutoire de promesse si et seulement si l'on a prononcé Z en s'adressant à un destinataire susceptible de comprendre la signification de Z et cet acte illocutionnaire ne sera heureux que si les conditions de félicité qui lui sont attachées sont remplies. Enfin, on aura par l'énonciation de Z accompli un acte perlocutoire uniquement si la compréhension de la signification de Z par le destinataire a pour conséquence un changement dans ses croyances : par exemple, il peut être persuadé, grâce à l'énonciation de Z, que le locuteur a une certaine bienveillance à son égard. A l'égard de la création de fictions,

---

[125] *Ibid.*, p.13

il s'agit d'un acte illocutoire dirigé vers une communauté linguistiquement et culturellement douée pour la réception de ce qui vient d'être créé.

Austin admet que toute énonciation d'une phrase grammaticale complète dans des conditions normales correspond de ce fait même à l'accomplissement d'un acte illocutoire. Cet acte peut prendre des valeurs différentes selon le type d'acte accompli et Austin distingue cinq grandes classes d'actes illocutoires: les *verdictifs* ou actes juridiques (acquitter, condamner, décréter…) ; les *exercitifs* (dégrader, commander, ordonner, pardonner, léguer…) ; les *promissifs* (promettre, faire vœu de, garantir, parier, jurer de…) ; les *comportatifs* (s'excuser, remercier, déplorer, critiquer…) ; les *expositifs* (affirmer, nier, postuler, remarquer…).

L'acte de création d'une fiction, en effet, établie une relation de dépendance entre l'auteur et la fiction créée (soit un personnage ou l'œuvre littéraire même). Il s'agit, en effet, d'une relation de dépendance historique. Il s'agit, à notre avis (on le répète), de la contribution la plus fructifère de la perspective de Thomasson pour notre travail et on en profitera énormément dans le cours du présent travail, particulièrement dans la deuxième section dont on intégrera tous les éléments remarqués au cours de la thèse avec la finalité d'élaborer une logique dynamique.

4. La référence aux fictions

4.1 Référence et dépendance

Thomasson propose d'abandonner ce qu'elle appelle le modèle historique-causal de référence. Un modèle historique-causal de référence exige la présence dans l'espace et le temps des objets référés. Mais le propos de Thomasson n'est pas d'abandonner, pourtant, la possibilité de faire participer des circonstances causales et historiques dans la référence aux fictions. Dans la perspective de Thomasson il y a une sorte de reprise des circonstances spatiotemporelles qui sont les uniques valables pour les approches classiques.

En effet, dans la tradition classique Frege-Russell –une de plus influente dans l'élaboration de langages formels-, la théorie de la référence remarque que les noms, à la différence des descriptions, doivent se référer aux objets placés dans l'espace et le temps (le domaine d'interprétation). Donc, il n'y a pas de noms vides (sans référence). Mais ce modèle paraît s'effondrer pour l'analyse littéraire lorsqu'on se place dans une approche réaliste, selon Thomasson, à cause de l'absence de localisation spatiotemporelle des fictions. En général, les problèmes de la référence aux objets ne concernent que les fictions. De même que dans la mathématique pour les nombres, ou que pour d'autres entités abstraites comme les théories et les institutions, l'absence de localisation spatiotemporelle exige des considérations spéciales.

Les circonstances causales et historiques dans la référence aux fictions, en effet, sont reprises dans la perspective de Thomasson dans la mesure où les fictions relèvent d'une dimension historique. En effet, les caractères fictionnels conçus comme des entités qui maintiennent une dépendance historique avec leurs auteurs, entretiennent un rapport avec des entités dans l'espace et le temps dans la figure des objets fondants de leurs dépendances. Autrement dit, les fictions dépendent historiquement toujours des objets (les auteurs) qui sont dans l'espace et le temps (des objets indépendants).

L'idée de Thomasson est la suivante : bien qu'on ne puisse pas se référer aux fictions comme on le fait avec les noms des choses réelles, on peut pourtant restituer causalement la référence à travers l'entité fondante de la relation de dépendance avec le personnage fictif. Il s'agit en effet d'une référence aux fictions *via* leurs fondations spatiotemporelles, soit leur auteur, soit une copie de l'œuvre littéraire.

La perspective de Thomasson reprend en quelque sorte le modèle basique présenté par Kripke dans *Naming and Necessity* : la référence des noms au moyen d'un baptême et la poursuite de cette utilisation des noms *via* des chaînes de communication. Pour Thomasson cette transmission se fait au moyen des chaînes de relations de dépendance.

4.2 Kripke et les noms des fictions

Thomasson suit les suggestions faites par Kripke dans « Reference and Existence » (1973 : John Locke Lectures) où il établit (dans la troisième lecture) qu'il y a deux sens auxquels on pourrait affirmer que Sherlock Holmes existe[126] : Tout d'abord, que 'Selon l'histoire' il est vrai qu'il existe ; le deuxième, qui est le plus intéressant pour la perspective de Thomasson, qu'il est vrai qu'il y a un tel caractère fictionnel. En effet, Thomasson remarque que Kripke refuse la référence des noms des personnages à des personnes actuelles ou possibles, mais il ne nie pas que les noms de fictions (comme Meursault, par exemple) peuvent se référer à des caractères fictionnels actuels : « Such characters, Kripke argues, should be understood as contingent and 'in some sense' abstract entities in the actual world existing by virtue of activities of storytelling and identifiable on the basis of their historical origins in storytelling practices. »[127] Ce point de vue, non développé par Kripke, est le point de départ de la perspective que propose Thomasson. Voyons maintenant comment l'auteur d'un récit de fiction baptise ses créations littéraires.

4.2.a Le baptême des objets fictionnels

Selon Thomasson, d'un point de vue internaliste, pour Kripke les auteurs de récits de fiction n'ont aucune intention de se référer aux individus du monde réel avec des noms comme Don Quichotte, Meursault ou Holmes. En effet, la pratique d'écriture d'un roman ne fait pas partie des pratiques référentielles et donc il n'y a pas d'individus réels (dans l'espace et le temps) et même il n'y a pas d'individus possibles que l'auteur signalerait. Donc, le problème à la base est le suivant : comment parler de baptême lorsqu'il n'y a personne à qui s'adresser dans l'acte même de baptiser.

On revient encore une fois sur le point que remarque Thomasson à propos des recherches initiales de Kripke : bien que les noms fictifs dans la perspective kripkéen ne se réfèrent ni à des choses réelles ni à des choses possibles, il serait erroné d'affirmer qu'ils ne peuvent pas référer du tout. En

---

[126] *Ibid.*, p. 46
[127] *Loc. cit.*

effet, le propos initial de Kripke, selon Thomasson, ne tranche pas toute possibilité de référence aux fictions.

La non référence soupçonnée, qui traîne l'impossibilité d'un baptême pour les fictions, résulterait, selon Thomasson, du fait de suivre erronément les hypothèses suivantes : i) que les récits de fiction nous procurent des descriptions ; ii) qu'un acte de baptême ne soit pas possible puisqu'il n'y a rien dans l'espace et le temps à quoi assigner un nom; iii) que si les noms fictifs réfèrent, ils doivent se référer à une chose actuelle ou possible. Mais Thomasson, en effet, oppose à ces hypothèses une reprise des conditions de référence lorsqu'on interprète les fictions comme des artéfacts. En effet, l'impossibilité d'un baptême en raison de l'absence d'objet de référence exige, à son avis, une nouvelle conception des fictions en tant qu'entités abstraites et dépendantes qui n'ont aucun emplacement dans l'espace et le temps.

L'acte même de baptême, selon Thomasson, se produit au moment de la création d'un personnage par l'acte d'écriture d'un auteur. En effet, les descriptions qui construisent le récit de fiction sont accompagnés de l'acte de nommer les personnages et cette cérémonie par laquelle les personnages reçoivent un nom, compte comme un référence par indexation :

« Although there can be no direct pointing at a fictional character on the other side of the room, the textual foundation of the character serves as the means whereby a quasi-indexical reference to the character can be made by means of which that very fictional object can be baptized by author or readers. Something counting as a baptismal ceremony can be performed by means of writing the word of the text or it can be merely recorded in the text [...] »[128]

L'acte de nommer un personnage dans un récit de fiction va parfois en parallèle avec la description du personnage. En effet, l'auteur lui assigne un nom en même temps qu'il le décrit. Par exemple, voyons comment Cervantès présente Don Quichotte :

---

[128] Thomasson, *op. cit.*, p. 47.

« Dans un village de la manche, dont je ne me soucie guère de me rappeler le nom, vivoit il n'y a pas long temps un de ces gentilshommes qui ont une vieille lance, une rondache rouillée, une cheval maigre, et un lévrier. [...] Sa maison étoit composée d'une gouvernante de plus de quarante ans, d'une nièce qui n'en avoit pas vingt, et d'un valet qui faisoit le service de la maison, de l'écurie, travailloit aux champs, et tailloit la vigne. L'âge de notre gentilhomme approchoit de cinquante ans. Il étoit vigoureux, robuste, d'un corps sec, d'un visage maigre, tres matinal, et grans chasseur. L'on prétend qu'il avoit le surnom de Quixada ou Quésada... »[129]

L'étape du processus d'écriture d'un récit de fiction pendant lequel l'écrivain met en œuvre le baptême, peut être différent à chaque occasion. Par exemple, l'auteur d'un récit peut choisir le nom d'un personnage avant de le décrire ou bien assigner un nom au personnage après de l'avoir décrit dès les premières lignes du récit. Dans un cas ou dans l'autre, les enjeux que présente l'acte de nommer des fictions ressemble énormément à l'assignation des noms à des objets réels. A cet égard, Thomasson remarque que l'acte ou cérémonie de baptême doit en général être considéré métaphoriquement comme faisant partie d'une assignation d'un nom qui, en quelque sorte, est public et qui passe à travers une chaîne de communication qui conduit rétrospectivement à l'individu dont il s'agit.

« The notion of a « baptismal ceremony » here as in Kripke's original account, must be taken somewhat loosely and metaphorically, as part of a general picture under which a name is applied to an individual somehow publicity and in which the name is then passed along in communicative chains that refer back rigidly to this individual. »[130]

Bien que le cas paradigmatique d'appellation d'un personnage comporte l'enregistrement d'un nom dans le texte, il n'y a aucune raison en principe pour laquelle la dénomination d'un caractère devrait être exécutée par son auteur dans le texte. On peut montrer aisément qu'il y a assez de

---

[129] *Don Quichotte*, chapitre premier, traduction de Florian, 1836.
[130] Thomasson, 1999, p. 48.

personnages anonymes dans les récits. Dans quelques cas, remarque Thomasson, c'est au moyen d'une description qui désigne de manière rigide (se comporte comme une désignation rigide) qu'on identifie le personnage. En effet, il y a des cas où c'est la description qui permet d'identifier un personnage à travers un récit et, donc, elle se comporte comme un nom. En effet, pour nommer un personnage, il n'est pas nécessaire d'utiliser des noms standards, on peut bien identifier un caractère au moyen des expressions du type « la femme aux yeux gris » ou « le chevalier de La Mancha », bien que plus tard « la femme aux yeux gris » ait les yeux bleus.

Il faut tenir compte aussi, comme nous l'avons mentionné plus haut, du jeu d'incertitudes établi par certains écrivains comme par exemple Borges qu'enrichi la dynamique de ces histoires soit en laissant indéterminés le statut ontologique de certains de ces personnages, soit en changent de fiction à réel ou vice-versa tout au long du récit.

L'acte de baptême d'un personnage, affirme Thomasson, peut être postérieur à la publication d'un récit de fiction. En effet, un baptême à la suite d'une publication présuppose une sorte de processus d'assimilation publique où les lecteurs se mettent d'accord sur l'identité d'un personnage fictif spécifique, son apparition dans tel ou tel récit, la manière comme il a été décrit, etc. L'acte de baptême se comporte, en quelque sorte, comme la reconnaissance de l'individualité d'un personnage et, dans ce sens, il y a une chaîne de référence établie et qui commence après. Mais la chaîne fait toujours référence à ce personnage créé par ce même auteur dans le récit de fiction en question, tout comme une personne peut être nommée (baptisée) relativement tard dans sa vie. Donc, que le nom soit attribué dans le processus de narration ou non, une chaine de référence est établie et constitue l'unique engagement dans l'espace et le temps des caractères fictionnels compris comme des artéfacts : « In the artifactual theory, it is the chains of dependence between stories and characters that enable us to refer rigidly to a fictional character via a copy to the story, and to maintain that rigid reference even as the properties ascribed to the character evolve through the course of that, or another, story. »[131]

---

[131] *Ibid.*, Note 8, p.159.

Voyons maintenant quelles sont les caractéristiques des chaînes de référence et comment elles se constituent à partir des relations de dépendance.

4.2.b Maintien de la chaîne de référence

Une fois conféré un nom à un caractère fictionnel, il est donc utilisé dans une chaine de communication. En effet, un peu comme avec les individus réels, on apprend à utiliser un nom à partir de l'utilisation qu'en font les autres mais, à la différence des noms des choses réelles, les 'autres' pour les fictions sont les récits de fiction. En effet, on apprend à utiliser les noms des fictions directement à partir des récits littéraires. Thomasson remarque que Kripke ne s'occupe que des chaînes de communication dont un nom passe d'un lien vers un autre dans une communauté linguistique. Mais en littérature les noms de fictions sont transmis dans une chaîne de publication de copies du récit ou roman littéraire où le personnage apparaît. En effet, comme la chaîne de communication, la chaîne de publication conduit rétrospectivement à l'origine du personnage, même à l'acte de baptême.

Donc, il s'agit des chaînes de référence qui voyagent au long des chaînes de dépendance telles qu'elles ont été présentées auparavant. En effet, comme remarque bien Thomasson, nos pratiques littéraires les plus courantes le confirment : souvent nous faisons usage d'une certaine capacité à nous référer à des entités abstraites en général par l'intermédiaire de choses concrètes dans l'espace et le temps. Et pour les fictions, selon Thomasson, il n'en va pas autrement. En effet, il s'agit d'un exercice de référence pour lequel parfois nous ne pouvons être sûrs que l'entité visée soit un objet concret, un de ses propriétés dépendantes, un type qu'elle exemplifie ou une autre entité qu'elle représente :

« Pointing at a passing Studebaker, Pat remarks, "Now there's a great car." He may be referring to the particular car, well maintained, with a remodelled engine and extra torque. More likely, if he lacks knowledge of the particular passing vehicle, Pat is referring to Studebakers, the model of car generally, by pointing at one on the street. In the case his remark may be true even if the particular car in question is so badly maintained as to belong in the junk yard. »[132]

Donc, l'habileté à se référer directement à des personnages fictionnels au moyen de la copie d'un texte où il est représenté, ne diffère pas, en principe, de notre capacité à faire référence à un type de voiture représenté dans un plan ou à une figure représentée dans une peinture. Élargir les théories traditionnelles de référence directe afin de permettre à des chaînes de référence de voyager le long des chaînes de dépendances, fournit un moyen de comprendre la référence directe des entités abstraites et dépendantes en général :

« If these things are connected to the spatiotemporal world by relations of dependence, we can refer back to them via the space-time objects on which they depend. Just as one can refer directly to a fictional character via a copy of the literary work, so can one refer to Bach's Third Violin Concerto by designating a performance of it ostensively as it is aired on the radio or written in a copy of the score ("This is my favourite of Bach's works") »[133]

De la sorte, il est clair que le propos de Thomasson ne concerne pas uniquement les artéfacts comme entités abstraits sinon tous les objets abstraits qui peuplent notre monde. En effet, il s'agit –pour ce qu'intéresse à notre travail – de pouvoir compter avec la possibilité d'établir une référence aux fictions au moyen des chaînes de dépendance, c'est-à-dire l'accès cognitif à des entités abstraites par les objets dans l'espace et le temps dont ils dépendent.

Voyons maintenant comment Thomasson se confronte aux problèmes de l'identité des fictions à partir des outils développés jusqu'ici.

---

[132] *Ibid.*, p. 52.
[133] *Ibid.*, p. 53.

5. Identité des fictions

5.1 L'identité par des propriétés : Parsons et Zalta

Les conditions d'identité relèvent de la possibilité de compter les caractères fictionnels comme les mêmes ou différents à l'égard des pratiques littéraires. Dans ce sens, un critère valable doit permettre d'établir des vraisemblances ou différences à l'intérieur du récit mais aussi à travers les différents récits. En effet, du point de vue internaliste comme du point de vue externaliste, le critère doit être suffisamment solide et effectif à l'égard des problèmes que les autres approches n'arrivent pas à résoudre.

Un critère d'identité pour les pratiques littéraires les plus basiques, en effet, ne parle d'autre chose que de la possibilité de se mettre d'accord, dans une communauté linguistique, à propos des œuvres littéraires et des personnages dont on discute, avant de les critiquer ou d'analyser la pertinence ou non de telle ou telle propriété qui, par exemple, a été changée par son auteur d'une histoire à l'autre. Autrement dit, il doit y avoir un critère effectif pour savoir que tout le monde parle du même personnage au moment de le critiquer.

Une manière de donner des conditions d'identité c'est de considérer les fictions comme des abstractions idéelles indépendantes. Selon Thomasson, c'est le cas, en effet, des théories meinongiennes comme celles de Parsons et Zalta qu'on a mentionnées auparavant. Mais suivre ce chemin conduit à des problèmes insurmontables qui concernent, en général, l'identité des objets par des propriétés.

Selon Parsons, à toute ensemble de propriétés nucléaires ne correspond qu'un seul objet, donc les objets fictionnels a et b sont identiques si et seulement s'ils possèdent les mêmes propriétés nucléaires. Identique signifie ici qu'il ne s'agit pas de deux objets similaires ou semblables sinon qu'il s'agit du même objet. Les propriétés nucléaires, comme on a examiné chez Parsons plus en haut, sont les propriétés attribuées au personnage par l'auteur dans le récit de fiction. Donc, chez Parsons, on identifie un personnage par ses propriétés nucléaires.

Pour Zalta l'identité entre deux personnages s'établit lorsqu'ils encodent les mêmes propriétés. Zalta suit les idées d'Ernst Mally[134] et les exprime suivant trois principes :

I- Quelle que soit la condition qu'on exprime à travers les propriétés, il y a un objet abstrait qui encode les propriétés qui concernent la condition φ. Dans le langage formel de Zalta :

$(\exists x)(A\,!x\ \&\ (F^1)(xF^1 \equiv \varphi))$,

dont φ n'a pas de x libre et xF^1 signifie : « x encode la propriété monadique F (n=1).

II- Deux objets sont identiques lorsqu'ils sont 'identiques=' ou ils sont des objets abstraits et encodent les mêmes propriétés. Deux objets sont 'identiques=' ($=_E$) lorsqu'ils exemplifient l'existence et les mêmes propriétés.

$x=y \equiv x=_E y \vee (A\,!x\ \&\ A\,!y\ \&\ (F^1)(xF^1 \equiv yF^1))$

III- Deux propriétés sont identiques lorsqu'elles sont encodées par les mêmes objets.

$F^1 = G^1 \equiv (x)\ (xF^1 \equiv xG^1)$

Comme nous l'avons mentionné auparavant, encoder des propriétés ne nous engage pas, selon Zalta, à accepter la présence des objets dans le monde actuel. (Pour Zalta *actuel*, *réel* et *existant* sont des termes équivalents) :

« With these principles, we will find an abstract object which encodes just the properties Socrates exemplifies $(\exists x)(A\,!x\ \&\ (F)(xF \equiv Fs))$. But, clearly, this object is not identical with Socrates. We also find an abstract object which encodes just roundness and squareness $((\exists x)(A\,!x\ \&\ (F)(xF \equiv F=R \vee F=S)))$. But our principles do not imply that this object exemplifies either of these properties. »[135]

---

[134] Zalta, 1983, p. 12.
[135] *Ibid.*, p. 13.

Voyons maintenant comment cette compréhension des fictions en tant qu'objets abstraits, reconnaissables à travers des propriétés, se confronte à la recherche des conditions d'identité des fictions.

Considérons l'exemple suivant : imaginons un auteur *s* qui a créé un personnage dans son roman *R* au moyen d'une description et auquel il attribue le nom, disons, *Inti*. Imaginons l'auteur *t* qui reprend (de manière explicite) le même personnage *Inti* mais dans son propre roman *S* et auquel il attribue de nouvelles propriétés. Imaginons aussi un troisième auteur *w* qui dans son roman *T* et de manière accidentelle, attribue à un personnage de sa création les mêmes propriétés que l'auteur *s* a attribué à *Inti*.

En suivant cet exemple qui caractérise une situation très communes dans les pratiques littéraires, on voudrait affirmer (d'un point de vue externaliste) que le personnage *Inti* dans les deux premiers romans est le même, mais différent du troisième. Néanmoins, le critère qui se base sur les propriétés ne permet pas cette distinction.

En effet, selon le critère qui se guide par des propriétés, les personnages de *s* et *w* seront le même, étant donné qu'ils partagent les mêmes propriétés (soit possédées, soit encodées) bien que leur ressemblance soit accidentelle. En effet, ce critère, comme remarque bien Thomasson, ignore l'importance de l'origine et des circonstances historiques de la création du personnage. D'autre part, étant donné que l'identité s'établisse par l'ensemble des propriétés qui conforme leur identité, tout changement dans l'histoire qui traîne une nouvelle propriété produira un nouveau caractère fictionnel. Dans ce sens le personnage *Inti* des romans *R* et *S* ne seraient plus les mêmes.

En général, tous ces inconvénients concernent le fait d'établir l'identité entre des objets abstraits par leurs propriétés. D'autres tentatives ont été faites pour résoudre ces inconvénients, encouragées aussi par la perspective qui exige des propriétés pour l'identité des personnages fictifs. C'est l'approche de Nicolas Wolterstorff qui consiste, en effet, à identifier les caractères fictionnels avec les caractéristiques qui sont communes dans l'ensemble des récits où ils apparaissent : il s'agirait d'une sorte de figure basique présente dans tous les récits portant un cœur de propriétés qui sont présentes dans tout l'œuvre littéraire qui concerne un personnage. Mais ce cœur de propriétés, selon Thomasson, entraîne des problèmes graves. En effet, lorsqu'on considère un personnage comme Don Quichotte, dans le cœur des propriétés se trouve, par exemple, la propriété « être un homme extravagant ». Mais est-ce qu'il ne s'agit pas là d'une exigence trop réactionnaire visant à empêcher tout écrivain d'envisager un Don Quichotte qui n'a pas perdu la raison ? Du même pour Faust. En effet, le fait d'avoir signé un contrat avec le diable paraît une propriété de cœur, mais il paraît injustifiable qu'on ne puisse jamais écrire un roman où Faust n'aurait pas voulu signer le contrat. En général, cette approche, selon Thomasson, se confronte à un dilemme : soit on inclut trop de propriétés et on empêche la production de quelques œuvres plausibles sur le même personnage (le cas Don Quichotte ou Faust) ; soit on restreint la quantité de propriétés avec la conséquence indésirable que vont devenir identiques des personnages qui se ressemblent seulement.

Une autre approche, celle de Maria Reicher, consiste à considérer le caractère le plus élargi. En effet, dans le même esprit de Wolterstorff, Reicher propose pour l'identité de considérer la figure composée pour la totalité des propriétés attribuées au personnage dans la totalité des récits où il intervient. Cependant, cette perspective et de même la perspective de Wolterstorff n'arrivent pas à expliquer sur quelle base vont être considérées deux apparitions comme étant d'un même personnage. Ainsi, Reicher choisira les propriétés pour constituer une figure générale, et Wolterstorff construira le cœur de propriétés, mais, dans les deux cas, à partir de quel critère vont-ils choisir les propriétés d'un personnage et non les propriétés d'une autre. Il y a une sorte de circularité ici dans le sens que dans les deux cas il faut au préalable avoir un critère d'identité des personnages pour choisir les propriétés pour élaborer un cœur qui permettre d'identifier les personnages.

Voyons maintenant quels sont les critères qu'offre Thomasson et comment sa perspective prétend résoudre les problèmes qu'accusent les autres approches, à l'aide principalement de la notion de dépendance.

5.2 Conditions d'identité pour les fictions : les points de vue internaliste et externaliste.

A la base des critères proposés par Thomasson se trouve la notion de dépendance. En effet, les personnages fictifs – compris comme des entités abstraites dépendantes – seront identifiés en dernier terme en fonction des entités fondantes des relations de dépendances qui les caractérisent. Cependant, le propos de Thomasson ne se réduit pas à des personnages de fiction, mais doit pouvoir servir aussi pour les autres entités qui peuplent notre monde.

D'abord Thomasson donne des conditions suffisantes (mais pas nécessaires) pour l'identité des fictions à l'intérieur d'un récit fictionnel (critère internaliste) ; ensuite, elle continuera avec des conditions nécessaires (mais pas suffisantes) pour l'identité à travers les textes (critère externaliste).

(i) Critère internaliste : conditions suffisants pour l'identité des personnages fictifs.

Thomasson propose le critère suivant :

Il est suffisant que [(i) x et y apparaissent dans le même récit et (ii) que les mêmes propriétés soient attribuées à x et y] à savoir que x=y.

La première condition revient à ce que Zalta comprend comme un caractère dans un récit de fiction : soit s des variables qui rangent sur des récits de fiction, nous avons

« x est un caractère de s (« Char(x,s) ») =$_{def}$ ($\exists F$)$\Sigma_s Fx$ »

Autrement dit : les caractères d'un récit sont les objets qui exemplifient des propriétés en accord avec elle[136]. Il convient d'ajouter ici que pour Zalta la définition de caractère est plus étendue que chez Thomasson, puisqu'elle inclut aussi les objets existants en tant que caractères fictionnels :

---

[136] [...] the characters of a story are the objects which exemplify properties according to it. (Zalta, 1983, p.92)

« [...] the characters of a story are any story objects, not just real, or imaginary persons or animals. Note also that this definition allows existing objects to be characters of stories —we can tell stories (true or false) about existing objects, just as we can about non-existing ones. »[137]

Donc, dans la perspective de Thomasson, pour être identiques deux caractères x et y doivent apparaître dans la même œuvre littéraire et posséder les mêmes propriétés qui ont été attribuées au personnage en question. Du même on peut les différentier si les propriétés ne sont pas les mêmes ou s'il s'agit d'une œuvre littéraire différente.

Cependant, la mise en place du propos de Thomasson, requiert au préalable, d'une part formuler un critère qui permettra d'établir la similitude ou la disparité entre œuvres littéraires ; d'autre part, expliciter « l'apparition » des personnages et le fait d'avoir ou non les mêmes propriétés. On commence pour ce dernier point.

L'apparition d'un personnage dans une œuvre littéraire, selon Thomasson, correspond à l'attribution des propriétés de la part de l'auteur. Une fois des propriétés attribués au personnage à travers une œuvre littéraire, on sait qu'il s'agit du même personnage autant que les propriétés demeurent les mêmes. Le Don Quichotte qui apparaît dans le chapitre où il se bat avec des moulins de vents est le même Don Quichotte qui dans le chapitre XXXVII donne le discours sur les lettres et les armes.

Mais plus important pour Thomasson que porter ou non les mêmes propriétés, c'est le fait que l'auteur a établi lui-même des liaisons entre les apparitions différentes du même personnage. Autrement il serait impossible d'identifier Edward Hyde et Henry Jeckyll dans l'œuvre de Robert Luis Stevenson. En effet, ce ne sont pas les propriétés qui font de Hyde et Jeckyll le même personnage mais la propre déclaration de l'auteur que de la sorte établi une correspondance qui permet d'identifier le monstre avec le médecin et d'attribuer réciproquement les propriétés d'un autre.

---

[137] Zalta, 1983, p.92.

« As mentioned in previous paragraphs, these conditions confirm many of the central cases of identity about which we care for fictional characters, entailing, for example, that if two contemporary readers of English pick up different (but perfect) copies of Northanger Abbey, they can both think about the same character Catherine Morland and enter into a genuine discussion of what that (one) character is like. They can similarly ensure the truth of claims such as "Dr Jeckyll is Mr Hyde". For, by virtue of same identity claim in the work to the effect that Dr Jeckyll and Mr Hyde are identical, Dr Jeckyll is thereby ascribed all of the properties previously ascribed to Mr Hyde and vice-versa, so that they thereby are ascribed all of the same properties in the relevant literary work »[138]

Dans ce sens, la deuxième condition du critère concerne le cas pour lequel l'attribution des propriétés a été faite par le même auteur bien que les propriétés ne soient pas les mêmes. En effet, soit l'auteur attribue les mêmes propriétés au sens où « Marie, la femme des yeux verts » dans le premier chapitre du roman est la même que « Marie, la femme des yeux verts » du deuxième chapitre ; soit l'attribution se fait par la déclaration explicite de l'auteur bien que les propriétés ne soient pas les mêmes. Pour ce dernier cas il y a une sorte de mouvement qu'on peut exprimer de la manière suivante :

(pour $P_n \neq Q_n$)
Le personnage x auquel sont attribuées les propriétés (P_1, P_2, ..., P_n)
Le personnage y auquel sont attribuées les propriétés (Q_1, Q_2, ..., Q_n)
La déclaration explicite de l'auteur « x=y », donc
Pour x nous avons (P_1, P_2, ..., P_n, Q_1, Q_2, ..., Q_n) et de même pour y.

En quelque sorte l'attribution se comporte comme une expression de deuxième ordre qui préconise que quelle que soit la propriété du personnage x, et quelle que soit la propriété du personnage y, toutes les propriétés du premier sont des propriétés du deuxième et vice-versa. Dans ce sens on peut identifier Jeckyll et Hyde, Dracula et l'ensemble de rats dans lesquels il se transforme le long de l'histoire, Don Quichotte et Alfonso Quijano, etc. En

---

[138] Thomasson, 1999, p.66.

effet, il ne s'agit pas d'une identité par des propriétés sinon par l'auteur qui a établie la correspondance.

En fait, nous avons l'impression que derrière la notion d'attribution que Thomasson place dans la deuxième condition se concentre la clé de toute indentification possible : le souhait et déclaration explicite de l'auteur d'identifier des personnages dans sa propre œuvre littéraire. C'est dans ce sens que Thomasson nous parle de conditions suffisantes. Autrement dit, une suffisance établie en termes de la déclaration de l'auteur. Ou quelle autre chose serait suffisante pour nous que le propre annonce de l'auteur de l'identité entre Don Quichotte et le vieil homme qui meurt en pleine conscience dans son lit comme Alfonso Quijano ? Pour l'œuvre de Stevenson: « by virtue of some identity claim in the work to the effect that Dr. Jeckyll and Mr. Hyde are identical, Dr. Jeckill is thereby ascribed all of the properties previously ascribed to Mr. Hyde, and vice-versa… »[139] il faut voir ici que, à la différence des meinongiens il n'y a pas une attribution des propriétés à un personnage qui permettent ensuite de l'identifier sinon que l'on identifie deux personnages parce que l'auteur leur a attribué les mêmes propriétés à l'un et à l'autre.

L'exigence de Thomasson, pour le critère internaliste, que les personnages doivent apparaître dans le même récit (première condition), présuppose d'abord des conditions d'identité pour les récits (similitude ou disparité entre récits littéraires). En effet, il faut préciser ce qu'on comprend par un même copie ou soutien matériel avant de s'engager avec l'identité des personnages. Avec ce propos Thomasson introduit des distinctions qui lui permettront d'acquérir son but. Il s'agit des distinctions entre *texte*, *composition* et *œuvre littéraire*.

Le *texte* c'est la suite de symboles, la *composition* c'est le texte en tant que créé par un certain auteur et dans des circonstances historiques déterminées. L'*œuvre littéraire* c'est la production littéraire en tant qu'objet esthétique avec des qualités artistiques et qui nous parle de personnages et d'événements fictionnels. Pour les trois on peut parler d'un côté abstrait

---

[139] Loc. cit.

(*type*) et des instances particulières (*tokens*). L'identité des compositions se fonde sur le fait de dériver d'une même origine. Cette relation à l'origine est préservée via les chaînes de copies ('être une copie de' est une relation transitive).

En effet, de l'identité de textes on ne peut pas déduire l'identité de compositions. Deux auteurs différents ont pu écrire le même texte par hasard, mais il s'agit de différentes compositions. Pour que deux textes (*tokens* différents) soient des copies de la même composition, un ne doit pas être une copie de l'autre. Bien qu'ils soient des copies de la même composition, ils ne sont pas nécessairement des instanciations (*tokens*) de la même œuvre littéraire. Une même composition peut être le fondement de deux œuvres littéraires différentes dans des contextes de lectures différentes. Un cas extrême se présente avec deux textes identiques mais qui constituent des œuvres différentes : parfois la même suite de symboles linguistiques correspondent à des sémantiques et pragmatiques différentes. Aussi une même composition peut-elle donner différentes œuvres littéraires. En effet, la notion d'œuvre littéraire chez Thomasson engage la participation d'une communauté linguistique capable de lire et comprendre l'histoire de fiction et aussi de réagir avec des interprétations à l'égard du contenu de l'histoire. Dans ce sens une même composition peut être interprétée de manière différente à des moments différents de l'histoire. Ou à un même moment il peut être qualifié de manière différente. Par exemple *Animal Farm* de George Orwell peut être reçu comme une histoire pour enfants, mettant en scène des animaux et comme une critique des tyrannies pour les adultes.

La relation 'être une copie de' est pensée par Thomasson comme un rapport à deux places qui suit l'indication suivante : soient x, y et z des textes (*tokens*), donc, x est une copie de y si x est une copie directe de y ou, pour un certain z, x est une copie de z et z est une copie de y. Donc, il y a une chaîne de copies qui relie x et y.

Dans le cas d'un auteur de fiction qui laisse une fin ouverte, c'est la communauté des lecteurs, dotée de la base linguistique et culturelle nécessaire, qui peut décider de l'attribution des propriétés, donc, de l'identité des personnages. Imaginons un roman policier d'intrigue dont l'auteur s'occupe d'une part des personnages A, B, C et d'autre part de l'assassin D comme un homme possédé par une soif de vengeance et qui attend ses victimes dans l'obscurité. Explicitement l'auteur prétend que l'assassin est un des trois mais il laisse le lecteur décider lequel. On peut chercher des raisons psychologiques ou d'autres raisons et décider, par exemple, que l'assassin D c'est A.

Donc, ces distinctions permettent d'affirmer que si deux lecteurs discutent sur un personnage *a* qui apparaît dans des copies d'une même composition, ils discutent sur le même personnage. Elles permettent aussi de différencier deux personnages, disons a et a', qui, bien qu'ils apparaissent dans des textes identiques, appartiennent à différentes compositions, donc ils n'apparaissent pas 'dans le même récit'. Pour ce dernier cas il y a un cas très intéressant que présente Jorge Luis Borges dans son récit de fiction *Pierre Menard, autor del Quijote* : deux textes identiques mais qui appartiennent à des compositions différentes.

(ii) Critère externaliste : conditions nécessaires pour les personnages fictifs.

Thomasson ne pense pas que les critères qu'elle propose résolvent tous les problèmes que pose l'identité des objets. Cependant elle considère que les inconvénients encore présents ne sont pas différents des inconvénients qui affectent l'identité des objets réels. Un critère externaliste, en effet, tient compte, en général, du discours à propos des fictions. Et en ce qui concerne les conditions d'identité, il s'agit d'analyser le transit des personnages d'un récit à l'autre et l'adoption ou non des personnages qui appartiennent disons à une composition A pour l'importer de manière explicite par un auteur dans son récit B. *Externaliste*, donc, dans le sens où les personnages ont gagné une certaine autonomie qui leur permet de voyager d'une œuvre à une autre et de se voir identiques ou non à d'autres personnages.

Une condition nécessaire, selon Thomasson, pour l'identité des caractères à travers différentes œuvres littéraires, est la suivante :

L'identité de deux personnages *x* et *y* qui apparaissent respectivement dans les œuvres littéraires A et B se fait lorsque: l'auteur de B est familier de façon satisfaisante avec le *x* de A et avoir l'intention d'importer x dans B comme *y*. Par « être familier de façon satisfaisante » Thomasson entends l'espèce de familiarité qui permettrait à l'auteur d'être un utilisateur compétent du nom de x (supposons que x soit nommé), comme il est utilisé dans A.

Il s'agit d'un critère nécessaire mais pas suffisant dans le sens où il doit être combiné à une analyse sensible et méticuleuse du texte. En effet, l'intention d'un auteur d'importer un personnage qu'il connaît bien, n'est pas suffisante pour garantir l'identité. Mais il donne un point de départ très important pour l'identité de deux personnages : « if characters fulfilled this conditions, then we have good grounds for claiming that x is y. » (p. 67)

Il est intéressant de remarquer ici que l'intention de l'auteur aussi bien que la réception des textes dans la communauté culturelle de l'auteur, jouent un rôle déterminant pour l'identité des personnages. En effet, par rapport à l'intention de l'auteur, on peut considérer deux cas : soit le personnage est importé d'une autre composition, soit il ne l'est pas. En ce qui concerne la communauté, le rapport d'identité établi entre deux personnages peut changer avec le contexte.

Lorsque l'auteur est le même, être au courant par rapport au personnage est hors discussion, et si l'auteur a voulu importer son personnage à lui dans une autre œuvre littéraire, nous avons une très forte raison, selon Thomasson, pour soutenir l'identité des deux personnages, même si les personnages portent des propriétés qui nous feront douter si nous ne connaissons pas les intentions de l'auteur. C'est le cas, par exemple lorsqu'un personnage de l'œuvre littéraire A, qualifié comme un être humain, apparaît dans l'œuvre B mais comme un animal (à la manière dont Orwell présente ses personnages dans *Animal Farm*). Si les auteurs sont différents, donc, il paraît, en suivant Thomasson, que le poids de la preuve est dans la communauté qui décide surtout des compétences du deuxième auteur par rapport au personnage inventé par le premier écrivain. Après on tient compte du souhait du deuxième auteur d'importer le personnage et cette importation sera mise en cause si on prouve qu'il n'y a aucun rapport entre les auteurs : ils sont arrivés à décrire de personnages semblables par hasard.

Parfois une identité de ce genre est établie à l'intérieur d'un même récit et pour déclaration explicite de l'auteur. Sans cette indication extériorisée, l'identité résulte problématique, par exemple, si on saute le chapitre où l'auteur explique que Dr. Jeckyll et Mr. Hyde sont le même individu.

Revenons maintenant à l'exemple dont on a mis en cause le critère des meinongiens pour voir que, dans la perspective de Thomasson, le cas de l'identité d'*Inti* trouve une solution directe. En effet, en général deux personnages créés avec les mêmes mots (identité de textes), ne seront jamais identifiés lorsque les créateurs sont différents (différentes artéfacts). A cet égard, le personnage *Inti* (création de s) est repris explicitement par l'auteur t et donc il n'y a qu'un seul *Inti* pour les deux auteurs (il s'agit du même artéfact). D'autre part, l'auteur w a créé un personnage avec les mêmes mots mais de manière accidentelle, comme l'exemple de l'écrivain nippon qu'on a mentionné plus haut. En effet, bien qu'il y ait une identité au niveau textuel (les deux *Inti* sont décrits avec les mêmes mots), l'*Inti* de l'auteur w est différent étant donné que l'auteur est différent (c'est un artéfact différent).

Donc, jusqu'ici, Thomasson, en suivant des inquiétudes du type métaphysique en se demandant pour quelle sorte d'entité ce sont les fictions qu'on devrait accepter dans notre monde, s'est dirigée vers l'élaboration et a finalement proposé une ontologie qui inclut les fictions dans notre monde en tant qu'artéfacts, c'est-à-dire, en tant qu'entités abstraites, créées et dépendantes, pas différentes des autres entités qui peuplent notre monde. On pourrait donc schématiser le propos de Thomasson d'une manière très générale en disant que, initialement pour l'analyse du discours fictionnel, sujet qui intéresse spécifiquement notre travail, les choses dans le monde se divisent en entités dépendantes et entités indépendantes. Voyons maintenant comment Thomasson développe son analyse à partir de la distinction entre des objets réels et des artéfacts à l'égard des contextes dont on les utilise.

6. Différence des contextes et opérateur modal

6.1 Différents contextes, un seul type d'objet

On revient ici, à l'aide de la perspective de Thomasson, sur les questions qui concernent l'analyse du statut des énoncés de fiction : « The problems surrounding fictional discourse may be resolved by recognizing that these problems stem from differences of contexts, not of objects. »[140]

En effet, pour établir une sémantique qui donne des conditions spécialement pour des énoncés qui portent sur des fictions, Thomasson propose de considérer des contextes différents et non différents objets. Autrement dit, de donner les conditions pour assigner le vrai ou le faux aux énoncés qui portent sur des personnages fictifs et même pour ceux qui portent sur des caractères fictionnels et réels en même temps. Cette décision prise par Thomasson nous laisse comprendre que si il y a bien une distinction fondamentale entre dépendants et indépendants, d'un point de vue sémantique il n'y a qu'une seule catégorie d'objets.

Il s'agit de considérer deux contextes : le contexte fictionnel et le contexte réel. Le contexte fictionnel (point de vue internaliste) correspond à l'ensemble des énoncés qui composent l'œuvre littéraire. Dans ce sens, il y a une valuation des énoncés qui sera considérée « selon l'histoire ». A l'égard de ce contexte, signale Thomasson, il y a une sorte de « faire semblant » (*pretense*) de la part du lecteur qui correspond à l'acte d'acceptation de ce qui est dit dans le texte comme étant vrai. Le contexte réel (point de vue externaliste) correspond au discours à propos des fictions dont l'intention est de parler des personnages fictifs en tant qu'artéfacts ou que créations faites par un auteur ou pour les comparer avec des personnages fictifs d'autres œuvres littéraires, par exemple, dans la critique littéraire. Dans les deux contextes, on le répète, on peut parler des entités réelles ou fictionnelles. De la sorte, on a deux types des prédications : les prédications réelles et les prédications fictionnelles.

---

[140] Thomasson, 1999, p.105.

Le propos de Thomasson, donc, se base d'une part sur le fait qu'on peut se référer aux fictions (au moyen des chaînes de dépendance) ; d'autre part, sur le fait que nos prédications peuvent être faites dans deux contextes : réel (sans *pretense*) et fictionnel.

Les prédications réelles, faites à l'extérieur du contexte de l'œuvre de fiction, doivent être considérées, selon Thomasson, comme des véritables prédications : des phrases dont des propriétés sont attribuées à des entités, parmi lesquelles les unes sont réelles et les autres sont fictives. Dans le cadre d'une logique du premier ordre, on pourrait présupposer que la compositionnalité se tient encore dans le sens où tous les composants gardent leur signification. En effet, que ce soit pour les objets réels ou les fictions, il y aura toujours une signification en tant que référence. C'est le cas des phrases comme 'Napoléon était un général' ou 'Holmes est une fiction'.

6.2 Artéfacts et valuation des phrases

On voudrait faire ici quelques remarques sur la présence des termes fictifs d'un point de vue internaliste. En effet, compte tenu de l'affirmation de Thomasson qui dit qu'il y a une différence de contextes et non d'objets, on se demande si à tout moment la notion de fiction répond aux inquiétudes d'une analyse littéraire. Considérons, par exemple, la phrase suivante qu'on trouve dans le texte de Conan Doyle : 'Holmes est un détective'. Selon l'histoire, on dirait que la phrase est vraie. « What is true according to the story is, roughly, a combination of what is explicitly said in the story and what is suggested by the background knowledge and assumptions on which the story relies. Put in other terms, it is what a competent reader would understand to be true according to the story. »[141] Mais qui est le Holmes que mentionne la phrase ? Est-ce l'artefact ou l'être humain ? Naturellement, tout lecteur des aventures du détective inventé par Doyle nous dirait qu'il s'agit d'un homme, et les artéfacts ne sont pas des hommes. Seulement d'un point de vue externaliste on dirait qu'il s'agit d'un artéfact, mais on n'attribuerait jamais à l'artéfact les propriétés détaillées dans le récit.

---

[141] *Ibid.*, p.107.

« Statements such as "Hamlet is a prince" and "Nietzsche was psychoanalyzed by Freud occur in the contexts of literary works and are not litterary true although they describe states of affairs that, according to the relevant stories, do obtain regarding the fictional character Hamlet and the real people Nietzsche and Freud. »[142]

Pour les noms référentiels, à notre avis, il se passe la même chose dans la perspective de Thomasson. Par exemple imaginons qu'un écrivain invente une histoire où le vrai Napoléon intervient, mais sous la forme d'un renard puisque tous les personnages sont des animaux. Imaginons que l'histoire soit à propos de la bataille de Waterloo. Alors, selon Thomasson, on a changé de contexte lorsqu'on considère des phrases du type « Napoléon a fait avancer ses troupes » à l'intérieur du récit, mais le Napoléon reste le même, lé général français du XIXème siècle, bien que les propriétés attribuées dans le récit ne correspondent pas au véritable Napoléon (Napoléon n'était pas un renard sauf métaphoriquement parlant).

Alberto Voltolini, dans son analyse de la perspective artéfactuelle[143], suggère justement que pour Thomasson le changement de contexte, de réel à fictionnel, est structurellement similaire à l'analyse des phrases dans des contextes temporels. Par exemple, lorsqu'on dit « Bush est président des EEUU », la phrase est vraie en 1995 mais fausse en 1965. De la même manière avec « Hamlet est un prince » qui sera valide seulement dans le contexte fictionnel (les artéfacts ne sont pas des princes. Voltolini affirme que la lecture que Thomasson propose d'une phrase du type « Selon Hamlet, Hamlet est un prince » est *de re* et non *de dicto*. Et dans ce sens, Voltolini croit que la perspective de Thomasson n'est pas loin de la distinction du 'types de propriétés' qui proposent les néo-meinongiens. En effet, tandis que les types de propriétés comprennent les propriétés nucléaires et extranucléaires, Thomasson distinguerait plutôt entre des 'propriétés relatives à l'histoire' et des propriétés 'absolues' ou 'non relatives à l'histoire'.

---

[142] Loc. cit.
[143] Voltolini, 2006, p.46.

7. Remarques finales

7.1 Objets réels et conditions d'identité

Il y a une sorte de triangulation entre les noms des personnages réels, les conditions d'identité apportées par l'auteur et les objets réels. Selon Thomasson, si l'intention de l'auteur dans un récit de fiction a été explicitement de se référer, par exemple, à Napoléon, avec le nom « Napoléon », il ne devrait y avoir aucune incertitude par rapport au référent du nom « Napoléon » : il s'agit du véritable personnage historique. Après, « selon l'histoire », l'auteur affirmera ou prédiquera assez de choses sur le personnage qui ne seront vraies que dans le récit (d'accord avec le récit). Et les prédications à propos de Napoléon nous feront penser à la pertinence ou non du personnage choisi par l'auteur. En effet, on pourra mettre en cause que le véritable Napoléon puisse porter tel ou tel prédicat, mais toute contestation à cet égard ne met pas en cause que le personnage dont il s'agit est bien Napoléon. Les conditions d'identité données de cette manière permettent à un auteur de fiction d'écrire un récit où il fait gagner à Napoléon la bataille de Waterloo, ou d'élaborer une histoire dans laquelle des personnages historiques sont représentés comme des animaux (comme dans *Animal Farm* de George Orwell[144]). Comme l'identité s'établisse rigidement et non par des propriétés, le récit de fiction se comporte comme un monde possible dont le personnage est le même que dans tous les autres mondes sauf que dans le monde du récit il porte de propriétés différentes. Autrement les possibilités de l'auteur seraient très restreintes. Aucun auteur n'accepterait de se soumettre à de telles restrictions ! Imaginons un auteur qui voudrait ridiculiser Napoléon en faisant de lui en personnage fragile, faible, un peu lâche, qui ne s'était jamais approché d'une arme, etc. Personne n'a le droit de dire à l'auteur que le Napoléon de son récit de fiction n'est pas le personnage historique. En fait, autrement, son histoire (qu'on pourrait appeler une fiction historique) n'aurait aucun sens pour les lecteurs. Dans la pratique littéraire la plus simple, celle des lecteurs de fictions non concernés par les débats philosophiques sur les fictions, le sens d'une lecture du type de la fiction historique, se place justement dans le contraste entre le véritable personnage dont il s'agit dans l'Histoire et la représentation du même

---

[144] Orwell, 2001.

individu en tant que personnage, avec des nouvelles propriétés proposées par l'auteur. En effet, dire qu'avec les nouvelles propriétés, le Napoléon du récit de fiction historique n'est pas le Napoléon de l'Histoire Française, c'est oublier que l'identité dans la perspective des artéfacts s'accomplit autrement que par des propriétés.

7.2 Dépendance et dynamique des fictions : le cas de J.L. Borges

Tout comme la perspective réaliste des meinongiens, la perspective de Thomasson divise en deux le domaine des récits de fiction : d'une part les entités dépendantes dont les fictions font partie, d'une autre les entités indépendantes ou qui existent au-delà de toute dépendance historique ou constante vis-à-vis d'autres entités. Dans la perspective de Thomasson, la structure bipolaire du domaine, qui traditionnellement se présente comme la distinction entre objets réels et fictions, est rétablie par le critère de la dépendance sous forme d'entités dépendantes et indépendantes. Cependant, une telle distinction ne suffit pas à expliquer certains phénomènes présents dans les récits de fiction comme, par exemple, le fait que, dans les récits de fiction, il y a des éléments dont leur rôle consiste à garder un statut ontologiquement indéterminé tout au long de l'histoire, c'est-à-dire, un statut qui n'est ni réel ni fictionnel. Et la théorie des artéfacts, que nous critiquons chez Thomasson, ne dispose pas des éléments nécessaires pour éclaircir cet aspect du discours fictionnel.

Néanmoins, il ne s'agit pas de l'impossibilité du lecteur à déterminer le statut de certains éléments, sinon du fait que l'indétermination ontologique est constitutive des éléments en considération. En plus de ce statut indéterminé, nous voulons tenir également compte des mutations qui ayant lieu à partir ou vers le statut indéterminé. En effet, outre les changements de statut qu'on trouve d'habitude dans les récits de fiction (de fictif à réel ou vice-versa), nous souhaitons tenir compte, d'une part, du fait que certains éléments d'une histoire de fiction doivent garder leur statut ontologiquement indéterminé et, d'autre part, des transformations qui, partant d'un statut indéterminé, aboutissent dans le réel ou le fictionnel, ou vice-versa. Nous désignerons ces dernières transformations sous le nom de dynamique ontologique.

L'idée d'un statut indéterminé ainsi que d'une dynamique ontologique nous a été suggérée, comme nous l'avons déjà mentionné dans l'introduction, par les écrits de J. L. Borges. L'écrivain Argentin décrit certains éléments comme des êtres dépourvus d'appartenance ontologique spécifique. C'est notamment le cas du personnage principal de la nouvelle « Les ruines circulaires » qui, à la fin de l'histoire, est sujet à une dynamique ontologique très particulière. A l'abri d'un vieux bâtiment de forme circulaire, un étranger décide de créer un homme en le rêvant. Ce dernier, qui dépend du premier pour continuer à exister, ne doit pas découvrir qu'il est le rêve de quelqu'un d'autre. A la fin de l'histoire le créateur découvre que lui aussi est le rêve de quelqu'un. En effet, cet étranger, que « nul ne [le] vit débarquer dans la nuit unanime... »[145] et qui « si quelqu'un lui avait demandé son propre nom ou quelque trait de sa vie antérieure, [il] n'aurait pas su répondre. »[146], devient lui-même un rêve après avoir été décrit de manière incertaine. Il s'agit, à notre avis, de personnages et objets qui, en fonction de leur indétermination, gagnent dans les histoires une plus grande richesse descriptive.

Un des propos de la section suivante est justement de développer les idées de « statut indéterminé » et de « dynamique ontologique » d'un point de vue dialogique. Pour la première, nous allons nous servir des développements théoriques de Hugh MacColl qui seront approfondis dans le chapitre VI. La section II portera sur la notion de dynamique ontologique.

7.3 Conclusions

Suite à l'analyse faite dans le chapitre 1, des points de vue et enjeux de la détermination du statut d'un texte en tant que fictionnel dans différentes approches philosophiques et littéraires, nous avons abordé l'interrogation portant sur les conditions d'identité des objets fictifs, tels qu'ils apparaissent décrits dans les récits de fiction, aussi bien du point de vue des réalistes que de celui des irréalistes (chapitre 2). Enfin, nous avons élargi l'interrogation à la condition générale des fictions (identité et référence aux objets fictifs)

---

[145] Borges, 1994, p.97.
[146] *Ibid.*, p.99.

pour soutenir le point de vue de la Théorie des Artéfacts d'Amie Thomasson, perspective à notre avis la plus riche en matière de solutions aux problèmes que ne résolvent pas les autres approches et, par conséquent, véritable contribution au traitement philosophique de la fiction (chapitre 3).

En suivant l'idée directrice de la section I – à propos de ce que l'analyse philosophique et littéraire du sujet de la fiction peut nous offrir pour l'élaboration d'une logique de la fiction – nous mettons l'accent sur deux notions permettant un développement dialogique compatible avec les exigences d'une logique dynamique telles qu'elles seront présentées dans la prochaine section. A savoir : (i) la notion de « dépendance » telle qu'elle a été présentée par Thomasson et qui permet, dans ces conditions, de caractériser les personnages littéraires (et d'autres objets fictionnels) en tant qu'entités créées par un auteur lors de la génération d'un récit de fiction ; (ii) la notion d'entités fictives en tant qu'« artefacts », c'est-à-dire, en tant qu'entités abstraites dépendantes. Ces deux notions viendront compléter les résultats de l'analyse de la section II.

Section II: Approches logiques de la notion de fiction

L'interrogation qui guide le développement général de la présente section est la suivante : qu'est-ce que l'analyse de l'approche dialogique au sujet de la fiction peut nous offrir pour l'élaboration d'une logique de la fiction ? Autrement dit, en quoi l'analyse dialogique de la fiction contribue à l'élaboration d'une logique dynamique de la fiction ? Par logique dialogique de la fiction on comprend une structure réglementée de jeu de langage qui permet de rendre compte des argumentations portant sur des domaines ontologiques croisés, c'est-à-dire, des argumentations qui portent sur des personnages fictifs et entités réelles.

Pour donner réponse à une telle interrogation on suivra comme ligne directrice, principalement, le traitement de la notion d'existence dont les différentes perspectives logiques se servent et qui concernent directement le traitement formel des fictions. On attend, de l'analyse qui suit, obtenir des éléments pour intégrer les résultats de la section précédente et qui permettront l'élaboration d'une logique dynamique des fictions dans l'approche dialogique.

Chapitre IV : Vers une notion pragmatique d'existence

1. Introduction

On trouve dans la littérature des objections contre le prétendu pouvoir explicatif de la logique et des langages formels à l'égard de la fiction. La cible de ces critiques est généralement la place centrale que la logique prête à la question de la référence dans l'étude des fictions, tandis que les enjeux véritables seraient d'ordre plus pragmatique. A cette objection, on répond que si l'on peut produire un contexte d'analyse adéquat, alors on pourra envisager un traitement plus pragmatique de la fiction dans la logique. Et la logique dialogique, enraciné dans la pratique argumentative, en considérant que la preuve est constituée par un enchaînement dialectique de questions et de réponses, s'impose comme le contexte d'analyse idéal en vue d'un traitement plus pragmatique des fictions. Adoptant une posture critique à l'égard des logiques libres traditionnelles, on appuiera cette position et montrera les enjeux logiques et philosophiques du traitement de la fiction dans le contexte de la dialogique. Par logique libre traditionnelle, on entend ici les différents types de logiques libres (positive, négative et neutre) dont on s'occupera plus bas.

Après avoir exposé les aspects essentiels des logiques libres traditionnelles, leurs principes et leur sémantique, on fera une analyse critique de leur compréhension de la notion d'existence. En effet, si ces logiques ont le mérite d'avoir rendu explicites les présuppositions existentielles dans la logique, elles l'ont fait en utilisant un prédicat d'existence. De notre point de vue, cela mène à aborder les questions ontologiques des non-existants en négligeant une relation cruciale pour la signification de la notion de quantificateur : la relation entre le choix d'une constante de substitution et l'assertion qui en découle. Le point de vue qui suit le présent travail est que la logique des non-existants doit comprendre l'existence à travers la notion interactionnelle de choix qui offre la logique dialogique dont leur sémantique est basée sur la notion d'utilisation et peut être dénommé comme sémantique pragmatiste. En effet, la logique dialogique, en permettant de tenir compte des considérations ontologiques relativement à l'application de règles logiques, se présente à la mesure des enjeux soulevés ici. C'est pourquoi, il est naturel pour nous d'implémenter cette notion de choix en développant les logiques libres dans le contexte de la dialogique. Ce contraste permet de penser dans un point de vue *statique* qu'identifie l'existence avec un prédicat à l'égard d'un point de vue *dynamique* qui se centre dans la notion interactionnelle de choix. Cette notion de dynamique sera capitale pour notre travail et se verra enrichie dans sa signification par le développement de la présente section.

Dans un premier temps on fera quelques remarques historiques avec les propos général de comprendre les enjeux logiques du traitement formel de la non existence et, spécifiquement d'éclaircir la question de la place central que la logique prête à la notion de référence depuis les premiers développements de la philosophie analytique, notamment la perspective de Frege. Ces remarques permettront, au même temps, de comprendre les engagements desquels ont prétendu s'éloigner certaines approches subséquents de la logique, entre lesquelles la perspective de la logique libre c'est une des plus développées. Par la suite, et pour mieux comprendre les logiques libres traditionnelles (avec prédicat d'existence), on les implémentera dans le contexte de la dialogique. Ce sera l'occasion de monter plus concrètement comment on fait l'économie du prédicat d'existence sur base de considérations logiques et dans le cadre d'une sémantique pragmatiste. On verra aussi comment la dialogique libre permet de faire varier le statut ontologique des objets auxquels se rapportent les constantes jouées au cours d'une preuve ainsi que l'import existentiel des quantificateurs. Ce sera l'occasion d'éclaircir le rôle du raisonnement fictionnel dans certains processus logiques.

2. La notion de référence dans la perspective classique

2.1 Gottlob Frege et Ulysse : la signification nue[147]

> « En logique classique on peut donc prouver l'existence
> de n'importe quoi : il suffit de pouvoir nommer
> quelque chose pour qu'automatiquement
> cette chose existe. »
> (Paul Gochet, 2000. p.114)

Un des auteurs qui se trouve aux origines des enquêtes formelles qui concernent l'existence des objets dans le monde, est Gottlob Frege. En fait, Frege, qui est un des penseurs le plus influente de notre siècle, c'est qui a développé pour la première fois dans l'histoire de la logique une théorie sémantique pour une langue et d'avoir ainsi posé les fondements d'une théorie générale de la validité logique. Sémantique dans le sens d'une théorie de la référence qui a influencé énormément tous les développements logiques et philosophiques postérieurs. Pour telle raison est-ce qu'on initiera cette deuxième section avec l'exposition de l'approche de Gottlob Frege. L'exposé sera guidé pour l'idée de que le traitement des fictions dans la perspective logiciste de Frege correspond plutôt à une logique de la non existence que à une logique des fictions.

La contribution plus importante conçue par Frege dans sa théorie de la signification est la distinction entre sens (*Sinn*) et référence (*Bedeutung*) publié en 1892 dans la revue *Zeitschrift für Philosophie und philosophische Kritik*. Ces deux notions s'insèrent dans le cadre plus général de la perspective frégéenne qui de nous jours est appelé logicisme.

La perspective de Frege, le logicisme, suit en général trois principes méthodiques bien explicités par Frege : « [1] Il faut nettement séparer le psychologique du logique, le subjectif de l'objectif. » Frege a un sens réaliste

---

[147] Stepanians, 2001. (Trad. Alexander Thiercelin)

très fort : le subjectif comprend tout les impressions, sensations ou représentations de notre imagination ; l'objectif correspond avec la réalité, les choses dans l'espace et le temps. On donnera plus de précisions en bas. « [2] on doit rechercher ce que les mots veulent dire en les prenant non pas isolément mais dans le contexte d'une phrase » ; « [3] il ne faut pas perdre de vue la différence entre concept et objet. »[148] Son deuxième principe selon lequel on doit interroger la signification des mots en les prenant non pas isolément mais dans le contexte d'une phrase, est discuté dans la littérature secondaire sous le nom de "principe contextuel". Frege l'explicite en renvoyant au premier principe, celui de la séparation de l'objectif et du subjectif: "Si l'on néglige le second principe, on est conduit presque nécessairement à donner aux mots pour signification des images ou des événements intérieurs à l'âme individuelle, et ainsi on enfreint également le premier principe."[149] Selon ce principe contextuel, répondre à la question de savoir ce que signifie un mot exige de considérer son utilisation primaire dans une phrase complète. Pour le dire avec plus de précision, Frege l'exprime à travers le principe de compositionalité qui établi que la signification d'une phrase résulte des significations des composants qu'elle fait intervenir. Pour Frege, les composants d'une phrase sont que des prédicats et les termes singuliers (noms) auxquels s'appliquent les prédicats.

Il est très important de remarquer que pour Frege l'interrogation pour la signification des phrases et ses composants répond à un intérêt strictement logique. En effet, pour l'élaboration d'une sémantique qui rend compte des argumentations logiques, Frege développe un instrument précis qu'il appelle Conceptographie[150] (*Begriffschrift*) dont il se sert pour l'élaboration des règles de conclusion valides pour garantir que de prémisses vraies ne suivent jamais que des conclusions vraies. Frege doit montrer dans le cours de la fondation de sa thèse logiciste que les règles qu'il utilise dans la Conceptographie sont valides pour des raisons purement logiques.

---

[148] Les trois principes dans Frege, 1884 [1969]. p.122.

[149] Frege, 1884 [1969]. p.122.

[150] Afin de pouvoir faire une distinction entre l'ouvrage et la langue formulaire qui répond au même nom, on utilise "Conceptographie" pour désigner ledit ouvrage, et "conceptographie" pour désigner la langue formulaire.

Il faut remarquer aussi qu'une théorie générale de la manière dont est déterminée la vérité ou la fausseté d'une phrase est souvent appelée aujourd'hui une « sémantique ». Frege peut s'enorgueillir d'avoir développé pour la première fois dans l'histoire de la logique une théorie sémantique pour une langue et d'avoir ainsi posé les fondements d'une théorie générale de la validité logique.

L'élaboration de ce langage formel qu'il appelle langage formel pour la pensée pure, en effet, suit la méfiance de Frege pour les analyses logiques des argumentations faites dans les langages naturels. En effet, Le langage naturel n'est pas l'instrument approprié pour la recherche logique et philosophique. Grand nombre d'erreurs philosophiques sont :

« ... parce que nous avons l'habitude de penser dans une langue quelconque et que la grammaire, qui a pour le langage une signification analogue à celle qu'a la logique pour la pensée, mélange le psychologique et le logique »[151].

Comme antidote il recommande aux philosophes l'usage d'une langue artificielle, la "conceptographie", qu'il a inventée en concevant la grammaire uniquement à partir de considérations logiques.

« ... combat constant [...] contre la langue et la grammaire »[152],

Son souhait de se protéger au maximum des suggestions trompeuses des grammaires des langues naturelles est l'un des principaux motifs qui l'ont poussé à inventer une « conceptographie ». Le titre complet du livre est : Conceptographie – Une langue formulaire de la pensée pure construite d'après celle de l'arithmétique. Grâce à cette « langue formulaire de la pensée pure », il espère minimiser l'influence négative qu'exerce sur la pensée le moyen d'expression (en particulier les langues naturelles).

---

[151] Frege, 1994, p.14.
[152] *ibid.*, p.15.

Le propos de Frege peut être exprimé de la manière suivante : il s'agit de l'élaboration d'une théorie générale de la manière dont une phrase (capture en tant que phrase conceptographique dans la langue inventée par Frege) est déterminée comme vraie ou fausse par les expressions qui la composent et la nature de leur connexion – et par là même aussi la valeur de vérité de la conclusion d'un argument dans lequel cette phrase est une prémisse. Les expressions dont peut se composer une phrase conceptographique, se répartissent en trois catégories grammaticales: les noms propres (*Eigennamen*) ou termes singuliers, les termes conceptuels (*Begriffswörter*) ou prédicats et les phrases (*Sätze*). L'objectif est de découvrir les propriétés de ces expressions qui en elles-mêmes sont nécessaires et qui, considérées avec les propriétés sémantiques aussi bien des autres éléments de la phrase que de leur mode de connexion, sont également suffisantes pour déterminer comme vraie ou fausse une phrase dans laquelle ces expressions interviennent.

La recherche des propriétés des composants d'une phrase concerne ce qui Frege appelle le principe « *salva veritate* » : dans toute phrase, les porteurs de telles propriétés peuvent être remplacés par d'autres expressions pourvues de la même propriété sémantique sans préjudice pour la valeur de vérité de la phrase. En même temps, on peut considérer chez Frege qu'il y a un autre principe subjacent: sa conviction fondamentale que nous nous tenons devant un monde qui existe en grande partie indépendamment de nous, et que c'est en définitive ce monde qui fait que nos phrases sont vraies ou fausses. Nous pouvons appeler cette thèse le « principe de réalité ».

Issue de ces deux principes, Frege propose pour les termes singuliers, les prédicats et les phrases, les significations suivantes :

1. Noms propres ou termes singuliers : La propriété qu'un nom propre *doit nécessairement* avoir, pour pouvoir contribuer à la valeur de vérité d'une phrase assertorique dans laquelle il intervient consiste, pour Frege, dans le fait de se rapporter à un objet déterminé, le porteur du nom. Dans la mesure où la possession de cette propriété est par définition nécessaire, mais également suffisante, pour la détermination de la valeur de vérité dès lors que nous joignons cette propriété aux propriétés sémantiques des autres éléments de la phrase ainsi qu'à la nature de leur connexion, deux

conséquences importantes s'ensuivent: (i) si une phrase est vraie ou fausse alors tous les noms propres qu'elle contient se rapportent effectivement à des objets. Inversement, (ii) si un nom propre ne se rapporte pas à un objet alors toute phrase dans laquelle il intervient est dépourvue de valeur de vérité. Autrement dit, la signification d'un nom ou terme singulier est sa référence. Donc, nous pouvons envisager lors de l'expression de cette propriété, qu'est-ce qu'arrivera, dans la perspective de Frege, aux énoncés de fiction dont les noms de personnages n'ont pas de référence.

2. Phrases : Quelle propriété doit posséder une phrase pour déterminer comme vraie ou fausse une structure de phrase (Satzgefüge) dont elle fait partie ? Par exemple la phrase « La table est carrée » dans la structure de phrase « si la table est carrée, alors elle a quatre sommets ». La caractéristique sémantique recherchée de toutes les phrases, à savoir leur propriété, est la suivante : d'avoir l'une des deux valeurs de vérité. Que la signification d'une phrase soit une des deux valeurs de vérité (sa référence), indépendamment de notre connaissance, et le fait que *"Toute phrase assertorique [...] doit donc être comprise comme un nom propre"[153]*, permet de désigner la perspective de Frege comme platonicienne. En effet, si on comprend les phrases comme des noms propres, de manière correspondante les valeurs de vérité (le vrai et le faux) seront comprises comme des objets.

3. Prédicats : En quoi consiste exactement leur contribution sémantique à la détermination de la valeur de vérité d'une phrase ? De façon générale, une phrase de la forme $"Fa"$ est vraie lorsque l'objet désigné par $"a"$ tombe sous le concept désigné par le terme conceptuel $"F"$. Par exemple pour F : «être une ville » et a : Paris, nous avons la phrase Fa : « Paris est une ville ». D'un point de vue sémantique les concepts sont donc aux termes conceptuels ce que les objets sont aux noms propres. Mais alors qu'on a des intuitions à peu près claires de ce qu'est le porteur d'un nom propre, notre précompréhension des concepts est très vague. Incontestablement se trouve ainsi souligné le fait que les concepts ne sont rien de subjectif pour Frege mais qu'ils sont un élément constitutif de la réalité dont on parle. Nous découvrons que les termes conceptuels contribuent à la détermination de la

---

[153] Frege, 1892 [1971]. p.110.

valeur de vérité des phrases dans lesquelles ils interviennent grâce au test *salva veritate*. À quelles conditions un terme conceptuel "*G*" peut-il être substitué à un terme conceptuel "*F*" dans toutes les phrases conceptographiques où il intervient sans préjudice pour leur valeur de vérité ? Précisément lorsque tous les objets qui tombent sous le concept *F* tombent également sous *G*, et réciproquement. Avant la découverte de l'antinomie de Russell [∃x∀y(Ryx→¬Ryy)], Frege a cru pouvoir encore se servir du concept d'extension conceptuelle pour la formulation de ce critère. Dans « toute phrase, des termes conceptuels peuvent se remplacer l'un l'autre, si leur correspond la même extension conceptuelle. […] De même, par conséquent, que des noms propres du même objet peuvent se remplacer l'un l'autre sans préjudice pour la vérité, de même des termes conceptuels peuvent le faire, si l'extension conceptuelle est la même. »[154] Il semble donc que la propriété sémantique des termes conceptuels que nous recherchons consiste dans le fait de tenir lieu d'une extension conceptuelle déterminée.

Le résultat du test *salva veritate* nous permet donc seulement de conclure que le critère d'identité pour les concepts consiste dans l'égalité de leur extension: un concept *F* et un concept *G* sont identiques lorsqu'ils possèdent la même extension, c'est-à-dire lorsque les mêmes objets tombent sous eux. Il faut remarquer qu'on comprend dès lors pourquoi la manière dont Frege comprend sémantiquement les concepts ne coïncide pas avec le concept intuitif de *propriété*. En effet, du point de vue de notre compréhension quotidienne, la propriété par exemple « d'être un être possédant un rein » diffère de la propriété « d'être un être possédant un cœur ». Toutefois, dans la mesure où leur extension est la même – tous les êtres possédant un cœur sont des êtres possédant un rein et réciproquement – Frege considère que nous n'avons ici que deux expressions distinctes pour le même concept.

Pour résumer voyons les trois significations dans l'exemple suivant : Dans la phrase « Paris est une ville », la capitale française est donc la référence (signification) de « Paris », le concept *ville* est la référence (signification) du prédicat « ( ) est une ville », et la phrase assertée elle-même,

---

154 Frege, 1994, pp.139-140.

dans la mesure où elle est vraie, réfère à la valeur de vérité – « le vrai » comme dit Frege. Si elle était fausse, elle réfèrerait à la fausseté – « le faux ». Toutes les phrases assertoriques vraies réfèrent à la même chose, au vrai, et toutes celles qui sont fausses réfèrent au faux.

Donc, dans la perspective de Frege, les noms vides ou sans référence, comme dans le cas des noms « Ulysse » et « Pégase », sont privés de tout intérêt logique puisque « une phrase dans laquelle se présente un nom propre dépourvu de référence [...] se trouve [...] à l'extérieur du domaine sur lequel s'appliquent les lois logiques. »[155] Pour Frege, en général, toute phrase qui contient des termes non référentiels -soit explicitement un récit de fiction ou non-, est au-delà du vrai et du faux car « les lois logiques sont d'abord des lois dans le royaume des références »[156].

Frege, à la fin de sa vie, a dû renoncer au projet logiciste principalement à cause de l'inconsistance remarquée par Bertrand Russell. Mais on ne développera pas ici ce sujet. On retient de l'analyse faite jusqu'ici l'importance de la notion de référence pour la signification des termes singuliers. Une telle signification comprise comme référence, est déterminante pour la composition de la signification de la phrase où ces termes interviennent. Dans ce sens, l'élaboration d'une sémantique de premier ordre doit prévoir des considérations spéciales pour les termes sans référence.

2.2 Frege trahi par les fictions

Dans un fragment rédigé peu avant sa mort, Frege ramène l'échec de l'œuvre de sa vie à un autre leurre suscité par les langues naturelles et qu'il n'a reconnu comme tel que trop tard:

« Une propriété de la langue, néfaste pour la fiabilité de l'action de penser, est sa propension à créer des noms propres auxquels nul objet ne correspond [...]. Un exemple particulièrement remarquable en est la formation d'un nom propre sur le modèle de 'l'extension du concept *a*', par

---

[155] *Ibid.*, p.213.
[156] *Ibid.*, p.145.

exemple 'l'extension du concept étoile fixe'. Du fait de l'article défini cette expression semble désigner un objet; mais aucun objet ne saurait être ainsi désigné dans la langue. De là sont nés les paradoxes qui ont ruiné la théorie des ensembles. J'ai moi-même succombé à cette illusion dans ma tentative de fondation logique des nombres en voulant les comprendre comme des ensembles. »[157]

Frege fait ici allusion à l'introduction des ensembles (des classes), plus généralement des « parcours de valeur », qui a été fatale à son projet logiciste. Afin de les désigner, il a complété le vocabulaire de la première version de la conceptographie (celle de 1879) en ajoutant les noms de parcours de valeur auxquels correspondent, dans le cas des parcours de valeur de concept, des expressions de la forme "l'extension du concept F". Comme le prouve la citation, Frege en est finalement venu à penser que la théorie des ensembles résulte d'une illusion linguistique, à savoir de la possibilité qu'offrent les langues naturelles de former des noms propres de la forme « l'extension du concept F » qui prétendent désigner des ensembles (des classes). Mais cette tentative échoue car, comme Frege a fini par s'en convaincre, ces expressions visent inévitablement le vide. Frege a toujours défendu l'idée que des noms propres vides ne sont d'aucune utilité dans les sciences. Au sens strict, il ne s'agirait même pas de noms propres mais seulement de « pseudo-noms propres » qui ne font que prétendre désigner un objet: « Car dans la science un nom propre a pour but de désigner un objet de façon déterminée; si ce but n'est pas atteint le nom propre n'a aucune justification dans la science. Ce qu'il en est dans l'usage linguistique quotidien ne nous regarde pas ici. »[158] Comme le montre cette dernière remarque, Frege sait très bien que l'on utilise fréquemment des noms propres vides « dans l'usage linguistique quotidien ». Nous racontons à nos enfants l'histoire du Père Noël, nous leur lisons l'histoire de Blanche-Neige. Que ce soit à la télévision ou au théâtre, il est constamment question de lieux et de personnes qui n'ont jamais existé, d'événements qui n'ont jamais eu lieu. Mais, dit Frege, en tant que scientifiques cela ne nous concerne en rien aussi longtemps qu'avec ces énonciations on ne se propose pas d'exprimer des vérités. Frege distingue

---

[157] *Ibid.*, p.318.
[158] *Ibid.,*. p.211.

l'usage « fictif » de la langue qui vise à produire un effet esthétique ou à distraire, de son usage « scientifique », lequel doit avant tout servir à exprimer des vérités. Les mots que prononcent sur scène un récitant ou un comédien n'ont pas la même portée dans la bouche d'un scientifique en train de présenter les résultats de ses recherches au cours d'une conférence.

Frege explicite la différence entre chacune de ces deux dispositions en opposant *fiction* et vérité, jeu et sérieux, apparence et être. Il y a dans la fiction, selon Frege, un usage ludique de la langue caractéristique visant la production d'une apparence esthétique, alors que dans les sciences (comme aussi, la plupart du temps, dans la vie quotidienne) on utilise les phrases assertoriques à des fins avant tout « sérieuses » et communiquons des informations sur ce qui est le cas:

« L'art de la fiction a cette particularité, qu'il partage, par exemple, avec la peinture, de garder les yeux fixés sur l'apparence. Dans la fiction les assertions ne doivent pas être prises au sérieux comme dans la science: ce ne sont que des pseudo-pensées. Si le *Don Carlos* de Schiller devait être compris comme un livre d'histoire alors ce drame, dans une large mesure, serait faux. Mais une œuvre de fiction ne doit pas du tout être prise ainsi au sérieux; c'est un jeu. Les noms propres y sont aussi des pseudo-noms propres même s'ils correspondent aux noms de personnages historiques; ils ne doivent pas être pris au sérieux. »[159]

Dans cette perspective, la question de la référence des expressions qu'un comédien utilise sur scène ne se pose plus du tout:

« Dans la fiction et dans les récits légendaires [...] il nous est indifférent de savoir si, par exemple, le nom 'Odyssée' possède une référence (ou comme on a l'habitude de le dire: si Odyssée est un personnage historique), cela ne nous importe pas si notre seule intention est de prendre plaisir à la fiction. »[160]

---

[159] *Ibid.,*. p.154.
[160] Frege, 1976, p.235.

Mais il arrive parfois que Frege décrive un peu différemment la présente situation. Le comédien (le poète, le récitant) peut très bien ne pas chercher à désigner quelque chose en énonçant « *Fa* » et dans cette mesure il peut lui être tout à fait indifférent de savoir si les expressions « *F* » et « *a* » qu'il utilise ont une référence. Mais si elles ont une référence alors il désigne bien quelque chose *nolens volens*. Dans ce cas, en énonçant « *Fa* » le comédien ne se rapporte peut-être pas à l'objet *a* et au concept *F* mais les mots « *F* » et « *a* » qu'il a choisis le font. S'il devait arriver en outre que l'objet *a* tombe sous le concept *F* alors « *Fa* » exprimerait même une vérité[161]. Les deux descriptions convergent cependant sur un point. En aucun cas le comédien n'*asserte* que *Fa* car les assertions simulées sont tout aussi peu des assertions que les jugements simulés d'un tribunal sont des jugements pourvus d'une efficace juridique. Frege considère que l'énonciation sur scène d'une phrase assertorique se distingue au moins en cela de son utilisation standard. En effet, en règle générale, l'énonciation d'une phrase assertorique sert à poser une assertion – à moins de circonstances particulières.

Il y a des cas célèbres dans l'histoire des sciences où des noms propres ont été introduits sans succès pour désigner un objet. Il suffit de penser à la thèse qui voulait qu'une planète appelée « Vulcain » existât à l'intérieur de l'orbite de Mercure. Dans son article « La Pensée » (Der Gedanke, 1918-19) Frege affirme que en introduisant ce nom propre (Vulcain) les scientifiques de l'époque se sont « égaré[s], sans le savoir et sans le vouloir, dans le domaine de la fiction. »[162] Frege considère que pour qu'une phrase exprime une vérité (ou une fausseté) il faut nécessairement que tous les noms propres qui s'y trouvent utilisés désignent quelque chose. Étant donné que la contribution sémantique d'un nom propre à la détermination de la valeur de vérité consiste dans le fait de désigner un objet, un pseudo-nom propre est une roue tournant à vide dans l'engrenage sémantique. Dans les phrases vraies ou fausses tous les noms propres se rapportent avec succès à des objets. À l'inverse, si un nom propre ne se rapporte pas à un objet alors toute phrase dans laquelle il intervient est sans valeur de vérité. Celle-ci n'est ni vraie ni fausse. Dans la mesure où la valeur de vérité est la référence d'une phrase, on

---

[161] Voir par exemple: Frege, 1983 [1994]. p.228.
[162] Frege, 1994, p.183.

a seulement là une occurrence particulière du principe de compositionnalité de la référence. De façon générale, « la référence se révèle partout être ce qu'il y a d'essentiel pour la science ». C'est d'abord vrai pour la science de l'être-vrai, la logique: un « nom propre qui ne désigne rien n'a aucune justification en logique car en logique il s'agit de vérité au sens le plus strict du terme »[163]. Nous devons donc « considérer la référence des termes comme ce qui est essentiel pour la logique » et nous rendre compte que « les lois logiques sont d'abord des lois dans le royaume des références »[164]. Il s'ensuit qu'un déficit sémantique rend inutilisable une preuve et que « toute sa force de preuve en dépend [dépend du fait que les désignations qui s'y trouvent utilisées aient une référence] »[165]. Une phrase avec (au moins) un nom propre vide ne peut constituer ni la prémisse ni la conclusion d'un argument valide car « une phrase dans laquelle se présente un nom propre dépourvu de référence […] se trouve […] à l'extérieur du domaine sur lequel s'appliquent les lois logiques. »[166] Les lois logiques ne s'appliquent d'aucune manière aux phrases sémantiquement défectueuses. C'est la raison pour laquelle la phrase « Vulcain est la planète la plus proche du soleil ou elle n'est pas la planète la plus proche du soleil » ne tombe pas non plus sous la loi du tiers exclu. Elle n'exprime aucune vérité logique pour cette raison qu'elle n'exprime absolument aucune vérité.

Jusqu'à présent il a seulement été question du fait que les phrases dans lesquelles se présentent des noms propres sans référence sont elles-mêmes dépourvues de référence. Il en va naturellement de même des expressions de fonction en général et des termes conceptuels en particulier: tout « nom de fonction doit nécessairement avoir une référence »[167]. Il n'en demeure pas moins que, d'un point de vue logique, les concepts sous lesquels aucun objet ne tombe, et qui en ce sens sont vides, sont parfaitement admis. L'exemple

---

[163] "Kritische Beleuchtung einiger Punkte in E. Schröders Vorlesungen über die Algebra der Logik" ["Éclaircissement Critique sur quelques points à propos les Leçons de E. Schröder touchant à l'Algèbre de la Logique"]. Dans Patzig, 1966, p.453.

[164] Frege, 1994, p.145.

[165] *Ibid.,* p.146.

[166] *Ibid.,* p.213.

[167] Frege, 1962, T. II, Paragraphe 65.

« Il n'y a aucune lune de Vénus » nous a permis de voir que l'on peut très bien dire quelque chose de vrai à propos d'un concept, quand bien même celui-ci serait vide. Pour cette même raison un concept contradictoire tel que *cercle carré* ne présente aucun danger et il doit donc être reconnu comme un terme conceptuel pourvu d'une référence. Ne sont irrecevables d'un point de vue logico-sémantique que les concepts *vagues* à propos desquels il y a au moins un objet dont la subsomption est indéterminée:

> « Le concept doit être précisément délimité. On peut bien vouloir se représenter les concepts rapportés à leur extension comme des clôtures sur une plaine, il n'en demeure pas moins qu'il s'agit là d'une métaphore à n'utiliser qu'avec précaution. À un concept non précisément délimité correspondrait une clôture dont le tracé manquerait parfois de précision et qui parfois viendrait à s'estomper complètement. Au sens strict, il ne s'agirait pas du tout d'une clôture; et c'est ainsi que l'on appelle à tort concept un concept imprécis. La logique ne peut reconnaître comme concepts de telles images d'allure conceptuelle; il est impossible d'établir pour ces images des lois exactes. À vrai dire, la loi du tiers exclu n'est, sous une autre forme, que l'exigence pour tout concept d'être précisément délimité. Un objet quelconque ou bien tombe sous le concept ou bien ne tombe pas sous lui: *tertium non datur.* »[168]

L'exigence que les concepts soient précisément délimités est ce que les lois logiques présupposent pour pouvoir être appliquées, en particulier le principe du tiers exclu. Ainsi, il est clair que des concepts notoirement vagues comme *tas* ou *chauve* sont tout aussi peu pour Frege de véritables concepts que les animaux en peluche, de véritables animaux. Pour reprendre une formule de Frege, ils peuvent au mieux avoir la valeur de « images d'allure conceptuelle ». D'un point de vue sémantique, le caractère vague est aux concepts ce que l'absence d'un objet de référence est aux noms propres. Il s'ensuit, en vertu du principe de compositionnalité de la référence, que toutes les phrases dans lesquelles se présentent des désignations pour des concepts vagues n'ont aucune valeur de vérité. À l'inverse, tout concept admissible d'un point de vue logico-sémantique (il en va de même pour les

---

[168] *Ibid.,* Paragraphe 56; voir *Écrits Posthumes*, pp.212-213.

fonctions en général) doit nécessairement avoir une valeur pour n'importe quel argument, quand bien même nous ne serions pas en mesure de découvrir cette valeur dans tous les cas.

On ne va pas s'étendre plus à propos de la notion de référence chez Frege. On retient pour notre travail son caractère principalement causal qu'exige l'emplacement des objets dans l'espace et le temps, mais que n'exclu pas d'autres types de choses que Frege appelle objectifs. Il s'agit, en effet, des nombres en tant que des objets indépendants. Pour Frege les nombres, même l'axe de la Terre, le centre de gravité du système solaire ou l'équateur sont objectifs, bien qu'ils n'exercent aucun effet causal sur nos sens. Leur inefficacité causale ne prouve pas qu'il s'agisse de créations subjectives de notre esprit. Elle montre seulement que ces choses n'appartiennent pas aux éléments constitutifs du monde causal ou, comme le dit Frege, du monde "effectif":

« Je distingue l'objectif du tangible, du spatial, de l'effectif. L'axe de la Terre, le centre de gravité du système solaire sont objectifs, mais je ne voudrais pas les appeler effectifs comme la Terre elle-même. On appelle souvent l'équateur une ligne de la pensée; mais il serait faux de l'appeler une ligne inventée; l'équateur n'est pas né de notre pensée, il n'est pas le résultat d'un processus psychique mais il ne peut être connu, saisi, que par la pensée. Si être connu c'était être créé, nous ne pourrions rien déclarer de positif en rapport à un temps antérieur à cette prétendue création."[169]

Donc, les nombres, tel que d'autres choses qui peuplent notre monde, ont un caractère objectif que les éloigne de tous les inventions subjectives entre lesquelles se trouvent les fictions, qui sont des créations de l'être humaine au-delà, pour Frege, de tout possible connaissance : « nous devons concevoir l'activité de connaître comme une activité qui ne produit pas le connu mais qui saisit ce qui existe déjà. »[170]

---

[169] Frege, 1884 [1969]. pp.153-154.
[170] *Ibid.,* t. I, p.XXIV.

Pour finir il faut noter que Frege, pour tenir compte sémantiquement des expressions « vides » comme l'exemple que lui-même donne : « le cheval ailé », on peut stipuler conventionnellement comme dénotation le numéro 0[171]. Ainsi, lorsque la référence du composant qui occupe la place de l'objet dans une phrase est l'entité nulle, la phrase sera fausse et ainsi avec toutes les phrases qui contiennent ce type d'expressions.

2.3 La barbe de Platon

La perspective de Frege ne concerne donc pas directement les fictions. En effet, dans la sémantique que Frege a élaborée, le traitement des termes comme Pégase ou Don Quichotte[172], correspondent à des termes singuliers sans référence. Frege s'est plutôt intéressé à l'élaboration d'une sémantique qui écarte toute possible participation des fictions dans les argumentations logiques. Ces idées à propos du rôle qui correspond aux termes fictifs dans la logique ont énormément influencé tous les développements postérieurs. On les appellera les logiques sous l'influence de la perspective de Frege comme logiques classiques, notamment les développements de Bertrand Russell et Willard van Orman Quine.

En effet, Quine a réagi, depuis la perspective classique, contre les approches qui prétendaient accorder aussi une référence aux termes fictionnels comme Pégase ou Vulcan.

Pour Quine, un profond sens de la réalité doit rejeter l'idée selon laquelle tout ce dont on parle et on pense doit exister. Ce qui existe, existe ; ce qui n'existe pas, n'existe pas. Tous les arguments en faveur de la démonstration de l'existence d'objets derrière certains actes de discours doivent être fallacieux. Quine se réfère principalement au problème qui suscite l'analyse sémantique des énoncés d'existence négative. Comme on a signalé déjà dans l'introduction, il paraît impossible de nier l'existence de n'importe quoi sans s'engager ontologiquement avec la même chose. Autrement dit, s'il est vrai que « Don Quichotte n'existe pas » c'est parce

---

[171] Frege, 1892 [1971]. p.117.

[172] On utilisera *Quichotte* pour l'œuvre de Cervantès et Don Quichotte pour le personnage du même nom.

que –sémantiquement parlant – le terme singulier « Don Quichotte » possède une référence. Donc, l'attribution d'une valeur de vérité aux énoncés négatifs d'existence, fait penser erronément à la nécessité d'insérer dans le domaine de quantification des choses que n'existent pas. En général, on le rappelle, la procédure est la suivante : par exemple pour une phrase comme « Don Quichotte est une chevalier espagnol », (i) on établit un domaine de quantification, (ii) on cherche les références des termes « Don Quichotte » et « être un chevalier espagnol » au moyen d'une fonction d'interprétation, et (iii) si l'interprétation du terme « Don Quichotte » appartient à l'interprétation du prédicat « être une chevalier espagnol », l'énoncé sera vrai.

Les argumentations qui prétendent démontrer que les termes comme Don Quichotte doivent se référer nécessairement à un objet ou à une entité lors de leur apparition dans des énoncés vrais, trouvent leur origine – selon Quine – dans la pensée de Platon : « C'est la vieille énigme platonicienne du non-être. Le non-être doit, en un certain sens, être, car sinon qu'est-ce qu'il y a qu'il n'y a pas ? »[173]

En effet, Quine se réfère aux enjeux sur l'existence que Platon hérite de Parménide, le grand penseur grec du Vème siècle av. JC. Dans son poème *De la Nature*, il avait écrit : « on ne peut pas dire ou penser sur ce qui n'existe pas »[174]. Ce qui existe, existe ; ce qui n'existe pas, n'existe pas et on

---

[173] Quine, 2003 [1953]. p.26.

[174] L'idée de Parménide est exprimée en deux endroits : (a) Fondamentalement dans le fr. 2 (distinction des 2 voies de la recherche, celle de l'être (et de la vérité/persuasion) et celle, inexplorable, du non-être) : l' "inexplorabilité" de la seconde voie se justifie par le fait que, selon Parménide, "tu ne pourrais connaître ce qui n'est pas - car cela ne peut être fait - ni en parler" (vv. 7-8 : *oute gar an gnoîes to ge mê eon (ou gar anuston) / oute phrasais*). (b) Ensuite, elle est répétée dans le fr. 8 (prédicats de l'être), à l'intérieur d'un argument de Parménide contre le devenir (vv. 5-9) : l'être est (i.e. n'advient pas, n'est pas soumis au devenir), sinon il aurait dû provenir de quelque chose ; il n'aurait pu provenir que du non-être ; mais "je ne te permettrai pas de dire ou de penser qu'il provient du non-être (vv. 7-8 : *oud' ek mê eontos eassô / phasthai s' oude noein*), "car il n'est pas dicible ni pensable qu'il ne soit pas" (vv. 8-9 : *ou gar phaton oude noêton / estin hopôs ouk esti*). Remerciement à Yorgos Bolierakis pour les détails du texte de Parménide.

ne peut plus le penser comme non existent. La réaction de Platon on peut la trouver en différentes places de son ouvre mais principalement dans son texte *Parménide*. Il dit que ce qui n'existe pas doit exister dans un certain sens puisque nous le donnons un certain attribut.

Quine attaque cette réponse dans son article « De ce qui est » (*On what there is*), en proposant comme solution l'application du principe appelé « le rasoir d'Ockham » : « Cette doctrine embrouillée pourrait être surnommée la barbe de Platon ; historiquement, elle a fait la preuve de sa résistance en émoussant régulièrement le fil du rasoir d'Occam. »[175] On se représente intuitivement l'application de cette solution au moyen du rasage de la barbe de Platon avec le rasoir d'Ockham.

Le postulat attribué au moine franciscain anglais du XIVe siècle, Guillaume d'Ockham est le suivant : « *Entia non sunt multiplicanda praeter necessitatem* », ou « Les entités ne doivent pas être multipliées par delà ce qui est nécessaire ». L'appel à ce principe fixe la volonté de Quine de maintenir la perspective référentielle et compositionnelle de la logique classique. En quelque sorte le principe d'Ockham prend la formulation suivante chez Quine : « Être, c'est être la valeur d'une variable »[176]. C'est-à-dire, la notion d'existence en logique classique renvoie à l'utilisation des quantificateurs qui opèrent dans un domaine non vide.

Bien qu'il s'agisse à la base d'un langage formelle, on voit ici comment dans la logique classique des questions métaphysiques sont introduites via la sémantique référentielle. On peut comprendre ces questions comme des présuppositions existentielles. Voyons maintenant plus en détail quel sont les enjeux de tels présuppositions.

---

[175] Quine, op. cit. p.26.
[176] *Ibid.*, p.43.

3. Présuppositions existentielles dans la logique

Selon un point de vue standard de la logique ancienne, principalement dans la tradition d'Aristote, il n'y a pas de prédicat vide. Tout prédicat doit avoir une extension, c'est-à-dire qu'il doit toujours y avoir au moins un objet qui l'exemplifie. En effet, si la subalternation, en tant qu'inférence immédiate chez Aristote, doit se tenir, donc les prédicats qui participent dans l'argumentation ne doivent pas être vides. On se rappelle que les énoncés qui composent un syllogisme chez Aristote sont constitués par une relation entre deux prédicats. Par exemple, pour une assertion universelle affirmative on a « Tous les hommes sont mortels » pour les prédicats « hommes » et « mortels ». La lecture qui fait la logique moderne de ce type de phrases (la tradition qui commence principalement avec Frege), donc, met en évidence le no vacuité des prédicats pour que le syllogisme se tienne. En effet, pour la logique classique, l'universel affirmatif se correspond avec « pour tout individu, s'il est un homme, alors il est mortel », et lors de sa vérité on peut en déduire que « il existe au moins un individu qui est un homme et qui est mortel » est vrai aussi. Cet exemple qui s'appuie, en effet, sur le principe de subalternation, est exprimé formellement dans la logique moderne par la conditionnelle suivante[177] :

(1) $\vdash \forall x\,(Ax \rightarrow Bx) \rightarrow \exists x\,(Ax \wedge Bx)$ (subalternation)

Néanmoins, ce que montre précisément la formulation moderne de la logique classique, au moyen des quantificateurs, c'est que si dans un modèle donné aucun élément du domaine ne tombe dans l'extension du prédicat A, alors la formule devient fausse. Ainsi, si l'on veut préserver la subalternation, alors on ne peut pas admettre l'usage des prédicats vides. Une logique qui admet la validité de la subalternation contient une présupposition

---

[177] On notera que parmi les spécialistes, des discussions subsistent sur la question de savoir si Aristote notamment aurait réellement admis un principe de subalternation exprimé comme ici sous forme d'une conditionnelle. C'est néanmoins un principe dont la validité est clairement mise en cause par l'usage des quantificateurs dans la logiqueclassique.

existentielle à l'égard des termes généraux[178]. L'usage des quantificateurs dans la logique moderne a permis de rendre explicite cette présupposition et, pour Russell notamment, d'accepter l'usage des prédicats vides - ce qui a pour effet d'invalider (1). C'est même avec un usage subtil des prédicats vides que Russell élabore sa théorie des descriptions définies. Cette théorie permet de nier l'existence d'une entité et d'apporter une solution, reprise plus tard par Quine[179], au problème des existentielles négatives.

La solution descriptiviste répond à la question de savoir comment interpréter les expressions contenant un terme singulier vide. Le problème se pose ici si l'on admet que le langage est compris par extensionalité et par compositionalité. En effet, dans la logique classique, la signification d'une expression est donnée par sa référence (ou son extension dans le cas des prédicats). Mais alors, comment comprendre les existentielles négatives comme en (2) :

(2) Pégase n'existe pas.

Comment nier l'existence de ce qui n'existe pas ? Doit-on présupposer l'existence pour la nier ? Comment comprendre cette phrase si l'on ne présuppose pas l'existence pour la nier ? Si (2) est vraie, c'est qu'il n'y a pas d'objet réel correspondant à « Pégase ». Cependant, si (2) est vraie, c'est également que ce terme n'a pas de signification. Appliquant le principe de compositionalité, l'absence de signification de « Pégase » contamine la phrase (2) toute entière qui n'a alors pas de signification. Par conséquent, comment déterminer la vérité ou la fausseté de (2) ?

---

[178] On considère « terme général » équivalent à « prédicat ». Un prédicat est ce qui reste une fois on enlève le terme singulier d'un énoncé. Par exemple, « est un homme » de l'énoncé « Frege est un homme ». On ne suit pas autres perspectives qui considère seulement « homme » comme un prédicat et « est un » comme une variante stylistique de la copula caractéristique de la logique de termes du Moyen Age.

[179] Quine, 2003 [1953].

Russell[180] [1905] solutionne ce problème par sa théorie des descriptions définies en révélant la véritable forme logique d'une phrase comme (2). Il considère que les noms propres grammaticaux du langage naturel ne sont pas des noms propres logiques, mais des descriptions définies déguisées, abrégées. Plus précisément, une description définie est un désignateur de la forme « le x tel que φx » où x est une variable pour l'unique individu ayant la propriété φ. La propriété φ est la propriété nécessaire et suffisante que possède le candidat unique afin d'être identifié comme référent de la description définie. On formalise les descriptions définies avec l'opérateur iota « ɿ ». La description définie ainsi formée est un terme. Pour traduire « le x tel que φx » au moyen de l'opérateur iota, on note « (ɿx)(φx) », terme auquel on peut appliquer un prédicat ψ et obtenir une formule ψ(ɿxφx). La véritable forme logique d'une expression contenant un terme singulier ne sera cependant révélée qu'après avoir éliminé la description définie de façon à avoir une expression du type « il existe un unique individu ayant la propriété φ, et cet individu a la propriété ψ ».

C'est-à-dire que ψ(ɿxφx) doit être rendue par (3) :

(3) $\exists x(\forall y(\varphi y \leftrightarrow x = y) \wedge \psi x)$

où « $(\forall y(\varphi y \leftrightarrow x = y))$ » exprime la clause d'unicité de la description définie et « ψx » attribue la propriété ψ à la référence de la description définie. De la même manière, on peut affirmer « Pégase n'existe pas » sans avoir à supposer un objet dont on nierait l'existence. Soit « Pégase » une abréviation pour « le cheval ailé » notée « ɿxAx »[181] :

(4) $\neg\exists x(\forall y(Ay \leftrightarrow x = y))$

---

[180] Russell, 1905.

[181] On notera que si le choix d'une description définie aussi restrictive devait poser des problèmes, on pourrait opter pour la solution de Quine dans *From A Logical Point of View* [1953] qui consiste à remplacer un nom comme « Pégase » par la description triviale « l'unique x qui pégasise ».

(4) est effectivement vraie sans avoir à supposer qu'il y ait un individu dont on nie l'existence. Elle est vraie puisque l'expression dans la portée de la négation est fausse. Mais ici la question demeure de savoir comment on comprend l'expression dans la portée de la négation si aucun individu ne l'exemplifie ? Russell répond à cette question en montrant comment désambiguïser la portée de la négation dans un exemple comme le suivant :

(5) Le roi de France n'est pas chauve.
(6) ¬B(ιxFx)

On doit, pour révéler la forme logique de (6), éliminer la description définie. Cependant, à cause de la négation, et de la portée qu'on doit lui attribuer, (6) est ambiguë. En effet, laquelle des deux formules, en (7) ou en (8), révèle la véritable forme logique de (6) ?

(7) ¬∃x(∀y(Fy ↔ x = y) ∧ Bx)
(8) ∃x(∀y(Fy ↔ x = y) ∧ ¬Bx)

Il faut ici remarquer les différences de portée de la négation par rapport à l'occurrence de la description définie. Ainsi, la formule en (7) est vraie et n'est pas problématique. La négation a une portée large et le supposé individu qu'est le roi de France est compris de façon descriptive et non par sa référence. On dit juste qu'il n'est pas le cas qu'il existe un roi de France et qu'il est chauve. En revanche, en (8) où la négation a une portée restreinte, on affirme qu'il y a un individu qui est le roi de France dont on nie la propriété d'être chauve. Comme il n'y a pas une telle entité dont on pourrait nier la propriété d'être chauve, (8) est fausse et –selon Russell- c'est l'expression qui se correspond avec l'énoncé (5). Il faut remarquer aussi que l'expression sans nier (B(ιxFx)) est aussi fausse ce qui donne au traitement des expressions contenant des termes fictifs un aspect, à notre avis, un peu décevant.

Faisant usage de la stratégie de remplacer les noms comme Pégase pour descriptions définies (des quantificateurs et des prédicats vides), Russell apporte donc une solution aux existentielles négatives. En effet, pour une phrase comme « Pégase n'existe pas », Russell propose la suivante formulation toujours vraie : $\neg\exists x[\forall y(Cy \wedge Ay) \leftrightarrow x=y]$ (pour Pégase=cheval ailé et Cy=être un cheval et Ay=avoir des ailes). C'est une solution qui néanmoins exclut toute possibilité d'admettre la vérité des phrases qui portent sur des fictions, si ce n'est en niant leur existence. Ainsi, « Pégase a deux ailes » est fausse au même titre que « Pégase n'a pas deux ailes » ou « Pégase est noir ».

Les principaux résultats de la théorie des descriptions définies sont exposés par Russell dans son article "On Denoting" de 1905. Dans ce travail, Russell pose explicitement son refus de toute perspective qui considère des individus non réels ou non existants dans le domaine. En effet, l'objet de cette critique est principalement celle de la perspective d'Alexius Meinong[182] tel qu'elle est exposée dans la première section. D'une manière générale, Meinong s'éloigne de Russell en proposant à l'analyse logique des objets abstraits. De plus, Russell accuse différents auteurs d'appartenir au courant meinongien, entre autres, à un auteur qui fera partie du présent travail de recherche. On profite de la citation suivante de Russell, en critiquant ceux qu'il considère des meinongiens[183], pour présenter à Hugh MacColl :

« Mr. MacColl (Mind, N.S., No. 54, and again No. 55, page 401) regards individuals as of two sorts, real and unreal; hence he defines the null-class as the class consisting of all unreal individuals. This assumes that such phrases as 'the present King of France', which do not denote a real individual, do, nevertheless, denote an individual, but an unreal one. This is essentially Meinong's theory, which we have seen reason to reject because it conflicts with the law of contradiction. With our theory of denoting, we are able to hold that there are no unreal individuals; so that the null-class is the class containing no members, not the class containing as members all unreal individuals. »[184]

---

[182] Meinong, 1904b.
[183] Fontaine & Rahman, 2010.
[184] Russell, 1905.

Si la théorie des descriptions définies mène à une telle solution au sujet des assertions concernant les fictions, c'est que la logique moderne contient ce que Henry S. Leonard appelle une présupposition existentielle tacite pour les termes singuliers : « The modern logic has made explicit the logic of general existence, but it has retained a tacit presupposition of singular existence ». Ce propos de Henry S. Leonard pourrait être considéré comme un point de départ historique et théorique au développement des logiques libres. En effet, quelques auteurs on vu dans la publication *The Logic of Existence* de Leonard[185] l'acte de naissance de la logique libre[186]. Dans son travail Leonard remarque que la logique n'a jamais resté indifférente aux questions de l'existence. Leonard affirme, en effet, que certains engagements de la logique avec l'existence (engagements ontologiques) ont été dévêlés et fait explicites, mais pourtant qu'ils encore restent des engagements implicites et qu'il faut les révéler. Ces engagements de la logique avec l'existence qui sont présents dans le langage formel sous la forme de suppositions tacites, doivent être supprimés, selon Leonard, de façon à rendre la logique moderne encore plus puissante qu'elle ne l'est[187].

Leonard est conscient de l'importance énorme des suppositions tacites puisqu'elles restreignent le champ d'application de la logique comme un système formel. En effet, lorsque le champ d'application de la logique ne remplit pas les conditions ou, disons, ne s'ajuste pas aux exigences des suppositions tacites, donc, l'application est invalide et peut induire des erreurs sérieux : « The remedy is to make the presuppositions explicit. »[188] Pour donner une illustration, Leonard s'occupe des rapports entre propositions universels et particuliers, selon les différentes perspectives, principalement les perspectives de la logique traditionnelle (spécialement Aristote) et de la logique classique (Frege-Russell). Concretement Leonard pense au cadre d'opposition dans ses deux versions :

---

[185] Leonard, 1956.
[186] Lambert, 2003, p.17, note 3.
[187] Leonard, 1956, p.49.
[188] *Ibid.*, p.50.

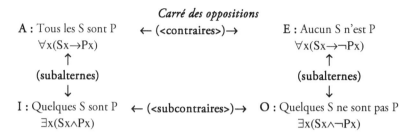

Carré des oppositions

A : Tous les S sont P $\quad\leftarrow$ (<contraires>)$\rightarrow$ $\quad$ E : Aucun S n'est P

$\forall x(Sx{\rightarrow}Px)$ $\qquad\qquad\qquad\qquad\qquad$ $\forall x(Sx{\rightarrow}\neg Px)$

$\uparrow$ $\qquad\qquad\qquad\qquad\qquad\qquad\qquad$ $\uparrow$

(subalternes) $\qquad\qquad\qquad\qquad\qquad$ (subalternes)

$\downarrow$ $\qquad\qquad\qquad\qquad\qquad\qquad\qquad$ $\downarrow$

I : Quelques S sont P $\quad\leftarrow$ (<subcontraires>)$\rightarrow$ $\quad$ O : Quelques S ne sont pas P

$\exists x(Sx{\wedge}Px)$ $\qquad\qquad\qquad\qquad\qquad\qquad$ $\exists x(Sx{\wedge}\neg Px)$

En effet, pour Leonard, la logique traditionnelle a été développée avec une supposition tacite d'existence pour les termes généraux. Un terme général c'est un terme qui est vrai d'un individu, deux individus, trois ou une classe d'individus. Une telle supposition tacite d'existence fait de la logique traditionnelle une logique engagée ontologiquement. Mais comment est-ce que se comporte une logique engagée ontologiquement ? La logique traditionnelle nous dit qu'on peut en déduire le jugement I de la vérité du jugement A : s'il est vrai que, par exemple, tous les hommes sont mortels, donc il est vrai qu'il a au moins un homme qui est mortel. C'est ce qui Leonard appel la « supposition général », c'est-à-dire, la supposition de que tous les termes généraux comme Sx et Px concernent au moins un individu. Autrement dit, pour qu'on puisse en déduire I de A, les termes Sx et Px ne doivent pas être vides. La logique traditionnelle est engagée ontologiquement en ce qui les termes généraux ne peuvent pas être vides, ils doivent concerner toujours au moins un individu.

La logique classique, remarque Leonard, a fait explicite cette supposition au moyen de l'utilisation des quantificateurs, ce qui permet au même temps d'envisager prédicats vides. Par conséquent, la déduction de I à partir de A n'est plus valide. En effet, il faut simplement considérer le premier membre des expressions comme fausse suite à sa vacuité et de la vérité de A se suit la fausseté de I.

$$\nvdash \forall x\ (Ax \rightarrow Bx) \rightarrow \exists x\ (Ax \wedge Bx)$$

Autrement dit, pour la logique classique, il n'y a pas d'engagement ontologique par rapport aux termes généraux. Au moyen des quantificateurs l'engagement ontologique s'explicite de la manière suivante : $\exists x S x$, $\exists x P x$, etc.

Cependant, il ne se passe pas la même chose par rapport aux termes singuliers. En effet, Leonard affirme qu'à la différence des termes généraux, les suppositions d'existence par rapport aux termes singuliers n'ont pas été explicitées. Autrement dit, pour Leonard, il n'y a pas d'expressions dans le langage objet qui explicitent l'engagement ontologique des termes singuliers. Pour ce faire, Leonard se sert du prédicat E suivi d'un signe d'exclamation. Ainsi, pour la phrase : « Laurent existe » (Laurent=k_1), on a « E!k_1 ». La supposition tacite, dans la logique classique, est la suivante : Tous les substituts des variables (c'est-à-dire les constantes d'individus) désignent des choses (toutes sortes d'entités) qui ont une existence singulière. Cette supposition tacite, en ce qui est des termes singuliers, est initialement présentée par Leonard, de la manière suivante : E!$x =_{Def} (\exists x)\phi x$, ce qui affirme que : dire de x qu'il existe équivaut à dire que x possède au moins une propriété[189]. Cependant, Leonard considère insuffisante cette formulation en fonction de ce qu'il appelle le caractère contingent de l'existence. En effet, l'existence n'est pas nécessairement impliquée par les prédicats, elle ne suit que de vérités contingentes dans le sens que « ϕx » peut être vraie, mais il pourrait tout aussi bien être le cas que « $\neg\phi x$ » soit vraie. Ainsi, au lieu de dire que x existe, si et seulement s'il y a une propriété ϕ telle que « ϕx » est vraie, il vaut mieux dire : x existe si et seulement s'il y a une propriété ϕ telle que ϕx est vraie de manière contingente. Pour une telle formulation, Leonard fait recours à la logique modale et exprime la supposition tacite pour les termes singuliers ainsi : E!$x =_{Def} (\exists x)(\phi x \wedge \Diamond\neg\phi x)$ où il interprète l'operateur modal comme indiquant « libre d'auto-contradiction ». Le recours à l'opérateur modal permet à Leonard de penser l'existence comme un prédicat qui ne dérive pas de propriétés essentielles mais contingentes. Dans une sémantique des mondes possibles, la formulation exprime le fait que : lorsque x existe, x possède au moins une propriété et il est possible de penser à un monde (ou contexte) où l'existant x ne posséderait pas ladite propriété.

---

[189] *Ibid.*, p.56.

Spécification et Particularisation

On a vu que, bien que la logique classique (Frege-Russell) ait explicitement remis en question la subalternation et la présupposition existentielle tacite à l'égard des termes généraux, elle conserve néanmoins une présupposition existentielle à l'égard des termes singuliers. La logique classique admet ainsi la validité des deux principes suivants :

(9) $\forall x\phi \rightarrow \phi[x/k_i]$ (Spécification)

(10) $\phi[x/k_i] \rightarrow \exists x\phi$ (Particularisation)

Intuitivement, la spécification dit que si tous les individus du domaine ont la propriété contenue dans ϕ, alors l'individu k_i a la propriété contenue dans ϕ. La particularisation dit que si k_i a la propriété contenue dans ϕ, alors il existe un individu (existant) du domaine qui a la propriété contenue dans ϕ. Toute logique vérifiant ces deux principes : Spécification et Particularisation, sont des logiques ontologiquement chargées. En effet, les quantificateurs – tels qu'ils apparaissent dans ces deux principes de la logique classique – portent uniquement sur tous les individus du domaine d'interprétation. Dans ce sens, une phrase du type « Laurent est intelligent », exige que l'individu *Laurent* soit dans la portée du quantificateur existentiel, c'est-à-dire, exige que l'individu signalé par le nom « Laurent » existe comme les autres membres du domaine sans exception. D'où le fait qu'on ne puisse pas inclure dans le domaine des choses qui n'existent pas. Il en va de même pour la Spécification[190]. Lorsqu'il est vrai que tous les individus du domaine tombent sous (ou possèdent) la propriété ϕ : $(\forall x\phi x)$, il doit nécessairement y avoir un individu existant – dans la portée du quantificateur – qui possède la propriété ϕ.

Les règles que donne R. Smullyan [1968] pour la construction des tableaux de logique de premier ordre reflètent cette présupposition existentielle tacite. Smullyan exprime ses règles au moyen de formules signées, T pour les formules vraies, F pour les fausses et donne les règles reprises dans le cadre ci-dessous :

---

[190] Lambert, 2003, p.21.

Règles de type δ k_i est nouvelle		Règles de type γ k_i est quelconque	
T $\exists x\phi$	F $\forall x\phi$	T $\forall x\phi$	F $\exists x\phi$
—	—	—	—
T $\phi[x/k_i]$	F $\phi[x/k_i]$	T $\phi[x/k_i]$	F $\phi[x/k_i]$

Cadre 1

On peut aisément vérifier, par un tableau, que ces règles valident (9) et (10). Ci-dessous, la preuve pour (10) :

1.   F $\phi[x/k_1] \rightarrow \exists x\phi$
2.   T $\phi[x/k_1]$
3.   F $\exists x\phi$
4.   F $\phi[x/k_1]$
      $\sqrt{}$

Le tableau est terminé et clos ($\sqrt{}$) et le principe de particularisation est validé. Cela met en évidence la présupposition existentielle à l'égard des termes singuliers de la logique moderne. Pourtant, si l'on veut admettre la pertinence d'un raisonnement sur des fictions, et considérer des contextes dans lesquels des énoncés portant sur des fictions soient vrais, on doit remettre en question ces présuppositions. Outre le rejet de la subalternation telle qu'elle a été exprimée en (1), on cherchera donc dans un premier temps à rejeter les principes de particularisation et de spécification.

4. Logiques libres : existence explicite

Dans la littérature, on traite habituellement la logique de l'existence et de la fiction dans le contexte des logiques libres. L'expression « logique libre » a été utilisée pour la première fois par Karel Lambert en 1960. L'étiquette « logique libre », affirme Lambert, est une contraction pour logique libre d'engagement ontologique à l'égard des termes singuliers, mais dont les quantificateurs sont interprétés exactement comme dans la logique classique de premier ordre.[191] Une logique que tient compte des termes singuliers que dans certaines circonstances ne dénotent pas d'objets existants, donc, c'est une logique dont les expressions suivantes, affirme Lambert, ne peuvent pas être valides : spécification et particularisation. Et pour une logique avec identité le principe suivante $\exists x(x=a)$. La non validité de cette dernière expression dans les logiques dont a peut dénoter des non existants ou dénoter absolument rien, fait d'elle une bonne candidate pour la définition d'existence. En effet, Jaakko Hintikka[192] propose la définition suivante pour le prédicat d'existence E!(a) :

$$E!(a) =_{\text{def}} \exists x(x = a)$$

En effet, ce dernière expression, qui est inacceptable dans la logique classique, gagne son importance dans la logique libre à partir des cas dont a ne possède pas d'engagement ontologique tel le cas de a= le planète Vulcan.

Karel Lambert, en distingue trois types relativement à la façon dont elles traitent les propositions atomiques contenant un terme singulier vide (ou dénotant un individu non-existant) : les logiques libres négative, positive et neutre.

4.1 Logique libre négative

S'inspirant directement des conséquences de la théorie des descriptions définies, on peut considérer que les termes singuliers tels que « Pégase » - entre autres – sont vides, qu'ils n'ont pas du tout de référence. C'est le point de vue adopté dans le contexte des logiques libres négatives. Dans ces logiques, tous les énoncés atomiques contenant un terme singulier vide sont faux. Ainsi, les phrases « Pégase est blanc » ou « Pégase est Pégase » sont fausses puisqu'elles contiennent un terme singulier qui ne dénote rien. Les développements qui suivent montrent toutefois des différences entre la logique libre négative et la logique classique, concernant l'usage des termes singuliers ou l'interprétation de l'identité notamment.

---

[191] Lambert, 1997, p.35.
[192] Hintikka, 1966.

D'un point de vue syntaxique, on conserve le vocabulaire pour la logique de premier ordre auquel on ajoute le prédicat d'existence introduite par Hintikka et noté E! ainsi que l'identité[193]. Ensuite, afin de donner la sémantique pour la logique libre négative, on définit un modèle. Un modèle M pour la logique libre négative est un tuple <D,I> où D est le domaine du discours et I la fonction d'interprétation. La fonction d'interprétation est partielle, c'est-à-dire que pour certains termes singuliers elle n'est pas définie – en l'occurrence les *termes singuliers vides*. On définit la fonction d'interprétation pour un modèle M de la logique libre négative comme suit :

(i) Pour tout terme singulier k_i, soit $I(k_i)$ est un membre de D, soit $I(k_i)$ n'est pas définie.

(ii) Pour tout prédicat à n places P, $I(P)$ est un ensemble de n-tuples de membres de D.

(iii) Tout membre de D a un nom dans L.

On peut maintenant donner la définition de la vérité, une fonction de valuation sur le modèle M pour une formule ϕ de L, $V_M(\phi)$ étant définie comme suit :

(iv) $V_M(Pk_1,\ldots,k_n) = 1$ Ssi.[194] $I(k_1)$, …, $I(k_n)$ sont définis et que $<I(k_1), \ldots, I(k_n)> \in I(P)$.

(v) $V_M(k_i = k_j) = 1$ Ssi. $I(k_i)$ et $I(k_j)$ sont définis et que $I(k_i)$ est le même que $I(k_j)$.

(vi) $V_M(E!k_i) = 1$ Ssi. $I(k_i)$ est définie.

(vii) $V_M(\neg\phi) = 1$ Ssi. $V_M(\phi) = 0$.

(viii) $V_M(\phi \wedge \psi) = 1$ Ssi. $V_M(\phi) = 1$ et $V_M(\psi) = 1$.

---

[193] Bien qu'on prenne ici le parti de présenter les logiques libres avec identité et prédicat d'existence, Lambert [1997, p.41] précise qu'une logique libre n'est pas nécessairement une logique avec prédicat d'existence : « *despite the formulation of free logic reflected in PFL* [Positive Free Logic, NDA]*, you must not think that a free logic cannot be formulated without existence – and, for that matter, without identity. The symbole for existence is introduced into the system of PFL to help differenciate in the most perspicuous way between classical predicate logic and free logics* ».

[194] Si et seulement si.

(ix) $V_M(\phi \vee \psi) = 1$ Ssi. $V_M(\phi) = 1$ ou $V_M(\psi) = 1$.

(x) $V_M(\phi \rightarrow \psi) = 1$ Ssi. $V_M(\phi) = 0$ ou $V_M(\psi) = 1$.

(xi) $V_M(\forall x \phi) = 1$ Ssi. $V_M(\phi[x/k_i]) = 1$ pour tout terme singulier k_i tel que $I(k_i)$ est définie.

(xii) $V_M(\exists x \phi) = 1$ Ssi. $V_M(\phi[x/k_i]) = 1$ pour au moins un terme singulier k_i tel que $I(k_i)$ est définie.

Ainsi, si elles contiennent au moins un terme singulier vide, des formules comme :

(xiii) $k_1 = k_1$

(xiv) $k_1 = k_2$

(xv) Pk_1

seront fausses. En effet, par application des clauses (i) et (ii) ci-dessus, (xiii) et (xv) ne peuvent être vraies que si $I(k_1)$ est définie et (xiv) ne peut être vraie que si $I(k_1)$ et $I(k_2)$ sont définies. Seule la négation des formules atomiques contenant un terme singulier vide peut être vraie. Plus précisément, ce que dit la clause (ii), c'est que l'identité est ici traité comme un prédicat binaire ordinaire.

4.2 Logique libre positive

Une autre façon d'aborder la logique libre consiste à admettre les énoncés d'identité de la forme « $k_i = k_i$ » comme des vérités analytiques y compris lorsque k_i est un terme singulier fictionnel. En effet, si dans la logique libre négative un énoncé de la forme « Pégase est Pégase », on a affaire à un énoncé synthétique qui ne peut être vrai que si Pégase existe, dans la logique libre positive on considère qu'il s'agit d'un énoncé analytique dont la vérité est indépendante de l'existence de Pégase.

D'un point de vue formel, le langage et la définition des formules d'une logique libre positive sont les mêmes que pour la logique libre négative. La différence entre les logiques libres négative et positive est essentiellement sémantique. En effet, si l'on veut admettre que les identités de la forme « $k_i = k_i$ » sont vraies même dans le cas des noms fictionnels, alors on doit considérer que ces noms ne sont pas vides, mais qu'ils doivent avoir une référence même non-existante. Cependant, admettre l'identité des entités fictionnelles et la vérité de certains énoncés à leur sujet est une chose, mais expliquer où ces termes singuliers prennent leur valeur en est une autre. D'un point de vue philosophique, la logique libre positive et son domaine d'entités non-existantes sont souvent expliqués en termes d'ontologie meinongienne (voir chapitre réalistes). C'est pourquoi le modèle pour la logique libre positive nécessite quelques ajustements.

Pour ce faire, on introduit généralement, aux côtés du domaine habituel de la quantification – qu'on appellera désormais *domaine interne* - ce qu'on appelle un *domaine externe*[195], un domaine des entités non-existantes où les termes singuliers fictionnels comme Pégase prennent leur valeur.

Un modèle pour la logique libre positive est donc une séquence $<D_I, D_O, I>$ où D_I tient pour le domaine interne, D_O pour le domaine externe et I la fonction d'interprétation. Succinctement, D_I peut être considéré comme le domaine (interne) qui contient les entités existantes, D_O le domaine (externe) des entités non-existantes. Les quantificateurs habituels, interprétés de façon actualiste, ne portent que sur D_I. Les termes singuliers peuvent prendre leur valeur dans D_I ou D_O. Les prédicats sont quant à eux définis sur les deux domaines. On pourrait également définir des quantificateurs possibilistes ou meinongiens, notés par exemple $\wedge$ et Σ, et qui porteraient sur les deux domaines. Dans la partie suivante on donnera plus de détails.

L'interprétation I quant à elle est une fonction définie sur $D_I \cup D_O$ comme suit :
(i)   Pour tout terme singulier k_i, $I(k_i)$ est un membre de $D_I \cup D_O$.
(ii)   Pour tout prédicat à n places P, $I(P)$ est un ensemble de n-tuples de membres de $D_I \cup D_O$.
(iii)   Tout membre de $D_I \cup D_O$ a un nom dans L.

---

[195] Dans la littérature anglophone, comme dans Lambert [1997], on trouve habituellement les termes anglais de *innerdomain* et de *outerdomain*, dont les domaines interne et externe, sont une traduction directe.

Les quantificateurs ne portent que sur D_I. Les termes singuliers qui tiennent pour des entités non-existantes prennent ainsi leur valeur dans D_O. Les prédicats sont définis sur l'union des deux domaines. Par conséquent, des entités non-existantes peuvent faire partie de l'extension d'un prédicat.

On définit maintenant la valuation $V_M(A)$ sur un modèle M comme suit :

(i) $V_M(Pk_1,\ldots,k_n) = 1$ Ssi. $<I(k_1), \ldots, I(k_n)> \in I(P)$.

(ii) $V_M(k_i = k_j) = 1$ Ssi. $I(k_i)$ est le même que $I(k_j)$.

(iii) $V_M(E!k_i) = 1$ Ssi. $I(k_j) \in D_I$.

(iv) $V_M(\neg\phi) = 1$ Ssi. $V_M(\phi) = 0$.

(v) $V_M(\phi \wedge \psi) = 1$ Ssi. $V_M(\phi) = 1$ et $V_M(\psi) = 1$.

(vi) $V_M(\phi \vee \psi) = 1$ Ssi. $V_M(\phi) = 1$ ou $V_M(\psi) = 1$.

(vii) $V_M(\phi \rightarrow \psi) = 1$ Ssi. $V_M(\phi) = 0$ ou $V_M(\psi) = 1$.

(viii) $V_M(\forall x\phi) = 1$ Ssi. $V_M(\phi[x/k_i]) = 1$ pour tout terme singulier k_i tel que $I(k_i) \in D_I$.

(ix) $V_M(\exists x\phi) = 1$ Ssi. $V_M(\phi[x/k_i]) = 1$ pour au moins un terme singulier k_i tel que $I(k_i) \in D_I$.

Une conséquence immédiate de ces sémantiques, qu'il s'agisse de la logique libre négative ou positive, est l'invalidation des principes de spécification et de particularisation (cf. (9)-(10)). Sémantiquement, cela s'explique par le fait que la portée des quantificateurs est restreinte au domaine interne, tandis que les prédicats et les constantes individuelles prennent leurs valeurs sur les deux domaines. Ainsi, en ce qui concerne la spécification, il se pourrait que toutes les entités du domaine interne vérifient $\forall x\phi$, mais que l'entité désignée par k_1 appartienne en fait au domaine externe et ne satisfasse pas ϕ - infirmant ainsi $\phi[x/k_1]$. Inversement, si k_1 prend sa valeur dans le domaine externe, alors le fait que k_1 satisfasse ϕ n'implique pas qu'une entité du domaine interne ait cette propriété, ce qui invalide la particularisation.

4.3 Tableaux

La logique libre négative et la logique libre positive se différencient essentiellement sur base de considérations sémantiques, concernant l'interprétation des termes singuliers fictionnels et le signe d'identité notamment. Pour la logique libre positive, l'identité est un axiome tout court. Par contre, dans la logique libre négative, on doit s'assurer que la constante concernée dans l'identité désigne un individu existant. Une conséquence remarquable de la différence entre ces deux logiques libres est que pour la positive l'identité est un axiome et est donc analytique. En revanche, pour la logique libre négative, l'identité est synthétique. Néanmoins, du point de vue de la validité et de la théorie de la preuve, les règles pour la construction des tableaux sont les mêmes pour ce qui est de l'interprétation des quantificateurs. Ces règles sont toutefois différentes de celles qu'on a pour la logique classique et nécessitent quelques ajustements de façon à se conformer à la sémantique des logiques libres.

Tout d'abord, on doit affaiblir les règles de types γ (Cadre 1) de façon à ce que seules les constantes individuelles qui tiennent pour un individu existant ne puissent être utilisées pour instancier des quantificateurs. En effet, on doit s'assurer que la constante utilisée pour l'interprétation du quantificateur désigne un individu existant.

Les règles de type δ doivent quant à elles être renforcées. En effet, si $\exists x \phi$ est vraie, alors il y a un individu existant qui satisfait ϕ. Si $\forall x \phi$ est fausse, alors y a un individu existant qui ne satisfait pas ϕ. Cela nous donne les règles suivantes pour la construction d'un tableau en logique libre positive et en logique libre négative :

Règles de type δ ki est nouvelle		Règles de type γ ki est quelconque	
T $\exists x\phi$	F $\forall x\phi$	T $\forall x\phi$ T E!k_i	F $\exists x\phi$ T Ek_i
___ T Ek_i T $\phi[x/k_i]$	___ T E!k_i F $\phi[x/k_i]$	___ T $\phi[x/k_i]$	___ F $\phi[x/k_i]$

Cadre 2

Ces règles ont pour effet immédiat de bloquer les preuves pour la spécification et pour la particularisation.

$$\forall x\phi \rightarrow \phi[x/k_1] \qquad \text{(Spécification)}$$
$$\phi[x/k_1] \rightarrow \exists x\phi \qquad \text{(Particularisation)}$$

Preuve de (i) : Preuve de (ii) :

F $\forall x\phi \rightarrow \phi[x/k_1]$ F $\phi[x/k_i] \rightarrow \exists x\phi$
1. T $\forall x\phi$ 1. T $\phi[x/k_i]$
2. F $\phi[x/k_1]$ 2. F $\exists x\phi$
X X

Néanmoins, elles valident les versions restreintes – ou adaptées à la logique libre – de ces deux principes formulés en (i) et (ii) :

$$(\forall x\phi \wedge E!k_1) \rightarrow \phi[x/k_1] \qquad \text{(Spécification}_{LL}\text{) (i)}$$
$$(\phi[x/k_1] \wedge E!k_1) \rightarrow \exists x\phi \qquad \text{(Particularisation}_{LL}\text{) (ii)}$$

Preuve de (i) :   Preuve de (ii) :

$F (\forall x \phi \wedge E!k_1) \rightarrow \phi[x/k_1]$ $F ((\phi[x/k_i] \wedge E!k_1) \rightarrow \exists x \phi)$

1- $T (\forall x \phi \wedge E!k_1)$ 1. $T (\phi[x/k_i] \wedge E!k_1)$

2- $F \phi[x/k_1]$ 2. $F \exists x \phi$

3- $T \forall x \phi$ 3. $T \phi[x/k_i]$

5- $T E!k_1$ 4. $T E!k_1$

6- $T \phi[x/k_1]$ 5. $F \phi[x/k_i]$

$\sqrt{}$ $\sqrt{}$

Dans d'autres auteurs nous trouvons tableaux similaires :

Version de Greg Restall[196]

$\exists x \Phi$	$\forall x \Phi$	$\neg \exists x \Phi$	$\neg \forall x \Phi$
-	-	-	-
-	-	-	-
$E! k_1$	↙ ↘	↙ ↘	$E! k_1$
$\Phi[x/k_1]$	$\neg E! k_1$ $\quad$ $\Phi[x/k_1]$	$\neg E! k_1$ $\quad$ $\neg \Phi[x/k_1]$	$\neg \Phi[x/k_1]$
k_1 est nouvelle	Pour k_1 quelconque	Pour k_1 quelconque	k_1 est nouvelle
	[Il y a que deux possibilités, soit k1 n'existe pas, soit il existe et je peux l'instancier]		

Cadre 3

Alors, si on affirme $\exists x \Phi$, alors il y a un individu existant qui satisfait Φ. Si on affirme $\neg \forall x \Phi$, alors il y a au moins un individu existant qui ne satisfait pas Φ. Si on affirme $\forall x \Phi$, alors, quelque soit k_1 il satisfait ϕ, soit k_1 n'existe pas. Lorsqu'on affirme $\neg \exists x \Phi$, donc, soit k_1 n'existe pas, soit k_1 ne satisfait pas Φ.

---

[196] Restall, 2006, p.198.

Particularisation : $\Phi[x/k_1] \rightarrow \exists x\Phi$
$$\neg(\Phi[x/k_1] \rightarrow \exists x\Phi)$$
$$\Phi[x/k_1]$$
$$\neg\exists x\Phi$$

↙ ↘

$\neg E!k_1$ $\neg\Phi[x/k_1]$

X   √

Spécification : $\forall x\Phi \rightarrow \Phi[x/k_1]$
$$\neg(\forall x\Phi \rightarrow \Phi[x/k_1])$$
$$\forall x\Phi$$
$$\neg\Phi[x/k_1]$$

↙ ↘

$\neg E!k_1$ $\Phi[x/k_1]$

X   √

Pour les versions restreintes :

Particularisation : $(\Phi[x/k_1] \wedge E!k_1) \rightarrow \exists x\Phi$
$$\neg((\Phi[x/k_1] \wedge E!k_1) \rightarrow \exists x\Phi)$$
$$(\Phi[x/k_1] \wedge E!k_1)$$
$$\neg\exists x\Phi$$
$$\Phi[x/k_1]$$
$$E!k_1$$

↙ ↘

$\neg E!k_1$ $\neg\Phi[x/k_1]$

√   √

Spécification : $(\forall x\phi \wedge E!k_1) \rightarrow \phi[x/k_1]$
$$\neg((\forall x\Phi \wedge E!k_1) \rightarrow \Phi[x/k_1])$$
$$(\forall x\Phi \wedge E!k_1)$$
$$\neg\Phi[x/k_1]$$
$$\forall x\Phi$$
$$E!k_1$$

↙ ↘

$\neg E!k_1$ $\Phi[x/k_1]$

√   √

Version de David Bostok[197] :

---

[197] Bostock, 1997, p.360.

$\forall x\Phi$	$\neg\forall x\Phi$	$\exists x\Phi$	$\neg\exists x\Phi$
E! k_1	-	-	E! k_1
-	-	-	-
-	-	-	-
-	E! k_1	E! k_1	-
$\Phi[x/k_1]$	$\neg\Phi[x/k_1]$	$\Phi[x/k_1]$	$\neg\Phi[x/k_1]$
	Pour k_1 quelconque	Pour k_1 quelconque	
La formule E!k_1 figure pour affaiblir la règle.			La formule E!k_1 figure pour affaiblir la règle.

Cadre 4

A partir de ce cadre les preuves de particularisation et spécification et les versions restreintes sont similaires aux preuves à partir du cadre 2.

Ces deux façons d'aborder la logique libre (positive et négative), ont l'avantage de rendre explicite l'existence dans le langage objet et ainsi de remettre en cause certains principes de la logique classique qui s'appuyaient sur des présuppositions existentielles implicites. Ainsi, en faisant usage du prédicat « E! » qui rend explicite l'existence dans le langage objet, on peut aborder les présuppositions existentielles au niveau des assertions elles-mêmes et donner des règles pour la construction de tableaux en logique libre. Néanmoins, et c'est là le cœur des critiques que l'on adresse à ce type de logique, c'est qu'on en reste à une approche dans laquelle les présuppositions existentielles sont comprises dans le contexte de relations entre des assertions qui sont le résultat de ces mêmes présuppositions. Cela engage dans une conception de l'existence comme une propriété d'un certain type et expose la logique libre aux objections traditionnellement adressées à l'usage du prédicat d'existence. Avant d'aller plus loin sur ce point, on va préalablement explorer une autre façon d'aborder la logique libre, à savoir dans le contexte de la logique libre neutre.

4.4 Termes singuliers, prédicats vides et principe de généralisation existentiel.

Avant d'aborder la perspective neutre de la logique libre, on voudrait faire une dernière remarque à propos des prédicats vides et des termes fictionnels singuliers en rapport au principe de généralisation existentielle (**GE** dorénavant). Comme on a déjà mentionné dans l'introduction, le **GE** présente des problèmes au moment d'analyser logiquement le discours fictionnel. Mais dans les récits de fiction participent aussi bien des prédicats que des termes singuliers vides. Notre remarque concerne le fait que, à plusieurs reprises les exemples utilisés pour montrer que des énoncés qui ne suivent pas le **GE** ne laissent pas voir la différence. Un prédicat vide est un attribut qui pour différents raisons ne peux pas être applicable à aucun individu existant (exemple : « cheval ailé »). De même pour les termes singuliers vides, ils ne dénotent aucun objet existant (exemple : « Pegasus »). Néanmoins, un exemple très utilisé dans la littérature scientifique comme « Pegasus est un cheval ailé », pour montrer comment le **GE** présuppose toujours que les termes singuliers dénotent quelque chose qui existe, cet exemple cache la véritable nature du problème.

En effet, dans la logique classique, le **GE** : $Pa \rightarrow \exists xPx$, présuppose implicitement que l'objet dénoté par a existe. Cette dernière présupposition est formulée par certains auteurs comme le principe de prédication **PP** : $Pa \rightarrow \exists x(x=a)$.

Lorsque l'analyse logique est centrée dans le discours fictionnel, les fictions – à l'égard du **GE** – sont représentées par des termes singuliers. A partir d'un énoncé comme Pa = « Pegasus est un cheval » (où « Pegasus » occupe la place du terme singulier a dans Pa), la conclusion – d'accord au **GE** – sera : Il existe au moins une chose qui est un cheval ($\exists xPx$). Mais le problème à remarquer avec les termes singuliers vides est clairement exprimé par le **PP** qu'exige qu'il existe une chose identique à Pegasus. En effet, dans un exemple comme « Pegasus est un cheval », il n'y a rien de problématique dans l'affirmation qui suit (selon **GE**) qu'ils existent des chevaux. Le problème émerge du **PP**, c'est-à-dire, l'exigence que Pegasus existe ($\exists x(x=\text{Pegasus})$).

Cependant, à notre avis, cela se passe autrement avec l'exemple « Pegasus est un cheval ailée ». Dans cet énoncé on a choisi un prédicat vide, notamment « être un cheval ailée », et la conclusion qu'on tire –en accord avec **GE**- est certainement problématique parce que les chevaux ailés n'existent pas. Mais dans ce dernier cas, peu importe si cette affirmation concerne Pegasus ou n'importe quel autre individu, même s'il s'agit d'un individu réel. D'autre part, la problématique de l'utilisation des prédicats vides ne touche pas la validité du **GE** par rapport au discours fictionnel. Les prédicats vides sont bien reçus dans la logique classique : entre autre choses ils sont la raison de la perte de validité des déductions immédiates aristotéliciennes, notamment la subalternation.

Autrement dit, lorsqu'on utilise des prédicats vides pour faire des prédications sur des individus quelconques, on ne prouve rien par rapport à la participation des objets non existants ou des fictions dans les argumentations. Un exemple comme « Pegasus est un cheval ailée » paraît détourner l'attention du principe de prédication puisque dans certains cas il existe un objet auquel s'applique le prédicat vide. Par exemple dans « Sarkozy est un cheval ailée », effectivement il est vrai que $\exists x(x=\text{Sarkozy})$.

Le problème du **GE** par rapport au discours fictionnel se pose à l'égard des termes singuliers et non avec les prédicats vides. La stratégie de Russell pour résoudre les problèmes du discours fictionnel à l'égard du **GE** et les termes singuliers vides consiste, justement, à changer les termes singuliers par des formulations prédicatives vides qui, une fois quantifiés existentiellement, rendent fausses tous les énoncés qu'initialement portent sur des termes singuliers fictifs et, de cette manière, on maintient la validité du **GE** (théorie des descriptions définies).

5. Logique libre neutre : indéterminations et supervaluation

D'un point de vue sémantique, la logique libre neutre considère que les termes singuliers fictionnels sont vides. Toutefois, contrairement à la logique libre négative, la logique libre neutre considère que toutes les formules - même complexes - qui contiennent un terme singulier vide, ont une valeur de vérité indéterminée. Le problème se pose dès lors au niveau propositionnel où l'on voudrait préserver la validité des théorèmes de la logique classique. En effet, si k_i est un terme singulier vide, alors $\neg(\phi[x/k_i] \wedge \neg\phi[x/k_i])$ aura une valeur indéterminée et on en perdra la validité puisque le principe de contradiction ne vaudra plus pour les termes singuliers vides. On va maintenant montrer comment la méthode des supervaluations de van Fraassen[198] permet de solutionner ce problème.

Plus précisément, un modèle pour la logique propositionnelle dans la sémantique des supervaluations contient ce qu'on appelle une *valuation partielle*. Une valuation partielle est ici à comprendre comme une valuation qui ne donne pas de valeur de vérité à certaines formules atomiques. On étend ensuite cette valuation partielle avec une *extension classique* qui assigne arbitrairement toutes les valeurs possibles parmi $\{0,1\}$ aux formules atomiques qui n'ont pas de valeur dans la valuation partielle. Autrement dit, étendre la valuation consiste à tenir compte du produit logique des différentes conventions possibles (positive ou négative).

Si l'on considère par exemple la troisième valuation dans la matrice à trois valeurs[199] $\neg(\phi \wedge \neg\phi)$ ci-dessus par exemple, on remplace la valuation indéterminée par les deux valuations possibles, avec $v(\phi) = 1$ dans un cas, $v(\phi) = 0$ dans le second. Ainsi, la ligne 3 est remplacée par les lignes 5 et 6 qui donnent l'*extension classique* de la *valuation partielle*. On remarque que si l'on attribue arbitrairement une valeur de vérité à ϕ, $\neg(\phi \wedge \neg\phi)$ est toujours vraie.

---

[198] Van Fraassen, 1966.
[199] Les valeurs habituelles plus l'indétermination de valeur notée #.

1	ϕ	$\neg\phi$	$\neg(\phi \wedge \neg\phi)$
2	1	0	1
3	#	#	#
4	0	1	1
5	1	0	1
6	0	1	1

Dans *l'extension classique* de la valuation initiale, le principe de non-contradiction est toujours vrai et il est donc *supervaluationnellement valide*. On redéfinit ainsi la notion de validité dans le contexte des supervaluations :

(D1) Validité^{SV} (ou Vérité logique^{SV}) : Une proposition est valide (une vérité logique) selon la supervaluation s'il n'y a pas d'interprétation partielle dont l'extension classique la rendrait fausse.

En fait, on construit ici une sémantique en deux temps. En effet, dans la valuation initiale, on peut considérer que l'on est dans une logique libre neutre puisque les formules contenant un terme singulier vide ont une valeur indéterminée. Quand on passe au point de vue de l'extension de la valuation, on se place dans une forme de logique libre positive puisque des formules contenant un terme singulier vide peuvent être vraies.

Le passage à une logique libre positive au niveau de la supervaluation est plus facile à comprendre si l'on suit les développements de Bencivenga[200], qui adapte la méthode de van Fraassen au premier ordre. En effet, van Fraassen utilise les supervaluations pour préserver les théorèmes de la logique classique et s'en tient à un niveau propositionnel (en attribuant des valeurs de vérité arbitraires aux propositions atomiques). Néanmoins, si de la sorte van Fraassen peut préserver le principe de contradiction ou le tiers exclu notamment, il perd les identités de la forme « $k_i = k_i$ » qui contiennent un terme singulier vide et la substitution des identiques[201]. Dès lors, soit on poursuit avec une forme de logique libre négative, qui considère que de tels

---

[200] Bencivenga, 1986.
[201] Si $I(k_j)$ est vide dans l'interprétation initiale, alors rien n'empêche une supervaluation telle que $k_i = k_j$ et Fk_i soient vraies, mais telle que Fk_j soit fausse.

énoncés d'identités sont synthétiques et faux dans le cas des individus non-existants, soit on poursuit avec une forme de logique libre positive en ajoutant la restriction *ad hoc* que « $k_i = k_i$ » est toujours vraie, même pour les entités non-existantes.

Bencivenga[202] affine quant à lui l'explication pour le premier ordre précisément pour préserver l'identité et la substitution des identiques. En effet, plutôt que d'étendre la valuation initiale, Bencivenga propose d'étendre la fonction d'interprétation pour les termes singuliers qui n'ont pas de valeur dans l'interprétation initiale. Soit une formule $\phi[x/k_i]$, il s'agit dès lors de l'évaluer en se demandant « qu'en serait-il si k_i avait une interprétation ? ».

Plus précisément, pour adapter la méthode des supervaluations à la logique libre, on considère une structure partielle U constituée d'un domaine et d'une interprétation partielle. Autrement-dit, certains termes singuliers n'ont pas d'interprétation, de référence dans le domaine du discours. On considère ensuite une extension de cette structure, U', qui adjoint à l'interprétation partielle I une extension I' qui attribue une valeur arbitraire aux termes singuliers vides.

Soit par exemple $\neg(Pk_1 \wedge \neg Pk_1)$, si $I(k_1) = \#$, alors $v(Pk_1) = \#$ et $v(\neg(Pk1 \wedge \neg Pk_1)) = \#$. Pour valider $\neg(Pk_1 \wedge \neg Pk_1)$, on considère une extension I' de l'interprétation partielle I, laquelle extension attribue une valeur arbitraire à k_1. I' permet de valider $\neg(Pk_1 \wedge \neg Pk_1)$ puisqu'on considère que si k_1 dénotait, quoi que ce soit, alors $\neg(Pk_1 \wedge \neg Pk_1)$ serait vraie. Il en est de même pour $k_1 = k_1$. Si k_1 dénotait, quoi que ce soit, alors k_1 serait identique à lui-même. De la même manière, on gagne de nouveau la validité des principes de substitution des identiques. Ce qui demeure néanmoins problématique, c'est qu'avec une telle sémantique, la spécification et la particularisation redeviennent valides[203].

---

[202] Bencivenga, 1986.

[203] En effet, si $I(k_1)$ est indéterminé dans U, alors dans U', soit $I'(k_1)$ est déterminée telle que $I'(k_1) \in I'(P)$ et alors $V_{U'}(\forall x Px) = 1$, soit $I'(k_1)$ est déterminée telle que

Bencivenga préconise la solution suivante : Il assigne une dénotation arbitraire à « k_1 » dans l'extension U' du modèle U, mais il considère que les valeurs de vérités qui relèvent de U ont priorité sur les valuations données par U'. Plus concrètement en ce qui concerne la spécification, on a toujours $V_U(\forall xPx) = 1$ et $V_U(Pk_1) = \#$ d'une part, $V_{U'}(\forall xPx) = 0$ et $V_{U'}(Pk_1) = 0$ d'autre part. Mais comme on évalue $\forall xPx \rightarrow Pk_1$ dans U et non pas dans U', on doit tenir compte des valeurs que U attribue, si elle en attribue, même quand on se sert de U' pour les valeurs indéterminées. Dans le cas de la spécification, si l'interprétation de k_1 est indéterminée, on tient compte de la valeur donnée par U pour $\forall xPx$ (puisque U est prioritaire sur U'), mais de la valeur donnée par U' pour Pk_1 (puisque Pk_1 est indéterminée dans U). Par conséquent, quelle que soit l'extension, on garde $V_U(\forall xPx) = 1$ et donc si dans U' on a I' telle que $I'(k_1) \notin P$, la spécification tombe[204].

A travers une méthode qui offre ainsi la possibilité de poursuivre une procédure d'évaluation malgré l'indétermination de certaines formules, Bencivenga semble également suggérer l'idée d'admettre une certaine dynamique de la sémantique. En effet, comme le montre la solution qu'il propose pour faire tomber la spécification, afin d'évaluer une formule dans le modèle U, on doit opérer un mouvement dans son extension U'. La valeur des formules dans l'un ou l'autre des modèles peut changer. Mais quand on veut évaluer la formule, on se replace du point de vue de U, et les expressions qui étaient déjà déterminées dans U retrouvent leur valeur

---

$I'(k_1) \notin I'(P)$ et dans ce cas $V_{U'}(\forall xPx) = 0$. L'explication pour la particularisation est similaire.

[204] D'autres approches telles que celles de Woodruff [1971]* ou Read [1995] sont possibles. Elles consistent à considérer une *extension libre* (pour logique libre) de l'interprétation qui donne une référence aux termes singuliers vides mais dans le domaine externe. On fait alors tomber les principes de spécification et de particularisation de la même manière qu'en logique libre positive, mais en considérant que le modèle initial est partiel. Ce point sera probablement plus clair quand on implémentera les supervaluations dans la logique dialogique.

* Woodruff [1971] est cité par Bencivenga [1986], mais il s'agit d'un manuscrit non publié.

initiale. Parallèlement, du point de vue de l'interprétation des constantes individuelles, on part d'un contexte dans lequel l'interprétation d'une constante n'est pas définie, puis on passe à un contexte hypothétique où l'on fait la supposition de l'existence de la référence de cette constante.

6. Deux quantificateurs pour une sémantique meinongienne

Comme mentionné plus haut, outre qu'établir une distinction entre domaine externe et domaine interne, on peut définir deux types de quantificateurs à l'intérieur d'une sémantique pour des mondes possibles et impossibles conçue comme une structure de domaine constante. Ce qui est tout à fait naturel pour des sémantiques meinongiennes. Par contre, dans les sémantiques modales standards, on présuppose des domaines variables pour tenir compte de l'idée qu'il existe des choses différentes mais dans des mondes différents. Mais dans un cadre meinongien, le domaine de chaque monde est tout simplement la totalité des objets. Si un certain objet k existe au monde w_1, mais pas au monde w_2, on exprime cela au moyen du prédicat d'existence E!, satisfait par l'objet k en w_1 mais pas en w_2.

Sémantique avec quantificateurs meinongiens

Le point de départ est un langage usuel de premier ordre avec E! comme prédicat unaire. On ajoute également au langage un opérateur de représentation intensionnelle Ψ. En effet, il s'agit d'un langage élaboré à partir d'un ensemble de constantes individuels, prédicats à n -places, les variables individuelles, connecteurs $\vee$, $\wedge$, $\neg$, $\rightarrow$, deux quantificateurs, Σ, Λ (qui seront définies plus bas) et les règles habituelles pour la formation de expressions. Ensuite, on ajoute l'opérateur Ψ, de sorte que l'expression $\Psi\alpha$ doit être lu de la manière suivante : « il est représenté dans telle et telle histoire que α ».

Les quantificateurs Σ (pour quelques), Λ (pour tous/quelque soit) peuvent être compris comme des quantificateurs meinongiens existentiellement neutres, qui permettent de quantifier sur des non existants. L'existence, comme on l'a déjà mentionné, est une propriété de premier ordre exprimée par le prédicat E !, qui commet à des engagements ontologiques et permet tout aussi de définir les quantificateurs manifestant un import existentiel ($\forall$, $\exists$).

« Toutes les choses existantes sont telles que ...» : $\forall x\alpha[x] =_{df} \Lambda x(E!x \rightarrow \alpha[x])$;
« Il existe quelque chose telle que... » : $\exists x\alpha[x] =df \Sigma x(E!x \wedge \alpha[x])$.

La distinction entre les quantificateurs engagés et les non engagés permettrait de rendre compte des affirmations meinongiennes du type: « Il y a des objets dont il est vrai qu'ils n'existent pas », comme par exemple : Il y a eu une chose considérée par les scientifiques, notamment la planète Vulcan, dont il est vrai qu'elle n'existe pas.

Sémantique :

En termes de sémantique, on a le sextuple suivant : < P, I, @, D, R, v >, où :

  P est l'ensemble des mondes possibles ;

  I est l'ensemble des mondes impossibles ;

P et I sont des ensembles disjoints et W = P $\cup$ I est la totalité des mondes ;

  @ $\in$ P est le monde actuel ;

  D est un ensemble non vide d'objets (domaine constant) ;

  R est une relation binaire sur l'ensemble W ;

  v est une fonction interprétation qui assigne des dénotations aux symboles non logiques de la manière suivante :

  Si c est une constante individuelle, alors $v(c) \in$ D

  Si Q est un prédicat à n-places et $w \in$ W, alors $v(Q, w)$ est la pair ordonnée

  $<v+(Q, w), v-(P, w)>$, avec $v+(P, w) \subseteq$ Dn et $v-(P, w) \subseteq$ Dn.

  Si Q est un prédicat à n-places, v attribue à Q une *extension* $v+(Q, w)$ et une *anti-extension* $v-(Q, w)$ par rapport aux mondes (possibles et impossibles). Intuitivement, l'extension de Q à w est l'ensemble de n-tuples dont Q est vrai à w, et l'anti-extension est l'ensemble de n-tuples dont Q est faux à w. Les mondes possibles comportent la double exigence suivante (CC : *classicality condition*) :

Si $w \in \mathbf{P}$, alors $v\text{+}(Q, w) \cap v\text{-}(Q, w) = \varnothing$
$$v\text{+}(Q, w) \cup v\text{-}(Q, w) = \mathrm{D}n$$

Les mondes possibles sont consistants. En effet, quelque soit le prédicat Q, si w est un monde possible, Q est soit vrai, soit faux des objets concernés à w, mais jamais vrai et faux des mêmes objets dans le même monde. Néanmoins, les conditions de vérité et de fausseté sont exprimées séparément, étant donné que dans les mondes impossibles la procédure d'établissement de ces conditions est tout autre.

Pour les expressions quantifiées, on dispose d'une fonction d'assignation $\aleph$ qui relie les variables à D. Ainsi, $v_\aleph$, c'est-à-dire l'interprétation v par assignation $\aleph$, correspond à la lecture paramétrée suivante :

Si c est une constante individuelle, alors $v_\aleph(c) = v(c)$
Si x est une variable, alors $v_\aleph(x) = \aleph(c)$

De la sorte, on a les expressions suivantes :
$w\vDash^+_\aleph \alpha$ (l'expression α est vraie dans le monde w par rapport à l'assignation $\aleph$)
$w\vDash^-_\aleph \alpha$ (l'expression α est fausse dans le monde w par rapport à l'assignation $\aleph$)

Pour les formules atomiques :
$w\vDash^+_\aleph Qt_1 \dots t_n$ ssi $< v_\aleph(t_1),\dots, v_\aleph(t_n)> \in v\text{+}(Q, w)$
$w\vDash^-_\aleph Qt_1 \dots t_n$ ssi $< v_\aleph(t_1),\dots, v_\aleph(t_n)> \in v\text{-}(Q, w)$

Pour la négation :
$w\vDash^+_\aleph \neg\alpha$ ssi $w\vDash^-_\aleph \alpha$
$w\vDash^-_\aleph \neg\alpha$ ssi $w\vDash^+_\aleph \alpha$

Puisque les extensions et anti-extensions sont exclusives et exhaustives aux mondes possibles, si $w \in \mathbf{P}$ on a $w\vDash\text{+}_\aleph\neg\alpha$ si et seulement s'il n'est pas le cas que $w\vDash\text{+}_\aleph\alpha$. Également pour $@\in\mathbf{P}$, c'est-à-dire, pour le monde actuel qui est un monde possible, la négation se comporte classiquement (en accord avec les conditions CC). Conjonction, disjonction, quantificateurs et conditionnel, gardent les clauses habituelles aux mondes possibles :

Quelque soit w, $w \in \mathbf{P}$, on a le suivant :

$w \vDash_{+\aleph} \alpha \wedge \beta$ ssi $w \vDash_{+\aleph} \alpha$ et $w \vDash_{+\aleph} \beta$

$w \vDash_{-\aleph} \alpha \wedge \beta$ ssi $w \vDash_{-\aleph} \alpha$ ou $w \vDash_{-\aleph} \beta$

$w \vDash_{+\aleph} \alpha \vee \beta$ ssi $w \vDash_{+\aleph} \alpha$ ou $w \vDash_{+\aleph} \beta$

$w \vDash_{-\aleph} \alpha \vee \beta$ ssi $w \vDash_{-\aleph} \alpha$ et $w \vDash_{-\aleph} \beta$

$w \vDash_{+\aleph} \alpha \rightarrow \beta$ ssi pour tous les mondes w_1 (si $w_1 \vDash_{+\aleph} \alpha$ alors $w_1 \vDash_{+\aleph} \beta$).

$w \vDash_{-\aleph} \alpha \rightarrow \beta$ ssi pour quelques mondes w_1 ($w_1 \vDash_{+\aleph} \alpha$ et $w_1 \vDash_{-\aleph} \beta$).

$w \vDash_{+\aleph} \Lambda x \alpha$ ssi pour tout $d \in D$, $w \vDash_{+\aleph (x/d)} \alpha$

$w \vDash_{-\aleph} \Lambda x \alpha$ ssi pour quelque $d \in D$, $w \vDash_{-\aleph (x/d)} \alpha$

$w \vDash_{+\aleph} \Sigma x \alpha$ ssi pour quelque $d \in D$, $w \vDash_{+\aleph (x/d)} \alpha$

$w \vDash_{-\aleph} \Sigma x \alpha$ ssi pour tout $d \in D$, $w \vDash_{-\aleph (x/d)} \alpha$

(Où « $\aleph (x/d)$ » indique l'assignation qui est la même que $\aleph$, sauf qu'il attribue à x la valeur d.)

Cela signifie que les opérateurs logiques se comportent de façon orthodoxe aux mondes possibles (à l'exception du fait que les conditions pour la vérité et la fausseté sont données séparément). En revanche, les opérateurs se comportent de façon anarchique dans les mondes impossibles : la fonction d'interprétation v traite les formules composées au moyen d'opérateurs comme des expressions atomiques, assignant directement des extensions et des anti-extensions, c'est-à-dire que dans les mondes impossibles, la valeur de vérité des conjonctions, des disjonctions et des quantificateurs n'est pas assignée récursivement, mais directement par v.

Lorsque, dans un cadre meinongien, on identifie l'existence avec la possession de propriétés causales ou le fait d'être présent dans l'espace et le temps, on peut considérer que certaines prédicats ou relations ont un engagement ontologique ou existentiel à l'égard des objets en question. Autrement dit, il y a des prédicats $Q(k_1, \ldots, k_n)$ où au moins un des composants (k_1, …,k_n) est nécessairement un objet existant. On appellera ce type de prédicats : « prédicats entraînant l'existence »[205]. Cette idée[206], peut s'exemplifier de la manière suivante : si x *caresse* y, tant x que y doivent exister ; mais si x *pense à* y, seulement x doit exister. Pour les personnages fictionnels comme Don Quichotte, celui-ci étant un non-existant dans le monde actuel ne peut caresser personne, en revanche il peut être pensé par quelqu'un qu'existe dans le monde réel. Cependant, lorsqu'il est vrai que Don Quichotte caresse son cheval Rossinante (selon l'histoire), on considère que tout les deux sont des existants au regard du monde où les caractérisations qu'exprime l'auteur du livre – Cervantès – sont vraies.

Les attributs ou caractéristiques qu'entraîne l'existence peuvent être représentés en ajoutant quelques contraintes formelles. Initialement on doit considérer que si un prédicat $Q(k_1$, …,$k_n)$ entraîne l'existence de l'individu k_i ($1 \leq i \leq n$), ce prédicat maintient un engagement dans tous les mondes possibles :

Si $w \in P$, alors
$<d_1, …, d_i, …, d_n> \in v+(P, w)$, alors $d_i \in v+(E!, w)$.

L'engagement de l'existence peut être considéré comme un postulat de la signification qui fixe la sémantique de certains prédicats et, notamment, les connexions internes avec d'autres prédicats comme par exemple le prédicat d'existence. En plus, les mondes possibles autorisent un accès vers les mondes impossibles, en suivant les conditions de vérité suivantes pour l'opérateur Ψ :
Quelque soit w, $w_1 \in W$:

$w \vDash+_\aleph \Psi\alpha$ ssi quelque soit $w_1 \in W$ tel que wRw_1, $w_1 \vDash+_\aleph \alpha$
$w \vDash-_\aleph \Psi\alpha$ ssi quelque soit $w_1 \in W$ tel que wRw_1, $w_1 \vDash-_\aleph \alpha$

Intuitivement cette sémantique restore une sémantique usuelle pour des opérateurs modaux avec des relations d'accessibilités binaires dont le

---

[205] Existence-entailing.
[206] Linsky B. et E. Zalta, 1994.

fonctionnement est le suivant : il y a une accessibilité représentationnelle wRw_1 (de w à w_1), si et seulement si à w_1 les choses sont comme on les représente à w : à w on lit une histoire de fiction et on se représente les choses (à l'intérieur d'un opérateur de fiction) dans un monde w_1. Autrement dit w_1 est accessible à partir de w ssi w_1 rend compte des caractérisations faites à w dans un récit de fiction (dans la portée de l'opérateur Ψ). Pour n'importe quelle histoire qu'on pourrait imaginer au monde actuel @, un monde w_1 tel que @Rw_1, est un monde où l'histoire devient vraie.

Le monde w_1 est un monde impossible lorsque les caractérisations sont inconsistantes. En effet, pour des caractérisations inconsistantes $\varphi[x]$ du type « x est rond et pas rond », $\Psi\varphi$ renvoie à un monde impossible, en accord avec le principe de caractérisation restreint qui affirme que pour n'importe quelle condition $\varphi[x]$, il y aura au moins un monde où des objets vont satisfaire ces conditions.

Validité et conséquence logiques sont définies de la manière suivante :
Si S est un ensemble de formules,

$S \vDash \alpha$ ssi quelque soit l'interprétation <P, I, @, D, R, v>, et l'assignation $\aleph$, si @$\vDash_{+\aleph}\beta$ quelque soit $\beta \in$ S, alors @$\vDash_{+\aleph}\alpha$
Pour validité logique : $\vDash\alpha$ est équivalent à $\varnothing \vDash\alpha$

Ainsi, la conséquence logique préserve la vérité au monde de départ @ et pour toutes les interprétations.

Dans cette structure modale, si un objet k1 est caractérisé par les conditions $\varphi[x]$ à @, alors on a @$\vDash+ \Psi\varphi[k_1]$. Compte tenu de la sémantique de l'opérateur Ψ, cela implique seulement que, pour tous les mondes w qui vérifient la manière dont les choses sont décrites à @, c'est-à-dire, quelque soit w tel que @Rw, $w \vDash+\varphi[k_1]$.

Comme prescrit par le principe de caractérisation contextuel, les objets, tels qu'ils sont décrits à @ par l'histoire fictive, possèdent les caractéristiques que l'auteur leurs a attribué mais pas au monde @ sinon dans les mondes R-accessibles – soit des mondes possibles ou impossibles – qui vérifient ces caractéristiques. Un dernier exemple : le personnage Don Quichotte est décrit à @ par Cervantès comme étant un homme qui portait une armure et qui parlait à son ami Sancho. Don Quichotte, en effet, ne possède pas ces attributs à @, surtout parce que « parler à quelqu'un » est un prédicat qui induit l'existence, et Don Quichotte n'existe pas à @. Don Quichotte possède ses caractéristiques dans les mondes qui réalisent le récit de ses aventures.

Considérations finales

De notre point de vue, la perspective meinongienne qui se sert de deux types de quantificateurs n'échappe pas au traitement de l'existence comme un prédicat qui renvoie toujours à une relation entre propositions. C'est précisément sur ce point qu'elle manque, à notre sens, la notion de choix qui doit apparaître dans le traitement de certaines expressions dont l'interprétation peut rester temporairement indéterminée. Malgré ces aspects séduisants, de telles sémantiques (supervaluations ou perspective meinongienne avec deux quantificateurs) ne rendent pas compte des considérations pragmatiques qui peuvent intervenir dans la détermination de l'existence. Le point de vue que l'on cherche maintenant à défendre, c'est qu'on pourra donner un cadre plus général à ce type de mouvement hypothétique en étendant l'indétermination à l'interprétation des quantificateurs eux-mêmes. Pour ce faire, on doit considérer plus sérieusement les actions de choix qui apparaissent dans le processus d'une preuve. Au final, et c'est là une objection à toutes ces logiques libres présentées, on ne peut pas capturer de façon pertinente la notion d'existence si l'on s'en tient au niveau des assertions elles-mêmes.

Dans ce qui suit, on dépasse ce problème dans le contexte de la logique dialogique où l'on peut clairement tenir compte des actions de choix qui doivent permettre d'ouvrir une conception novatrice à propos de l'existence.

7. L'existence, une fonction de choix

Un enjeu fondamental des logiques libres *statiques* de la partie précédente est de rendre explicites les présuppositions existentielles qui apparaissaient dans certains principes de la logique classique. Cela se traduit généralement par l'introduction d'un prédicat d'existence dans le vocabulaire. Cependant, les présuppositions existentielles implémentées de la sorte sont toujours abordées en termes de relations entre des propositions. Au final, il demeure difficile d'échapper à la tradition critique qui, depuis Kant notamment (puis Frege par la suite) objecte – à Descartes entre autres – que l'existence ne peut pas être considérée comme un prédicat (de premier ordre). Comment, dès lors, comprendre l'existence ?

Dans ce qui suit, on montre que la solution à ce problème passe par des considérations pragmatiques, notamment la notion de choix qui intervient dans l'interprétation des quantificateurs. Et si l'existence doit dépendre de cette notion de choix, alors l'existence doit être comprise du point de vue de l'action - et non plus du point de vue de relations entre des propositions qui ne font qu'exprimer le résultat de ce type d'action. Autrement dit, il s'agit de tenir compte de la relation entre action et proposition pour comprendre la notion de quantificateur, et plus précisément la relation entre le choix d'une constante de substitution et l'assertion résultant de ce choix. L'enjeu est donc de proposer une logique dialogique libre où les présuppositions existentielles ne sont pas exprimées au moyen du prédicat d'existence mais déterminées par l'application de règles logiques.

Jaskowski : choix et déduction naturelle

On trouve une première tentative pour rendre les choix explicites dans le système de déduction naturelle de Jaskowski [1934]. Ce système a pour objet de s'appliquer à des logiques inclusives, c'est-à-dire des logiques dans lesquelles le domaine de la quantification peut être vide. Et si le domaine est vide, se pose le problème du choix du terme singulier qui va servir à instancier le quantificateur. En effet, si le domaine est vide, alors on doit faire la supposition d'un terme singulier si l'on veut pouvoir choisir ce même terme. C'est précisément pour refléter ce choix d'un terme singulier que Jaskowski préconise de rendre explicites différents types de suppositions par l'introduction de nouveaux symboles et ce, de la manière suivante :

(i)   La *supposition d'une formule* en préfixant la formule par le symbole σ.

(ii) La *supposition d'un terme singulier* en préfixant le terme par le symbole τ.

Jaskowski rend ainsi compte explicitement de l'action d'avoir choisi un terme singulier, ou du moins d'en avoir fait la supposition, pour interpréter le quantificateur. En conservant le symbole pour la supposition d'un terme τ, les règles pour la construction des tableaux peuvent être reformulées de la façon suivante :

Règles de type δ *ki est nouvelle*		Règles de type γ *ki est quelconque*	
T $\exists x\phi$	F $\forall x\phi$	T $\forall x\phi$ T τk_i	F $\exists x\phi$ T τk_i
$\overline{}$ T τk_i T $\phi[x/k_i]$	$\overline{}$ T τk_i F $\phi[x/k_i]$	$\overline{}$ T $\phi[x/k_i]$	$\overline{}$ F $\phi[x/k_i]$

Cadre 1

Dans ce système, un domaine vide rendrait non valide la formule $\forall x\phi \rightarrow \exists x\phi$:

F ($\forall x\phi \rightarrow \exists x\phi$)
  1. T $\forall x\phi$
  2. F $\exists x\phi$
  3. T τk_1 ← Sans cette supposition, la preuve est bloquée.
  4. T $\phi[x/k_1]$
  5. F $\phi[x/k_1]$
     √

On rend ici explicite le fait que $\phi[x/k_1]$ résulte de $\forall x\phi$ et de la supposition $\tau\, k_1$. Ainsi, on retrouve des conséquences similaires pour les preuves de la spécification - $\forall x\phi \rightarrow \phi[x/k_1]$ – et la particularisation $\phi[x/k_i] \rightarrow \exists x\phi$, qui sont bloqués si l'on ne fait pas l'hypothèse d'un terme :

$$F\ (\phi[x/k_i] \rightarrow \exists x\phi)$$
   (1) $T\ \phi[x/k_i]$
   (2) $F\ \exists x\phi$

Bloquée....

$$F(\forall x\phi \rightarrow \phi[x/k_i])$$
   (1) $T\ \forall x\phi$
   (2) $F\ \phi[x/k_i]$

Bloquée...

Tandis que les deux expressions $\vdash (\forall x\phi \wedge \tau\, k_1) \rightarrow \phi[x/k_1]$ et $\vdash ((\phi[x/k_i] \wedge \tau\, k_1) \rightarrow \exists x\phi)$ sont valides .

$$F\ (\forall x\phi \wedge \tau\, k_1) \rightarrow \phi[x/k_1]$$
   1. $T\ (\forall x\phi \wedge \tau\, k_1)$
   2. $F\ \phi[x/k_1]$
   3. $T\ \forall x\phi$
   4. $T\ \tau\, k_1$ $\leftarrow$ Sans cette supposition, la preuve est bloquée.
   5. $T\ \phi[x/k_1]$
       $\sqrt{}$

$$F\ ((\phi[x/k_i] \wedge \tau\, k_1) \rightarrow \exists x\phi)$$
   1. $T\ (\phi[x/k_i] \wedge \tau\, k_1)$
   2. $F\ \exists x\phi$
   3. $T\ \phi[x/k_i]$
   4. $T\tau\, k_1$ $\leftarrow$ Sans cette supposition, la preuve est bloquée.
   5. $F\ \phi[x/k_i]$
       $\sqrt{}$

Néanmoins, ces symboles ne font que rendre explicite le résultat d'un choix et ne rendent pas clairement compte du choix en lui-même. Malgré des choix rendus explicites, l'existence reste néanmoins comprise en termes de relations entre propositions et non en termes de choix en tant que tels. C'est pourquoi les règles pour la construction des tableaux restent finalement identiques à celles pour la logique libre avec prédicat d'existence, bien que le prédicat « E! » soit traduit en termes de choix par le marqueur τ. Cependant, et c'est là le point essentiel du système de Jaskowski, c'est qu'il montre que le choix et l'existence sont d'une certaine manière redondants. En effet, dans ces règles, le choix de Jaskowski intervient précisément au moment même où la présupposition existentielle est exprimée au moyen du prédicat d'existence dans les logiques libres.

Comment envisager une logique qui reflète plus finement la relation entre le choix d'un terme singulier et l'assertion d'une proposition résultant de ce choix ? De notre point de vue, c'est l'adoption de la perspective dialogique le premier pas vers la résolution de ce problème. En effet, de par sa dimension pragmatique, la logique dialogique présente un cadre idéal pour rendre compte de ces choix et relever le défi de développer une logique de la fiction dans le contexte de la théorie de la preuve. On verra alors comment, par une approche *dynamique*, il est possible de faire varier la charge ontologique des quantificateurs et constantes individuelles relativement à des choix régis par des règles logiques. L'enjeu est plutôt de montrer comment un tel système de décision, qui présente les preuves selon un processus argumentatif, permet d'appréhender la notion de l'existence en fonction de l'application de règles logiques plutôt que relativement à une sémantique qui, en comparaison, pourrait être appelé *statique*.

En cherchant à aborder la logique libre dans le contexte de la logique dialogique, on présentera, initialement, l'approche dialogique de la logique de manière général et à continuation, la première version d'une logique libre dialogique appelée « Le cauchemar de Frege ».

Chapitre V : Vers une perspective dialogique de la logique

Logique Dialogique

> « Quand à moi, si je ne parviens pas à te présenter, toi, en personne, comme mon unique témoin, qui témoigne pour tout ce que je dis, j'estime que je n'aurais rien fait, dont il vaille la peine de parler, pour résoudre les questions que soulève notre discussion [...] Tu sais, il y a deux sortes de réfutations : l'une est celle que toi, et beaucoup d'autres, tenez pour vraie, l'autre est celle que moi, à mon tour, je crois être vrai[207]. »

La logique du dialogue (aussi connue comme *logique dialogique* et comme *sémantique des jeux*) est une approche des sémantiques de la logique fondée sur le concept de validité (logique dialogique) ou de vérité (sémantique des jeux) appartenant aux concepts des jeux théorétiques, tel que l'existence d'une stratégie de victoire pour les joueurs. Paul Lorenzen (Erlangen-Nürnberg-Universität) fut le premier à avoir introduit une sémantique des jeux pour la logique à la fin des années cinquante (appelée *dialogische Logik*)[208]. Elle fut par la suite développée par Kuno Lorenz (Erlangen-Nürnberg-Universität, puis Saarland)[209]. Jaakko Hintikka (Helsinki, Boston) développait quant à lui, et presque au même moment que Lorenzen, une approche modèle-théorétique connue aussi sous le nom de GTS. Lorenz et Hintikka connectaient ainsi leurs approches avec les « jeux de langage » de Wittgenstein. En fait, Lorenz et Hintikka envisageaient leurs systèmes respectifs comme des façons d'implémenter la théorie de la signification de Wittgenstein dans la logique.

---

[207] Platon, Gorgias, 472b-c, traduction M. Canto-Sperber.
[208] Lorenzen, 1955, 1958, 1978.
[209] Lorenz, 1961, 2001.

La perspective dialogique qu'on présentera à continuation correspond notamment aux développements de Shahid Rahman et ces collaborateurs[210], au sein au sein d'un cadre général destiné à l'étude des questions logiques et philosophiques relatives au pluralisme logique et provoqué ainsi, en 1995, une sorte de renaissance ouvrant sur des possibilités inattendues. L'idée directrice de ces nouveaux développements consiste à considérer que les anciennes relations de la logique avec l'argumentation et les sciences ne peuvent être rétablies qu'à condition de concevoir la logique comme une structure dynamique.

Présentation

La dialogique aborde la logique comme une notion en soi pragmatique et se présente comme une argumentation manifestée sous la forme d'un dialogue. Ce dialogue se développe entre deux parties : Un Proposant, qui défend une thèse, et un Opposant, qui attaque cette thèse. La thèse est valide si et seulement si le Proposant arrive à la défendre contre toutes les attaques possibles pour l'Opposant. Les dialogues sont organisés selon deux types de règles, règles qui donnent en fait la signification des connecteurs logiques (ou particules). Des règles déterminent leur signification locale (règles de particules), d'autres déterminent leur signification globale (règles structurelles).

Logique dialogique : propositionnelle (LP), premier ordre (LPO) et modale (LM)

On commence par présenter le langage de la logique propositionnelle ainsi que la définition des formules (expressions bien formées) qu'on peut construire au moyen de ce langage. Conformément aux objectifs de ce livre, on entrera directement dans la dialogique avec ses règles de particules et structurelles. Le lecteur sera ensuite invité à mettre en pratique ces règles à travers des exercices de logique dialogique. Ce sera l'occasion de saisir le fonctionnement de ces règles, les principes de la dialogique, notamment une

---

[210] Helge Rückert à l'Université des Saarlandes puis le groupe de recherche « Pragmatisme Dialogique » de l'Université de Lille 3

notion primordiale en dialogique : la notion de stratégie gagnante. Ensuite, on étendra les règles pour les appliquer à la logique de premier ordre et la logique modale propositionnelle. On suivra ainsi le même cheminement afin de conclure sur une mise en pratique immédiate avec les exercices.

On notera que, dans cette première partie, on s'en tiendra à une présentation plutôt intuitive des règles de la dialogique, et moins « formelle » que dans la seconde partie. En effet, l'enjeu étant tout d'abord d'apprendre à jouer en pratiquant immédiatement, les mêmes règles sont énoncées de façons différentes dans les deux parties de ce livre.

1. Logique dialogique propositionnelle

1.1 Langage pour la logique propositionnelle

Le vocabulaire pour un langage L de LP est défini à l'aide d'un ensemble nombrable **prop** de lettres (variables) de propositions (p, q, r...). Ces variables de propositions représentent des propositions atomiques que l'on combine au moyen des connecteurs habituels que sont la négation ($\neg$), la conjonction ($\wedge$), la disjonction ($\vee$), la conditionnelle ($\rightarrow$) et les parenthèses pour exprimer des formules complexes.

Les formules (expressions bien formées, phrases) d'un langage L sont données par la définition suivante :

(i)   Toutes les lettres de proposition dans le vocabulaire de L sont des formules dans L.

(ii)   Si Ψ est une formule, alors $\neg\Psi$ est une formule.

(iii)   Si Φ et Ψ sont des formules, alors ($\Phi \wedge \Psi$), ($\Phi \vee \Psi$), ($\Phi \rightarrow \Psi$), sont des formules.

(iv)   Seul ce qui peut être généré par les clauses (i) à (iii) dans un nombre fini de pas est une formule dans L.

1.2 Langage pour la logique dialogique propositionnelle

Un langage pour la logique dialogique propositionnelle L_D s'obtient à partir du langage L de la logique propositionnelle (LP) auquel on ajoute quelques symboles métalogiques. On introduit les symboles spéciaux ? et !. Les expressions de L_D réfèrent soit à une expression de L, soit à une des expressions suivantes : 1, 2. En plus des expressions et des symboles, pour L_D, on dispose aussi des étiquettes O et P pour les participants du dialogue.

Les dialogues se déroulent en suivant deux types de règles : règles de particules et règles structurelles. On commence par les règles de particules, on présentera ensuite les règles structurelles.

1.2.1 Règles de particule

Une *forme argumentative*, ou *règle de particule*, est une description abstraite de la façon dont on peut critiquer une formule, en fonction de son connecteur (ou particule) principal, et des réponses possibles à ces critiques. C'est une description abstraite en ce sens qu'elle ne contient aucune référence à un contexte de jeu déterminé et ne dit que la manière d'attaquer ou défendre une formule. Du point de vue dialogique, on dit que ces règles déterminent la *sémantique locale* parce qu'elles indiquent le déroulement d'un fragment du dialogue, où tout ce qui est en jeu est une critique qui porte sur *le connecteur principal* de la formule en question et la réponse correspondante, et non le contexte (logique) global dont la formule est une composante.

On peut aborder ces règles en supposant que l'un des joueurs (X ou Y) asserte une formule qu'il doit ensuite défendre face aux attaques de l'autre joueur (Y ou X, respectivement). L'assertion est soit une conjonction, soit une disjonction, soit une conditionnelle, soit une négation (soit une expression quantifiée quand on passera au premier ordre). De façon générale, on a donc deux types de coups dans les dialogues : les *attaques* qui, comme on le verra, peuvent consister en questions ou concessions, les *défenses* qui consistent en réponses à ces attaques.

Dans ce qui suit, on expliquera les défenses en termes de justification. Avoir une justification pour une formule complexe, cela veut dire qu'on est en mesure de la défendre contre toutes les attaques possibles de l'autre joueur. Avoir une justification pour une formule atomique, cela veut dire qu'on est en mesure d'opter pour une stratégie qui permette de la jouer (en l'occurrence, on verra dans les règles structurelles (RS-3) ci-dessous que **P** a une justification pour une formule atomique si et seulement si **O** lui concède).

Pour énoncer les règles, on utilisera les expressions suivantes :

X-!-Ψ, Y-!-Ψ, X-?-Ψ et Y-?-Ψ
On suppose que X≠Y

Les tableaux ci-dessous expliquent leur signification :

X-!-Ψ		
X	**!**	**Ψ**
Joueur X	L'expression jouée par X est une formule qui doit être défendue.	L'expression jouée par **X** et qui, dans ce cas, correspond à une formule. S'il s'agit du début du dialogue, c'est la thèse.
O ou **P**		A, ¬A, A→B, A∨B, etc.

X-?-Ψ		
X	**?**	**Ψ**
Joueur X	L'expression jouée par X est une question.	L'expression jouée par X et qui, dans ce cas, correspond à une question.
O ou P		$\wedge_1$ (dans X-?-$\wedge_1$) $\wedge_2$ (dans X-?-$\wedge_2$) $\vee$ (dans X-?-$\vee$) **Pour la logique de premier ordre on ajoutera :** $\forall x/c$ (dans X-?-$\forall x/c$) $\exists x$ (dans X-?-$\exists x$)

De même pour **Y-?-Ψ** et pour **Y-!-Ψ** .

On tiendra compte du fait que les joueurs X et Y jouent en alternance.

- Pour la conjonction:

Type d'action	$\wedge$	Explication : Ici le joueur X asserte la conjonction A B et doit maintenant la défendre (!). Le joueur X affirme en fait qu'il a une justification pour chacun des conjoints. Comment l'attaquer ? Puisqu'il prétend avoir une justification pour chacun, c'est à celui qui attaque la conjonction de choisir le conjoint que le défenseur devra défendre : soit le premier conjoint (Y-?- $_1$), soit le second (Y-?- $_2$). La défense consiste justement à répondre (X-!-A) ou (X-!-B), respectivement.
Assertion	X-!-A$\wedge$B	
Attaque L'attaque est une question	Y-?-$\wedge_1$ Y-?-$\wedge_2$	
Défense La défense est une assertion qui doit être défendue	X-!-A X-!-B	

- Pour la disjonction:

Type d'action	∨	Explication : Ici le joueur X asserte la disjonction A B et doit maintenant la défendre (!). Le joueur X affirme en fait qu'il a une justification pour au moins un des deux disjoints. Comment l'attaquer ? On lui demande de justifier au moins un des deux (Y-?-) parmi A ou B. Mais cette fois c'est le défenseur qui choisit lequel il veut défendre : soit en justifiant le disjoint de gauche X-!-A, soit en justifiant le disjoint de droite X-!-B.
Assertion	X-!-A∨B	
Attaque L'attaque est une question	Y-?-∨	
Défense La défense est une assertion qui doit être défendue	X-!-A ou X-!-B	

- Pour la conditionnelle :

Type d'action	→	Explication : Ici le joueur X asserte la conditionnelle A B et doit maintenant la défendre. Comment l'attaquer ? L'unique manière de faire tomber une conditionnelle, c'est d'avoir une justification de l'antécédent mais pas du conséquent. Pour cette raison le joueur Y concède l'antécédent Y-!-A, et alors X doit justifier le conséquent X-!-B, ou contre-attaquer sur A.
Assertion	X-!-A→B	
Attaque L'attaque est une assertion qui doit être défendue	Y-!-A	
Défense La défense est une assetion qui doit être défendue	X-!-B	

- Pour la négation :

Type d'action	¬	Explication : Le joueur X asserte la négation A (!). Comment l'attaquer ? En affirmant tout le contraire, c'est-à-dire, en affirment A (Y-!-A). Pour cette attaque il n'y a pas de défense possible. Mais il est possible de contre-attaquer A en fonction de son connecteur principal. En fait, le seul moyen d'attaquer A, c'est de prendre à sa charge la preuve de A.
Assertion	X-!-¬A	
Attaque L'attaque est une assertion	Y-!-A	
Défense	Pas de défense	

Cadre récapitulatif 1

		Assertion	Attaque	défense
i	∧	X-!-A∧B	Y-?-∧$_1$ Y-?-∧$_2$	X-!-A X-!-B
ii	∨	X-!-A∨B	Y-?-∨	X-!-A ou X-!-B
iii	→	X-!-A→B	Y-!-A	X-!-B
iv	¬	X-!-¬A	Y-!-A	Pas de défense

On rappelle une fois encore l'importance de la distinction entre défense et attaque d'une part, assertion et question d'autre part. Lorsqu'on fait une attaque, il peut s'agir soit d'une assertion qu'on doit défendre (indiquée par « -!- »), soit d'une question (indiquée par « -?- »). Le premier cas correspond à l'attaque d'une conditionnelle (voir *iii*) ou à l'attaque d'une négation (voir *iv*). En effet, dans ces deux cas, on attaque avec des formules : on attaque la conditionnelle en concédant son antécédent (une formule) ou bien on attaque une expression niée en concédant l'affirmative (une formule). Pour les autres connecteurs il s'agit de questions (voir *i*, *ii*).

Etat d'un dialogue

Dans ce qui suit, on va décrire la dynamique propre des dialogues à partir de la notion d' « état d'un dialogue ». Un état d'un dialogue est un doublet $<\rho, \Phi>$ dans lequel :

- ρ : rôle d'un joueur : soit attaquant (?), soit défenseur (!). Le joueur X ou Y peut attaquer avec une question (?) ou avec une assertion (!). Par contre, une défense est toujours une assertion.

- Φ : expression étiquetée qui correspond à l'état du dialogue et qui a l'une des formes suivantes: $P\text{-}!\text{-}\Psi$, $O\text{-}!\text{-}\Psi$, $P\text{-}?\text{-}\Psi$ et $O\text{-}?\text{-}\Psi$.

C'est au moyen des états d'un dialogue qu'on va montrer comment jouer relativement à une expression Ψ dont il s'agit dans le dialogue.

Un état d'un dialogue décrit un coup. Pour les explications qu'on donne ensuite, on a besoin de définir les termes suivants :

(Définition 1) Coup : résultat d'une action qui consiste à jouer soit la thèse, soit une attaque, soit une défense, de la part d'un des deux joueurs.

Remarque : Chacun des deux agents O et P jouent un coup chacun leur tour. Chaque coup, dans le dialogue, est numéroté (la thèse est numérotée 0, les coups pairs sont les coups de P, les coups impairs coups de O).

(Définition 2) Jeu : ensemble de coups.

(Définition 3) Ronde : jeu qui consiste en une attaque et la défense correspondante.

(Définition 4) Partie : dans un dialogue fini, ensemble des jeux qui commencent avec la thèse (tout partie est en jeu mais pas le contraire).

(Définition 5) Dialogue : ensemble de parties (le nombre des parties composantes est n+1 [n = nombre de branchements]).

On va maintenant montrer comment les règles de particules, qui déterminent la sémantique locale, définissent la notion d'état de dialogue (encore non déterminé d'un point de vue structurel, global). Par la suite, on se servira des états de dialogues dans la définition des règles structurelles ainsi que pour apporter des explications aux exercices.

Explications des états d'un dialogue pour chaque particule

- Règle de particule pour la négation ($\mathbf{N}$):

Le jeu commence avec l'assertion d'une expression niée, par exemple A, par un joueur quelconque (X ou Y). Le jeu est composé de coups, qu'on appellera des coups Ni (c'est-à-dire N_1, N_2, etc.). Dans le premier coup, on ne s'intéresse pas à la question de savoir si joueur l'a assertée pour attaquer ou pour se défendre. On dit simplement qu'il a joué une négation et qu'il doit la défendre (il en sera de même pour les autres connecteurs).

$\Psi = \neg A$	Explications
Coup $N_1 = <$ --, X-!-$\neg$A$>$	Le joueur X joue la formule A et doit maintenant la défendre (!)
Coup $N_2 = <?$, Y-!-A$>$	Le joueur Y l'attaque (?) avec A et doit maintenant la défendre (!).

- Règle de particule pour la conjonction ($\mathbf{C}$):

Le jeu commence avec l'assertion d'une conjonction, par exemple A B, par un joueur quelconque (X ou Y).

$\Psi = A \wedge B$	Explications
Coup $<$--, X-!- $C_1 = A \wedge B>$	Le joueur X joue la conjonction A B et maintenant doit la défendre (!).
Coup $<?$, Y-?-$\wedge_1>$ $C_2 =$ et $<?$, Y-?-$\wedge_2>$	Le joueur Y l'attaque (?) en exigeant une justification soit pour le premier conjoint, soit pour le second.
Coup $<$!, X-!-A$>$ $C_3 =$ et $<$!, X-!-B$>$	X défend (!) la conjonction en justifiant le conjoint choisi par Y, A ou B.

- Règle de particule pour la disjonction (**D**):

Le jeu commence avec l'assertion d'une disjonction, par exemple A B, par un joueur quelconque (X ou Y).

Ψ= A∨B	Explications
Coup **D₁**= `< --, X-!-A∨B>`	Le joueur X joue la formule A B et doit maintenant la défendre (!).
Coup **D₂**= `<?, Y-?-∨>`	Le joueur Y l'attaque (?) en exigeant une justification pour au moins un des deux disjoints. Le joueur X choisit celui qu'il veut justifier.
Coup **D₃**= `< !, X-!-A>` o bien `< !, X-!-B>`	Le joueur X se défend (!) en assertent A ou B, c'est-à-dire (X-!-A) ou (X-!-B). Quelle que soit la réponse, elle devra à son tour être défendue.

- Règle de particule pour la conditionnelle (**I**):

Le jeu commence avec l'assertion d'une conditionnelle, par exemple A B, par un joueur quelconque (X ou Y).

Ψ= A→B	Explications
Coup **I₁**= `< --, X-!-A→B>`	Le joueur X joue la formule A→B et doit maintenant la défendre (!)
Coup **I₂**= `<?, Y-!-A>`	Le joueur Y l'attaque (?) en concédant l'antécédent A (qu'il devra être en mesure de défendre (!)).
Coup **I₃**= `< !, X-!-B>` o bien `< ?, X-`**coup 2**`>`	Le joueur X a deux possibilités : soit se défendre en répondant le conséquent (X-!-B) – qu'il devra alors défendre - soit contre-attaquer (?) l'antécédent A concédé par Y. Cette contre-attaque aura la forme du **coup 2** du jeu, laquelle forme dépendra du connecteur principal de A.

Cadre récapitulatif 2

Chaque coup que fait un joueur est *décrit* par un doublet appelé **état d'un dialogue** état d'un dialogue : **<ρ, Φ>** **Φ = P-!-Ψ, O-!-Ψ, P-?-Ψ et O-?-Ψ** **Ψ** pour le premier coup : **¬A, A∧B, A∨B, A→B** **Ψ** pour le deuxième coup correspondant à **N₂, C₂, etc.** L'expression **A** correspond à une formule quelconque.

Expressions	Dans le même ordre :
<?, Y-!-A>	<attaque, joueur Y-formule-A>
<!, X-!-B>	< défense, joueur X-formule-B>

Les états d'un dialogue donnent un moyen d'exprimer précisément le contenu de chaque coup. Maintenant, on va expliquer la signification des particules à l'intérieur de chaque dialogue, pour chaque joueur, **O** et **P**, et toujours à l'aide des états des dialogues. Ce sera également l'occasion d'introduire la notion de *branchement*.

1.2.2 Règles structurelles

Les règles structurelles établissent l'organisation générale du dialogue. Le dialogue commence avec la thèse. Cette thèse est une expression jouée par le proposant qui doit la justifier, c'est-à-dire qu'il doit la défendre contre toutes les critiques (attaques) possibles de l'opposant. Lorsque ce qui est en jeu est de tester s'il y a une preuve de la thèse, les règles structurelles doivent fournir une méthode de décision. Les règles structurelles seront choisies de manière à ce que le proposant réussisse à défendre sa thèse contre toutes les critiques possibles de l'opposant si et seulement si la thèse est valide. En logique dialogique la notion de validité est en effet fondée sur l'existence d'une stratégie gagnante pour le proposant. On verra également que différents types de dialogues peuvent avoir différents types de règles structurelles.

On notera que les dialogues s'appuient sur l'hypothèse que chacun des joueurs suit toujours la meilleure stratégie possible. C'est-à-dire que les participants aux dialogues, P et O, sont en fait des agents idéalisés. Dans la vie réelle, il pourrait arriver que l'un des joueurs soit cognitivement limité au point d'adopter une stratégie qui le fasse échouer contre certaines ou contre toutes les séquences de coups joués par l'opposant même si une stratégie gagnante était disponible. Les agents idéalisés des dialogues ne sont donc pas limités et dire qu'ils « ont une stratégie » signifie qu'il existe, par un critère combinatoire, un certain type de fonction ; cela ne signifie pas que l'agent possède une stratégie dans quelque sens cognitif que ce soit.

Règles :

(**RS-0**) (*Début de partie*) : Les expressions d'un dialogue sont numérotées, et sont énoncées à tour de rôle par **P** et **O**. La thèse porte le numéro 0, et est assertée par **P**. Tous les coups suivant la thèse sont des réponses à un coup joué par un autre joueur, et obéissant aux règles de particule et aux autres règles structurelles. On appelle D(A) un dialogue qui commence avec la thèse A, les coups pairs sont des coups faits par **P**, les coups impairs sont faits par **O**.

(**RS-1** intuitionniste) (*Clôture de ronde intuitionniste*) A chaque coup, chaque joueur peut soit attaquer une formule complexe énoncée par l'autre joueur, soit se défendre *de la dernière attaque contre laquelle il ne s'est pas encore défendu*. On peut attendre avant de se défendre contre une attaque tant qu'il reste des attaques à jouer. Si c'est au tour de X de jouer le coup n, et que Y a joué deux attaques aux coups l et m (avec $l<m<n$), auxquelles X n'a pas encore répondu, X ne peut plus se défendre contre l. En bref, on peut se défendre seulement contre la dernière attaque non encore défendue.

Exemple : soit Y=**O** et X=**P**

	O		P	
l	Attaque		Sans réponse	

m	Attaque		Sans réponse	n
			Dans les coups qui suivent m, on ne peut se défendre que contre m, et pas contre l.	

(**RS-1** classique) (*Clôture de ronde classique*) A chaque coup, chaque joueur peut soit attaquer une formule complexe énoncée par l'autre joueur, soit se défendre contre *n'importe quelle* attaque de l'autre joueur (y compris celles auxquelles il a déjà répondu).

(**RS-2**) (*Branchement*) Si dans un jeu, c'est au tour de **O** de faire un choix propositionnel (c'est-à-dire lorsque **O** défend une disjonction, attaque une conjonction, ou répond à une attaque contre une conditionnelle), **O** engendre deux dialogues distincts. **O** peut passer du premier dialogue au second si et seulement s'il perd celui qu'il choisit en premier. Aucun autre coup ne génère de nouveau dialogue.

Eclaircissement : chaque branchement – scission en deux parties - dans un dialogue, doit être considérée comme le résultat d'un choix propositionnel fait par l'opposant. Il s'agit des choix effectués pour :

1. défendre une disjonction
2. attaquer une conjonction
3. répondre à l'attaque d'un conditionnel

Chacun de ces choix donne une nouvelle branche, c'est-à-dire, une nouvelle partie. Par contre, les choix du proposant ne génèrent pas de nouvelles branches.

Un dialogue sans branchement est en fait équivalent à une partie. Un dialogue avec une branchement est un dialogue composé de deux parties.

Cadre récapitulatif 3

Coup	Branchements comme réponses aux attaques suivantes :

$C_1=<-\, \mathbf{P}\text{-}!\text{-}A\wedge B>$	$C_2=<?,\ \mathbf{O}\text{-}?\text{-}\wedge_1>$ et $C_2=<?,\ \mathbf{O}\text{-}?\text{-}\wedge_2>$
$D_1=<-\, \mathbf{O}\text{-}!\text{-}A\vee B>$	$D_2=<?,\ \mathbf{P}\text{-}?\text{-}\vee>$
$I_1=<-\, \mathbf{O}\text{-}!\text{-}A{\rightarrow}B>$ $I_2=<?,\ \mathbf{P}\text{-}!\text{-}A>$	$I_3=<\ !,\ \mathbf{O}\text{-}!\text{-}B>$ et $<\ ?,\ \mathbf{O}\text{-}«\ coup\ 2\ »>$

(RS-3) (*Usage formel des formules atomiques*) Le proposant ne peut introduire de formule atomique : toute formule atomique dans un dialogue doit d'abord être introduite par l'opposant. On ne peut pas attaquer les formules atomiques.

(RS-3,5) *Règle de décalage ou de changement* (*Shifting rule*)

Lorsqu'on joue un dialogue $D(A)$, $\mathbf{O}$ est autorisé à changer entre les parties $\varDelta$ « alternatives » $\varDelta' D(A)$. Plus exactement, si $\mathbf{O}$ perd une partie $\varDelta$, et que $\varDelta$ implique un choix propositionnel fait par $\mathbf{O}$, alors $\mathbf{O}$ est autorisé à continuer en s'orientant vers une autre partie - existante grâce à la règle de branchement (RS-2). Concrètement cela signifie que la séquence $\varDelta^\frown\varDelta'$ sera alors une partie, c'est-à-dire un élément de $D(A)$.

C'est précisément la règle de décalage qui introduit des parties qui ne sont pas des jeux dialogiques simples. (Les jeux dialogiques sont un cas spécial de parties : ces dernières sont identifiées comme étant des séquences d'éléments des jeux dialogiques.) Comme exemple d'application de la règle de changement, on considère un dialogue $D(A)$ procédant à partir des hypothèses (ou concessions initiales de $\mathbf{O}$) B, $\neg C$, et avec la thèse $A = B\wedge C$. Si $\mathbf{O}$ décide d'attaquer le conjoint gauche, le résultat sera la partie :

$$(<\mathbf{P}\text{-}!\text{-}B\wedge C>, <\mathbf{O}\text{-}?\text{-}L>, <\mathbf{P}\text{-}!\text{-}B>)$$

et $\mathbf{O}$ perdra (parce qu'il a déjà concédé B). Mais, suivant la règle de changement, $\mathbf{O}$ peut décider de faire un autre essai. Cette fois-ci il souhaite choisir le conjoint de droite. La partie résultante est :

$$(<\mathbf{P}\text{-}!\text{-}B\wedge C>, <\mathbf{O}\text{-}?\text{-}L>, <\mathbf{P}\text{-}!\text{-}B>, <\mathbf{P}\text{-}!\text{-}B\wedge C>, <\mathbf{O}\text{-}?\text{-}R>, <\mathbf{P}\text{-}!\text{-}C>)$$

Observons que cette partie consiste en deux jeux dialogiques, notamment :

(**<P-!-B∧C>**, **<O-?-L>**, **<P-!-B>**) et **<P-!-B∧C>**, **<O-?-R>**, **<P-!-C>**

Par contraste, cette partie n'est pas elle-même un jeu dialogique.

(**RS-4**) (*Gain de partie*) Un dialogue est *clos* si, et seulement si, il contient deux occurrences de la même formule atomique, respectivement étiquetées X et Y. Sinon le dialogue reste *ouvert*. Le joueur qui a énoncé la thèse gagne le dialogue si et seulement si le dialogue est clos. Un dialogue est terminé si et seulement s'il est clos, ou si les règles (structurelles et de particule) n'autorisent aucun autre coup. Le joueur qui a joué le rôle d'opposant a gagné le dialogue si et seulement si le dialogue est terminé et ouvert.

Terminé et clos : le proposant gagne
Terminé et ouverte : l'opposant gagne

Afin d'introduire la règle suivante, RS-5, on doit définir la notion de répétition :

(**Définition 7**) **Répétition stricte** d'une attaque / d'une défense :

a) On parle de **répétition stricte d'une attaque** si un coup est attaqué bien que le même coup ait été attaqué auparavant par la même attaque. (On notera que dans ce contexte, les choix de ?-$_1$ et ?-$_2$ sont des attaques différentes.)

b) On parle de **répétition stricte d'une défense**, si un coup d'attaque m_1, qui a déjà été défendu avec le coup défensif m_2 auparavant, est à nouveau défendu contre l'attaque m_1 avec le même coup défensif. (On notera que la partie gauche et celle de droite d'une disjonction sont dans ce contexte deux défenses différentes.)

(RS-5) (*Règle d'interdiction de répétitions à l'infini*) Cette règle a deux variantes, l'une classique et l'autre intuitionniste, chacune dépendant du type de règles structurelles avec lesquelles est engagé le dialogue.

(RS-5-classique) Les répétitions strictes ne sont pas autorisées.

(RS-5-intuitionniste) Si O a introduit une nouvelle formule atomique qui peut maintenant être utilisée par P, alors P peut exécuter une répétition d'attaque. Les répétitions strictes ne sont pas autorisées.

(Définition 8) Validité : On dit qu'une thèse A est dialogiquement valide (en classique ou intuitionniste) lorsque toutes les parties du dialogue D(A) sont closes.

Il est possible de prouver que la définition dialogique de la validité coïncide avec la définition standard. Les premières formulations de la preuve furent développées par Kuno Lorenz dans sa Thèse de Doctorat (reprises dans Lorenzen/Lorenz 1978). Haas[211] et Felscher[212] prouvèrent l'équivalence avec la logique intuitionniste de premier ordre (en démontrant la correspondance entre les dialogues intuitionnistes et le calcul intuitionniste des séquents); tandis que Stegmüller[213] établissait l'équivalence dans le cas de la logique de premier ordre classique. Rahman[214], qui développa l'idée selon laquelle les dialogues pour la validité pouvaient être vus comme une structure de théorie de la preuve pour construire les systèmes de tableaux, prouva directement l'équivalence entre les deux types de dialogues et les tableaux sémantiques correspondants, à partir desquels le résultat s'étend au calcul des séquents correspondant.

---

[211] Haas, 1980.

[212] Felscher, 1985

[213] Stegmüller, 1964.

[214] Rahman, 1994, pp.88-107.

2. Logique dialogique de premier ordre

2.1 Langage pour la logique de premier ordre (LPO)

Un langage L pour la logique de premier ordre est défini à l'aide d'un ensemble **Const** de constantes individuelles c_0, c_1..., un ensemble de symboles de relations (ou constantes de prédicats) P, Q,..., d'arités différentes, d'un ensemble infini **Var** de variables individuelles x, y, ..., (on se réfère aux variables et aux constantes individuelles comme des *termes singuliers*, c'est-à-dire, **Termes singuliers = Var $\cup$ Con.**), le quantificateur existentiel ($\exists$x) et le quantificateur universel (x), les parenthèses et les connecteurs logiques habituels. A partir de là, on définit une formule pour L comme suit :

   i)   Si A est une lettre de prédicat n-aire dans le vocabulaire de L, que chacun des t_1,..., t_n est un terme singulier dans le vocabulaire de L, alors At_1, ..., t_n est une formule dans L.

   ii)   Si Ψ est une formule, alors $\neg\Psi$ est une formule.

   iii) Si Φ et Ψ sont des formules, alors ($\Phi \wedge \Psi$), ($\Phi \vee \Psi$),

   iv)   ($\Phi \rightarrow \Psi$) sont des formules.

   v)   Si Ψ est une formule dans L et x une variable, alors $\exists x\Psi$ et $\forall x\Psi$ sont des formules dans L.

   vi)   Seul ce qui peut être généré par les clauses (i) à (iv) dans un nombre fini de pas est une formule dans L.

2.2 Langage pour la logique dialogique de premier ordre

Un langage pour la logique dialogique de premier ordre L_D s'obtient à partir du langage L de la logique de premier ordre (LPO) et en ajoutant des symboles métalogiques. On introduit les symboles spéciaux ? et !. Les expressions de L_D réfèrent soit à une expression de L, soit à un des expressions suivantes :

$$1, 2, \forall x/c, \exists x/c$$

Où x est une variable quelconque et c une constante quelconque. En plus des expressions et des symboles, pour L_D on dispose aussi des étiquettes O et P pour les participants du dialogue.

Tout comme en dialogique propositionnelle, les dialogues se déroulent en suivant deux types de règles : les règles de particule et les règles structurelles.

2.2.1 Règles de particule

- Pour le quantificateur universel :

Type d'action	∀	Explication :
Assertion	X-!-∀xA	Ici, le joueur X asserte la formule quantifiée universellement xA et doit maintenant la défendre (!). Le joueur X affirme en fait qu'il peut justifier que tous les individus du domaine ont la propriété A. Comment l'attaquer ? Précisément, s'il dit que tous les individus sont concernés, alors c'est à l'attaquant, Y, de choisir l'individu pour lequel il doit faire sa justification. On lui demande ainsi de justifier son assertion pour l'individu c : (Y-?- x/c). La défense, pour X, consiste à donner cette justification. que l'individu désigné par c a la propriété A : (X-!-A[x/c]).
Attaque L'attaque est une question	Y-?-∀x/c	
Défense la défense est une assertion	X-!-A[x/c]	

- Pour le quantificateur existentiel :

Type d'action	∃	Explication :
Assertion	X-!-∃xA	Ici, le joueur X asserte la formule quantifiée existentiellement xA et doit maintenant la défendre (!). Le joueur X affirme en fait qu'il peut justifier qu'il y a au moins un individu qui a la propriété A. Comment l'attaquer ? On lui demande de justifier son assertion pour au moins un individu : (Y-?- x). Mais cette fois c'est à lui de choisir l'individu c. La défense, pour X, consiste à justifier que c a la propriété A : (X-!-A[x/c]). Cette défense est une assertion qui doit être défendu par X.
Attaque L'attaque est une question	Y-?-∃x	
Défense La défense est une assertion	X-!-A[x/c]	

Cadre récapitulatif 4

		Assertion	Attaque	Défense
i	∧	X-!-A∧B	Y-?-∧₁ Y-?-∧₂	X-!-A X-!-B
ii	∨	X-!-A∨B	Y-?-∨	X-!-A ou X-!-B
iii	→	X-!-A→B	Y-!-A	X-!-B
iv	¬	X-!-¬A	Y-!-A	Il n'y a pas
v	∀	X-!-∀Xa	Y-?-∀x/c Le choix est pour Y	X-!-A[x/c]
vi	∃	X-!-∃xA	Y-?-∃x	X-!-A[x/c] Le choix est pour X

Explications des états d'un dialogue pour chaque particule

- Règle de particule pour le quantificateur universel :

Le jeu commence avec l'assertion par un joueur d'une expression quantifiée universellement, c'est-à-dire, ∀xA.

$\Psi= \forall xA$	Explications
Coup U$_1$= $< --, X-!-\forall xA>$	Le joueur X joue la formule $\forall xA$ et doit maintenant la défendre (!).
Coup U$_2$= $<?, Y-?-\forall x/c>$	Le joueur Y l'attaque (?) en demandant qu'il justifie son assertion (question : ?) pour l'individu désigné par la constante individuelle c. C'est Y qui choisit la constante individuelle.
Coup U$_3$= $<!, X-!-A[x/c]>$	Le joueur X se défend (!) en justifiant que le prédicat A s'applique à l'individu désigné par c : C'est-à-dire A$[x/c]$. Cette assertion doit être défendue.

• Règle de particule pour le quantificateur existentiel :
Le jeu commence avec l'assertion par un joueur d'une expression quantifiée existentiellement, c'est-à-dire, $\exists xA$.

$\Psi= \exists xA$	Explications
Coup E$_1$= $< --, X-!-\exists xA>$	Le joueur X joue la formule $\exists xA$ et doit maintenant la défendre (!).
Coup E$_2$= $<?, Y-?-\exists>$	Le joueur Y l'attaque (?) en demandant qu'il justifie son assertion (question : ?) pour l'individu désigné par c. C'est X qui choisit la constante individuelle.
Coup E$_3$= $< !, X-!-A[x/c]>$	Le joueur X se défend (!) en justifiant que le prédicat A s'applique à l'individu désigné par c. C'est-à-dire A$[x/c]$. Cette assertion doit être défendue.

Dans les deux derniers diagrammes, l'expression A$[x/c]$ correspond à la substitution de la constante c pour chaque occurrence de la variable x dans la formule A.

2.2.2 Règles structurelles

(RS-0) (*Début de partie*) : Les expressions d'un dialogue sont numérotées, et sont énoncées à tour de rôle par P et O. La thèse porte le numéro 0, et est assertée par P. Tous les coups suivant la thèse sont des réponses à un coup joué par un autre joueur, et obéissant aux règles de particule et aux autres règles structurelles. On appelle D(A) un dialogue qui commence avec la thèse A, les coups pairs sont des coups faits par P, les coups impairs sont faits par O.

(RS-1 $_{intuitionniste}$) (*Clôture de ronde intuitionniste*)
A chaque coup, chaque joueur peut soit attaquer une formule complexe énoncée par l'autre joueur, soit se défendre *de la dernière attaque contre laquelle il ne s'est pas encore défendu*. On peut attendre avant de se défendre contre une attaque tant qu'il reste des attaques à jouer. Si c'est au tour de X de jouer le coup n, et que Y a joué deux attaques aux coups l et m (avec $l<m<n$), auxquelles X n'a pas encore répondu, X ne peut plus se défendre contre l. En bref, on peut se défendre seulement contre la dernière attaque non encore défendue.

(RS-1- $_{classique}$)(*Clôture de ronde classique*) A chaque coup, chaque joueur peut soit attaquer une formule complexe énoncée par l'autre joueur, soit se défendre contre *n'importe quelle* attaque de l'autre joueur (y compris celles auxquelles il a déjà répondu).

(RS-2) (*Branchement*) Si dans un jeu, c'est au tour de O de faire un choix propositionnel (c'est-à-dire lorsque O défend une disjonction, attaque une conjonction, ou répond à une attaque contre une conditionnelle), O engendre deux dialogues distincts. O peut passer du premier dialogue au second si et seulement s'il perd celui qu'il choisit en premier. Aucun autre coup ne génère de nouveau dialogue.

(RS-3) (*Usage formel des formules atomiques*) Le proposant ne peut introduire de formule atomique : toute formule atomique dans un dialogue doit d'abord être introduite par l'opposant. On ne peut pas attaquer les formules atomiques.

(RS-4) (*Gain de partie*) Un dialogue est *clos* si, et seulement si, il contient deux occurrences de la même formule atomique, respectivement étiquetées X et Y. Sinon le dialogue reste *ouvert*. Le joueur qui a énoncé la thèse gagne le dialogue si et seulement si le dialogue est clos. Un dialogue est terminé si et seulement s'il est clos, ou si les règles (structurelles et de particule) n'autorisent aucun autre coup. Le joueur qui a joué le rôle d'opposant a gagné le dialogue si et seulement si le dialogue est terminé et ouvert.

Afin d'introduire la règle suivante, RS-5, on doit définir la notion de répétition et l'adapter à la logique de premier ordre :

(Définition 9) **Répétition stricte** d'une attaque / d'une défense :

a) On parle de **répétition stricte d'une attaque**, si un coup est actuellement attaqué bien que le même coup ait été attaqué auparavant par la même attaque. (On remarquera que choisir la même constante est une répétition stricte, tandis que les choix de ?-$\wedge_1$ et ?-$\wedge_2$ sont des attaques différentes.) Dans le cas d'un coup où un **quantificateur universel** a été attaqué avec une constante, le type de coup suivant doit être ajouté à la liste des répétitions strictes :

- Un coup contenant un quantificateur universel (c'est-à-dire une formule quantifiée universellement) est attaqué en utilisant une nouvelle constante, bien que le même coup ait déjà été attaqué auparavant avec une autre constante qui était nouvelle au moment de cette attaque.

- Un coup contenant un quantificateur universel est attaqué en utilisant une constante qui n'est pas nouvelle, bien que le même coup ait déjà été attaqué auparavant avec la même constante.

b) On parle de **répétition stricte d'une défense**, si un coup d'attaque m_1, qui a déjà été défendu avec le coup défensif m_2 auparavant, est à nouveau défendu contre l'attaque m_1 avec le même coup défensif. (On remarquera que la partie gauche et celle de droite d'une disjonction sont dans ce contexte deux défenses différentes.)

Dans le cas d'un coup où un **quantificateur existentiel** a déjà été défendu avec une nouvelle constante, les types de coups suivants doivent être ajoutés à la liste des répétitions strictes :

- Une attaque sur un quantificateur existentiel est défendue en utilisant une nouvelle constante, bien que le même quantificateur ait déjà été défendu auparavant avec une constante qui était nouvelle au moment de cette attaque.

- Une attaque sur un quantificateur existentiel est défendue en utilisant une constante qui n'est pas nouvelle, bien que le même quantificateur ait déjà été défendu auparavant avec la même constante.

Remarque : Selon ces définitions, ni une nouvelle défense d'un quantificateur existentiel, ni une nouvelle attaque sur un quantificateur universel, n'est, à proprement parler, une stricte répétition si l'on utilise une constante qui, même si elle n'est pas nouvelle, est différente de celle utilisée dans la première défense (respectivement, la première attaque) et qui était nouvelle à ce moment.

(**RS-5**) (*Règle d'interdiction de répétitions à l'infini*)
Cette règle a deux variantes, l'une classique et l'autre intuitionniste, chacune dépendant du type de règles structurelles avec lesquelles est engagé le dialogue.

(**RS-5**$_{classique}$) Les répétitions strictes ne sont pas autorisées.

(**RS-5**$_{intuitionniste}$) Dans la version intuitionniste: si **O** a introduit une nouvelle formule atomique qui peut maintenant être utilisée par **P**, alors **P** peut exécuter une répétition d'attaque. Les répétitions strictes ne sont pas autorisées.

Remarque : Cette règle, quand elle est combinée à une procédure systématique adéquate, permet à l'Opposant de trouver un dialogue fini, où il gagne s'il y en a un : c'est-à-dire qu'il pourrait y avoir des formules où l'Opposant peut gagner seulement avec un jeu infini. Le point de la procédure systématique est le suivant : on suppose que, dans un jeu, k_i apparaît et que l'Opposant doit maintenant choisir une constante. Alors il produira deux jeux différents : dans l'un, il utilisera l'ancienne constante ; dans l'autre, il utilisera la nouvelle constante.

3. Dialogues et Tableaux

3.1 Stratégies gagnantes et Tableaux

Comme mentionné précédemment, les stratégies des jeux dialogiques fournissent les éléments pour construire une notion de validité telle que pour les tableaux. Suivant l'idée originelle au fondement de la dialogique, cette notion de validité est atteinte *via* la notion de stratégie gagnante de la théorie des jeux. On dit que X a une stratégie gagnante s'il y a une fonction qui, contre tous les coups possibles de Y, donne le coup correct pour X lui garantissant la victoire du jeu.

C'est effectivement un fait notoire que les tableaux sémantiques habituels pour la logique intuitionniste et classique, tels qu'ils ont été reformulés en 1968 par Raymond Smullyan avec une structure en forme d'arbre, et en 1969 par Melvin Fitting, sont en connexion directe avec les tableaux (et dans le calcul des séquents correspondant) pour les stratégies engendrées par les jeux de dialogues, joués pour tester la validité au sens défini par ces logiques.[215]

Une description systématique des stratégies gagnantes disponibles peut être obtenue à partir des considérations suivantes :

---

[215] Voir Rahman, 1993.

Si **P** doit gagner contre n'importe quel choix de **O**, alors on doit considérer deux situations principales différentes, à savoir les situations dialogiques dans lesquelles **O** a posé une formule (complexe) et celles dans lesquelles c'est **P** qui a posé une formule (complexe). On appellera ces deux situations le cas **O** et le cas **P**, respectivement.

Dans chacune de ces deux situations, d'autres distinctions doivent être examinées :

1. **P** gagne en choisissant une attaque dans un cas **O** ou en défendant dans un cas **P** si et seulement s'il peut gagner au moins un des dialogues qu'il peut choisir.
2. Quand **O** peut choisir une défense dans un cas **O** ou une attaque dans un cas **P**, **P** peut gagner si et seulement s'il peut remporter tous les dialogues que **O** peut choisir.

Les règles de clôture habituelles pour les tableaux dialogiques sont les suivantes : une branche est close si et seulement si elle contient deux copies de la même formule atomique, une posée par **O** et l'autre par **P**. Un tableau pour (**P**)*A* (c'est-à-dire démarrant avec (**P**)*A*) est clos si et seulement si chaque branche est close. Ceci montre que les systèmes de stratégies pour les logiques dialogiques classique et intuitionniste ne sont rien d'autre que les systèmes de tableaux déjà parfaitement connus pour ces logiques.

Il est important de remarquer que, pour les systèmes de tableaux donnés, la reconstruction des dialogues ne correspond pas aux pas les uns à la suite des autres, mais plutôt aux rondes. Les tableaux sont une description métalogique des dialogues et cette description n'est pas une procédure dialogique en elle-même, mais décrit un processus dialogique fini.

Pour le système de tableau intuitionniste, on doit considérer les règles structurelles concernant la restriction sur les défenses. L'idée est assez simple : le système de tableau permet toutes les défenses possibles (même atomiques), mais dès que des formules **P** déterminées (négations, conditionnelle, quantificateur universel) sont attaquées, toutes les autres formules **P** seront éliminées. Clairement, si une attaque sur une assertion **P** cause la suppression des autres assertions, alors **P** peut seulement répondre à la dernière attaque. Ces formules qui obligent l'élimination du reste des formules **P** seront désignées par l'expression '$\Sigma_{[O]}$' qui se lie : l'ensemble Σ sauve les formules **O** et élimine les formules **P** qui ont été posées auparavant.

Cependant les tableaux résultant ne sont pas véritablement les mêmes que les tableaux standard. Une caractéristique particulière de ces jeux de dialogues est la règle formelle (RS-5) qui est responsable de la plupart des difficultés rencontrées dans la preuve d'équivalence entre la notion dialogique et la notion véri-fonctionnelle de validité. Le rôle de la règle formelle, dans ce contexte, est de produire des jeux où l'on génère un arbre affichant les stratégies de victoire (possibles) de **P**, les branches de ce type d'arbre ne contenant pas de redondances. Par conséquent, les règles formelles agissent comme un filtre contre toutes redondances et produisent un système de tableaux ayant un air de déduction naturel[216].

La façon de produire ces dialogues où la règle formelle s'applique pour les tableaux est assez simple : soit une branche finie dont chaque nœud contient une formule atomique qui n'a pas encore été utilisée pour clôturer la branche. Si c'est une formule **P** alors c'est une formule qui, dans le dialogue correspondant, ne peut pas être jouée à cause de la règle formelle. S'il s'agit d'une formule **O** et que la branche est close, alors il y a une formule redondante que la règle formelle éliminera (voir plus loin dans le paragraphe sur le calcul de séquents le rôle de la règle d'affaiblissement en relation avec les dialogues).

3.2 Tableaux classiques

-Pour les particules :

Cas (**O**)	Cas (**P**)

---

[216] Voir Rahman/Keiff, 2005.

Σ, (**O**)A∨B	Σ, (**P**)A∨B
----------------------------------	--------------------
Σ, <(**P**)?-∨>(**O**)A | Σ, <(**P**)?-∨>(**O**)B	Σ, <(**O**)?-∨>(**P**)A Σ, <(**O**)?-∨>(**P**)B
Σ, (**O**)A∧B	Σ, (**P**)A∧B
---------------------	-----------------------------
Σ, <(**P**)?-L>(**O**)A Σ, <(**P**)-?R>(**O**)B	Σ, <(**O**)?-L>(**P**)A | Σ, <(**O**)?-R>(**P**)B
Σ, (**O**)A→B	Σ, (**P**)A→B
-----------------------------	--------------------
Σ, (**P**)A ... | <(**P**)A>(**O**)B	Σ, (**O**)A; Σ,(**P**)B
Σ, (**O**)¬A	Σ, (**P**)¬A
-------------------	---------------
Σ, (**P**)A; —	Σ, (**O**)A; —

-Pour les quantificateurs :

Cas (**O**)	Cas (**P**)
Σ, (**O**)∀xA	Σ, (**P**)∀xA
---------------------	---------------------
Σ, <(**P**)?-∀x/k_i>(**O**)A$_{[x/ki]}$	Σ, <(**O**)?-∀x/k_i >(**P**)A$_{[x/ki]}$ k_i *est nouvelle*
Σ, (**O**)∃xA	Σ, (**P**)∃xA
-------------------	---------------------
Σ, <(**P**)?-∃>(**O**)A$_{[x/ki]}$ k_i *est nouvelle*	Σ, <(**O**)?-∃>(**P**)A$_{[x/ki]}$

a) Si Σ est un ensemble de formules dialogiquement étiquetées et X est une formule seule dialogiquement étiquetée, on écrit Σ, X pour Σ {X}.

b) On remarquera que la formule sous la ligne représente toujours une paire de coups correspondant à une attaque et une défense. En d'autres termes, elles représentent des rondes.

c) La barre verticale « | » indique alternativement pour les choix **O**, la stratégie selon laquelle **P** doit avoir une défense pour les deux possibilités (les jeux dialogiques définissent deux jeux possibles).

d) Les règles produisant deux lignes indiquent que c'est **P** qui a le choix – et il peut alors n'avoir besoin que d'un seul des deux choix possibles.

e) On remarquera que les expressions entre les symboles « < » et « > », telles que <(**P**)?> et <(**O**)?> sont des coups – plus précisément des attaques – et non pas des formules (assertions) qui peuvent être attaquées. Ces expressions ne font pas réellement partie du tableau. Ce sont des formules qui sont incluses dans l'ensemble de formules. Ces expressions constituent plutôt une partie du projet de reconstruction algorithmique des dialogues correspondants.

3.3 Tableaux intuitionnistes

-Pour les particules :

Cas (**O**)	*Cas* (**P**)
Σ, (**O**)A∨B	Σ, (**P**)A∨B
------------------------------	------------------
Σ, <(**P**)?-∨>(**O**)A | Σ, <(**P**)?-∨>(**O**)B	$\Sigma_{[O]}$, <(**O**)?-∨>(**P**)A $\Sigma_{[O]}$, <(**O**)?-∨>(**P**)B
Σ, (**O**)A∧B	Σ, (**P**)A∧B
------------------	------------------------------
Σ, <(**P**)?-L>(**O**)A Σ, <(**P**)?-R>(**O**)B	$\Sigma_{[O]}$, <(**O**)?-L>(**P**)A | $\Sigma_{[O]}$, <(**O**)?-R>(**P**)B
Σ,(**O**)A→B	Σ, (**P**)A→B
------------------------------	------------------
$\Sigma_{[O]}$, (**P**)A ... | <(**P**)A>(**O**)B	$\Sigma_{[O]}$, (**O**)A; (**P**)B
Σ, (**O**)¬A	Σ, (**P**)¬A
------------------	--------------
$\Sigma_{[O]}$, (**P**)A; —	$\Sigma_{[O]}$, (**O**)A; —

-Pour les quantificateurs :

Cas (**O**)	Cas (**P**)
Σ, (**O**)$\forall x$A	Σ, (**P**)$\forall x$A
--------------------	--------------------
Σ, <(**P**) ?- $\forall\, x/k_i$>(**O**)$A_{[x/ki]}$	$\Sigma_{[O]}$, <(**O**) ?- $\forall\, x/k_i$ >(**P**)$A_{[x/ki]}$
	k_i *est nouvelle*
Σ, (**O**)$\exists x$A	Σ, (**P**)$\exists x$A
--------------------	--------------------
Σ, <(**P**)?-$\exists$>(**O**)$A_{[x/ki]}$	$\Sigma_{[O]}$, <(**O**)?-$\exists$>(**P**)$A_{[x/ki]}$
k_i *est nouvelle*	

Les tableaux intuitionnistes sont produits en ajoutant l'ensemble $\Sigma_{[O]}$ (lequel ensemble contient seulement les formules étiquetées **O**) : la totalité des formules **P** précédentes se trouvant sur la même branche de l'arbre est éliminée.

DEFINITION :

On se penche maintenant sur deux exemples, un pour la logique classique et l'autre pour la logique intuitionniste. On utilise les arbres formés à partir des tableaux rendus populaires par Smullyan :

Si Θ est un ensemble donné de formules étiquetées (-**P**, ou -**O**), on dit qu'une des règles *R* des règles précédentes du système des tableaux *s'appliquent à* Θ si, par un choix approprié de Θ, la collection des formules étiquetées au-dessus de la ligne dans les règles R devient Θ.

Par une application de *R* à l'ensemble Θ, on entend le remplacement Θ par Θ_1 (ou par Θ_1 et Θ_2, si *R* est (**P**$\wedge$) , (**O**$\vee$) , ou (**O**$\rightarrow$)) où   est l'ensemble des formules au-dessus de la ligne des règles R (après les substitutions appropriées pour Σ, et pour les formules **A** (et **B**)) et Θ_1 (ou Θ_1 et Θ_2) est l'ensemble de formule sous la ligne. Cela suppose que *R* s'applique à Θ. Autrement le résultat est encore Θ. Par exemple, en appliquant la règle (**P**)$\rightarrow$ à l'ensemble Θ : {(**O**)A, (**P**)B, (**P**)(C $\rightarrow$D)} on peut avoir $\Sigma_{[O]}\cup\Theta_1$

:{(O)A, (O)C, (P)D)}- on notera que (P)B disparaît parce qu'on a $\Sigma_{[O]}$ et pas Σ.

Par *configuration*, on désigne une collection finie $\{\Sigma_1, \Sigma_2, ..., \Sigma_n\}$ d'ensembles de formules étiquetées, où Σ peut représenter Σ et/ou $\Sigma_{[O]}$.

Par *application* de *R* à une *configuration* $\{\Sigma_1, \Sigma_2, ..., \Sigma_n\}$, on désigne le remplacement de cette configuration par une nouvelle qui est comme la première à l'exception près qu'elle ne contient pas de Σ_i, mais le résultat (ou les résultats) de l'application des règles *R* à Σ_i.

Par **tableau**, on désigne une séquence finie de configurations $\mathfrak{C}_1, \mathfrak{C}_2$, ..., $\mathfrak{C}_n$ dans lesquelles chaque configuration, exceptée la première, est le résultat de l'application des règles précédentes à la configuration qui précède.

Un ensemble de formules étiquetées est clos s'il contient (O)a et (P)a (pour a atomique). Une configuration $\{\Sigma_1, (\Sigma_2, ..., \Sigma_n\}$ est close si chaque Σ_i est clos. Un tableau $\mathfrak{C}_1, \mathfrak{C}_2, ..., \mathfrak{C}_n$ est clos si quelque $\mathfrak{C}_i$ est clos.

Par un tableau pour l'ensemble Σ de formules étiquetées on désigne un tableau $\mathfrak{C}_1, \mathfrak{C}_2, ..., \mathfrak{C}_n$ dans lequel $\mathfrak{C}_1$ est $\{\Sigma\}$.

Exemple :

> **(P)** $\forall x(\neg\neg Ax \rightarrow Ax)$
> <**(O)** ?- $\forall x/k$ > **(P)** $\neg\neg A_k \rightarrow A_k$
> **(O)** $\neg\neg A_k$
> **(P)** A_k
> **(P)** $\neg A_k$
> **(O)** A_k
> Le tableau est clos : **P** gagne.

Le tableau intuitionniste suivant entraine l'utilisation de la règle d'élimination :

Exemple :

(P)——— $\forall x(\neg\neg Ax \to Ax)$
$<(O)?-\forall x/k> (P)_{[O]}$——— $\neg\neg A_k \to A_k$
$(O)_{[O]} \neg\neg A_k$
(P)——— A_k
(P)= A_k
$(O)_{[O]}A_k$
Le tableau reste ouvert : **O** gagne.

On notera que $<(O)?-\forall x/k>$ n'a pas été éliminée. La règle d'élimination s'applique seulement à des formules. Il est important de prendre en compte cette considération en reconstruisant le dialogue correspondant.

4. Dialogues et calcul de séquents

La façon standard de produire un calcul de séquents à partir des systèmes de tableaux est d'écrire les règles pour les constantes logiques du calcul de séquents de haut-en-bas, remplacer la règles de clôture des branches par un axiome et ajouter les règles structurelles qui rendent explicites les propriétés de la relation de conséquence en jeu. Le dernier point expose les avantages et les désavantages du calcul de séquents en relation avec le système des tableaux et des dialogues. Alors que la structure en forme d'arbre des tableaux et des dialogues permet d'éviter toute réécriture, le calcul de séquents - où dans chaque branche chaque formule utilisée doit être réécrite - a quant à lui l'avantage de rendre plus explicite l'utilisation des règles structurelles requises par la définition de la relation de conséquence choisie dans la preuve.

Les règles du calcul de séquents se composent des « *prémisses de séquent* » et des « *conclusions de séquent* ».

On récrit maintenant les tableaux pour la logique classique.

4.1 Calcul de séquents

1. On ajoute le signe de séquent '⇒' et on écrit la formule étiquetée O *à gauche* du séquent et les formules étiquetées P *à droite* du séquent.

Ainsi,

$$\Sigma, (O)A \lor B$$
$$\overline{\hspace{6cm}}$$
$$\Sigma, <(P)?\text{-}\lor>(O)A \mid \Sigma, <(P)?\text{-}\lor>(O)B$$

Sera écrit

$$\Sigma, A \lor B \Rightarrow \Theta$$
$$\overline{\hspace{6cm}}$$
$$\Sigma, A \Rightarrow \Theta, <?\text{-}\lor> \mid \Sigma, B \Rightarrow \Theta, <?\text{-}\lor>$$

2. On écrit la version des règles établies en 1 à l'envers.

Ainsi,

$$\Sigma, A \lor B \Rightarrow \Theta$$
$$\overline{\hspace{6cm}}$$
$$\Sigma, A \Rightarrow \Theta, <?\text{-}\lor> \mid \Sigma, B \Rightarrow \Theta, <?\text{-}\lor>$$

Sera écrit

$$\Sigma, A \Rightarrow \Theta, <?\text{-}\lor> \mid \Sigma, B \Rightarrow \Theta, <?\text{-}\lor>$$
$$\overline{\hspace{6cm}}$$
$$\Sigma, A \lor B \Rightarrow \Theta$$

3. Les règles-tableaux contenant deux lignes seront réécrites avec une ligne séparée par une colonne.

Ainsi,

$$\Sigma, (P)A \lor B$$

$$
\begin{array}{c}
\text{-------------------} \\
\Sigma, <(\mathbf{O})?\text{-}\vee>(\mathbf{P})A \\
\Sigma, <(\mathbf{O})?\text{-}\vee>(\mathbf{P})B
\end{array}
$$

Produira :

$$
\begin{array}{c}
\Sigma, <(\mathbf{O})?\text{-}\vee> \Rightarrow \Theta, A, B \\
\text{------------------------------} \\
\Sigma \Rightarrow \Theta, A\vee B
\end{array}
$$

•   Note : ce dispositif correspond aux règles structurelles dans les dialogues qui permettent au Proposant de répondre à nouveau à une attaque en choisissant un autre disjoint (voir l'exemple du dialogue pour le tiers exclu dans le chapitre précédent).

4.   On remplace les règles de clôture par le schéma d'axiome suivant :

$$
\begin{array}{c}
\text{----------------} \\
p\Rightarrow p
\end{array}
$$

• Note : on formule le schéma d'axiome avec des formules atomiques. Le schéma d'axiome peut être généralisé pour des formules complexes mais on préfère cette version pour son analogie avec les règles formelles pour les dialogues.

4.2 Règles pour les constantes logiques

Cas gauche	Cas droite
$\Sigma, A \Rightarrow \Theta <?\text{-}\vee> \mid \Delta, B \Rightarrow \Pi, <?\text{-}\vee>$ -- - $\Sigma, \Delta, A\vee B \Rightarrow \Theta, \Pi$	$\Sigma, <?\text{-}\vee> \Rightarrow \Theta, A, B$ ------------------------------ $\Sigma \Rightarrow \Theta, A\vee B$
$\Sigma, A, B \Rightarrow \Theta, <?\text{-}L>, <?\text{-}R>$ ------------------------------------	$\Sigma, <?\text{-}L> \Rightarrow \Theta, A \mid \Delta, <?\text{-}R> \Rightarrow \Pi, B$ --

-- $\Sigma, A \wedge B \Rightarrow \Theta$	$\Sigma, \Delta \Rightarrow \Theta, \Pi, A \wedge B$
$\Sigma \Rightarrow \Theta, A \mid \Delta, B \Rightarrow \Pi, <A>$ ----------------------------------- $\Sigma, \Delta, A \rightarrow B \Rightarrow \Theta, \Pi$	$\Sigma, A \Rightarrow \Theta, B$ ------------------ $\Sigma \Rightarrow \Theta, A \rightarrow B$
$\Sigma \Rightarrow \Theta, A$ ---------------- $\Sigma, \neg A \Rightarrow \Theta$	$\Sigma, A \Rightarrow \Theta$ ------------------ $\Sigma \Rightarrow \Theta, \neg A$
$\Sigma, A_{[ki]} \Rightarrow \Theta, <?- \forall x/k_i>$ ------------------------------- $\Sigma, \forall x A \Rightarrow \Theta$	$\Sigma, <?- \forall x/k_i> \Rightarrow \Theta, A_{[ki]}$ ---------------------------------- $\Sigma \Rightarrow \Theta, \forall x A$ *k_i est nouvelle : elle n'apparaît pas dans la conclusion.*
$\Sigma, A_{[ki]} \Rightarrow \Theta, <?-\exists>$ ---------------------- $\Sigma, \exists x A \Rightarrow \Theta$ *k_i est nouvelle : elle n'apparaît pas dans la conclusion.*	$\Sigma, <?-\exists> \Rightarrow \Theta, A_{[ki]}$ ---------------------- $\Sigma \Rightarrow \Theta, \exists x A$

- Comme on le verra ensuite, les règles ont été construites afin de rester aussi proche que possible des règles pour les tableaux (et les dialogues). En fait, le calcul de séquents décrit ci-dessus a été conçu pour être développé du bas-vers-le-haut, et cela s'applique particulièrement à la formulation des règles pour les quantificateurs. Si l'on préfère développer le calcul de séquents du haut-vers-le-bas, alors les alternatives pour les règles de $\exists A \Rightarrow$ et $\Rightarrow \Theta, \forall$, où est inscrit dans la conclusion la substitution d'une constante donnée par une variable adéquate (et non dans l'autre sens), sont plus appropriées :

$\Sigma, \exists xA \Rightarrow \Theta$	$\Sigma, \Rightarrow \Theta, \forall xA$
--------------------	--------------------
$\Sigma, A_{[ki/x]} \Rightarrow \Theta$	$\Sigma \Rightarrow \Theta, A_{[ki/x]}$
k_i est nouvelle : elle n'apparaît pas dans la conclusion.	k_i est nouvelle : elle n'apparaît pas dans la conclusion.

On expose maintenant les règles définissant la relation de conséquence classique :

Règles structurelles pour la logique

Cas gauche	Cas droite
Affaiblissement	Affaiblissement
$\Sigma \Rightarrow \Theta$	$\Sigma \Rightarrow \Theta$
---------	-----------
$\Sigma A \Rightarrow \Theta$	$\Sigma \Rightarrow \Theta, A$
Contraction	Contraction
$\Sigma, A, A \Rightarrow \Theta$	$\Sigma \Rightarrow \Theta, A, A$
-----------------	-----------------
$\Sigma A \Rightarrow \Theta$	$\Sigma \Rightarrow \Theta, A$
Réciprocité	Réciprocité
$\Sigma, A, B \Rightarrow \Theta$	$\Sigma \Rightarrow \Theta, A, B$
-----------------	-----------------
$\Sigma B, A \Rightarrow \Theta$	$\Sigma \Rightarrow \Theta, B, A$

$$
\boxed{
\begin{array}{c}
\text{Cut} \\[4pt]
\Sigma \Rightarrow \Theta, A \quad \Delta, A \Rightarrow \Pi \\
\hline
\Sigma, \Delta \Rightarrow \Theta, \Pi
\end{array}
}
$$

Les règles de réciprocité permettent le réarrangement des formules aussi bien à gauche qu'à droite du séquent.

« *Cut* » diffère des autres règles structurelles en ce qu'elle a deux prémisses. Elle diffère aussi des autres règles en ce que la formule qui apparaît dans la prémisse (A) n'apparaît plus elle-même, ou comme sous-formule d'une autre formule, dans la conclusion de cette règle. C'est une règle dont il faudra parler plus longuement et de manière plus détaillée.

Les autres règles méritent des commentaires plus généraux.

Tout comme on l'a déjà mentionné précédemment, le calcul de séquents a ici été formulé afin de rester aussi proche que possible des règles de tableaux. En effet, on considère que les preuves sont développées du bas-vers-le-haut (*bottom-up*), c'est-à-dire qu'on part du séquent à prouver vers le schéma d'axiome qui délivre les fondations d'une telle preuve. Effectivement, au lieu de voir les règles comme des descriptions pour des dérivations permises en logique des prédicats, on peut les considérer aussi comme des *instructions pour la construction d'une preuve*. Et dans ce cas, les règles peuvent être lues du bas-vers-le-haut. Par exemple, la règle de *conjonction à droite* dit que, afin de prouver que A∧B suit des hypothèses Σ et Δ, il suffit de prouver, respectivement, que A peut être conclu à partir de Σ et que B peut être conclu à partir de Δ. On notera que, étant donné un antécédent, il n'est pas clair de savoir comment ceci doit être scindé entre Δ et Σ n'est pas clair. Cependant, il n'y a qu'un nombre fini de possibilités puisque l'antécédent par hypothèse est fini. Ceci illustre également la façon dont la théorie de la preuve peut être perçue comme opérant sur des preuves de façon combinatoire : étant données des preuves pour A et pour B, on peut construire une preuve pour A∧B.

« *Cut* » et la lecture du bas-vers-le-haut : Lorsque l'on cherche des preuves, de nombreuses règles offrent une recette plus ou moins directe de la façon de le faire. La règle de « *cut* » est différente : elle établit que, lorsqu'une formule A peut être conclue et que cette formule peut servir à son tour de prémisse pour conclure d'autres énoncés, alors la formule A peut être « coupée » et les dérivations peuvent être réunies. Construire une preuve de bas-en-haut crée le problème de la supposition de A (puisqu'elle n'apparaît pas du tout au-dessous).

On insistera ici sur les points élucidant les deux perspectives concernant la lecture des règles : de haut-en-bas (*top down*) et de bas-en-haut (*bottom up*) :

- **La perspective de haut-en-bas (des schémas d'axiome vers la thèse) :**

1. Les règles d'affaiblissement (*weakening*) permettent l'addition d'une formule arbitraire soit à gauche, soit à droite, du séquent.
2. Les règles de contraction permettent d'abandonner ou de dupliquer une formule.
3. Les règles pour les constantes logiques sont des règles d'introduction : leurs conclusions contiennent des formules contenant de nouvelles constantes logiques.

- **La perspective de bas-en-haut (de la thèse vers les schémas d'axiome) :**

1. Les règles d'affaiblissement permettent d'*éliminer* une formule arbitraire soit à gauche, soit à droite, du séquent afin d'obtenir le schéma d'axiome approprié. En fait, si l'on construit la preuve de bas-en-haut, la règle d'affaiblissement permet de voir certaines formules comme *redondantes*. La contrepartie dialogique (et tableau) de l'utilisation de cette règle est implicite dans la définition de clôture d'un jeu dialogique (branche pour tableau) qui nous permet de clore malgré le fait que d'autres sous-formules n'aient pas été utilisées dans le jeu (branche) en jeu. Prenons comme exemple la preuve dialogique (tableau) de (p∧Q)→p, où la formule complexe Q ne sera pas utilisée

pour clore le jeu dialogique (branche) qui produit une stratégie gagnante (preuve tableau) pour **P**.

2. Les règles de contraction permettent de répéter des formules. La contrepartie dialogique (et tableau) de l'utilisation de cette règle (si l'on ne suppose pas que « cut » a été utilisée) est implicite dans la structure en forme d'arbre d'un jeu (tableau) qui permet de clore deux jeux dialogiques différents (branches) en utilisant deux fois la même formule étiquetée **O**. On n'entre pas ici dans tous les détails, mais, pour le moment, on pense un dialogue (tableau) pour $(p \rightarrow (p \rightarrow q)) \rightarrow (p \rightarrow q)$. Dans une preuve dialogique (tableau), la formule atomique étiquetée $(\mathbf{O})p$ sera utilisée deux fois, à savoir dans chacun des jeux dialogiques (branches) généré par la scission de $(\mathbf{O})$ $(p \rightarrow (p \rightarrow q))$.

3. Les règles pour les constantes logiques sont des règles d'éliminations : leurs conclusions contiennent des sous-formules tirées des formules constituant les prémisses où les constantes logiques en jeu étaient apparues.

4.3 Des dialogues aux séquents

On a déjà décrit comment convertir les règles des tableaux dialogiques dans les règles des séquents. On va maintenant montrer comment produire une preuve dans le calcul de séquents à partir d'une preuve dialogique.

Tout d'abord quelques définitions :

1. On dit qu'une paire de littéraux est utilisée dans une preuve (de tableau) dialogique si et seulement si ces paires entraînent la clôture d'une branche d'un jeu dialogique.
2. On dit qu'une formule complexe A a été *utilisée* dans une preuve dialogique si et seulement si toutes les attaques et les défenses possibles sur A, autorisées par les règles structurelles et les règles de particule, ont été réalisées au cours de cette preuve. (On dit qu'une formule complexe

A a été *utilisée* dans un tableau si et seulement si une règle de tableau a été appliquée à la formule au cours de ce tableau.)

On applique la procédure du bas-vers-le-haut, autrement dit, on remonte de la thèse au schéma.

1. Réécrire la preuve (de tableau) dialogique en utilisant le système suivant :
   1a. Cocher les formules qui ont été utilisées (voir la définition ci-dessus).
   1b. Si une formule donnée a été utilisée *deux fois*, la cocher *deux fois*. Cocher deux fois un quantificateur qui a été instancié deux fois.
   1c. Les expressions entre les signes « < » et « > » n'ont pas besoin d'être cochées parce qu'elles ne peuvent pas être utilisées.

2. Commencer le calcul en réécrivant la thèse à droite du signe de séquent.

3. Suivre l'ordre des règles de la preuve dialogique dans l'ordre des rondes (et non des pas), mais appliquer les règles du calcul de séquents.

4. Ajouter à chaque formule un index c'est à dire un chiffre pour indiquer la place qu'elle occupe dans le dialogue.

5. Si le fait d'appliquer les règles du calcul de séquents donne des formules sans index (parce qu'elles n'apparaissent pas dans le dialogue), appliquer la règle d'affaiblissement adéquate.
   5a. L'usage de l'affaiblissement peut être déjà reconnu dans la notation *cochée* de la preuve dialogique d'une formule valide. En effet si une (sous-)formule n'a pas été cochée, alors l'affaiblissement sera requis. De plus cette notation indiquera si l'affaiblissement requis se situe à gauche (le côté de **O**) ou plutôt à droite (le côté de **P**).
   5b. Les expressions entre les signes « < » et « > » peuvent être éliminées sans l'utilisation de l'affaiblissement. De plus, ces expressions n'ont pas besoin d'être éliminées d'un schéma d'axiome.

5c. Si dans une preuve dialogique, une formule a été cochée plus d'une fois, lui appliquer une instanciation appropriée de la règle de contraction.

Exemples

De nouveau, on considère la preuve dialogique de la loi de Peirce :

O				P		
				$((p{\rightarrow}q){\rightarrow}p){\rightarrow}p$√		0
1	$(p{\rightarrow}q){\rightarrow}p$√	0			p√	4
I.3 |	p√ |		1	$<p{\rightarrow}q>$ | $p{\rightarrow}q$		I.2 | II.2
| II.3	| p√	II.2				

Règles classiques, **P** gagne.

Le système de coches montre déjà qu'au moins un affaiblissement est requis. En effet, la formule assertée par **P** au coup II.2 n'a pas été cochée parce que l'attaque du coup II.3 n'a jamais reçu de réponse.

Si l'on applique la procédure *du bas-vers-le-haut* décrite plus haut, on obtient, dans le calcul de séquents, la preuve suivante de la loi de Peirce, où on a ajouté des chiffres romains pour garder une trace de l'ordre des étapes dans notre preuve :

v   p (II.3) $\Rightarrow$ p (1)
    ---------------------$\Rightarrow$ affaiblissement
iv   p (II.3) $\Rightarrow$ q, p (1)
    ---------------------$\Rightarrow$ conditionnelle
iii $\Rightarrow p{\rightarrow}q$ (II.2), p (1) | p (I.3) $\Rightarrow$ p (1), $<p{\rightarrow}q>$ (I.2)
    ---conditionnelle $\Rightarrow$
ii $(p{\rightarrow}q){\rightarrow}p$ (1) $\Rightarrow$ p   (4)
    ------------------------------------ $\Rightarrow$ conditionnelle
i $\Rightarrow ((p{\rightarrow}q){\rightarrow}p){\rightarrow}p$ (0)

On se penche maintenant sur deux cas de contraction :

1er cas : $(p \rightarrow (p \rightarrow q)) \rightarrow (p \rightarrow q)$

O					P				
					$(p \rightarrow (p \rightarrow q)) \rightarrow (p \rightarrow q)\sqrt{}$			0	
1	$(p \rightarrow (p \rightarrow q)\,\sqrt{}$	0			$p \rightarrow q\sqrt{}$			2	
3	$p\,\sqrt{}\sqrt{}$	2			$q\sqrt{}$			8	
I. 5 $|$	$p \rightarrow q$ $|$		1		$<p>$ $|$	$p\sqrt{}$		I.4	II.4
I.i.7	$q\sqrt{}$ $|$				$<p>$ $|$	$p\sqrt{}$		I.i.6	I.ii.6

Règles classiques, **P** gagne.

Le fait d'avoir coché deux fois le coup 3 indique qu'il a besoin d'être utilisé deux fois par **P** :

vi   (I.i.7) $q \Rightarrow q$ (8), $<p>$ (I.4), $<p>$ (I.i.6) $|$ p (3) $\Rightarrow$ $<p>$ (I.4), p(I.ii.6)

      ----------------------- --conditionnelle $\Rightarrow$

v $p \rightarrow q$ (I.5), p (3) $\Rightarrow q$ (8), $<p>$ (I.4) $|$ p (3) $\Rightarrow p$ (II.4)

      --conditionnelle $\Rightarrow$

iv $(p \rightarrow (p \rightarrow q)$ (1), p (3), p (3) $\Rightarrow q$ (8)

      ---contraction $\Rightarrow$

iii $(p \rightarrow (p \rightarrow q)$ (1), p (3) $\Rightarrow q$ (8)

      ------------------------------------- $\Rightarrow$ conditionnelle

ii $(p \rightarrow (p \rightarrow q)$ (1) $\Rightarrow p \rightarrow q$ (2)

      ------------------------------------- $\Rightarrow$ conditionnelle

i $\Rightarrow (p \rightarrow (p \rightarrow q)) \rightarrow (p \rightarrow q)$ (0)

2^e cas : $(\exists x (Ax \rightarrow \forall x\, Ax))$

O					P		
					$\exists x (Ax \rightarrow \forall x Ax)\,\sqrt{}\sqrt{}$		0
1	?-$\exists$	0			$A_{k1} \rightarrow \forall x Ax$ $\sqrt{}$		2
3	A_{k1}	2			$\forall x Ax$ $\sqrt{}$		4

5	$?\text{-}\forall x/k_2$	4		$A_{k2}\,\sqrt{}$	8
[1]	[?-∃]	0		$A_{k2}\to\forall xAx$	6
7	$A_{k2}\,\sqrt{}$	6			

Règles classiques, **P** gagne.

Le système de coches montre déjà que nous aurons besoin de deux applications de l'affaiblissement : une pour le coup 3 (non coché), et l'autre pour la sous-formule $\forall xAx$ de la conditionnelle (non cochée) assertée au coup 6. De plus le fait que la formule assertée comme thèse soit cochée deux fois montre que cette formule requiert l'application d'une règle de contraction.

viii $\qquad A_{k2}\,(7) \Rightarrow A_{k2}\,(8)$

-------------------------------- affaiblissement $\Rightarrow$

vii $\qquad A_{k2}\,(7)\,,A_{k1}\,(3) \Rightarrow A_{k2}\,(8)$

--- $\Rightarrow$ affaiblissement

vi $\qquad A_{k2}\,(7),A_{k1}\,(3) \Rightarrow \forall xAx, A_{k2}\,(8)$

--- $\Rightarrow$ conditionnelle

v $\qquad <?\text{-}\exists>, A_{k1}\,(3)\Rightarrow A_{k2}\to\forall xAx\,(6)\,A_{k2}\,(8)$

Remarque : la reprise de l'attaque de la thèse n'a pas de chiffre.

--- $\Rightarrow$ existentiel

iv $\qquad <?\text{-}\forall x/k_2>\,(5), A_{k1}\,(3) \Rightarrow \exists x(Ax\to\forall xAx), A_{k2}\,(8)$

--- $\Rightarrow$ universel

iii $\qquad A_{k1}\,(3) \Rightarrow \exists x(Ax\to\forall xAx),\,\forall xAx\,(4)$

--- $\Rightarrow$ conditionnelle

ii $\qquad <?\text{-}\exists>\,(1) \Rightarrow \exists x(Ax\to\forall xAx), A_{k1}\to\forall xAx\,(2)$

--$\Rightarrow$ existentiel

ii $\qquad \Rightarrow \exists x(Ax\to\forall xAx), \exists x(Ax\to\forall xAx)\,(0)$

Remarque : la reprise de l'attaque de la thèse n'a pas de chiffre.

--$\Rightarrow$ contraction

i $\qquad \Rightarrow \exists x(Ax\to\forall xAx)\,(0)$

Chapitre VI : Vers une logique libre dynamique :
« Rahman's Frege's Nightmare » et le statut symbolique de
Hugh MacColl

1. La dialogique libre de « Frege's Nightmare »

Rahman[217] propose ainsi la première dialogique libre qui rende compte de cette relation entre l'action de choisir une constante pour l'interprétation du quantificateur et l'assertion qui en découle.

Tout comme dans les logiques libres qu'on a vues précédemment, on utilise des quantificateurs actualistes[218] et des constantes individuelles chargées ou non ontologiquement. En revanche, les distinctions ontologiques sont le résultat de l'application de règles logiques et on supprime donc du vocabulaire le prédicat d'existence « E! ». Plus précisément, on implémente cela dans la logique dialogique par une nouvelle règle structurelle, la règle dite d'*introduction*. Rien d'autre n'est changé pour ce qui concerne les règles de particules, et ainsi les connecteurs logiques conservent leur signification habituelle. Le rôle de cette règle d'introduction consiste à contraindre certains choix – en l'occurrence ceux du proposant – lorsqu'il s'agit d'interpréter les quantificateurs. On définit tout d'abord la notion d'introduction, puis on donne ensuite la règle d'introduction :

(**Définition 1 – Règle d'introduction**) On dit qu'un terme singulier k_i joué par X est *introduit* Ssi. :

a- X asserte la formule $\phi[x/k_i]$ pour défendre une formule existentielle $\exists x\phi$, ou

---

[217] Rahman, 2001.

[218] Dans l'article original de Shahid Rahman, on fait usage de différents types de quantificateurs, des quantificateurs actualistes comme ici, et des quantificateurs possibilistes qui portent également sur le domaine externe. On peut pour notre propos se contenter de l'explication en ce qui concerne les quantificateurs actualistes.

b- X attaque une formule $\forall x\phi$ avec $< \text{?-}x/k_i >$, k_i n'ayant pas été utilisée avant.

(RS-6) Seul **O** peut *introduire* des termes singuliers.

Intuitivement, cela signifie que l'existence ou non d'une entité désignée par un terme singulier est déterminée par la construction d'un contre-modèle par l'opposant au cours du dialogue. La charge ontologique dépend maintenant de l'application de la règle d'introduction : seules les constantes introduites par l'application de cette règle se rapportent à des objets chargés ontologiquement. Une première conséquence de **(RS-6)** est l'invalidation des principes de spécification et de particularisation. On donne ci-dessous les dialogues qui montrent comment tombent la particularisation et la spécification, respectivement :

Cas 1				
O			**P**	
			$Ak_1 \to \exists xAx$	0
1	Ak_1	0	$\exists xAx$	2
3	?-$\exists$	2		

Explication : Bien que Ak_1 ait été concédée par O (coup 1), P ne peut pas se défendre en utilisant la constante k_1 puisque O ne l'a pas introduite. Et P n'ayant pas le droit d'introduire une constante, il ne peut pas se défendre de l'attaque sur l'existentielle (coup 3). C'est donc O qui gagne le dialogue et la particularisation n'est pas valide.

Cas 2				
O			**P**	
			$\forall xAx \to Ak_1$	0
1	$\forall xAx$	0		

Explication : P ne peut attaquer l'universelle jouée par O (coup 1), puisque aucune constante n'a été introduite.

1.1 Les logiques libres dans l'approche dialogique

La règle d'introduction permet d'invalider la spécification et la particularisation tant dans la dialogique libre positive que dans la dialogique libre négative, mais pas dans la dialogique libre neutre. Dans ce contexte, on doit préciser quelques ajustements si l'on veut établir une différence entre les dialogiques libres. Pour ce qui est de la positive et de la négative, on applique directement les règles de la logique dialogique enrichies de la règle d'introduction. La seule différence porte sur l'usage du signe d'identité – conformément à ce qu'on a expliqué précédemment.

Identité et dialogues

Il y a différentes possibilités pour implémenter l'identité dans la logique dialogique.

Certaines de ces possibilités sont rapprochées de l'identité, les autres à la règle de substitution des identiques. À savoir :

1. Identité comme une formule atomique : On suppose l'identité comme un axiome sous la forme d'une formule atomique. C'est-à-dire, l'identité comme une formule atomique qui n'a pas besoin de preuve formelle.

D'un point de vue dialogique nous avons le suivant :

- ki=ki, ne peut être attaqué, mais n'a pas besoin de justification non plus. C'est-à-dire malgré être une formule atomique le Proposant peut l'affirmer bien que l'Opposant ne l'ait pas affirmé auparavant.

Cette règle, qui permet une exception à la règle formelle, exécute exactement l'idée que l'identité n'a pas besoin de justification formelle.

Identité comme un axiome : l'identité se présente comme un axiome, mais pas comme une formule atomique :

- Au même début d'un dialogue, l'Opposant concède $\forall x(x=x)$.

L'avantage de cette règle consiste en ce que nous ne devons pas ici comprendre l'identité comme une formule atomique. Le problème est que si nous voudrions prouver, par exemple, $k_2=k_2$, le dialogue doit commencer par une formule atomique. En effet, normalement l'Opposant est privé de la possibilité d'attaque formules atomiques. Voyons deux solutions possibles :

1- Au débout d'un dialogue, l'Opposant concède $\forall x(x=x)$, et *les formules atomiques peuvent être attaqués.*

Cela exige deux règles supplémentaires pour attaquer et défendre une formule atomique.

Assertion	Attaque	Défense
X-!-A	**Y-?**$_{-A}$	**X-!-A** *sic n* (Le défenseur affirme la formule atomique en jeu en indiquant comme justification que l'adversaire a affirmé cette formule au mouvement n)

Note: une formule atomique défendue au coup m avec un coup du type sic, ne peut pas être attaqué de nouveau.

La solution suivante est moins compliquée, mais exige l'introduction du symbole « $\vdash$ » (turnstyle) dans le dialogue :

2- Chaque thèse du Proposant a la forme $\forall x(x=x) \vdash \varphi$.

Cela exige une règle supplémentaire pour attaquer et défendre le turnstyle

Assertion	Attaque	Défense
X-!- $\varphi_1 ,..., \varphi_n \vdash . \psi$	**Y-?-** φ_1 ... **Y-?-** φ_n	**X-!-**ψ

	(l'attaquant concède les prémisses)	

La substitution d'identiques et dialogues

L'implémentation de la règle de substitution des identiques semble nous engager dans une asymétrie d'une certaine manière étrange.

Bien que l'acceptation de l'identité comme axiome semble être une importation du niveau ontologique, la règle de substitution a sa justification dans le fait qu'à l'exception de l'identité (ki=ki) tous les autres égalités (ki=kj) concernent la relation entre certaines entités du langage, à savoir termes, avec leur référence. Parce que c'est le cas, ces types de formules atomiques peuvent être attaqués :

Assertion	Attaque	Défense
$\mathbf{X}$-!- $ki=kj$. $\mathbf{X}$-!- $\varphi[ki]$, '[ki]' signale que ki apparaît dans φ X affirme $\varphi[ki]$ et concède avant $ki=kj$	$\mathbf{Y}$-?- $ki^{1...n}/kj$?, (l'attaquant exige à X de remplecer ki avec kj dans les occurences 1 ...n)	$\mathbf{X}$-!- $\varphi[kj]$, (kj est à la place de ki dans les occurences 1 ...n)

Cette formulation de la règle est permet un remplacement gauche-droite mais une droite-gauche est également possible en tant que règle dérivée. A manière d'éclaircissement de la preuve, on assume que l'identité a été introduite comme un axiome atomique entre les composants de l'antécédent du turnstyle :

	O			P	
				$ki=ki$, $ki=kj$, $\varphi[kj]$ ⊢ $\varphi[ki]$	0
1.1	$ki=ki$				
1.2	$ki=kj$	0			
1.3	$\varphi[kj]$	II.2	1.2	$\varphi[ki]$	6
3	$kj=ki$		1.1, 1.2	? ki^1/kj	2
5	$\varphi[ki]$		3, 1.3	? kj/ki	4

Le coup décisif c'est le 2. En effet, ici le proposant astucieux prend l'identité comme étant la formule φ où se trouve ki et vous demande donc de remplacer la première occurrence de ki avec kj.

1.2 Logique dialogique libre positive

Dans la dialogique libre positive, et pour faire simple, on implémente l'identité sous forme d'un axiome par l'addition d'une règle.

Dans ce qui suit, et quelle que soit la dialogique abordée (positive, neutre, négative ou supervaluationnelle), on suppose également la règle suivante pour la substitution:

Règle pour la substitution de constantes dont l'identité a été concédée par O : si $k_i=k_j$ a été concédé par O, alors, si O concède également une formule $\phi[x/k_i]$, P peut lui demander de substituer k_i à k_j et O devra se défendre en affirmant $\phi[x/k_j]$.

(RS-FL$_{(+)}$) Au début de chaque dialogue de la dialogique libre positive, O concède $k_i=k_i$.

O concède ainsi que l'identité vaut pour toutes les constantes individuelles qui apparaissent dans un dialogue. Dès lors, P peut affirmer sans justification que $k_j=k_j$ pour toutes les constantes k_j qui apparaissent dans le dialogue, y compris celles qui n'ont pas été introduites.

Exemple :

	O			P	
				$(k_1 = k_1) \rightarrow \exists x(x=x)$	0
1	$k_1 = k_1$	0		$\exists x(x=x)$	2
3	?-∃ ☺	2			

Explication : Cette version de la particularisation est invalide puisque O a concédé ki mais il n'a pas introduit aucune constante. En effet, pour répondre au coup 3, P doit compter avec une constante introduite et il n'y a pas, bien qu'il pourrait simplement écrire ki=ki au coup 4 mais il ne sera pas la réponse attendu. Autrement dit, P perdre parce qu'il le faut une constante introduite pour répondre à l'attaque à un quantificateur existentiel et O n'a introduite aucune.

1.3 Logique dialogique libre négative

Pour la dialogique libre négative, les choses sont différentes puisque l'axiome de l'identité ne peut être utilisé que si la constante en jeu a déjà été introduite par l'opposant. Ainsi, l'identité doit dans une certaine mesure être justifiée puisqu'elle ne peut être posée qu'en fonction des choix de l'opposant et l'axiome de l'identité doit être initialement concédé par l'opposant dans une formulation universellement quantifiée. Au début de chaque dialogue, l'opposant concède $\forall x(x = x)$ qui ne peut être attaquée par le proposant que si une constante a déjà été introduite – conformément à la règle d'introduction.

Pour la logique dialogique libre négative, on ajoute la règle suivante aux règles pour la logique dialogique libre :

(RS-FL$_{(-)}$) Au commencement de chaque dialogue, O concède $\forall x(x = x)$ que P peut attaquer selon les règles habituelles.

On précise maintenant quelques ajustements pour la dialogique libre neutre. En effet, dans la logique libre neutre, les formules qui contiennent une constante individuelle dont l'interprétation est indéterminée ont une valeur indéterminée. Cela a pour effet de rendre indéterminées certaines formules qui étaient classiquement valides. En dialogique libre neutre, cela doit se traduire par le fait que si une formule contient une constante qui n'a pas été introduite par l'opposant, alors il n'y a pas de stratégie gagnante pour le proposant ni pour l'opposant. Autrement dit, on joue ici avec les règles pour la dialogique libre négative, C'est-à-dire qu'on traite l'identité comme en dialogique libre négative, sauf qu'on doit modifier la règle de gain de partie en y ajoutant la clause suivante :

(RS-4-FL$_{(n)}$) (*Gain de partie*)

- P gagne le dialogue ssi. les deux conditions suivantes sont remplies :
  -le dialogue est terminé et clos selon les règles pour la dialogique libre négative,
  -tous les k_i qui ont été joués au cours du dialogue par O et par P ont été introduits ou sont identiques avec un k_j qui a été introduit.
- O gagne le dialogue ssi. les deux conditions suivantes sont remplies :
  -le dialogue est terminé et ouvert selon les règles pour la dialogique négative,
  -tous les k_i qui ont été joués au cours du dialogue par O et par P ont été introduits ou sont identiques avec un k_j qui a été introduit.
- Dans tous les autres cas, il n'y a pas de gagnant et la formule en jeu est déclarée invalide. Autrement dit, s'il y a au moins un k_i non introduite le dialogue est déclaré indéterminé.

En appliquant cette règle, et contrairement aux dialogiques libres négative et positive, le dialogue ci-dessous pour la particularisation est indéterminé, il n'y a pas de gagnant :

Cas 3					
O			**P**		
			$Ak_1 \rightarrow \exists xAx$		0
1	Ak_1	0	$\exists xAx$		2
3	$?\exists$ ☺	2			

Explication : Le dialogue est terminé et ouvert selon les règles pour la dialogique libre négative puisque O a posé la dernière attaque possible et P ne peut y répondre (coup 3). Cependant, dans le dialogue, apparaît un k_1

qui n'a pas été introduit, et par conséquent ni O ni P ne gagne. La formule est indéterminée.

On notera que la règle contient la précision « tous les k_i qui ont été joués au cours du dialogue par O et par P ont été introduits ou sont identiques avec un k_j qui a été introduit ». Cette précision est nécessaire puisque si k_i est identique à un k_j existant (introduit), alors il doit exister. Cela est nécessaire tant par souci de pertinence que pour faire tenir la substitution des identiques. Sans entrer dans les détails, le dialogue ci-dessous donne la preuve pour la validité d'une formule malgré l'apparition d'une constante k_i qui ne résulte pas d'un choix par application de la règle d'introduction :

Cas 4					
O			**P**		
Σ	$\forall x(x = x)$			$\exists x(x = k_1) \rightarrow \exists x(x = x)$	0
1	$\exists x(x = k_1)$	0		$\exists x(x = x)$	2
3	?-$\exists$	2		$k_2 = k_2$ ☺	8
5	$k_2 = k_1$		1	?$\exists$	4
7	$k_2 = k_2$		Σ	? k_2	6

Explication : Ici apparaît un k_1 qui n'est pas introduit. Mais O concède que ce k_1 est identique avec un k_2 qu'il a introduit (coup 5). Par substitution des identiques, k_1 doit donc exister puisqu'il est identique avec un existant. En attaquant la concession initiale de O (coup 6), P force ainsi à concéder l'identité dont il a besoin.

Pour comparaison, le dialogue ci-dessous prouve la validité de la formule $\exists xAx \rightarrow (\exists xAx \lor Ak_1)$ dans les dialogiques libres positive et négative, mais pas dans la neutre où elle reste indéterminée :

Cas 5				
O			**P**	
			$\exists xAx \to (\exists xAx \vee Ak_1)$	0
1	$\exists xAx$	0	$\exists xAx \vee Ak_1$	2
3	$?\vee$	2	$\exists xAx$	4
5	$?\exists$	4	Ak_2 ☺	8
7	Ak_2		1	$?\exists$	6

Explication : En dialogique libre positive ou négative, la formule est valide et ce, peu importe le statut ontologique de k_1. En revanche, en dialogique libre neutre, il n'y a pas de gagnant puisque k_1 est indéterminé (coups 0 et 2). Le dialogue est terminé est clos, mais il y a une constante non-introduite et non-identique à un kj introduit, et donc ni O, ni P, ne gagne. La thèse est indéterminée.

On a maintenant tous les dispositifs adéquats pour implémenter les supervaluations dans la logique dialogique. En effet, dans le point de vue de la dialogique libre, les supervaluations peuvent être implémentées en s'appuyant sur les dialogiques neutre et positive. Plus précisément, on ajoute les règles suivantes :

(RS-SV-1) On commence un dialogue avec les règles de la dialogique libre neutre.

(RS-SV-2) Si le dialogue est terminé avec les règles de la dialogique libre neutre et que ni O, ni P, ne gagne, alors on recommence le dialogue avec les règles pour la dialogique libre positive.

Une conséquence de ces règles est la validité de $\exists xAx \to (\exists xAx \vee Ak_1)$, qui était indéterminée dans la dialogique libre neutre :

Cas 6						
	O				P	
					$\exists xAx \rightarrow (\exists xAx \lor Ak_1)$	0
1	$\exists xAx$	0			$\exists xAx \lor Ak_1$	2
3	?$\lor$				$\exists xAx$	4
5	?$\exists$	4			Ak_2	8
7	Ak_2		1		?$\exists$	6
					$\exists xAx \rightarrow (\exists xAx \lor Ak_1)$	0'
1'	$\exists xAx$	0			$\exists xAx \lor Ak_1$	2'
3'	?$\lor$				$\exists xAx$	4'
5'	?$\exists$	4			Ak_2 ☺	8'
7'	Ak_2		1		?$\exists$	6'

Explication : Par application de (RS-SV-1), P énonce la thèse (coup 0) et on joue avec les règles pour la dialogique libre neutre. Le dialogue est terminé est clos selon les règles pour la dialogique négative, mais apparaît un k_1 qui n'a pas été introduit et qui n'est pas identique à un k_i introduit. Par conséquent, ni O, ni P, ne gagne. Par application de (RS-SV-2), P énoncé à nouveau la thèse (coup 0') et le dialogue se poursuit avec les règles pour la dialogique libre positive. P gagne dans la seconde partie du dialogue.

Plutôt que de *supervaluation*, et étant donné que la dialogique ne traite pas de valuation, il conviendrait ici de parler de *supervalidité* ou de *superdialogue*[219]. En effet, la deuxième partie du dialogue (coups n'), est en fait un superdialogue, un dialogue dans un contexte hypothétique où l'on admet l'usage des constantes qui apparaissent dans la thèse initiale et qui n'ont pas été introduites par l'opposant. On doit insister sur le fait que ce superdialogue se déroule selon les règles de la dialogique positive et que, par conséquent, le proposant ne peut introduire de constante pour défendre un quantificateur existentiel ou attaquer un quantificateur universel. On conserve ainsi la validité des théorèmes de la dialogique libre malgré

---

[219] Fontaine M., Redmond J., Rahman S., 2009.

l'apparition de constantes indéterminées grâce à un dialogue où l'on fait l'hypothèse d'une détermination quelconque pour cette constante. De même, en appliquant ces règles, on (super)valide de nouveaux des théorèmes de la logique classique qui étaient rendus indéterminés dans la dialogique libre neutre - $\neg(\phi[x/k_1] \wedge \neg\phi[x/k_1])$ notamment. Inversement, la spécification et la particularisation, indéterminées en dialogique libre neutre, sont maintenant invalidées. En effet, dans le contexte de la dialogique de la supervalidité, une formule est *valide* si et seulement s'il y a une stratégie gagnante pour le proposant dans le dialogue initial. Une formule est *supervalide* si et seulement s'il y a une stratégie gagnante pour le proposant dans le *superdialogue*.

Ces différentes variantes de la dialogique libre montrent comment comprendre l'existence non pas comme un prédicat, mais plutôt comme une fonction de choix. La façon standard d'utiliser le prédicat d'existence a occulté le fait que les présuppositions existentielles ne devaient pas être comprises en termes de relations entre des propositions, mais plutôt en termes de choix. Mieux que tout autre système de preuve, la logique dialogique libre affirme avec force que être c'est être choisi par l'opposant.

Si l'on fait le parallèle entre les séquences de coups qu'on a en dialogique conformément aux règles de particules pour les quantificateurs et le moment où intervient la supposition d'un terme chez Jaskowski, on remarque que défendre une existentielle correspond au double coup de choisir une constante et d'asserter une formule. Inversement, attaquer une universelle, c'est à la fois choisir une constante et attaquer une formule assertée. Dans le tableau ci-dessous, les formules signées T correspondent à des coups de l'opposant, celles signées F à des coups du proposant.

En fait, le parallèle avec les règles de Jaskowski est direct et illustre bien le fait qu'être c'est être choisi. Si l'on s'en remet aux règles pour la construction des tableaux, les règles de type δ correspondent à un choix de l'opposant. Autrement dit, la présupposition existentielle est fonction des choix de l'opposant. Pour illustration, dans le tableau ci-dessous, propositions signées T reflètent des actions de l'opposant, tandis que les propositions signées F reflètent des actions du proposant[220] :

1- T $\exists x\phi$ a - O - $\exists x\phi$

                     b - P - ?$\exists$

2- T τk_i

3- T $\phi[x/k_i]$ c - O - $\phi[x/k_i]$ (O choisit un k_i est asserte $\phi[x/k_i]$)

Pour ce qui est des règles de type γ, le proposant ne peut défendre une existentielle ou attaquer une universelle que si l'opposant lui a concédée l'existence de la constante qu'il veut jouer. C'est-à-dire que le choix du proposant, quand il interprète un quantificateur, est fonction des choix de l'opposant. Ce que cela signifie, c'est que l'existence comprise en termes de choix est en fait à comprendre comme une fonction de fonction (fonction des constantes jouées par le proposant qui sont fonction des choix de l'opposant).

Déterminant ainsi l'existence par l'application de règles logiques, la dialogique libre permet donc bien de comprendre l'existence en termes de choix et d'échapper à la tradition critique à l'égard du prédicat d'existence.

Formule de Smullyan

Une autre conséquence de la règle d'introduction est qu'aucune formule dont le connecteur principal est un quantificateur existentiel n'est pas valide - si la première attaque de l'opposant porte sur un quantificateur existentiel, alors le proposant est bloqué. Tel est le cas notamment de la formule de Smullyan $\exists x(Ax \rightarrow \forall xAx)$ dont on donne la preuve tout d'abord en dialogique classique pour montrer la différence avec la dialogique libre :

---

[220] On notera que le fait que l'opposant ait le choix de la constante, et qu'il cherche à gagner contre le proposant, a pour effet que, dans un dialogue où apparaît une telle séquence de coups, la constante k_i est nouvelle. Inversement, dans les règles de type γ, c'est le proposant qui a le choix dans la dialogique, ce qui signifie que la constante k_i sera quelconque.

Cas 7				
O			**P**	
			$\exists x(Ax\to\forall xAx)$	0
1	?∃	0	$Ak_1\to\forall xAx$	2
3	Ak_1	2	$\forall xAx$	4
5	$?k_2$	4	Ak_2 ☺	8
			$Ak_2\to\forall xAx$	6
7	Ak_2	6		

Explication : En *dialogique classique* (Cas 7), P défend l'existentielle en introduisant une constante nouvelle (coup 2). Au coup 6, P répète sa défense du coup 2 en utilisant la constante k_2 concédée par O[221]. Le dialogue est terminé et clos (coup 8), P gagne. *En dialogique libre* (Cas 8), le dialogue ne va pas plus loin que la première attaque sur l'existentielle par O (coup 1). En effet, à ce stade du jeu, aucune constante n'a été introduite et par application de (RS-6), P ne peut se défendre. Dans ce cas, O gagne et la formule n'est pas valide.

Cas 8				
O			**P**	
			$\exists x(Ax\to\forall xAx)$	0
1	?∃ ☺	0		

Cependant, on est ici confronté à un problème de pertinence qu'on ne peut passer sous silence : bien que les formules $\exists x(Ax\to\forall xAx)$ et $\exists x\neg Ax\vee\forall xAx$ soient normalement équivalentes, elles ne le sont plus avec la règle d'introduction. En effet, si l'on n'a pas de preuve de la première, on peut prouver la seconde comme suit :

---

[221] En logique intuitionniste, où l'on ne peut répéter une défense, ce coup est interdit et la preuve est bloquée.

Cas 9					
O			**P**		
			$(\exists x\neg Ax \vee \forall xAx)$		0
1	?-$\vee$	0	$\forall xAx$		2
3	?-k1	2	Ak_1		8
			$\exists x\neg Ax$		4
5	?$\exists$	4	$\neg Ak_1$		6
7	Ak_1				

Explication : Le fait que P puisse d'abord jouer le disjoint quantifié universellement (coup 2) et forcer O à introduire une constante (coup 3) d'une part, et qu'il mette ensuite son choix à jour en répétant sa défense du coup 1 (coup 4) d'autre part, offre à P une stratégie gagnante pour la formule.

Ce que montre ce problème de pertinence, c'est que la dynamique de la dialogique du « Frege's Nightmare » n'est pas encore achevée. La règle d'introduction est encore trop rigide et la dialogique libre ne sera réellement dynamique que si l'on tient compte du fait que les choix qui apparaissent dans le processus d'une preuve peuvent faire changer le statut ontologique des objets auxquels se rapportent les constantes jouées, voire l'import existentiel des quantificateurs. A vrai dire, le problème de pertinence qu'on vient d'exposer n'est que le signe de la nécessité de développer plus avant encore le caractère dynamique de la dialogique libre.

Pour développer la dialogique libre de « Frege's Nightmare » et changer ce qu'elle possède de statique à l'égard des choix de constantes et conformément à la règle d'introduction, nous allons nous servir des contributions que Hugh MacColl présente principalement dans son travail *Symbolic Logic and its Applications* de 1906, notamment la notion de statut symbolique des constantes. Il faut remarquer que, conformément à l'exposé dans la fin de la section I, la notion de statut symbolique essaie de réfléchir la notion de statut indéterminé inspirée des écrits de Borges. Pour continuer, on exposera quelques idées fondamentaux de Hugh MacColl et par suite les fondements pour une logique dialogique libre dynamique.

2. La logique de la non-existence de Hugh MacColl[222]

2.1 Introduction

Hugh MacColl (1837-1909) fut un mathématicien et logicien qui passa les premières années de sa vie en Écosse. Après quelques années de travail en différents lieux de Grande-Bretagne, il s'installa à Boulogne-sur-Mer (France), où il développa la majeure partie de son œuvre et devint citoyen français. En dépit du fait que l'on pourrait difficilement dire que son travail satisfait la rigueur de la philosophie des mathématiques et de la logique de Frege, MacColl fut connu en son temps pour ses contributions novatrices dans le monde de la logique. Sa première contribution pour l'algèbre logique du 19ième siècle fut son calcul qui n'autorise pas seulement une classe d'interprétation (comme dans l'algèbre de Boole) mais aussi une interprétation propositionnelle. Qui plus est, MacColl donna une préférence à l'interprétation propositionnelle en raison de sa généralité et l'appela logique pure. Le connecteur principal de sa logique pure est le conditionnel et par conséquent, son algèbre contient un opérateur spécifique pour ce connecteur. Dans *Symbolic Logic and its Applications* (1906), MacColl publia la version achevée de sa(ses) logique(s) où des propositions sont qualifiées soit de certaines, soit de impossibles, soit de contingentes, ou encore de vraies ou de fausses. Après sa mort, son travail subit un triste destin. Contrairement aux autres logiciens qui lui étaient contemporains tels que L. Couturat, G. Frege, W.S. Jevons, J. Venn, G. Peano, C.S. Pierce, B. Russell et E. Schröder, qui connaissaient le travail de MacColl, ses contributions au monde logique ne semblent pas avoir reçues ni les remerciements ni les études systématiques qu'elles auraient méritées. Plus encore, nombre de ses idées furent attribuées à ses successeurs ; les exemples les plus connus sont : la notion d'implication stricte, la première approche formelle de la logique modale et la discussion des paradoxes de l'implication matérielle,

---

[222] On suit principalement Rahman/Redmond, 2007 (trad. Sébastien Magnier)

habituellement attribuée à C.I. Lewis. Il en va de même pour ce qui est de ses contributions à la logique probabiliste (probabilité conditionnelle), logique plurivalente (relationnelle), logique de la pertinence et logique connexe. Le fait qu'il ait aussi exploré la possibilité de construire un système formel capable de raisonner avec des fictions est moins connu. Ce dernier point semble être lié à sa reconstruction formelle du syllogisme aristotélicien par le biais de la logique connexe.

Deux raisons majeures semblent avoir été déterminantes dans le fait que son travail soit tombé dans l'oubli. L'une s'apparente à des problèmes techniques et l'autre à la position philosophique qu'il adopte.

La forte influence de la méthodologie de la logique, amorcée par le travail de Frege immédiatement après la mort de MacColl, justifie le premier facteur. De fait, la méthode logique de présentation d'un système logique comme un ensemble d'axiomes clos sous une relation de conséquence, instiguée par Frege puis développée plus en profondeur par Peano, Russell et d'autres, remplaça rapidement la méthode algébrique de calcul du 19ième siècle, employée par MacColl.

La seconde raison est liée à la philosophie de sa logique. Les idées philosophiques de MacColl étaient basées sur une sorte d'instrumentalisme étendu au delà des deux paradigmes principaux de la logique formelle du 19ième, respectivement la mathématique comme logique (logicisme) et la logique comme algèbre (approche algébrique de Boole). Il est intéressant de noter que sa position philosophique se rapproche plus du conventionnalisme et de l'instrumentalisme français tels qu'ils sont développés par ses jeunes contemporains Henri Poincaré et Pierre Duhem ainsi que du pragmatisme américain de Charles Saunders Peirce que de l'empirisme ou encore du logicisme.

Au delà de ses contributions scientifiques, MacColl s'intéressa à la littérature. En suivant l'esprit de son siècle, il publia deux romans, *Mr. Stranger's Sealed Packet* (1889) et *Ednor Whitlock* (1891) ainsi qu'un essai *Man's Origin, Duty and Destiny* (1909). Le premier est un roman de science fiction, à savoir un voyage sur Mars. Il s'agit là du troisième roman sur de

Mars publié en anglais. Dans ces deux derniers travaux, MacColl discute du conflit entre science et religion et des problèmes liés à la foi, au doute et à l'incroyance.

Il est impossible de résister à la tentation de comparer la contribution scientifique de MacColl avec ses incursions dans le domaine littéraire. L'œuvre de MacColl renferme à la fois le plus conservateur des livres victoriens de science fiction de son temps et un des propos les plus novateurs pour la logique du 19ième siècle.

2.2 Les éléments de la philosophie de la logique et du langage de MacColl

"There are two leading principles which separate my symbolic system from all others. The first is the principle that there is nothing sacred or eternal about symbols; that all symbolic conventions may be altered when convenience requires it, in order to adapt them to new conditions, or to new classes of problems [...]. The second principle which separates my symbolic system from others is the principle that the complete statement or proposition is the real unit of all reasoning."[223]

"Symbolical reasoning may be said to have pretty much the same relation to ordinary reasoning that machine-labour has to manual labour [...]. In the case of symbolical reasoning we find in an analogous manner some regular system of rules and formulae, easy to retain [...], and enabling any ordinary mind to obtain by simple mechanical processes results which would be beyond the reach of the strongest intellect if left entirely to its own resources."[224]

« Mais la logique symbolique fait pour la raison ce que fait le télescope ou le microscope pour l'œil nu. »[225]

---

[223] MacColl, 1906a. pp.1-2.
[224] MacColl, 1880p. p.45
[225] MacColl, 1903d. p.420.(Cf. La remarque similaire de Frege dans sa *Begriffsschrift*, xi)

Comme cela est déjà annoncé dans l'introduction, la philosophie de MacColl est un genre d'instrumentalisme logique. Les extraits cités ci-dessus mettent en évidence que certains contextes de raisonnement peuvent nécessiter une logique particulière qui n'est pas applicable à d'autres contextes. En conséquence, en construisant un système symbolique pour un type particulier de logique, les expressions utilisées doivent être considérées avec la plus grande attention. La position que MacColl adopte est basée sur une notion pragmatique de l'énoncé et de la proposition, où l'aspect communicatif du signe (signes utilisés pour véhiculer l'information) est au centre de sa philosophie. Cet aspect de la philosophie du langage de MacColl le mène à explorer les possibilités d'un système formel suffisamment fin pour capturer les nuances et les caractéristiques du langage naturel. Les résultats de ses explorations sont suivants : l'utilisation de domaines restreints pour rendre compte de la contrepartie formelle de la notion grammaticale de sujet, l'utilisation de termes pour les individus et les concepts individuels, la distinction entre la négation d'une formule propositionnelle et la négation de prédicats, l'utilisation à la fois du prédicat d'existence et du prédicat de non-existence, la critique des paradoxes de l'implication matérielle dans le cadre de la logique modale et l'implication stricte, la logique plurivalente, la logique probabiliste, la logique de la pertinence, la logique connexe. Malheureusement, nombre de ces idées ne furent pas complètement développées et beaucoup d'autres restèrent dans un état tel qu'il nous est difficile de les comprendre aujourd'hui. L'une des raisons de cet inachèvement caractéristique de son travail est lié au défaut d'une structure technique appropriée capable de mettre en pratique ses nombreuses idées. Non seulement MacColl ne connaissait pas l'approche axiomatique de la logique, mais il n'a pas su réaliser la puissance fournie par les quantificateurs (et les variables liées), bien que son langage formel contienne des opérateurs très proches de la notion de quantificateur (restreint). A cela s'ajoute une tension fondamentale dans sa notion d'énoncé et de proposition. Cette dernière n'étant pas résolue, elle confronte, dans certains passages, le lecteur à une difficile tâche interprétative. En général, il est assez difficile de réaliser une description systématique de son travail, sujet à de divers changements inattendus. Cependant, certaines critiques auraient pu juger moins hâtivement son travail si nous avions eut une meilleure compréhension de sa conception instrumentaliste du langage formel. Le langage formel de MacColl est essentiellement délimité par le contexte, et par conséquent, sa notation logique ne peut pas être lue indépendamment du contexte informel à l'intérieur duquel œuvrent les instruments formels. Le langage de MacColl n'est pas une notation rigide, universellement applicable, mais plutôt un système flexible, conçu pour s'adapter à différents contextes, s'enracinant sur fond de connaissances tacites (méta-logique) de l'environnement en question. Il s'agit en fait, plus d'une structure que d'un système. Nous continuerons d'utiliser le terme *système* en suivant l'utilisation qu'en fait MacColl, mais il est important de toujours se rappeler que le langage logique de MacColl est une structure formelle. Lorsqu'il étudia les langues naturelles, cette structure prit la forme d'une grammaire formelle – bien que son angle d'approche principal soit celui d'un logicien bien plus que celui d'un linguiste.

À travers les paragraphes qui vont suivre, nous essaierons de dessiner les contours du chemin qui mène MacColl de sa notion d'énoncé à ses propositions variées pour des logiques innovantes.

2.3 Deux notions élémentaires dans la grammaire formelle de MacColl : *Enoncé* et *Proposition*.

MacColl présente la version finale de son système logique dans son livre *Symbolic logic and its applications* de 1909 qui sera la principale source pour notre discussion.

Dans la conception que MacColl se fait de l'énoncé, le son, les signes ou les symboles sont employés pour véhiculer les informations, et une proposition est une phrase qui, au regard de sa forme, peut être divisée en deux parties respectivement nommées sujet et prédicat. Il semble que d'après MacColl, un symbole soit un signe dans un langage artificiel et que les expressions des propositions soient les symboles principaux du langage artificiel. Ici le terme artificiel inclut le langage naturel, ce qui est artificiel est compris comme un produit culturel et le symbole comme un code. Le langage artificiel où les expressions des propositions sont emboîtées est alors conçu comme étant fourni par une structure grammaticale. Une proposition exprime d'une manière plus précise et spécifique ce qu'exprime un énoncé de façon plus vague et générale. Chaque proposition est par conséquent un énoncé alors que le contraire ne vaut pas. Il est clair que dans tous les cas (selon MacColl) nous pouvons transmettre la même information par ces deux moyens. Par exemple, si quelqu'un nous demande si nous aimerions fumer un cigare, nous pouvons répondre soit en secouant la tête : un énoncé, soit avec une proposition : « Je ne fume pas de cigare ».

"I define a statement as any sound, sign, or symbol (or any arrangement of sounds, signs, or symbols) employed to give information; and I define a proposition as a statement which, in regard to form, may be divided into two parts respectively called subject and predicate. [...] A nod, a shake of the head, the sound of a signal gun, the national flag of a passing ship, and the warning "Caw" of a sentinel rook, are, by this definition, statements, but not propositions. The nod may mean "I see him"; the shake of the head, "I do not see him"; the warning "Caw" of the rook, "A man is coming with a gun", or "Danger approaches"; and so on. These propositions express more specially and precisely what the simpler statements express more vaguely and generally."[226]

La théorie de l'énoncé de MacColl est assez compliquée et demeure en relation avec sa théorie de l'évolution du langage dans la culture humaine. Ce point fut étudié en profondeur par Michael Astroh, qui a discuté le lien entre la notion d'énoncé de MacColl et la tradition linguistique de son époque. [227] En outre, MacColl revisite la théorie traditionnelle des hypothétiques dans les termes de sa définition des énoncés et des *propositions de logique pure* (*grosso modo* : les propositions valides).[228] Pour notre propos, nous retiendrons ici l'idée qu'un énoncé est une chaîne de signes utilisée pour transmettre des informations et qui peut devenir ce que MacColl appelle une *proposition*. La dernière assume une structure sujet-prédicat. Cette structure sujet-prédicat représente en fait le lien entre un domaine restreint (sujet de MacColl) et un prédicat (prédicat de MacColl) défini sur

---

[226] MacColl, 1906a. pp.1-4.
[227] Astroh, 1999b et Astroh, 1995.
[228] Cf. Sundholm, 1999, Rahman, 1998, 2000.

le domaine.[229] L'idée que la notion grammaticale de sujet corresponde au concept de domaine restreint d'une grammaire formelle est, selon notre point de vue, l'une des contributions majeures de MacColl. Ce domaine restreint (sujet) peut être soit *déterminé*, *déterminé* par l'introduction d'un terme, soit *indéterminé*. Ce dernier se résume simplement à un domaine et un prédicat défini sur tous les éléments du domaine. Les domaines *indéterminés* (sujets) sont par conséquent la version existentielle et universelle de la quantification chez MacColl. En réalité ce type de quantification ne suppose pas nécessairement un engagement ontologique.[230] Afin d'éviter toute confusion, nous nommerons la notion de *sujet indéterminé* de MacColl : *propositions quantifiées*. De plus à l'intérieur des propositions quantifiées (*sujets indéterminés*), nous distinguons *A-propositions* (propositions universelles) des *I-propositions* (propositions existentielles). En effet les expressions de base du langage formel de MacColl sont de la forme :

$$H^B$$

où *H* est le domaine (sujet) et *B* le prédicat. Il donne l'exemple suivant :

H: Le cheval
B: marron
H^B: Le cheval est marron

MacColl observe que le mot « cheval » est une classe. Pour différencier les éléments de la classe dénotée par *H*, nous pouvons soit :

i) introduire des suffixes numériques : H_1, H_2, etc.

---

[229] Comme mentionné plus haut, MacColl semble penser que le passage – à l'intérieur d'une communauté d'hommes donnée – du niveau où l'information a était d'une certaine manière transmise par la signification d'un énoncé, à l'articulation d'une proposition adéquate – qui assume une structure sujet-prédicat – est le signe d'un degré plus élevé dans l'évolution de cette communauté d'hommes. De plus, MacColl croit, que ce plus haut degré d'élévation, ce passage peut être introduit par convention dans le stock linguistique du langage d'origine. (cf. MacColl, 1906a, pp.3-4).

[230] Cf. Rahman/Redmond, 2005.

ou

ii.1) assigner à chaque individu un attribut différent, dans ce cas H_B représente « le cheval marron » ou H_W « le cheval particulier qui a gagné la course ».

ii.2) introduire une sous-classe (propre ou impropre), dans ce cas H_W représente « tous ces chevaux qui ont gagné la course ».[231]

Le terme de classe semble correspondre à notre notion moderne de domaine restreint pour la portée des quantificateurs telle que nous pouvons la trouver de nos jours dans la grammaire formelle. Ici, MacColl suit strictement le langage naturel. En fait, il suppose aussi un domaine universel (tacite), qui, comme nous le discuterons ultérieurement, inclut la non-existence, mais à ce niveau de langage objet, seulement quelques restrictions (*portions*) de cet univers peuvent être exprimées. Ces *portions* (restrictions du domaine universel) constituent le domaine sur lequel portent les propositions.

« Let S denote our Symbolic Universe or "Universe of Discourse" consisting of all the things S_1, S_2, &c, real, unreal, existent, or non-existent, expressly mentioned or tacitly understood in our argument or discourse. Let X denote any class of individuals X_1, X_2, &c., forming a portion of the Symbolic Universe S. »[232]

L'utilisation de suffixes par MacColl – comme décrit en i et ii.1 – semble correspondre à notre notion contemporaine de *terme individuel* (incluant les termes pour les individus et les concepts individuels).

---

[231] L'utilisation que fait MacColl des articles du langage naturel « le » et « un » est difficile à suivre. Parfois MacColl les utilise pour faire la différence entre « tous » et « quelques uns » et parfois pour faire la différence entre l'expression quantifiée et une instance particulière de ces expressions.

[232] MacColl, 1906a. pp.1-4.

« On the other hand, S_B and H_k [...]. These are not complete propositions; they are merely qualified subjects waiting for their predicates. »[233]

Les symboles tels que *B*, *H*, *W*,... peuvent être utilisés à la fois comme classes et comme suffixes. Tout en explorant leurs différentes utilisations, MacColl discute de la différence entre une utilisation en qualité d'adjectif et un usage prédictif des ces symboles.

« Thus the suffix W is adjectival; the exponent S is predicative [...]. »

« The symbol H^W, without an adjectival suffix, merely asserts that a horse, or the horse, won the race without specifying which horse of the series H_1, H_2, &c. »[234]

L'expression H^W est de fait ambiguë : elle peut signifier à la fois « *le cheval de l'ensemble* » (tel que « le cheval est un animal ») qui doit être lu comme une proposition universelle « *tous les chevaux de l'ensemble* » :

« "The horse has been caught". [...] asserts that every horse of the series H_1, H_2, &c., has been caught. »[235]

Il se peut toutefois qu'elle ne désigne qu'une *portion* du domaine restreint et en conséquence, elle doit être lue comme une proposition

---

[233] *Ibid.*, p.5.

[234] *Ibid.*, p.5. L'interprétation de ce passage n'est pas si directe. Ici, nous choisissons de comprendre H^W comme une proposition quantifiée, qui semble être compatible avec l'utilisation qu'en fait MacColl dans la suite de son livre. Un autre choix pourrait être l'interprétation (et critique) de Russell; il semble comprendre l'expression de MacColl comme une fonction propositionnelle (cf. la réponse de MacColl à Russell dans MacColl, 1910c, d). La lecture de Russell peut être soutenue par le fait que MacColl s'efforce de montrer que de telles expressions n'ont pas d'engagement ontologique. Le problème avec la lecture de Russell est que cela ne s'accorde pas avec la plupart des explications et commentaires donnés par MacColl lui-même.

[235] MacColl, 1906a. p.41.

particulière « *le cheval a été attrapé* », autrement dit, « certains chevaux [de l'ensemble] ont été attrapés ».

Dans le but de lever toute ambiguïté issue de cette expression, MacColl utilise deux exposants spéciaux, à savoir ε pour l'universel, et θ pour le particulier.[236] Ces outils mènent respectivement aux *A- et I-propositions*.

$$(H^W)^\varepsilon \text{ et } (H^W)^\theta$$

Malheureusement, MacColl utilise le même exposant comme opérateur modale. Vraisemblablement il les envisageait comme un genre général d'expression quantifiée. L'expression $(H^W)^\varepsilon$ stipule que le prédicat W s'applique à tous les éléments du domaine H. Réciproquement, θ stipule que le prédicat s'applique à une sous-classe de chevaux.

C'est ici que MacColl s'approche au plus près de la notion de quantificateur (restreint). Avec un peu de recul, les expressions ε et θ peuvent être perçues de façon similaire à l'interprétation des quantificateurs de second ordre développée par Frege. Tristement, MacColl n'a pas utilisé explicitement de variables liées pour les individus. Ce qui l'empêcha de mesurer toute la profondeur et pertinence de la notion de quantificateur qu'il donne.

Une autre interprétation à donner de MacColl de l'utilisation des termes en tant qu'adjectifs porte sur les sous-classes (possiblement avec un seul élément) du domaine. Ainsi, dire, l'utilisation de H comme un adjectif (pour cheval) dans A_H représente que la sous-classe du domaine A (animaux) contient soit tous les animaux qui sont des chevaux, soit quelques animaux qui sont des chevaux. Par le biais de cette interprétation, nous nous confrontons à la notion non-restreinte (et restreinte) de l'utilisation de prédicats chez MacColl : si la sous-classe contient tous les animaux qui sont des chevaux, alors l'utilisation du terme comme adjectif est dite non-restreinte (nous pouvons écrire $A_{(H)_u}$) et réciproquement pour la sous-classe

---

[236] *Ibid.*, pp.40-41.

restreinte contenant quelques animaux qui sont des chevaux (nous pouvons écrire $.A_{(H)_r}$).

Nous pouvons combiner ceci avec les exposants pour les quantificateurs de la façon suivante : dans *Tous les chevaux ont gagné la course* $(H^W)^{\mathcal{E}}$ le prédicat *gagné* est dit être non-restreint, en opposition à *Tous les chevaux marron ont gagné la course* $(H_B{}^W)^{\mathcal{E}}$, qui est un dispositif différent que MacColl utilise pour exprimer la *I-proposition* : *Au moins quelques uns des chevaux (à savoir, tous ceux qui sont marron) ont gagné la course.* MacColl propose de remplacer toutes les indications spécifique d'un terme utilisé en qualité d'adjectif par *r*, qui se comporte ici comme une variable portant sur ces adjectifs (ou sous-classe) pour obtenir : $(H_r{}^W)^{\mathcal{E}}$ *Au moins quelques chevaux (à savoir, tous ceux qui sont des éléments de la sous-classe donnée) ont gagné la course*, c'est-à-dire, *Quelques chevaux ont gagné la course.*

Assez souvent, si le prédicat est non-restreint et fait partie d'une *A-proposition*, MacColl omet l'exposant $\mathcal{E}$. S'il y a un terme utilisé en tant qu'adjectif non-restreint, il omet aussi l'indication explicite de cette supposition – c'est-à-dire, que dans ce cas MacColl n'introduit pas *u*.

MacColl montre que l'utilisation de *B* (pour marron) comme adjectif dans $H_B{}^W$ suppose H^B. Manifestement, si c'est possible de choisir un individu qui soit marron ou une sous-classe des individus marron de la classe *H* des chevaux, cela suppose que la classe des chevaux soit une sous-classe (propre ou impropre) de la classe des objets marron.

Il est important de noter que dans le système de MacColl, les classes impliquées dans les expressions telles $H_B{}^W$ ne sont jamais vides et qu'elles n'ont aucun engagement ontologique. Notez encore que dès lors où le domaine universel de MacColl inclut des objets non-existants, ni H^B ni $H_I{}^B$ n'ont nécessairement d'engagement ontologique. Cette condition non négligeable nous permet de dire que l'utilisation de termes en qualité d'adjectif de prédicats logiques (ou prédicats) *quand ils sont utilisés comme des expressions pour des termes individuels* (c'est-à-dire utilisé dans le sens décrit en ii.1) semblent être proches de l'utilisation contemporaine des descriptions définies – rappelons que de nos jours, dans le cas de descriptions définies, nous introduisons ces termes à l'aide de l'opérateur iota. Une étude approfondie et poussée sur l'évolution de la théorie des descriptions définies de Russell par rapport aux discussions qu'il eut pu avoir MacColl fait encore défaut à ce jour. Peut-être qu'en raison du manque d'engagement ontologique des termes utilisés en tant qu'adjectifs par MacColl, ceux-ci sont plutôt compris comme désignateurs non-rigides plutôt que comme des descriptions définies russelliennes.

Il est important de souligner que l'utilisation par MacColl de ces termes comme des adjectifs comportent certains avantages par rapport à la logique de premier ordre de Frege-Russell. En effet, suivant cet exemple :

La tortue rapide est marron (la tortue qui est rapide est marron)

En logique standard de premier ordre nous traduisons ce type d'expression à l'aide d'une conjonction : un individu du domaine est rapide, une tortue qui est marron. Cette transcription exprime quelque chose qui est généralement faux. Il se peut très bien que la tortue en question soit rapide (pour une tortue), mais qu'au regard du royaume animal, les tortues rapides soient lentes. Le langage logique de MacColl permet une traduction qui soit plus juste

$$(T_f)^B$$

où l'expression T_f signale qu'à partir de l'univers des tortues, nous sélectionnons celle qui est rapide et pour qui le prédicat B (être marron) peut être asserté avec vérité.

Les prédicats n-aires et les prédicats de second ordre peuvent être emboîtés dans le langage formel de MacColl (vraisemblablement) de la manière suivante. Un prédicat L (aimer) tel que dans *Hugh aime Hortense* peut être traité dans le système notationnel de MacColl comme une expression qui, lorsqu'elle est appliquée à une constante individuelle (suffixes de la forme 1, 2...) qui désigne un élément du domaine H des êtres humains, donne lieu à un prédicat unaire. Ce prédicat unaire exprime la propriété d'aimer l'individu désigné par le suffixe 1 (Hortense).

$(H_1)^L$ (où H est le domaine des êtres humains, L représente *aimer* et 1 désigne *Hortense*)

Écrivons maintenant le résultat de cette opération, à savoir le prédicat *aimer Hortense* comme un nouveau prédicat, c'est-à-dire *L1*. Ce prédicat peut être appliqué à une constante individuelle qui désigne Hugh, ce qui donne lieu à une formule stipulant que l'individu désigné par le suffixe 2 (Hugh) a la propriété de « *aimer l'individu 1 (Hortense)* » :

$(H_2)^{L(1)}$ (où H est le domaine des êtres humains, $L(1)$ représente *aimer Hortense*, et 2 désigne *Hugh*)

Un prédicat de second ordre peut également être exprimé dans la structure de MacColl. Prenez un prédicat unaire comme *Rouge est une couleur*. Le prédicat *C*(ouleur) est traité comme une expression qui lorsqu'elle s'applique à un élément du domaine produit le prédicat unaire *R*(ouge) qui est le résultat de la proposition exprimée dans *Rouge est une couleur*. C'est-à-dire que nous construisons premièrement le prédicat de premier ordre R (rouge)

$(O_1)^R$ (où O est le domaine des objets, R représente *rouge*, et 1 désigne un objet donné rouge)

ensuite nous prédiquons sur R que c'est une couleur

$((O_1)^R)^C$ (où O est le domaine des objets, R représente *rouge*, 1 désigne un objet donné rouge et C représente *couleur*)

Une autre possibilité, plus simple, serait de capturer le résultat de la construction de second ordre à l'aide des termes utilisés comme des adjectifs.

$((P)_R)^C$ (où P est le domaine des prédicats unaires, R représente un élément spécifique du domaine de P, à savoir le prédicat unaire *rouge* du domaine de P, et C représente *couleur*).

Cette possibilité est très simple mais elle ne montre pas formellement la structure de second ordre de l'expression. Il est plus probable que MacColl aurait préféré cette dernière expression formelle en lui ajoutant informellement une interprétation adéquate.

MacColl a essayé de faire transparaître les distinctions du langage naturel dans son système formel plus que n'importe lequel de ses contemporains, comme Frege par exemple. Ceci est directement lié à son instrumentalisme, où l'importance contextuelle joue un rôle primordial.

Le rapprochement du système notationnel de MacColl avec la manière de penser dans les grammaires formelles modernes devient encore plus prégnant lorsque nous considérons la façon dont il conçoit la négation. Le langage logique de MacColl contient deux symboles pour la négation. La première est une négation externe qui porte sur l'ensemble de l'expression (*de dicto*) tel que dans $(A^B)'$, $(A_B)'$ et la seconde porte uniquement sur le prédicat (*de re*) tel que dans A^{-B}, A_{-B}.[237] Le second symbole nécessite une certaine structure de prédicat. Testons une fois de plus la notation de MacColl par rapport à la logique standard de premier ordre en nous aidant de l'exemple suivant :

Fumer est imprudent

Dans cet exemple, le problème ne réside pas seulement dans le prédicat de second ordre ici en jeu, mais aussi dans la traduction de *imprudent*. Effectivement dans la logique standard de premier et second ordre la négation s'applique exclusivement sur les formules exprimées dans une proposition et non pas aux prédicats eux-mêmes. Frege et Russell ont tous deux explicitement rejeté la négation des prédicats. Néanmoins, dans de nombreuses langues naturelles, il y a un processus qui permet de produire de la négation avec des expressions de genres divers, dont certaines incluent des prédicats. Les grammaires formelles modernes fournissent des structures de prédicats (notamment via l'opérateur λ). MacColl ne possédait pas de tels outils et fut sévèrement critiqué pour avoir nié les prédicats. Pourtant, la

---

[237] Voir Rahman, 1999 et 2001.

notation de MacColl peut faire transparaître la structure de la négation du prédicat de notre exemple. Plus précisément, la négation d'un terme utilisé comme adjectif permet à MacColl de capturer des expressions telles que *imprudent, impatient* etc, dans son langage formel avec la structure négation+prédicat des langues naturelles. Par conséquent, dans la notation de MacColl l'analyse formelle de la phrase ci-dessus se transpose dans la formule :

$((P)_S)^{-W}$ (où P est le domaine des prédicats unaires, S représente un élément spécifique de P, à savoir le prédicat unaire *fumer* et -W représente la négation de *prudent*).

Évidemment un défaut de cette transcription formelle est qu'elle ne montre pas la différence entre une prédication de premier et de second ordre. Mais celle-ci peut être introduite de la manière que nous avons décrite précédemment lorsque nous discutions de la formulation des prédicats de second ordre.

Notez que la négation d'une prédication comme opposée à la négation de toute la formule propositionnelle où cette prédication a une occurrence, possède de fortes similarités avec la théorie de Russell de la double portée de la négation lorsqu'elle est appliquée aux prédicats d'une description définie. La distinction de Russell entre :

1. Ce n'est pas le cas que (il y a un et seulement un individu qui est actuellement le Roi de France et cet individu est chauve).

2. Il y a un et seulement un individu qui est actuellement le Roi de France et cet individu est chauve.

peut être transcrite dans la notation de MacColl, respectivement, de la manière suivante :

1*) $(H_K^B)'$ (où *H* est le domaine des individus, *K* : l'actuel Roi de France et B : être chauve)
2*) $(H_K)^{-B}$

Malheureusement, MacColl n'a pas réalisé toute la puissance d'expressivité de la distinction de son propre système de notation et considérait les formules 1* et 2* comme équivalentes.[238]

Une difficulté particulière du système de MacColl émerge lorsqu'il introduit les propositions quantifiées avec un engagement ontologique. Dans ce contexte, il introduit le prédicat **0** qui doit être la négation *de re*.

Concluons cette section par la remarque suivante : l'utilisation, dans un langage formel, de domaines de quantifications restreints, de la distinction entre une utilisation des termes en qualité d'adjectif et une fonction prédicative des prédicats, de la négation de cette dernière, de l'introduction d'un prédicat de non-existence, de la distinction entre les expressions quantifiées avec et sans engagement ontologique sont autant d'idées audacieuses, mais malgré celles-ci, MacColl n'accorde pas à son système notationnelle l'attention qu'il requiert et ne réalise pas lui-même la pleine puissance de ce dernier.

Permettez nous de vous présenter la logique de la non-existence de MacColl dans le détail.

2.4 La logique de la non-existence de MacColl
2.4.1 Le domaine symbolique et sa dynamique

L'approche la plus influente de la logique de la non-existence est certainement celle provenant de la tradition Frege-Russell. L'idée principale est relativement simple mais aussi quelque peu décevante : raisonner avec des fictions, c'est raisonner avec des propositions soit (trivialement) vraies, parce qu'avec elles nous nions l'existence de ces fictions, ou fausses trivialement de la même manière. Le problème naît du deuxième membre de cette alternative : toute proposition (sauf si c'est une proposition existentielle niée) qui contient des termes fictionnels que l'on peut asserter est fausse. Par exemple, si, relativement à un contexte donné, « Pégase » est un nom vide, dans ce cas les phrases « *Pégase* a deux ailes » et « *Pégase* a trois ailes »,

---

[238] MacColl, 1909a. p.5.

expriment toutes deux des propositions fausses par rapport au domaine donné, bien que la phrase « *Pégase* n'existe pas » exprime une proposition vraie.

La justification de cette manière de se débarrasser du problème est aussi directe, peut-être trop : en science, nous parlons avec intérêt à propos des choses qui comptent comme réelles dans notre domaine. Voulez-vous pouvoir raisonner à l'aide d'expériences mentales où des propositions contrefactuelles autres que des propositions existentielles négatives sont assertées ? Considérez alors que les objets de votre expérience mentale sont des éléments de votre domaine et appliquez leur notre bonne vieille logique de premier ordre. C'est-à-dire raisonnez comme si le monde décrit par votre fiction était réel, pour cela rien de plus que la logique classique standard n'est requis. On pourrait dès lors commencer à suspecter que quelque chose soit faux ici. Assez souvent, lorsque nous introduisons des fictions nous voulons établir le lien entre deux domaines classés en royaumes ontologiques distincts. En d'autres termes, l'intérêt du raisonnement avec des propositions contrefactuelles est de pouvoir être en mesure de raisonner avec une structure qui met en lumière les liens entre ce qui est considéré comme réel et non-réel dans notre domaine. Le défi est en effet de raisonner dans un mode parallèle. De plus, de tels raisonnements nécessitent de comprendre comment le flux d'informations entre ces mondes parallèles s'exerce. Contrairement à ce qu'en a retenu la tradition et l'histoire des développements modernes de la logique, la manière qu'a Frege de traiter le problème n'est pas exactement la même que Russell, et nous pouvons trouver des dissidents à la solution mentionnée précédemment. L'un des plus importants est bien sûr MacColl. C'est au regard de sa notion d'existence et des arguments impliquant des fictions que le travail de MacColl montre une profonde différence avec celui de ses contemporains. En réalité, il est le premier à essayer d'introduire dans un système formel l'idée que l'on puisse intégrer des fictions dans des contextes logiques avec pour objectif, non seulement d'introduire la distinction entre ce qui est réel et ce qui est fictif avec diverses (ontologiquement parlant) sortes de langages, mais aussi avec les outils techniques afin de mettre en évidence les connections entre ces différents royaumes ontologiques. Qui plus est, son approche dynamique de la logique des fictions a incité à de nouvelles recherches approfondies de son travail, notamment dans les contextes intentionnels.

Pour achever son projet de logique de la non-existence, MacColl introduit en premier lieu deux classes *mutuellement complémentaires et contextuellement déterminées* :

• la classe des existants et la classe des non-existants. Il nomme la classe de ce qui existe réellement « **e** » contenant les éléments : e_1, e_2, ... Chaque individu, dans des circonstances données, peut être qualifié avec vérité d'existant au regard de cette classe.

• la classe des non-existants, « l'ensemble vide **0** ». Il appelle cette classe l'ensemble vide, bien qu'elle soit en fait pleine, ce qui est malencontreux. Cette classe contient les objets 0_1, 0_2,... qui ne correspondent à rien de notre univers que nous admettons être réel. Les objets tels que les centaures et les cercles-carrés, se trouvent dans cette classe. L'erreur de notation que commet MacColl en appelant la classe des non-existants « ensemble vide » ouvrit la porte à la critique telle que celle de Bertrand Russell et amusa l'attention de la communauté scientifique avec laquelle MacColl publiait nombre de ses contributions. Le problème est que Frege utilise le terme d'ensemble vide aussi dans le contexte des entités fictives. De plus Frege l'utilise même comme un objet.[239]

et ensuite une troisième :

• *Un univers symbolique* qui inclut les deux distinctions précédentes.

---

[239] La solution qui donne Frege, pour pouvoir asserter avec vérité que les termes fictifs ou vides n'existent pas, est de supposer que chaque terme fictionnel différent dénote le même ensemble vide (*Grundlagen der Arithmethik*, paragraphe 53). Cet artifice a comme conséquence que n'importe quelle proposition contenant des entités fictives est fausse, à moins qu'il ne s'agisse de la négation d'une proposition existentielle fictive. MacColl pense à l'ensemble vide aussi, mais il est selon lui ni vide ni ne doit nécessairement produire des propositions fausses. Plus précisément, comme l'ensemble vide de MacColl n'est pas vide, cela autorise le fait qu'il contienne différentes entités non-existantes comme ses éléments.

En outre, si un ensemble est contenu dans l'ensemble des non-existants, alors son pendant est lui-même inclut dans l'ensemble des existants et vice et versa. Nous avons donc une structure du domaine comme suit :

e : *Existence réel.* Les éléments sont aussi des éléments de la classe S mais non de la classe 0.

0 : *Non existant ou seulement existence symbolique.* Les éléments sont aussi des éléments de la classe S mais non de la classe e.

S : *Existence symbolique.* Les éléments de cette classe sont à la fois des éléments de 0 et de e.

MacColl introduit cette classe dans le langage objet pour représenter les prédications correspondantes, e. g. $(H_3)^S$, $((H_1)^B)^S$, $((H_1)^B)^0$, $(H_2)^e$ (le cheval 3 est un élément de la classe symbolique, le cheval 1 est marron et est un élément à la fois de la classe symbolique et de la classe des non-existants et le cheval 2 est un élément de la classe des existants). Le système de notation permet donc d'introduire aussi les différents modes d'existence comme domaines de discours, e.g. : $(S_3)^H$, $((0_1)^H)^B$, $((S_1)^H)^B$, $(e_2)^H$ (l'élément 3 de la classe symbolique est un cheval, etc).[240]

Si les suffixes se comportent comme des adjectifs représentant des classes, et qu'ils sont des éléments de la classe 0 ou e, l'hypothèse de MacColl, selon laquelle les pendants de ses adjectifs sont des éléments des classes ontologiques complémentaires autorise ce qui suit : si la classe e renferme en elle l'unique élément cheval, nommé *Rossinante*, alors le pendant de n'importe quelle classe des chevaux de 0 est une sous-classe de e. La signification des autres sens des classes d'inclusion semble difficile de compréhension. Si le singleton *Rossinante* est une sous-classe de la classe des chevaux H, alors l'hypothèse de MacColl nécessite que le pendant du singleton soit une sous-classe de e. Cette même hypothèse rend difficile la compréhension des suffixes en tant qu'individus, une théorie spécifique des pendants des individus.

---

[240] MacColl, 1905o. pp.74-76 et 1906a. pp.76-77.

Ce qu'il y a ici d'intéressant, c'est que MacColl suppose que ces domaines interagissent, ou plus précisément qu'il y a interaction entre la classe symbolique et les deux autres classes ontologiques. En fait, le point de vue de MacColl semble être plus guidé par des considérations épistémiques et dynamiques qu'ontologiques. Par exemple, supposez qu'à un moment donné d'une argumentation, la proposition suivante soit assertée :

$(H_3)^S$ (*le cheval 3 a une existence symbolique*)

Cette proposition peut être assertée parce qu'au moment de l'assertion, le contexte ne contient pas assez d'informations précises concernant le statut ontologique du cheval en question. Mais dans un contexte ultérieur, de nouvelles informations au sujet de cet objet peuvent apparaître. Ce qui nous autorise à préciser l'assertion que nous faisions précédemment sur ce cheval en concédant que ce cheval dont nous parlons n'existe pas réellement. MacColl fournit quelques exemples de cette dynamique dans des cas de déceptions qui établissent une connexion entre le dynamisme de son univers symbolique et des contextes intentionnels.[241] Exemples tels que :

L'homme que tu as vu dans le jardin est vraiment un ours.
L'homme que tu as vu dans le jardin n'est pas un ours.

Cet exemple est intéressant et stimulant. MacColl adopte le point d'un observateur qui asserte les propositions ci-dessus et étudie ce qui se passe avec les suppositions ontologiques qu'elles impliquent. Il conclut que le statut ontologique de l'homme que décrit la proposition est de ne pas exister dans le premier exemple et d'exister dans le second. MacColl n'a pas analysé la dynamique produite dans la phrase :

L'objet que tu vois dans le jardin et dont tu penses que c'est un homme qui existe est véritablement un ours qui existe.

Toujours est-il que les exemples de MacColl sont passionnants et méritent une exploration détaillée. Pour notre travail nous retenons de

---

[241] MacColl, 1905o. p.78.

MacColl que l'univers symbolique admet de suppositions ontologiques qui permettent capturer la dynamique ontologique qui présentent certaines histoires de fiction, notamment dans l'œuvre de Jorge Luis Borges. Cette interaction qu'on a mentionné plus haut, en effet, c'est le point qu'on prétend capturer avec le développement d'une logique dynamique de la fiction dans la perspective dialogique.

2.4.2 Propositions avec et sans engagement ontologique

MacColl essaie de capturer dans son langage formel des propositions quantifiées avec et sans engagement ontologique.

Permettez-nous de revenir une fois de plus à l'expression d'une *I-proposition* concernant le paradigmatique cheval marron de MacColl :

$$((H_r)^B)^\varepsilon \quad (Au\ moins\ quelques\ chevaux\ sont\ marron)$$

ce qui, selon le propre point de vue de MacColl, ne l'engage en rien quant à l'existence de quelconques chevaux. Ainsi l'expression universelle :

$$(H_r^B)' \quad (Il\ n'est\ pas\ le\ cas\ qu'il\ y\ ait\ un\ cheval\ marron = aucun\ cheval\ n'est\ marron)$$

Dans le but d'obtenir des expressions du type *I-proposition* avec un engagement ontologique, MacColl introduit, comme nous avons pu le voir précédemment, un univers non-vide regroupant à la fois les objets existants et les objets non-existants. À la page 5 de son livre, MacColl introduit le prédicat de non-existence 0 dans la formulation des *I-propositions* qui peuvent faire l'objet d'une négation *de re*. À l'aide du prédicat de non-existence, nous obtenons des expressions telles que :

$$(H_c)^{-0}$$

qui se lit conformément à la lecture de MacColl : *Chacun des chevaux attrapés existe*. Ou alors *Au moins certains des chevaux (c'est-à-dire, tous ceux qui ont été attrapé) existent.*[242] MacColl utilise ici l'adjectif non-restreint, C, en tant que sous-classe de tous les chevaux attrapés et la négation du prédicat de non-existence comme assertion qu'une telle classe est incluse dans l'ensemble des objets (non-non-) existants. Par conséquent la formule $(H_c)^{-0}$ exprime une *I-proposition* avec engagement ontologique. Une formulation plus explicite pourrait être :

$((H_r)^c)^{\varepsilon}$ (*Certains chevaux existent*)

Au moins certains des chevaux (à savoir, tous ceux qui sont des éléments d'une sous-classe donnée) existent.

MacColl utilise un cas particulier de la dernière notation dans sa reconstruction du syllogisme traditionnel où il omet l'exposant ε[243] :

$(X_Y)^{\varepsilon}$

Au moins certains éléments de X (c'est-à-dire, tous ceux qui sont des éléments de Y) existent.

C'est-à-dire,

Certains éléments de X sont Y (et existent).

Pareillement pour les *O-propositions* :

$(X_Y)^{\varepsilon}$

Certains éléments de X ne sont pas des Y (et existent).

MacColl introduit également dans son système la formulation pour les *A-propositions* avec engagement ontologique, telle que :

$(H_{-c})^0$

---

[242] MacColl, 1906a. p.5.
[243] Ibid., p.44.

qui par conséquent s'exprime ainsi :

Chacun des chevaux non-attrapés n'existe pas.

Mais aux dires de MacColl, cela implique (souvenez-vous de l'hypothèse de complémentarité ontologique de MacColl) que

Chaque cheval qui a été attrapé existe, ou Chaque cheval a été attrapé (et est existant).[244]

Le système notationnel de MacColl est plus direct dans sa manière de tourner les *I-propositions* avec engagement ontologique, à savoir :

$((H_r)^e)^\varepsilon$ (*Certains chevaux sont existants*).

La notion de proposition en tant que véhicule informatif semble fournir le fond de motivation de toute sa conception de la logique, où les données d'un contexte peuvent avoir des conséquences logiques.

On peut donc retenir de cette analyse le dispositif symbolique de MacColl qui permet de prendre en compte des individus dont leur statut ontologique reste indéterminé. Autrement dit, on se servira du dispositif symbolique de MacColl pour développer une logique dialogique qui sera dynamique dans le sens où elle tiendra compte du fait que les choix qui apparaissent dans le processus d'une preuve peuvent faire changer le statut ontologique des objets auxquels se rapportent les constantes jouées, voire l'import existentiel des quantificateurs. On se servira également de la contribution de MacColl pour mieux comprendre les glissements et changements ontologiques des personnages à l'intérieur des histoires de fiction, comme un cas particulier du traitement des objets abstraits.

Dans ce qui suit la dialogique libre de « *Frege's Nightmare* » est développée pour faire une *dialogique libre dynamique* dans laquelle le

---

[244] *Ibid.*, p.5.

problème de pertinence exposé plus haut est résolu (fin partie 1 – précisément avec la formule de Smullyan). Dans la dialogique libre dynamique, le statut ontologique des objets auxquels se rapportent les constantes jouées est toujours fonction de certains choix, conformément à la règle d'introduction. Cependant, la règle d'introduction est telle qu'elle manque une dimension essentielle de la relation entre choix et interprétation du quantificateur : de par son caractère encore partiellement statique, elle occulte le fait que dans certains contextes les choix opérés puissent non seulement déterminer le statut ontologique des objets auxquels se rapportent les constantes jouées au cours d'une preuve mais que, de plus, ils puissent aussi faire varier ce statut.

3. Dialogique libre dynamique

Le fondement de la dialogique libre dynamique repose sur un affaiblissement de la règle d'introduction (**RS-6**). Cet affaiblissement doit permettre au proposant d'interpréter les quantificateurs avec des constantes qui se rapportent à des objets dont le statut ontologique peut être indéterminé et varier au cours de la preuve. On appellera ces constantes, suite à l'analyse de la perspective de Hugh MacColl, comme *constantes symboliques*. Plus précisément, on implémente la règle suivante, qui donne la possibilité au proposant de défendre une existentielle ou d'attaquer une universelle au moyen de ces constantes symboliques. Une conséquence directe de cette règle est que la notion d'*introduction* ne concerne en fait que les constantes choisies par l'opposant, tout en ajoutant la notion de constante *totalement nouvelle*.

(**RS-FL$_D$**) Le proposant défend un quantificateur existentiel ou attaque un quantificateur universel uniquement avec des constantes *totalement nouvelles* ou déjà *introduites* par l'opposant.

(**Définition 2**) On dit qu'une constante est *totalement nouvelle* si et seulement si elle n'apparaît pas dans la thèse du proposant et si elle n'a pas été introduite.

[Donc, P défend un quantificateur existentiel ou attaque un quantificateur universel avec des constantes introduites ou pas introduites mais qui n'apparaissent dans la thèse]

On peut maintenant définir plus précisément la notion de *constante symbolique* qu'on utilise :

(**Définition 3**) On appelle *symbolique* une constante totalement nouvelle jouée par P ou une constante qui apparaît dans la thèse initiale.

[Autrement dit, un constante symbolique : constantes qui sont dans la thèse ou non, mais jamais introduites]

Avec cette règle, la particularisation (de même que la spécification) est invalidée, comme le montre le dialogue suivant :

Cas 10					
O			**P**		
			$Ak_1 \rightarrow \exists xAx$		0
1	Ak_1	0	$\exists xAx$		2
3	?-∃ ☺	2			

Cas 10,5					
O			**P**		
			$\forall xAx \rightarrow Ak_1$		0
1	$\forall xAx$ ☺	0			

Explication : Pour cas 10 : Avec (**RS-FL$_D$**), P peut défendre une existentielle uniquement avec une constante totalement nouvelle ou une constante introduite. Or le k_1 dont P a ici besoin apparaît dans la thèse et n'est donc pas une constante totalement nouvelle. Cette constante n'est pas non plus introduite par O qui ne fait que jouer Ak_1 au coup 1. Par conséquent, P ne peut répondre à l'attaque sur l'existentielle (coup 3). O gagne et la particularisation n'est pas valide. De même pour cas 10,5 : P peut attaquer un quantificateur universel avec des constantes introduites ou pas introduites mais qui n'apparaissent dans la thèse, et le k_1 dont P a ici besoin apparaît dans la thèse et n'est donc pas une constante totalement nouvelle.

La dialogique dynamique se différencie de la dialogique libre du *Frege's Nightmare* de par le fait qu'on puisse interpréter les quantificateurs au moyen de constantes symboliques et ce, afin de ne pas rompre le processus de la preuve. Une constante symbolique, c'est une constante dont le statut ontologique de l'objet auquel se rapporte est indéterminé à certains moments de la preuve mais qui peut être déterminé par l'application de règles logiques. Une première conséquence de l'usage de ces constantes symboliques et de l'implémentation de la règle (**RS-FL$_D$**) est la possibilité, dans le contexte de la dialogique libre dynamique, de valider des formules quantifiées existentiellement. On avait précédemment évoqué un problème de pertinence à ce sujet, notamment de l'équivalence perdue entre $\exists x(Ax \rightarrow \forall xAx)$ et $(\exists x\neg Ax \lor \forall xAx)$[245] puisqu'on invalidait la première tout en validant la seconde. On voit dans le dialogue ci-dessous comment la dialogique libre dynamique résout ce problème en permettant un passage par le symbolique dans le processus de raisonnement :

Cas 11					
O			**P**		
			$\exists x(Ax \rightarrow \forall xAx)$		0
1	?-$\exists$	0	$Ak_1 \rightarrow \forall xAx$		2
3	Ak_1		$\forall xAx$		4
5	?-k_2	2	Ak_2 ☺		8
			$Ak_2 \rightarrow \forall xAx$		6
7	Ak_2	6			

---

[245] La preuve de cette $\exists x\neg Ax \lor \forall xAx$ reste la même que dans la dialogique libre du « *Frege's Nightmare* ».

Explication : Dans la dialogique libre dynamique, par application de (RS-FL$_D$), P peut défendre un quantificateur existentiel avec un k_1 qui n'a pas été introduit si tant est que ce soit une constante totalement nouvelle (coup 2). O introduit ensuite k_2 en attaquant l'universelle (coup 5). P répète la défense de l'existentielle en utilisant k_2 (coup 6) et met ainsi à jour la constante qu'il utilise dans la preuve. Le dialogue se termine avec les règles habituelles et P gagne.

Un fait intéressant de la dialogique libre dynamique, et qui est reflété dans le dialogue pour la formule ci-dessus, est qu'on peut poursuivre la preuve malgré un moment d'indétermination.

Afin de mieux comprendre l'interprétation des quantificateurs au moyen de constantes symboliques on divisera notre analyse en deux, soit que le choix des constantes correspond à l'opposant, soit que le choix correspond au proposant, en dynamique de mise à jour (A) ou dynamique de choix (B), respectivement.

A-Dynamique de mise à jour

Une caractéristique essentielle de la dialogique libre dynamique, c'est cette possibilité de *mise à jour* d'une constante de substitution qui est fonction des choix de l'opposant et comment, dans certains processus de preuve, un mouvement symbolique peut permettre au proposant de développer une stratégie gagnante. Dans la *mise à jour* ci-dessus (cas 11), on voit que ce n'est pas la charge ontologique de l'objet auquel se rapporte la constante k_1 jouée par le proposant qui est pertinente pour la validité de la preuve, mais celle de la constante k_2 introduite par l'opposant et qui sert à clore le dialogue. Suite à un mouvement symbolique, le proposant met à jour le statut ontologique des objets auxquels se rapportent les constantes qu'il joue en fonction des choix de l'opposant.

Par rapport à la constante symbolique, on doit remarquer que le mouvement symbolique n'est pas exactement le même que celui qui a lieu dans le passage d'un dialogue neutre à un superdialogue positif dans la dialogique libre. En effet, l'enjeu n'est pas de poursuivre une preuve malgré l'indétermination sémantique de certains atomes propositionnels, mais plutôt de poursuivre la preuve malgré une indétermination quant au statut ontologique des objets auxquels se rapportent les constantes jouées. Le problème n'est donc pas ici de préserver la validité des formules de premier ordre qui contiendraient des constantes dont l'interprétation est indéterminée, puisqu'on ne s'intéresse pas à l'interprétation proprement dite en dialogique. Pour comparaison, on pourrait considérer en termes sémantiques qu'une constante symbolique a bien une référence, mais qu'on n'est pas en mesure d'affirmer si elle est dans le domaine interne ou dans le domaine externe.

On notera par ailleurs que le dialogue ci-dessous n'est pas intuitionniste puisque dans cette dialogique, on ne peut pas répéter une défense :

O			**P**	
			$\exists x(Ax \to \forall xAx)$	0
1	?-$\exists$	0	$Ak_1 \to \forall xAx$	2
3	Ak_1	2	$\forall xAx$	4
5	?-k_2 ☺	4		

Néanmoins, cela ne pose pas de problème de pertinence puisqu'il n'y a pas non plus de stratégie gagnante pour le proposant dans le cas ($\exists x\neg Ax$ v $\forall xAx$). L'exemple ci-dessous montre comment il peut y avoir des mises à jour de constantes individuelles dans la dialogique intuitionniste à travers une répétition d'attaque :

Cas 12					
O				**P**	
				$\neg\neg\exists x(Ax \rightarrow (\exists xAx \vee \forall x\neg Ax))$	0
1	$\neg\exists x(Ax \rightarrow (\exists xAx \vee \forall x\neg Ax))$	0		----	
	----		1	$\exists x(Ax \rightarrow (\exists xAx \vee \forall x\neg Ax))$	2
3	?-∃	2		$Ak_1 \rightarrow (\exists xAx \vee \forall x\neg Ax)$	4
5	Ak_1	4		$\exists xAx \vee \forall x\neg Ax$	6
7	?-∨	6		$\forall x\neg Ax$	8
9	$?k_2$	8		$\neg Ak_2$	10
11	Ak_2	10		----	
	----		1	$\exists x(Ax \rightarrow (\exists xAx \vee \forall x\neg Ax))$	12
13	?-∃	12		$Ak_2 \rightarrow (\exists xAx \vee \forall x\neg Ax)$	14
15	Ak_2	14		$\exists xAx \vee \forall x\neg Ax$	16
17	?-∨	16		$\exists xAx$	18
19	?∃	18		Ak_2 ☺	20

Explication : P répète l'attaque de la négation (coup 12) après que O a introduit la constante k_2 (coup 9). Le dialogue se poursuit ensuite avec un k_2 introduit et seul le statut ontologique de ce dernier est pertinent pour clore le dialogue (coup 20).

Dans les dialogues qui suivent, on montre comment cette dialogique dynamique rend le statut ontologique des objets auxquels se rapportent les constantes jouées entièrement dépendant des choix, mais surtout comment ces choix et les stratégies de l'opposant peuvent être décisifs dans les variations de statut ontologique. On notera que la formule ci-dessous est valide, quels que soient les choix de l'opposant même si des choix différents déterminent différents statuts ontologiques pour les objets auxquels se rapportent les constantes en jeu:

Cas 13					
O			**P**		
			$(Ak_1 \wedge \exists xAx) \rightarrow \exists xAx$		0
1	$Ak_1 \wedge \exists xAx$	0	$\exists xAx$		2
3	?-∃	2	Ak_1 ☺		8
5	$\exists xAx$	1	?-$\wedge_2$		4
7	Ak_1	5	?-∃		6

Cas 14					
O			**P**		
			$(Ak_1 \wedge \exists xAx) \rightarrow \exists xAx$		0
1	$Ak_1 \wedge \exists xAx$	0	$\exists xAx$		2
3	?-∃	2	Ak_2		8
5	$\exists xAx$	1	?$\wedge_2$		4
7	Ak_2	5	?-∃		6

Explication : Dans le cas 13, O choisit le k_1 qui apparaît dans la thèse initiale (coup 7). C'est ainsi que la constante k_1 qui apparaît dans la thèse est symbolique jusqu'au moment de son introduction (coups 0 à 7). P clôt le dialogue conformément aux choix stratégiques de O et avec un k_1 dont la charge ontologique de l'objet auquel se rapporte n'est pas déterminée au début du dialogue. Dans le cas 14, O choisit un k_2 différent du k_1 qui apparaît dans la thèse. Dans ce dialogue, le statut ontologique de l'objet auquel se rapporte k_1 n'est pas pertinent pour la validité de la formule et reste symbolique. Le dialogue clôt avec k_2 un introduit par O.

Voyons finalement un dernier cas similaire à la formule de Smullyan en ce qui l'opérateur principal est un quantificateur existentiel où le proposant gagne pour n'importe quel constante choisie par l'opposant :

Cas 14,5					
O			**P**		
			$\exists x(Ax \vee \forall x(Ax \rightarrow \Omega))$	0	
1	?-∃	0	$(Ak_1 \vee \forall x(Ax \rightarrow \Omega))$	2	
3	?-∨	2	$\forall x(Ax \rightarrow \Omega)$	4	
5	?-k_2	4	$Ak_2 \rightarrow \Omega$	6	
7	Ak_2	6			
			$(Ak_2 \vee \forall x(Ax \rightarrow \Omega))$	8	
	?-∨	8	Ak_2 ☺		

(Pour une formule Ω quelconque.)

Explication : P défend un quantificateur existentiel avec un k_1 qui est totalement nouvel (coup 2). O introduit ensuite k_2 en attaquant l'universelle (coup 5). O introduit ensuite k_2 en attaquant l'universelle (coup 5). P répète la défense de l'existentielle en utilisant k_2 (coup 8) et met ainsi à jour la constante qu'il utilise dans la preuve. Le dialogue se termine avec les règles habituelles et P gagne.

B-Dynamique de choix

Il peut également arriver que ce soient les choix stratégiques du *proposant* qui soient décisifs pour déterminer le statut ontologique des objets auxquels se rapportent les constantes jouées. Dans le dialogue ci-dessous on voit que les choix stratégiques opérés par le proposant ne suivent pas forcément de façon uniforme les choix de l'opposant. Au lieu de branchements on parlera de *ramifications* :

Cas 15									
O						**P**			
						$\forall x(Ax \rightarrow \exists x(Ax \vee \forall x(Ax \rightarrow Ax)))$			0
1	?k₁	0				$Ak_1 \rightarrow \exists x(Ax \vee \forall x(Ax \rightarrow Ax))$			2
3	Ak₁	2				$\exists x(Ax \vee \forall x(Ax \rightarrow Ax))$			4
5	?∃	4				$Ak_1 \vee \forall x(Ax \rightarrow Ax)$	6a	$Ak_2 \vee \forall x(Ax \rightarrow Ax)$	6b
7a	?v	6a	7b	?v	6b	Ak_1	8a	$\forall x(Ax \rightarrow Ax)$	8b
			9b	?k₃	8b			$Ak_3 \rightarrow Ak_3$	10b
			11b	Ak₃	10b			Ak_3	11b
Ramif. 1			**Ramif. 2**			**Ramification 1**		**Ramification 2**	

Explication : P joue une constante introduite par O (coup 1) pour défendre l'universelle (coup 2). Ensuite, pour défendre l'existentielle, P a le choix entre deux possibilités (ramifications), lesquelles sont reprises d'une part dans le sous-dialogue « a », d'autre part dans le sous-dialogue « b ». Le premier choix qui s'offre à P consiste à jouer le k_1 qui a été introduit au coup 1 (coup 6a). P se servira alors de ce k_1 pour clore le dialogue et gagner (coup 8a). Le second choix consiste à jouer symboliquement k_2 (coup 6b). Commence alors un mouvement symbolique jusqu'à ce que O introduise encore une autre constante k_3 (coup 9b). P va alors se servir de k_3 pour clore le dialogue avec une constante introduite. Le statut ontologique de l'objet auquel se rapporte k_2 n'est plus pertinent pour la validité de cette formule.

Dans le cas suivant le proposant détient différents choix, un desquels consiste à clore le dialogue avec une constante symbolique :

Cas 15,1									
	O					P			
						$\forall x(Ax \to \exists x(Ax \vee \exists x(Ax \to Ax)))$			O
1	$?k_1$	O				$Ak_1 \to \exists x(Ax \vee \exists x(Ax \to Ax))$			2
3	Ak_1	2				$\exists x(Ax \vee \exists x(Ax \to Ax))$			4
5	$?\exists$	4				$Ak_1 \vee \exists x(Ax \to Ax)$	6a	$Ak_2 \vee \exists x(Ax \to Ax)$	6b
7a	$?\vee$	6a	7b	$?\vee$	6b	Ak_1 ☺	8a	$\exists x(Ax \to Ax)$	8b
			9b	$?\exists$	8b			$Ak_{1/2/3} \to Ak_{1/2/3}$	10b
			11b	$Ak_{1/2/3}$	10b			$Ak_{1/2/3}$ ☺	12b

Explication : P joue une constante introduite par O (coup 1) pour défendre l'universelle (coup 2). Ensuite, pour défendre l'existentielle, P a le choix entre deux possibilités (ramifications), lesquelles sont reprises d'une part dans le sous-dialogue a, d'autre part dans le sous-dialogue b. Le premier choix qui s'offre à P consiste à jouer le k_1 qui a été introduit (coup 6a). P se servira alors de ce k_1 pour clore le dialogue et gagner (coup 8a). Le second choix consiste à jouer symboliquement k_2 (coup 6b). Ensuite, le proposant a trois choix pour répondre à l'attaque de l'opposant (coup 9b) : soit P va se servir de k_1 déjà introduit, soit P va se servir de la constante symbolique k_2 jouée au coup 6b, soit il peut clore le dialogue avec une constante k_3 totalement nouvelle.

De même pour le cas suivant : quatre possibilités pour le proposant de clore le dialogue

Cas 15,2										
	O						P			
							$\forall x(\neg Ax \to \exists x(Ax \to \exists x(Ax \to Ax)))$			O
1	$?k_1$	O					$\neg Ak_1 \to \exists x(Ax \to \exists x(Ax \to Ax))$			2
3	$\neg Ak_1$	2					$\exists x(Ax \to \exists x(Ax \to Ax))$			4
5	$?\exists$	4					$Ak_1 \to \exists x(Ax \to Ax)$	6a	$Ak_2 \to \exists x(Ax \to Ax)$	6b
7a	Ak_1	6a	7b	Ak_2	6b	3	Ak_1 ☺	8a	$\exists x(Ax \to Ax)$	8b
			9b	$?\exists$	8b				$Ak_{1/2/3} \to Ak_{1/2/3}$	10b
			11b	$Ak_{1/2/3}$	10b				$Ak_{1/2/3}$ ☺	12b

Explication : Comme dans le cas précédent, suite à l'attaque du coup 9b de l'opposant, le proposant peut se servir de la constante déjà introduite k_1, la constante symbolique k_2 déjà jouée par le proposant (coup 6b), ou clore le dialogue avec une constante k_3 totalement nouvelle.

4. Choix stratégique et quantificateur dynamique : le choix de constantes symboliques.

Outre une flexibilité de la règle d'introduction, à travers l'usage des constantes symboliques, la dialogique dynamique permet ainsi de comprendre l'existence du point de vue de l'action, relativement à la notion de choix et ce de façon plus subtile que dans la dialogique libre du *Frege's Nightmare*. Le premier pas qu'avait fait la dialogique du *Frege's Nightmare* consistait à relativiser la notion d'existence à la relation entre le choix d'une constante (qui se rapporte à un objet) et l'assertion qui en découle en s'appuyant sur la règle structurelle dite d'*introduction*. La détermination de la charge ontologique des objets auxquels se rapportent les constantes jouées était ainsi déterminée relativement à l'application d'une règle logique. La dialogique libre dynamique affine le rôle du choix dans la dialogique libre dans la mesure où l'usage des constantes symboliques permet de compléter la compréhension de l'existence en termes de choix en rendant les *choix stratégiques* eux aussi déterminant pour le statut ontologique des objets auxquels se rapportent les constantes jouées. Le statut ontologique n'est plus simplement déterminé par l'application des règles de particule pour les quantificateurs et de la règle structurelle d'introduction, mais également par un troisième niveau de règles : les *règles stratégiques*.

Certains problèmes d'ordre plus conceptuel demeurent cependant. Comment définir les conditions de stratégie gagnante pour le proposant et comment appréhender la notion de validité dans la dialogique dynamique ? Afin d'expliquer le caractère dynamique des quantificateurs, on se trouve ici face à une alternative. La première explication consisterait à admettre que l'import existentiel des quantificateurs varie effectivement au cours de la preuve. Au commencement du dialogue, les quantificateurs qui apparaissent dans la thèse initiale sont à la fois actualistes et possibilistes, c'est-à-dire que leur import existentiel n'est pas déterminé et est en quelque sorte symbolique. Si les constantes décisives pour clore le dialogue ont été introduites, on détermine que les quantificateurs sont actualistes à la fin du dialogue. Cela vaut notamment pour le cas 15,3 ci-dessous où les quantificateurs sont, *in fine*, déterminés comme étant actualistes puisque le k_1 décisif pour clore le dialogue a été introduit.

Cas 15,3				
O			**P**	
			$\exists xAx \to \exists xAx$	0
1	$\exists xAx$		$\exists xAx$	2
3	$?\exists$	2	Ak_1 ☺	6
5	Ak_1		1	$?\exists$	4

Dans d'autres cas, au cours de la preuve, on a en quelque sorte une variation de l'import existentiel des quantificateurs, puisque dans les premiers coups ils ont une portée symbolique mais qu'au final ils portent sur des individus existants. On a ainsi un mouvement proprement dynamique, dans le processus d'une preuve qui porte finalement sur des constantes qui se rapportent à des objets chargées ontologiquement, par exemple pour les cas 15,4 et 15,5 ci-dessous :

Cas 15,4				
O			**P**	
			$\exists x(\exists xAx \to Ax)$	0
1	$?\exists$	0	$\exists xAx \to Ak_1$	2
3	$\exists xAx$	2		
5	Ak_2		1	$?\exists$	4
			$\exists xAx \to Ak_2$	6
7	$\exists xAx$	6	Ak_2 ☺	8

Cas 15,5					
O			**P**		
			$\exists x(Ax \vee \forall x \neg Ax)$	0	
1	$?\exists$	0	$Ak_1 \vee \forall x \neg Ax$	2	
3	$?\vee$	2	$\forall x \neg Ax$	4	
5	$?k_2$	4	$\neg Ak_2$	6	
7	Ak_2	6			
			$Ak_2 \vee \forall x \neg Ax$	8	
9	$?\vee$	8	$Ak_2 \, ☺$	10	

Dans d'autres cas, le proposant pourrait clore et gagner un dialogue avec des constantes symboliques. On dirait alors que le changement de l'import existentiel des quantificateurs fait penser à des quantificateurs dynamiques. Dans le dialogue ci-dessous, le dialogue détermine les quantificateurs comme étant possibilistes :

Cas 16				
O			**P**	
			$\exists x(Ax \rightarrow Ax)$	0
1	$?\exists$	0	$Ak_1 \rightarrow Ak_1$	2
3	Ak_1	2	$Ak_1 \, ☺$	4

Explication : La constante k_1, jouée par P afin de défendre une existentielle (coups 2), n'a pas été introduite. Pourtant, le dialogue est terminé et clos. Les quantificateurs de la thèse sont possibilistes.

On pourrait cependant aborder la dynamique qui porte sur l'import existentiel des quantificateurs autrement et l'expliquer en termes d'indétermination épistémique. Il ne s'agirait plus d'admettre que l'import existentiel des quantificateurs puisse varier, mais d'autoriser un passage par le symbolique au cours du dialogue. Ce passage symbolique consisterait à poursuivre le dialogue sans se poser la question de la charge ontologique de la constante jouée. Ce statut devrait quand même être élucidé à la fin de la preuve. Dans ce cas, on considère des quantificateurs actualistes qu'on peut temporairement interpréter de façon symbolique. Interpréter de manière symbolique un quantificateur veux dire qu'on ne se pose pas la question sur le statut ontologique de la constante. Cela a une conséquence du point de vue de la définition de stratégie gagnante puisqu'on doit dans ce cas préciser que le proposant n'a de stratégie gagnante pour une formule existentiellement quantifiée que s'il clôt le dialogue avec une formule atomique qui ne contient pas de constante symbolique. Dans quelque sorte le statu symbolique est seulement un passage pour l'indétermination mais toujours vers la clôture avec des constantes épistémiquement élucidés (introduites). Ainsi, bien qu'il y ait une stratégie gagnante pour P dans le cas 11, il n'y en aurait dans le cas 16 puisque la formule Ak_1 avec laquelle P clôt le dialogue contient un Ak_1 symbolique (coup 4).

On ne s'étendra pas plus sur cette discussion de la définition de la validité – ou de la validité *symbolique*[246] - en dialogique libre dynamique. En effet, face à cette difficulté, force est de constater qu'au final, la dialogique libre dynamique n'est pas encore achevée et manque encore sa cible. En effet, alors que l'enjeu est de construire un système dans lequel on peut tenir compte des fictions et autres entités non-existantes, l'exemple ci-dessus montre l'incapacité à déterminer le caractère fictionnel d'une constante dans le contexte de la dialogique libre dynamique. En effet, tout ce qui peut être déterminé, c'est l'existence des objets auxquels se rapportent les constantes choisies par l'opposant, en l'occurrence des constantes *introduites*. On ne peut jamais déterminer la non-existence. Le passage du symbolique vers le statut de constantes introduites, laisse derrière quelques constantes non spécifiés. Une constante symbolique n'est pas nécessairement une constante qu'on identifié avec une fiction. Cela est un signe qu'il faut poursuivre le développement de la dialogique libre dynamique de façon à permettre ce passage du symbolique au non-existant, au fictionnel.

---

[246] Le parallèle entre validité et *super*validité dans les *superdialogues* est tentant. Cependant, les *superdialogues* n'intègrent pas l'idée d'une interprétation symbolique des quantificateurs et ne s'intéressent qu'à l'indétermination des constantes qui apparaissent dans la thèse. C'est en cela que la *validité symbolique* ne peut pas être ici considérée comme la *supervalidité*.

Derniers mots à mode de conclusion

En résumé des analyses réalisées jusqu'à présent, on répondra à la question posée en début de section. Ainsi, l'interrogation générale qui a guidé le parcours concernant les contributions de l'analyse dialogique au sujet de la fiction, trouve une double réponse : pour le présent travail, on retiendra d'une part, (i) la notion de *dynamique*, qui permet de comprendre l'existence comme une action de choix ; d'autre part, (ii) la notion de *statut symbolique* des constantes, qui permet de compléter la dynamique pour tenir compte des changements de statut ontologique.

En se servant de ces deux notions (dynamique et de statut symbolique), on est arrivé, jusqu'ici, à différencier les constantes engagées ontologiquement dans une preuve dialogique (constantes qui se rapportent aux objets existants : constantes introduites), et les constantes appelées symboliques, en fonction de leur statut ontologique indéterminé. Dorénavant, le propos sera de compléter l'analyse présente justement dans la direction qui permettra d'achever une logique où les entités fictives (comme un cas d'objets abstraits) seront identifiées avec certaines constantes qui se rapportent à elles.

Ainsi, dans le chapitre suivant, on finira la section en posant les fondations d'une logique dynamique libre des fictions dans la perspective dialogique. Avec ce propos, on se servira, en plus des notions de *dynamique* et de *statut symbolique*, de deux notions prometteurs qu'on a remarqués dans l'analyse de la première section : la notion de *dépendance* et celle *d'artéfact*. Ainsi, à partir du chapitre suivant, les résultats issus des deux sections seront intégrés pour atteindre un même objectif.

En effet, muni de ces éléments inspirés de la théorie artéfactuelle[247], qui apporte des éléments de réponse au problème de la référence et de l'identité

---

[247] Thomasson, 1999.

des fictions en définissant et en faisant appel à différents types de relations de dépendance ontologique, on élaborera une sémantique qui intègre la fiction elle-même dans un processus dynamique de création, à l'égard d'une approche dialogique. A ce sujet, la notion de dynamique se verra désormais élargie afin de capter l'interaction entre des royaumes ontologiques divers en passant par le statut symbolique des constantes. Outre l'économie d'un prédicat d'existence, on voudrait se servir des contributions de la perspective dialogique pour comprendre la fiction, notamment dans ses relations à la réalité. Finalement, on posera les fondements d'une dialogique des fictions pour le premier ordre - même si un système complet, à cet égard, supposerait un développement dans une structure bidimensionnelle.

Chapitre VII : Dépendance ontologique et dialogique dynamique des fictions[248]

Ne pas arriver à déterminer les constantes fictionnelles est de nouveau le signe que les règles qui implémentent la notion de choix doivent être affinées. Pour ce faire, il est nécessaire de préciser préalablement la notion de fiction qu'on veut capturer. La solution qu'on propose dans ce qui suit consiste à donner un rôle explicatif encore plus prépondérant à la notion d'action. En effet, s'inspirant de la théorie des artéfacts d'Amie Thomasson, qui centre son analyse sous la notion de *relation d'intentionnalité* tel qu'on l'a présenté dans les chapitres précédents, l'enjeu est d'en venir à comprendre la fiction comme un choix génératrice des royaumes différents, acte créatif des entités fictionnels à l'égard de la perspective artéfactuelle. Notre propos sera, de maintenant, d'implémenter la dimension dynamique de la fiction elle-même. On propose par conséquent une sémantique bi-dimensionnelle qui implémente les conséquences d'une telle conception de la fiction et plus particulièrement la relation de dépendance ontologique. On conclura ce panorama des logiques libres par une dialogique dynamique de la fiction cohérente avec un fragment de la sémantique bi-dimensionnelle.

1. Dépendance ontologique dans une structure modale bidimensionnelle[249]

La tradition phénoménologique utilise un autre dispositif que le prédicat d'existence pour aborder la fictionalité, à savoir l'intentionnalité et plus précisément la notion de dépendance ontologique de Brentano et Husserl. Comme on a remarqué dans les chapitres précédents, Amie L. Thomasson [1999] développe le concept de dépendance ontologique afin d'expliquer comment on peut faire référence à des objets non-existants, dans le contexte de l'interprétation littéraire par exemple. Thomasson expose

---

[248] Je tiens particulièrement à remercier Matthieu Fontaine et Shahid Rahman pour les nombreuses discussions animées qui on permit développer les idées exposées dans ce chapitre.
[249] Rahman & Tulenheimo, 2011.

différents types de dépendances ontologiques dont on ne rendra compte ici que des deux principaux : la *dépendance historique* et la *dépendance constante*.

On rappelle ici la définition que donne Thomasson des dépendances ontologiques en jeu : « We can begin by distinguishing between constant dependence, a relation such that one entity requires that the other entity exists at every time at which it exists, from historical dependence, or dependence for coming into existence, a relation such that one entity requires that the entity exist at some time prior to or coincident with every time at which exists. »[250]

L'idée est ici que le personnage Don Quichotte, par exemple, est ontologiquement historiquement dépendant de Cervantès et que Don Quichotte est un artéfact ou une création qui peut survivre même après la mort de Cervantès. De plus, dans cet exemple, la dépendance ontologique est *rigide* : Don Quichotte dépend historiquement d'un objet bien déterminé, en l'occurrence Cervantès, et personne d'autre. Par ailleurs, après la mort de Cervantès, Don Quichotte survit parce qu'il est préservé ontologiquement comme artéfact par des copies du texte de Cervantès. En fait, tandis que la dépendance historique renvoie à l'acte de création, le rôle de la dépendance ontologique constante est d'assurer que l'artéfact Don Quichotte créé par Cervantès, reste présent même quand son créateur n'est plus. En d'autres termes, la dépendance ontologique constante assure que les artéfacts sont des habitants de notre monde. En outre, si les objets desquels dépend Don Quichotte en venaient eux aussi à disparaître, alors Don Quichotte disparaîtrait également ou du moins serait inaccessible. On notera que, dans ce type d'exemple, la relation de dépendance ontologique constante peut être *générique*, c'est-à-dire que Don Quichotte n'est pas dépendant de façon constante à une copie particulière du texte, mais qu'à chaque instant il est en dépendance constante à l'une des copies (ou mémoire). La relation de dépendance historique est transitive et asymétrique. On se servira par la suite des cas de relations de dépendance constante réflexives pour définir les objets indépendants (voir définition 6 ci-dessous).

---

[250] Thomasson, 1999, p.29.

Un point intéressant est qu'on peut concevoir la dépendance ontologique de façon bidimensionnelle, c'est-à-dire dans une structure composée de mondes, d'instants du temps et de leurs relations respectives. En effet, Thomasson écrit ceci :

« Assuming that an author's creative acts and literary works about the character are also jointly sufficient for the fictional character, the character is present in all and only those worlds containing all of its requisite supporting entities. If any of these conditions is lacking, then the world does not contain the character, [...]. If Doyle does not exist in some world, then Holmes is similarly absent. If there is a world in which Doyle's work were never translated at all and all of the speakers of English were killed off, [...], then Sherlock Holmes also ceases to exist in that world, [...] »[251]

Si la dépendance historique permet la survie de la création à la mort du créateur, alors la situation décrite dans la citation ci-dessus est possible seulement si on la considère dans une structure bidimensionnelle de mondes et d'instants du temps. Cervantès doit forcément être présent dans chaque monde où Don Quichotte est présent, mais pas nécessairement au même instant.

---

[251] *Ibid.*, p.39.

2. Présuppositions de la structure modale :

• Une structure bidimensionnel (W,T,<) avec un ensemble W de mondes, un ensemble T d'instants du temps et une relation « < » d'*antériorité* (*avant que*) parmi les instants du temps. La relation « < » est supposée être irréflexive, transitive et trichotomique (c'est-à-dire linéaire). Par souci de simplicité, on suppose que la relation d'accessibilité associée à chaque monde est simplement la relation universelle W x W (chaque monde est accessible depuis chaque monde), ce pour quoi on peut omettre de la mentionner explicitement.

• Bien que les définitions de relations de dépendances ontologiques énoncées ci-dessous soient tout à fait générales, on supposera pour cet article qu'elles sont bien-fondées.

• Des domaines variables : c'est-à-dire que chaque paire monde-temps (w, t) aura son propre domaine $D^t w$.

Dans le contexte de la théorie artéfactuelle des fictions, Thomasson a choisi d'adapter la thèse de la désignation rigide de Kripke[252] à son analyse de la notion de référence intentionnelle dans le contexte de la fictionalité.

Toujours est-il que les définitions de dépendances ontologiques, si on les traite indépendamment du problème de l'identité, sont tout à fait neutres quant aux approches de Kripke et de Hintikka. C'est pourquoi on commencera par supposer une sémantique à la Kripke et par conséquent on aura :

• Des fonctions d'interprétation semi-possibilistes. C'est-à-dire que les fonctions d'interprétation des prédicats et des constantes à (w,t) pourraient donner comme résultat des éléments de $D^t w$ mais possiblement aussi de $D^{t'} w$ pour t'≠t. Par contre, l'interprétation des prédicats et des constantes évaluées à (w,t) ne peuvent pas contenir des éléments de $D^{t'} w'$ pour w'≠w (c'est pourquoi on parle d'interprétation *semi*-possibiliste). Autrement dit, pour les prédicats et les constantes, la fonction d'interprétation peut se

---

[252] Kripke, 1972.

rapporter à des éléments à différents moments t mais toujours dans le même monde.

- Des quantificateurs semi-possibilistes. C'est-à-dire que la substitution des variables liées par des constantes – apparaissant dans les formules évaluées à (w,t) – sont des éléments – auxquels se rapportent les constantes – d'un domaine $D^{t'}w$ où t' est un instant du temps (possiblement distinct de t). Les variables liées par les quantificateurs sont substituées par des constantes qui se rapportent à des individus qui peuvent être séparés dans le temps mais toujours dans un même monde.

- Les quantificateurs de ce type pourraient apparaître dans des expressions telles que « il y a(vait) un créateur de Don Quichotte » et serait à lire comme « il y a dans ce monde mais pas forcément à cet instant du temps un objet qui a créé Don Quichotte (ou un objet duquel Don Quichotte est historiquement dépendant) ».

Ces points donnent la clé pour comprendre la notion de bidimensionnel. Les deux dimensions concernent d'une part un monde possible, et d'autre part la dimension temporelle entièrement placée dans le même monde et qui permettent à penser à des différents individus qu'habitent le même monde mais à de différents moments. Notamment permet de parler d'un personnage fictif qui dépend d'un auteur décédé.

Les points essentiels de cette approche, qui sera rendue possible à travers une structure bidimensionnelle avec domaines variables, sont les suivants :

- La réponse à certaines critiques contre l'approche de Thomasson qui insistent sur le fait que dans la théorie artéfactuelle il ne serait pas naturel, voire impossible, d'asserter que Don Quichotte n'existe pas[253].
- La possibilité de parler d'objets ontologiquement dépendants est compatible avec certaines formes modales d'anti-réalisme.
- Une nouvelle compréhension des concepts de domaine interne et de domaine externe de la logique libre.

---

[253] Thomasson, 2009. Sainsbury, à publier *a* et *b*.

3. Création des objets et de leurs dépendances : naissance, vie et mort des fictions

3.1 Dépendance historique : la création des caractères fictionnels

Les deux premières définitions ci-dessous capturent ce que Thomasson appelle « dépendance historique rigide » :

[**Définition 1**]. (*Exige historiquement* [**E**]) L'objet X **exige historiquement** l'objet Y à l'instant t si pour tous les mondes w et tous les instants t' ≥ t tels que X ∈ $D^{t'}w$, il y a au moins un instant t'' ≤ t' tel que Y ∈ $D^{t''}w$. On l'exprimera comme : $E_{(w,t)}(X,Y)$

X exige Y au moment *t* et dans le monde w, si à partir de *t* il y a eu une époque antérieure ou confondue avec le moment *t*, où Y était présent dans le même monde.

Bref : Y doit précéder à (ou coexister avec) X à tout instant t' pour que X à tout instant t' exigea historiquement Y. Holmes est créé dans l'instant t, alors, il exige de Doyle puisque à tout instant égal o postérieur à t, Doyle était avant ou coexistant. Dans ce sens, Watson requiert de Holmes et vice-versa parce que les deux sont au même moment dans le monde (t''=t'). En plus, Watson et Holmes requièrent de Conan Doyle dans tous les instants t', mais pas le contraire puisque il y a un moment (notamment t) dont Holmes et Watson ne précédaient ni coexistent avec Doyle (c'est-à-dire, avant la création de Holmes et Watson).

Comme X et Y ne sont pas nécessairement différents, la relation d'exigence caractérise la relation entre les enfants et ses parents, la relation entre des jumeaux ou la relation qui a un objet avec soi même. En plus, on doit tenir compte qu'un objet X peut avoir plus d'une relation d'exigence au même temps.

[Définition 2]. (*Dépend historiquement* [H]) L'objet X **dépend historiquement** de l'objet Y à l'instant t si X exige historiquement Y à t, mais que Y ne exige pas historiquement X à t, et pour tout Z, si X dépend historiquement de Z, donc on a Z=Y. Quand cela est le cas et que l'interprétation de ki, kj à (w,t) est respectivement X, Y, on dit que H(ki,kj) tient à (w,t) : w,t ⊨ H(ki,kj). Donc :

$$\mathbf{H}_{(w,t)}(ki,kj) =_{\text{def}} [\mathbf{E}_{(w,t)}(ki,kj) \wedge \neg \mathbf{E}_{(w,t)}(kj,ki)]$$

Dans quelque sorte la dépendance historique restreint la définition 1, à une *exigence* du type t''<t' et non t''≤t'.

On remarquera que les définitions de « exige » et « dépend » ci-dessus sont relatives seulement à un instant. Si on présuppose que les personnages des histoires de Doyle ne peuvent pas être considérés séparément, on notera que non seulement Holmes et Watson exigent historiquement Doyle, mais qu'ils se exigent aussi historiquement l'un l'autre. En effet, si les deux on été crées au même moment (t''= t'), un exige l'autre réciproquement. En général, tout objet considéré dans l'instant *t* exige historiquement des autres objets qui sont là au même moment *t* ou ont été là ou sont là depuis un instant *t'* antérieur à *t*. Par contre, tous les deux dépendent historiquement de Doyle, mais pas l'un de l'autre puisque la relation n'est pas réciproque. En effet, Holmes requiert historiquement de Doyle mais pas le contraire. De même pour Watson. Mais Watson et Holmes continuent à s'exiger l'un l'autre.

Dans quelque sorte la dépendance historique, pour le cas des objets X et X' considérés de manière simultanée, fait tomber de manière exclusive un des deux 'exigences' entre les objets : soit le personnage X ne requiert plus de X', soit le contraire. Mais jamais se requièrent les deux ou non au même temps.

Il pourrait être intéressant de généraliser la notion de dépendance historique afin de permettre des créations contrefactuelles comme dans

« Ménard a été créé par Borges, mais Ménard pourrait avoir été créé par Dante ». De nombreux théoriciens de la fiction semblent penser qu'une telle contrefactuelle est impossible : le Ménard de Dante serait un Ménard différent. Cependant, d'une part, comme logicien, on ne peut pas résister à la tentation de généraliser et, d'autre part, des créations contrefactuelles pourraient certainement faire sens dans des contextes épistémiques tels que dans « Ménard a été créé par Borges, mais Françoise croit qu'il a été créé par Dante ».

Lorsqu'on voudrait considérer une sémantique que tient en compte des créations contrefactuelles, concrètement, une sémantique modale, on doit tenir en compte des nouvelles considérations. En étendant la notion de structure bidimensionnelle pertinente à un quadruple (W,T,R,<) avec une relation binaire d'accessibilité sur W, on introduit les définitions suivantes :

[Définition 1*]. (*Exige historiquement*) L'objet X **exige historiquement** l'objet Y à (w,t) si pour tous mondes v tels que R(w,v) et tous les instants t' ≥ t tels que X ∈ $D^t v$, on a au moins un instant t''≤ t' tel que Y ∈ $D^{t''} v$. On l'exprimera comme :

$$E^*_{(v,t)/[R(w,v)]} (X,Y)$$

Donc, X exige Y au monde w' et dans l'instant t, si dans tous les mondes v accessibles depuis w' et pour tous les instants t', on a Y dans le même monde et dans un instant t'' tel que t''≤ t'. Lorsque Don Quichotte exige Cervantès dans le monde v_1, donc, Don Quichotte exige Cervantès dans tous les mondes accessibles depuis v_1.

[Définition 2*]. (*Dépend historiquement* [H*]) L'objet X **dépend historiquement** de l'objet Y à l'instant (w,t) si pour tous mondes v tels que R(w,v), X exige historiquement Y à (v,t), mais que Y ne exige pas historiquement X à (v,t), et pour tout Z, si X dépend historiquement de Z, donc on a Z=Y . Quand cela est le cas et que l'interprétation de ki,kj à (w,t) est respectivement X,Y, on dit que H(ki,kj) tient à (w,t) : w,t ⊨ H*(ki,kj).

$$H^*_{(w,t)}(X,Y) = [E^*_{(v,t)/[R(w,v)]}(X,Y) \wedge \neg E^*_{(v,t)/[R(w,v)]}(Y,X)]$$

Tandis que, dans tous les mondes, Don Quichotte et Cervantès s'exigent mutuellement, Don Quichotte dépend historiquement de Cervantès et pas le contraire.

3.2 Dépendance constante : l'existence des fictions

Les trois définitions suivantes capturent la notion de « dépendance constante » de Thomasson :

[**Définition 3**]. (*Exige constamment*) L'objet X **exige constamment** (**C**) l'objet Y à l'instant t si pour tous les mondes w tels que $X \in D^t w$, on a $Y \in D^t w$. Sera exprimée comme : $C_{(w,t)}(X,Y)$

Cette exigence se comporte comme une restriction sur le « exige historique » dans le sens qui demande un rapport synchronique, c'est-à-dire, les objets considérées aux moments t et t' tel que t = t'. Aussi la coprésence apporte la symétrie de l'exigence. Lorsque X **exige constamment** l'objet Y à l'instant t et pour tous les mondes w, il se tient aussi que : Y **exige constamment** l'objet X à l'instant t et pour tous les mondes w.

[**Définition 4**]. (*Dépend constamment*) X **dépend constamment** (**K**) d'un objet Y à l'instant t si X exige constamment Y à t, mais que Y n'exige pas constamment X à t.

Pour avoir une dépendance constante entre deux individus, l'exigence constante entre les deux ne doit pas être symétrique. En effet, lorsque X dépend constamment d'Y, X exige constamment Y.

$$K_{(w,t)}(X,Y) = [C_{(w,t)}(X,Y) \wedge \neg \, C_{(w,t)}(Y,X)]$$

[**Définition 5**]. (*Dépend constamment et génériquement*) Si t est un instant déterminé du temps, soit Γ_t un ensemble d'objets tels que chacun de ces objets existe à l'instant t dans un monde. On peut appeler Γ_t un *type*. L'objet X **dépend constamment et génériquement** du genre Γ_t au temps t si pour tous les mondes w tels que $X \in D^t w$, on a $Y \in \Gamma_t$ tel que $Y \in D^t w$.

$$\mathbf{KG}_{(w,t)}(X, \Gamma_t)$$

La dépendance générique correspond à une dépendance constante mais par rapport à n'importe quel individu, membre d'un genre spécifique. En ce qui concerne notre travail, la dépendance générique des fictions est établie avec n'importe quel membre de l'ensemble de copies de l'œuvre littéraire dont le personnage en question apparait.

On notera w,t $\models \exists x(\mathbf{K}(x,kj) \wedge Gx)$ pour « l'objet (fictionnel) appelé kj dépend constamment (**K**) d'au moins un objet qui est un élément de l'ensemble Γ_t (de copies) (G) ».

Comme mentionné ci-dessus, ce type de relation est crucial pour l' « existence » et la « mort » des personnages fictionnels en tant qu'ils dépendent de copies des travaux correspondants. Mais ce n'est assurément que certaines copies qui sont responsables de cette dépendance ontologique et non toutes les copies. Qui plus est, le caractère générique explique le caractère abstrait des fictions et plus généralement de l'œuvre littéraire. Citons une fois de plus Thomasson :

« A literary work is only generically dependent on some copy (or memory) of it. So although it may appear in various token copies, it cannot be identified with any of them because it may survive the destruction of any copy, provided there are more. Nor can it be classified as a scattered object where all of its copies are, because the work itself does not undergo any change in size, weight, or location if some of its copies are destroyed or moved. »[254]

---

[254] Thomasson, 1999, pp.36-37.

« But copies of the text are the closest concrete entities on which fictional characters constantly depend. ... Because they are not constantly dependent on any particular spatiotemporal entity, there is no reason to associate them with the spatiotemporal location of any of their supporting entities. »[255]

3.3 Indépendance ontologique

La définition suivante capture la notion d'indépendance de Thomasson :

[**Définition 6**]. (*Indépendance*) X est **ontologiquement indépendant** (**I**) à (w,t) s'il exige constamment lui-même et seulement lui-même à (w,t).

$$\mathbf{I}_{(w,t)}(X) = \mathbf{C}_{(w,t)}(X,Y) \text{ pour quelque soit Y tel que } X=Y$$

Etre une entité ontologiquement indépendant veut dire n'est pas être un artéfact. Avec cette définition on complète le schéma ontologique minimal dont on a besoin pour construire une logique dialogique à l'égard d'entités dépendantes et indépendantes.

4. Mondes fictionnels et leur accessibilité.

Dans les paragraphes précédents on a défini les différents types de dépendances ontologiques en relation aux objets. Cependant, dans la théorie de Thomasson, c'est toute l'œuvre qui devrait être considérée comme artéfact. L'idée est de fournir la contrepartie sémantique à l'introduction d'un opérateur de fiction qui devrait permettre à la fois l'évaluation de phrases telles que « Selon l'histoire, Holmes est un détective » et de montrer les dépendances ontologiques de l'œuvre littéraire créée. Notre propos est de rendre les mondes dépendants des objets d'un monde donné. L'idée est

---

[255] Loc. cit.

d'avoir une espèce de sous-monde : Chaque (w,t) pourrait se voir associer un sous-monde $f_{w,t}$ tel que tous les objets du domaine de f dépendent génériquement d'un objet (réel) de (w,t) (une copie arbitraire d'une œuvre donnée) et que tous ces objets de f soient en dépendance historique au(x) même(s) auteur(s) à (w,t'). Cela permet d'exprimer le fait qu'une œuvre donnée est une création et que cette création est génériquement dépendante d'une copie de l'œuvre. On pourrait penser les œuvres fictionnelles en analogie aux domaines interne et externe des logiciens libres. En ce sens, on peut concevoir une œuvre fictionnelle comme une sorte de domaine externe ontologiquement dépendant d'un objet du domaine interne de chaque monde.

Au niveau du langage objet, les mondes fictionnels sont la contrepartie sémantique de l'opérateur de fiction. Cela nous mène au point suivant :

[**Définition 7**]. (*Relation d'accessibilité induite par la dépendance constante*) Etant donné un monde w et un instant *t*, soit $F_{(w,t)}$ l'ensemble des mondes *u* définis comme suit : $f \in F_{(w,t)}$ si et seulement si pour tous les $X \in D^t f$ qui *ne* sont *pas* constamment indépendants à t, il y a au moins un $Y \in D^t w$ tel que X dépend constamment de Y à t. On dit que le monde f est *accessible par dépendance constante* depuis le monde w si $f \in F_{(w,t)}$.

Plus en détail :
i)   Un ensemble de mondes w_t et l'ensemble $F_{(w,t)}$ des mondes f, qui sont accessibles depuis w à l'instant t. L'ensemble de mondes w_t et l'ensemble $F_{(w,t)}$ des mondes f, constituent ensemble la totalité des mondes W.
ii) Mondes f (ensemble de mondes fictionnels où habitent des X qui dépendent génériquement de Γ_t aux mondes w), et mondes w où habitent les Y réels desquels dépendent les X.
iii) domaines de mondes pour un instant t : $D^t f$ et $D^t w$.

Définition : $f \in F_{(w,t)}$ (un monde f est accessible depuis w à l'instant t '(w→t)' –f est associé à w) si et seulement si, quelque soit l'entité dépendante $X \in D^t f$, il y a au moins un $Y \in D^t w$ (accessibilité de w à f), tel que :

$$KG_{(w \to f \, ; \, t)}(X,Y)$$

Comme on l'a mentionné dans l'introduction, l'idée est d'être en mesure de répondre à certaines critiques adressées à la théorie artéfactuelle : en relation à l'existence, l'idée est de permettre de dire qu'un objet dépendant est non-existant, mais qu'en un autre sens il existe. En relation au monde w dans sa globalité, l'objet dépendant est existant (comme dépendant), mais en relation au complément du sous-monde (f,t), il est non-existant et, dans le sous-monde (f,t), il est existant. Autrement dit, en relation à W, l'objet dépendant est existant, mais en relation aux w, l'objet dépendant (une entité non existant) habite les sous-mondes f de fictions.

5. Logique dialogique des fictions. La dépendance ontologique.

S'appuyant sur les définitions données par la sémantique bi-dimensionnelle, on propose maintenant de poser les fondements d'une logique *dialogique* dynamique des fictions. On notera que cette dialogique s'en tient au premier ordre et ne peut donc pas être complète par rapport à la sémantique modale ci-dessus. L'enjeu est essentiellement d'exposer plus clairement comment on peut implémenter un prédicat de dépendance ontologique dans la dialogique et quels en sont les avantages, par rapport au prédicat d'existence notamment. On verra alors que c'est toujours à travers la notion de choix qu'on va comprendre la fiction. Certains aspects de la relation entre un actif créatif et la fiction résultant de cet acte sont capturés à travers la dépendance entre les choix et les relations de dépendance ontologique qui en résultent. Si l'on comprenait l'existence comme une fonction de choix, il va maintenant en être de même pour la non-existence laquelle va devenir un choix qui dépend du choix d'un existant.

Pour implémenter cette version simplifiée de la notion de relation de dépendance ontologique en dialogique, on introduit le prédicat de relation de dépendance ontologique *D* auquel on donne une sémantique spécifique -

$D\mathrm{k_ik_j}$ se lisant *ki dépend ontologiquement de k_j*. L'idée est que si une constante k_i doit tenir pour une fiction, alors elle doit s'inscrire dans une relation de dépendance ontologique à une constante k_j qui tienne pour un objet existant (de façon indépendante).

Ainsi, on aura :
- $D\mathrm{k_ik_j}$ et $k_i = k_j$ si et seulement si k_i (k_j) désigne un objet existant (de façon indépendante).
- $D\mathrm{k_ik_j}$ et $k_i \neq k_j$ si et seulement si k_i est une fiction qui dépend ontologiquement de k_j tel que $D\mathrm{k_ik_j}$.

On capture ainsi l'idée que toutes les fictions dépendent d'un objet existant à travers lequel la fiction est transmise ou préservée, qu'il s'agisse d'une copie ou de la mémoire d'un individu par exemple. Bien que par « ontologique », en général, on comprend que les fictions en tant qu'artéfacts, dépendent aussi bien des auteurs qui les ont créées que des copies de l'œuvre littéraire, la dépendance la plus importante qui maintient une fiction pour notre analyse est la dépendance constante et rigide.

La relation de dépendance ontologique qu'on propose ici repose sur une conception simpliste de la relation de dépendance réflexive. En effet, pour être tout à fait pertinent, une relation de dépendance réflexive ne devrait pas se limiter aux objets existants indépendamment. Mais on s'en tiendra à cela pour ce qui suit, comprenant l'existence selon un choix d'un individu qui dépend de lui-même, et non pas d'un autre choix pour un autre objet.

5.1 Le quantificateur dynamique et les étapes de la preuve.

Dans les règles qui suivent, la différence entre sous-dialogue symbolique et sous-dialogue actualiste prétend de capter formellement l'idée d'une dynamique qui est fonction de l'interprétation des quantificateurs. On va considérer qu'un seul type de quantificateur mais qui change de portée à fur et à mesure que la preuve se déroule. Lorsqu'une preuve va d'une étape d'indifférenciation ontologique des objets auxquels se rapportent les constantes (constantes symboliques), à une étape plus déterminé ontologiquement parlant, on se représente les quantificateurs comme ayant une portée dynamique. Cet ajustement de l'engagement ontologique du quantificateur, en effet, se correspond dans le dialogue avec deux étapes successives : d'abord le *sous-dialogue symbolique* et à continuation le *sous-dialogue actualiste*. En effet, dans le premier sous-dialogue les quantificateurs se comportent tels des quantificateurs possibilistes dans la mesure où on substitue les variables liées à ces quantificateurs par des constantes qui se rapportent à l'ensemble conjoint des objets ontologiquement dépendants et indépendants. Dans la partie subséquente les quantificateurs se comportent tels des quantificateurs actualistes, c'est-à-dire qu'on substitue les variables liées par des constantes se rapportant à l'ensemble d'objets ontologiquement indépendants.

Donc, tout comme dans la logique dialogique libre dynamique, on peut les interpréter symboliquement pour les besoins d'une preuve. Cependant, au final de la preuve, on se sert des règles ci-dessous afin de déterminer le statut des objets auxquels se rapportent les constantes jouées au moyen de la relation de dépendance ontologique. Ainsi, en effet, (dans certains cas) on arrivera à soulever le moment d'indétermination qu'on a mentionné auparavant en permettant d'établir quelles constantes concernent des fictions (artéfacts).

5.2 Règles

Pour construire cette première version simplifiée de la logique dialogique des fictions, on reprend les règles pour la logique dialogique libre dynamique, mais on modifie la règle (**RS-FL$_D$**)[256] et on ajoute les règles qui permettent de spécifier la relation de dépendance ontologique des constantes symboliques comme suit :

---

[256] Le proposant défend un quantificateur existentiel ou attaque un quantificateur universel uniquement avec des constantes *totalement nouvelles* ou déjà *introduites* par l'opposant. On tient compte aussi la **Définition 3** : On appelle *symbolique* une constante totalement nouvelle jouée par P ou une constante qui apparaît dans la thèse initiale.

(RS-FL$_F$) Le proposant défend un quantificateur existentiel ou attaque un quantificateur universel avec des constantes *symboliques* ou déjà *introduites* par l'opposant.

Cela signifie que dans la dialogique des fictions, le proposant peut défendre un quantificateur existentiel ou attaquer un quantificateur universel avec une constante qui apparaît dans la thèse. Ensuite, les règles qui permettent de déterminer la relation de dépendance ontologique sont données comme suit :

(RD-0) X ne peut attaquer sur la relation de dépendance ontologique, par application de (RD-1)-(RD-5), que lorsque le dialogue est *symboliquement terminé* et uniquement sur la dernière formule atomique jouée par Y.

[Définition 8]. On dit qu'un dialogue est *symboliquement terminé* si et seulement si il n'y a plus de coup possible, hormis ceux autorisés par les règles (RD-1)-(RD-5) – c'est-à-dire s'il est terminé et clos selon les règles classiques.

Pour que l'on puisse attaquer la relation de dépendance, le proposant doit gagner la première partie du jeu. Il n'est possible de passer à la deuxième partie du jeu que lorsque le proposant a réussi le niveau symbolique. Par la suite, l'opposant interrogera le proposant pour l'engagement des constantes jouées dans les atomiques afin de spécifier ontologiquement les objets auxquels elles se rapportent. L'exigence de n'attaquer que la dernière formule atomique est liée à la dynamique de la procédure. En effet, pendant la première partie (le sous-dialogue symbolique), le proposant utilise des constantes sans les justifier. C'est à partir du sous-dialogue actualiste qu'il doit justifier ces constantes. Les règles ont été conçues de telle manière que si les constantes proviennent d'une règle de quantification, le statut indépendant de la constante doit être justifié. Cette procédure intègre une logique qui rejoint celle des supervaluations. En effet, dans les deux logiques, l'ensemble des formules valides comportant des variables liées, coïncide avec l'ensemble correspondant dans la logique classique.

[**Définition 9**]. On appelle *sous-dialogue symbolique* un sous-dialogue dans lequel le statut ontologique des objets auxquels se rapportent les constantes jouées n'a pas encore été spécifié par application des règles (**RD-1**)- (**RD-5**). On appelle *sous-dialogue actualiste* un sous-dialogue dans lequel on applique les règles (**RD-1**)- (**RD-5**).

(**RD-1**) Quand X joue une formule atomique contenant un k_i, Y peut lui demander de quel k_j dépend ontologiquement k_i en posant la question « ?-Dk_ik_j » (k_j est soit différent, soit identique à k_i). X doit alors se défendre en justifiant une relation de dépendance Dk_ik_j.

Pour

formule	attaque	réponse
X-!-Ak_i	Y-?-Dk_ik_j	X-!-Dk_ik_j

Nous avons, soit

O			P		
n	Ak_1				
n+2	Dk_1k_j		n	? - Dk_1k_j	n+1

Soit

O			P		
				Ak_1	n
n+1	? - Dk_1k_j	n		Dk_1k_j	n+2

(**RD-2**) Quand X joue une formule atomique contenant un k_i et que ce même k_i a été utilisé par X pour défendre un quantificateur existentiel ou attaquer un quantificateur universel, Y peut lui demander « ?-Dk_ik_i »– c'est-à-dire que Y lui demande de justifier que k_i est dans une relation de dépendance réflexive (qu'il existe indépendamment). X doit alors se défendre en justifiant une relation de dépendance réflexive Dk_ik_i.

Symétrie et asymétrie de jeu : Dans un dialogue où le joueur X est en droit de demander pour la réflexivité de la relation de dépendance ($?\text{-}Dk_ik_i$), Y peut contre-attaquer avec le même coup ou non en fonction des conditions du jeu. En effet, on peut exemplifier les deux cas possibles de la manière suivante :

i- conditions symétriques : pour la formule ($\forall xAx \rightarrow \forall xAx$)

Cas 16,1				
O			**P**	
			$\forall xAx \rightarrow \forall xAx$	0
1	$\forall xAx$	0		$\forall xAx$	2
3	$?\text{-}k_i$	2		Ak_i	6
5	Ak_i		1	$?\text{-}k_i$	4
7	$?\text{-}Dk_ik_i$	6(4)		Dk_ik_i ☺	10
9	Dk_ik_i		5	$?\text{-}Dk_ik_i$	8

Explication : Le proposant a attaqué un quantificateur universel avec la constante ki dans le coup 4 et après joue une atomique avec la même constante dans le coup 6. De la sorte l'opposant a le droit de demander pour la réflexivité de la relation de dépendance. Mais le proposant peut aussi demander pour la réflexivité de la relation de dépendance de ki étant donné que l'opposant a aussi attaqué et joué une atomique avec la même constante (coup 3 et 5). Autrement dit, le proposant peut répéter, dans le coup 8, la même attaque que l'opposant a faite dans le coup 7 puisque les conditions sont les mêmes : les deux joueurs ont attaqué un quantificateur universel et joué une atomique avec la même constante k_i.

ii- conditions asymétriques : pour la formule ($Ak_j \wedge Ak_i) \rightarrow \exists xAx$

Cas 16,2					
	O			**P**	
				$(Ak_j \wedge Ak_i)\rightarrow\exists xAx$	0
1	$(Ak_j \wedge Ak_i)$	0		$\exists xAx$	2
3	?-$\exists$	2		Ak_j	6
5	Ak_j		1	?-$\wedge_1$	4
7	?-Dk_jk_j	6(2)			
9	Dk_zk_j ☺		5	?-$Dk_?k_j$	8

Explication : Dans le coup 7, l'opposant a le droit de demander pour la réflexivité de la relation de dépendance dans laquelle se tient k_j parce que cette constante k_j a été utilisée pour défendre un quantificateur existentiel. Par contre, dans le coup 8, le proposant ne peut pas répéter l'attaque du coup 7, en demandant pour la réflexivité, puisque l'opposant n'a pas utilisé k_j, ni pour attaquer un quantificateur universel ni se défendre de l'attaque à un quantificateur existentiel.

(RD-3) Quand X concède une relation de dépendance ontologique Dk_ik_j avec $k_i \neq k_j$ – c'est-à-dire que k_i est une fiction qui dépend de k_j – il concède en même temps Dk_jk_j (on ne notera cette concession que si c'est nécessaire pour le déroulement de la preuve).

Corollaire règle formelle (RS-3) : P n'a pas le droit d'introduire une relation de dépendance ontologique.

Si le proposant a gagné dans la première partie et qu'il y a eu un branchement, alors l'opposant a le droit d'interroger le statut des objets auxquels se rapportent les constantes jouées au bout de chaque branchement. Par exemple :

Cas 16,3											
O						P					
						$(Ak_1 \wedge \exists xAx \rightarrow \exists x(Ax \wedge \exists xAx))$					0
1	$Ak_1 \wedge \exists xAx$				0	$\exists x(Ax \wedge \exists xAx)$					2
3	$?\text{-}\exists$				2	$Ak_1 \wedge \exists xAx$					4
5	$?\wedge_1$	4	5'	$?\wedge_2$	4		Ak_1	8	$\exists xAx$		8'
7	Ak_1		7'	$\exists xAx$		1	$?\wedge_1$	6	1	$?\wedge_2$	6'
9	$?\text{-}Dk_1k_j$	8	9'	$?\text{-}\exists$	8'					Ak_2 ☺	12'
			11'	Ak_2					7'	$?\text{-}\exists$	10'
			13'	$?\text{-}Dk_2k_2$	11'(1')						

(RD-4) X peut mettre à jour une constante (répéter la défense d'une existentielle ou l'attaque d'une universelle) si et seulement si Y a introduit une nouvelle constante dont X peut se servir ou que Y a donné cette constante dans une relation de dépendance ontologique réflexive (Dk_ik_i).

[Définition 10]. On dit que X *concède symboliquement une formule atomique* lorsque dans le sous-dialogue symbolique il se défend d'une attaque $?\text{-}k_i$ de Y (sur un quantificateur universel) en assertant une formule atomique $\phi[x/k_i]$.

(RD- 5) Quand X a concédé symboliquement une formule atomique $\phi[x/k_i]$ et que ce k_i est déterminé comme objet dépendant dans le sous-dialogue actualiste, alors X peut annuler la concession de cette formule $\phi[x/k_i]$ – c'est-à-dire que la concession ne valait que dans la mesure où les quantificateurs n'étaient pas interprétés de façon actualiste.

La notion de constante symbolique se verra élargie par rapport à ces règles. Maintenant sera symbolique toute constante dont le statut ontologique de l'objet auquel se rapporte ne soit pas déterminé (dépendante ou indépendante). Il s'agit notamment des constantes du sous-dialogue possibiliste pour lesquelles le statut des objets auxquels elles se rapportent n'a été pas déterminé dans le sous-dialogue actualiste.

[**Définition 11**]. On appelle symbolique une constante totalement nouvelle jouée par P, une constante qui apparaît dans la thèse initiale ou introduite par l'opposant, et qui reste indéterminé son statut ontologique d'accord aux règles (**RD-1**)- (**RD-5**).

Donc, le dialogue se déroule avec des constantes symboliques dont on ne sait pas si elles tiennent pour des individus existants ou des fictions, des objets indépendants ou dépendants. Quand le dialogue se termine symboliquement, on demande dans quelle relation de dépendance tiennent les constantes qui apparaissent dans la formule atomique qui clos la branche (ou les branches) dans laquelle le dialogue se termine. A partir de là, on détermine le statut des objets auxquels se rapportent les constantes jouées (dans la dernière atomique). L'application de ces règles devient plus claire avec les exemples ci-dessous :

Cas 17					
O			**P**		
			$Ak_1 \rightarrow \exists xAx$		0
1	Ak_1	0		$\exists xAx$	2
3	?-$\exists$	2		Ak_1	4
5	?-Dk_1k_1	4(3)			
7	Dk_1k_2 ☺		1	?-Dk_1k_i	6

Explication : La constante k_1 qui apparaît dans la première partie du dialogue est symbolique, elle a un statut ontologique indéterminé (coups 0 à 4). Dans la dialogique libre dynamique, (RS-FL$_D$) forçait P à jouer une constante totalement nouvelle ou introduite par O pour défendre un quantificateur existentiel (cas 10). Par application de (RS-FL$_F$), P peut maintenant jouer le même k_1 que celui qui apparaît dans la thèse et il clôt le dialogue symboliquement avec Ak_1 (coup 4). Par application de (RD-0), le dialogue se poursuit et O demande à P de justifier la relation Dk_1k_1 pour le

k_1 dont P s'est servi pour défendre l'existentielle (coup 5). P ne peut que contre-attaquer et demander à O, par application de (R*D*-1), dans quelle relation de dépendance ontologique tient le k_1 symbolique joué au coup 1 (coup 6). O concède que k_1 dépend de k2 (coup 7). P ne peut donc se défendre de l'attaque en 5 et il perd.

Cas 18					
O			**P**		
				$\forall xAx \rightarrow Ak_1$	0
1	$\forall xAx$	0		Ak_1	4
3	[~~Ak_1~~]		1	$?k_1$	2
5	$?\text{-}Dk_1k_1$	4(2)			
7	Dk_1k_2		3	$? \text{-} Dk_1k_i$	6
9	Ak_2 ☺		1	$?k_2$	8

Explication : Dans le sous-dialogue actualiste, bien que O concède l'existence d'un objet indépendant, il n'affirme pas que k_1 soit un de ces objets indépendants. Plus précisément, le k_1 qui apparaît dans Ak_1 (coup 3) est symbolique et n'a pas été introduit par O qui ne fait que concéder symboliquement Ak_1 le temps du sous-dialogue symbolique. P gagne le sous-dialogue symbolique (coup 4) et par application de **(R*D*-2)** O demande à P de justifier la relation de dépendance réflexive (coup 5). P ne peut répondre et contre-attaque (coup 4). O répond que le k_1 en question était un objet dépendant et, par application de **(R*D*- 5)**, annule la concession Ak_1 du coup 3 pour le sous-dialogue actualiste. P met à jour son attaque de l'universel (coup 6). O répond Ak_2 et il gagne (coup 9).

Cas 19						
	O				P	
					$\exists x(Ax \to \forall xAx)$	0
1	?-∃	0			$Ak_1 \to \forall xAx$	2
3	Ak_1	2			$\forall xAx$	4
5	? k_2	4			Ak_2	8
					$Ak_2 \to \forall xAx$	6
7	Ak_2	6				
9	?-Dk_2k_2	8(1)			Dk_2k_2 ☺	12
11	Dk_2k_2		5(7)		?-Dk_2k_2	10

Explication : Jusqu'à ce que P gagne symboliquement le dialogue (coup 8), la preuve se déroule comme en dialogique libre dynamique. Par application de la règle (RD-0), O attaque ensuite sur la relation de dépendance du k_2 qui a été utilisé par P pour défendre l'existentielle (coup 9). P contre-attaque alors par la même question puisque O s'est servi de k_2 pour attaquer l'universelle (coup 10). O concède ainsi Dk_2k_2 (coup 11) dont P fait usage pour clore le dialogue.

Une conséquence immédiate de cette façon de comprendre la fiction, c'est-à-dire comme un artéfact abstrait ontologiquement dépendant, est que si l'on admet les fictions, alors le domaine ne peut jamais être vide. En effet, il doit toujours exister un objet duquel il dépend. L'adoption du point de vue de la théorie artéfactuelle produit à cet égard l'effet contraire à la perspective meinongienne, notamment par rapport à la notion de création des fictions. Tandis que pour les meinongiens il y a des objets non-existants indépendamment des créateurs littéraires, les fictions –en tant que des artéfacts abstraits- présupposent toujours (historique et constamment) des objets indépendants (existants). Le dialogue suivant montre que, pour tout objet, il y a un objet duquel il dépend : soit un objet différent dans le cas d'une fiction, soit lui-même dans le cas des existants. Cela est exprimé par le théorème $Ak_1 \to \exists xDk_1x$:

Cas 20				
	O		**P**	
			$Ak_1 \to \exists x Dk_1 x$	0
1	Ak_1	0	$\exists x Dk_1 x$	2
3	?-$\exists$	2	$Dk_1 k_2$	6
5	$Dk_1 k_2$	1	?-$Dk_1 k_i$	4
Σ	$Dk_2 k_2$			
7	?- $Dk_2 k_2$	(3)6	$Dk_2 k_2$ ☺	8

Explication : Dans un premier temps, P ne peut répondre à l'attaque sur l'existentielle (coup 3) et il perd le dialogue symbolique. Il attaque alors O sur la dépendance ontologique de k_1 (coup 4). O lui concède $Dk_1 k_2$ (coup 5). Par application de (**RD-3**), O concède du même coup $Dk_2 k_2$ (coup Σ). P se sert alors de $Dk_1 k_2$ pour clore le dialogue, mais encore une fois de façon symbolique (coup 6). Par application de la règle (R**D**-0), O demande à P de justifier la relation de dépendance réflexive pour ce k_2 qui a servi à défendre une existentielle (coup 7). P clôt le dialogue et gagne en jouant la concession que O a faite au coup Σ (coup 8).

Cas 21				
	O		**P**	
			$\forall x Ax \to \exists x Ax$	0
1	$\forall x Ax$	0	$\exists x Ax$	2
3	?-$\exists$	2	Ak_1	6
5	[~~Ak_1~~]	1	?k_1	4
7	?-$Dk_1 k_1$	6(2)		
9	$Dk_1 k_2$	5	?-$Dk_1 k_i$	8
Σ	$Dk_2 k_2$			
11	Ak_2	1	?k_2	10
			Ak_2	12
13	?-$Dk_2 k_2$	12(2)	$Dk_2 k_2$ ☺	14

Explication : Tout comme pour la spécification, quand O affirme que k_1 ne désigne pas un objet indépendant, il annule la concession symbolique

Ak₁ (coup 9). P met ensuite à jour son attaque sur l'universelle (coup 10), puis se sert de la défense de O pour mettre à jour sa défense de l'existentielle. O attaque sur la relation de dépendance ontologique en demandant de justifier une relation de dépendance réflexive pour k2 (coup 13) et P répond en se servant de la concession de O en Σ - par application de **(RD-3)** - et il gagne (coup 14)[257].

Plus concrètement, ces règles signifient que, outre les constantes introduites par l'opposant, le statut ontologique des objets auxquels se rapportent les constantes jouées au cours du sous-dialogue symbolique restent indéterminées. Pour être tout à fait précis, on devrait même ajouter que les constantes introduites restent elles-aussi symboliques et ce, jusqu'à ce que l'on applique les règles **(RD-1)-(RD-5)**. En effet, la règle d'introduction ne fonctionne plus de la même manière : l'objet auquel se rapporte une constante k_i introduite dans le sous-dialogue symbolique n'est pas chargé ontologiquement tant que la relation Dk_ik_i n'a pas été justifiée (jusqu'au coup 11 dans le cas 19). La règle d'introduction reste nécessaire cependant dans la mesure où les règles pour la relation de dépendance ontologique entraînent des séquences de coups qui peuvent être fonctions des choix opérés dans le sous-dialogue symbolique et plus principalement des constantes introduites au sens de la définition s'appuient sur les constantes introduites selon la définition **(D2)**. En fait, les coups joués par application de **(RD-2)** dans le sous-dialogue actualiste sont fonctions des constantes introduites dans la première partie.

On peut de nouveau invoquer les explications du mouvement symbolique dans la dialogique libre dynamique. En effet, on peut ici considérer un dialogue symbolique avec des quantificateurs qui ne sont pas

---

[257] Ce que montre cette formule, et le fait qu'il y ait une stratégie gagnant pour P, c'est que la dialogique dynamique des fictions n'est pas pour l'instant inclusive, c'est-à-dire qu'on ne peut pas avoir de domaine vide. En effet, quand les constantes sont symboliques, soit elles tiennent pour une entité existante, soit elles tiennent pour un objet dépendant auquel cas il doit être ontologiquement relié à un objet indépendant.

chargés ontologiquement. On les interprète dès lors avec des constantes symboliques. Puis après l'application de **(RD-0)-(RD-5)**, dans la seconde partie du dialogue, on finalise la preuve en prêtant un import existentiel aux quantificateurs. On retrouve donc la dynamique des quantificateurs qui sont interprétés de façon actualiste après avoir été interprétés de façon possibiliste dans le sous-dialogue symbolique.

Si le dialogue est clos et que le proposant a gagné avec des constantes qui ne proviennent pas des règles d'introduction, l'opposant pourra donc décider du statut de ces constantes : à savoir, si ces dernières se rapportent à des objets fictionnels ou réels. En effet, s'il s'agit des constantes qui ne proviennent pas d'une attaque sur un quantificateur universel, ou de l'instanciation d'un existentiel, le dialogue peut être clos avec des fictions ou avec des réels. C'est le cas d'un énoncé du type « Si Platero est un âne, alors Platero est un âne » :

Cas 21,5

O			P	
			$Ak_1 \to Ak_1$	0
1	Ak_1	0	Ak_1	2

⇀

Manifestation 1

O			P	
			$Ak_1 \to Ak_1$	0
1	Ak_1	0	Ak_1	2
3	$?\text{-}Dk_jk_1$	2	Dk_1k_1 ☺	6
5	Dk_1k_1	1	$?\text{-}Dk_jk_1$	4

⇀

Manifestation 2

O			P	
			$Ak_1 \to Ak_1$	0
1	Ak_1	0	Ak_1	2
3	$?\text{-}Dk_jk_1$	2	Dk_2k_1 ☺	6
5	Dk_2k_1	1	$?\text{-}Dk_jk_1$	4

Explication : dans le sous-dialogue actualiste, O a deux choix : soit concéder que la constante symbolique est dépendante (manifestation 1), soit concéder qu'elle est indépendante (manifestation 2). A manière de comparaison on complète le cas 16 joué plus haut pour montrer que si les constantes proviennent de l'instanciation d'un quantificateur existentiel, dans le sous dialogue actualiste il n'y a pas deux options comme dans le cas 21,5 :

Cas 21,55				
O			**P**	
			$\exists x(Ax \to Ax)$	0
1	?∃	0	$Ak_1 \to Ak_1$	2
3	Ak_1	2	Ak_1	4
5	**?-Dk₁k₁**	4(0)		
7	**Dk₁k₂** ☺		3	**?-Dk₁kᵢ**	6

Certaines critiques à cette explication objectent que ce n'est pas réellement l'import existentiel des quantificateurs qui varie. Au final, en effet, les quantificateurs sont toujours chargés ontologiquement : jamais un dialogue de la dialogique des fictions ne peut être clos si les dernières formules atomiques jouées contiennent un k_i symbolique, bien que ce k_i provienne d'une règle d'introduction. Dans ce sens est-ce qu'on pourrait interpréter que les quantificateurs sont toujours chargés ontologiquement mais, dans la partie symbolique du dialogue, ils traversent par une phase d'indétermination *épistémique* à l'égard du statut ontologique des objets auxquels se rapportent les constantes jouées, indétermination qui est résolue par l'application de **(RD-0)-(RD-5)**. Cependant, à notre avis, cette indétermination n'est résolue (dans un dialogue où le sous-dialogue symbolique est clos et gagné par le proposant), que par rapport à la dernière atomique jouée. Dans le cas 21,6 ci-dessus on montre comment le proposant gagne bien qu'il reste indéterminé le statut du k_i du coup 2, qui provienne d'instancier un quantificateur existentiel. Donc on a fini un dialogue sans enlever l'indétermination épistémique par l'application de **(RD-0)-(RD-5)** :

Cas 21,6					
O			**P**		
			$\exists x(Ax \rightarrow \exists x(Ax \rightarrow \forall xAx))$		0
1	?-$\exists$	0	$Ak_1 \rightarrow \exists x(Ax \rightarrow \forall xAx)$		2
3	Ak_1	2	$\exists x(Ax \rightarrow \forall xAx)$		4
5	?-$\exists$	4	$Ak_2 \rightarrow \forall xAx$		6
7	Ak_2	6	$\forall xAx$		8
9	?-k_3	8	Ak_3		12
			$Ak_3 \rightarrow \forall xAx$		10
11	Ak_3	10			
13	?-**D**k_3k_3	12(8)	**D**k_3k_3 ☺		16
15	**D**k_3k_3		11(9)	?-**D**k_3k_3	14

Lorsqu'on le compare avec le cas 16 (la formule $\exists x(Ax \rightarrow Ax)$), on voit que dans le cas 21,6 la constante éminente pour la validité de la formule (k_3 dans la dernière atomique), c'est celle qui provienne d'instancier le quantificateur existentielle dans le coup 4. Dans ce sens est-ce qu'il est important aussi de déterminer le statut ontologique de k_3 et non de k_1. Dans le cas 16, le k_1 ne seulement provienne d'instancier un quantificateur existentielle mais aussi elle fait partie de la dernière atomique. Le dialogue finit sans avoir déterminé le statut ontologique de k_1 bien qu'elle provienne de l'instanciation d'un quantificateur existentiel (coup 0).

De même pour l'exemple suivant :

Cas 21,7					
O			**P**		
			$\exists x(Ax \rightarrow \forall x(Ax \rightarrow \exists xAx))$	0	
1	?-∃	0	$Ak_1 \rightarrow \forall x(Ax \rightarrow \exists xAx)$	2	
3	Ak_1	2	$\forall x(Ax \rightarrow \exists xAx)$	4	
5	?-k_2	4	$Ak_2 \rightarrow \exists xAx$	6	
7	Ak_2	6	$\exists xAx$	8	
9	?-∃	8	Ak_2	10	
11	?-Dk_2k_2	10(8)	Dk_2k_2 ☺	14	
13	Dk_2k_2		7(5)	?-Dk_2k_2	12

Il faut remarquer que le proposant pourrait bien choisir de mettre à jour le coup 2 avant de finir le dialogue. En effet, au coup 6 il peut répéter la défense du coup 2 avec le k2 que l'opposant vient d'introduire au coup 5. Après le dialogue se continue comme le cas précédent :

Cas 21,8					
O			**P**		
			$\exists x(Ax \rightarrow \forall x(Ax \rightarrow \exists xAx))$	0	
1	?-∃	0	$Ak_1 \rightarrow \forall x(Ax \rightarrow \exists xAx)$	2	
3	Ak_1	2	$\forall x(Ax \rightarrow \exists xAx)$	4	
5	?-k_2	4			
			$Ak_2 \rightarrow \forall x(Ax \rightarrow \exists xAx)$	6	
7	Ak_2	6	$\forall x(Ax \rightarrow \exists xAx)$	8	
9	?-k_3	8	$Ak_3 \rightarrow \exists xAx$	10	
11	Ak_3	10	$\exists xAx$	12	
13	?-∃	12	Ak_3	14	
15	?-Dk_3k_3	14(12)	Dk_3k_3 ☺	18	
17	Dk_3k_3		11(9)	?-Dk_3k_3	16

Toujours est-il que ces explications n'impliquent plus ici de différence quant aux notions de stratégies gagnantes et de validité. Par conséquent, il ne sera pas nécessaire de trancher la question et de se prononcer définitivement sur le meilleur des explications pour le propos présent. On peut maintenant reformuler les notions de *validité symbolique* et de *validité* relativement aux règles qui régissent les dialogues pour la dialogique des fictions. Une formule est *symboliquement valide* si et seulement si, il y a une stratégie gagnante pour le proposant dans le sous-dialogue symbolique. Une formule est *valide* si et seulement si, il y a une stratégie gagnante pour le proposant dans un dialogue de la dialogique des fictions et le problème de la dialogique dynamique à cet égard est en partie résolu.

On notera par ailleurs, que ce système valide des versions restreintes de la particularisation et de la spécification formulées avec le prédicat de relation de dépendance ontologique $(Ak_1 \wedge \boldsymbol{D}k_1k_1) \to \exists xAx$ et $\forall xAx \to (\boldsymbol{D}k_1k_1 \to Ak_1)$, respectivement :

Cas 21,9					
O			**P**		
				$(Ak_1 \wedge \boldsymbol{D}k_1k_1) \to \exists xAx$	0
1	$Ak_1 \wedge \boldsymbol{D}k_1k_1$	0		$\exists xAx$	2
3	?-$\exists$	2		Ak_1	6
5	Ak_1		1	?-$\wedge_1$	4
7	?-$\boldsymbol{D}k_1k_1$	6(2)		$\boldsymbol{D}k_1k_1$ ☺	10
9	$\boldsymbol{D}k_1k_1$		1	?-$\wedge_1$	8

Cas 22					
O			**P**		
				$\forall xAx \to (\boldsymbol{D}k_1k_1 \to Ak_1)$	0
1	$\forall xAx$	0		$(\boldsymbol{D}k_1k_1 \to Ak_1)$	2
3	$\boldsymbol{D}k_1k_1$	2		Ak_1	6
5	Ak_1		1	?-k_1	4
7	?-$\boldsymbol{D}k_1k_1$	6(4)		$\boldsymbol{D}k_1k_1$ ☺	8

Le parallèle avec la logique libre avec prédicat d'existence est ici flagrant. Que gagne-t-on dès lors à introduire un tel prédicat $\boldsymbol{D}$ plutôt que d'utiliser un prédicat d'existence ? Le gain est que, outre le fait qu'on comprenne toujours l'existence en terme de choix – puisqu'on s'appuie sur les développements de la dialogique dynamique – on rend explicite l'existence par un prédicat binaire qui met en relation des objets. Ce que cela signifie, c'est que ce qu'on rend explicite c'est certes la dépendance entre les objets, mais surtout qu'on calque cette dépendance ontologique sur une forme de dépendance des choix. En effet, affirmer « Dk_1k_2 », c'est affirmer implicitement que le choix d'un k_1 fictionnel dépend du choix d'un k_2 différent. On pourrait pousser plus loin encore la comparaison entre les deux façons de concevoir l'existence et la non-existence, mais s'en tiendra à ces conclusions pour l'instant en attendant les prochains développements à un niveau modal et bi-dimensionnel.

Qui plus est, d'un point de vue philosophique, on propose maintenant une approche référentielle de la fiction qui n'a pas à s'appuyer sur une forme quelconque de meinongiannisme. En effet, il ne s'agit plus ici de donner une référence aux non-existants dans un domaine externe dont l'accessibilité épistémique resterait inexpliquée. Il s'agit plutôt d'un domaine des fictions accessibles par le biais d'objets existants avec lesquels ils entretiennent une relation de dépendance ontologique. Autrement-dit, et comme on l'a déjà expliqué précédemment, chaque contexte w,t se voit maintenant associer un sous-monde fw,t dont le domaine Dfw,t contient des objets qui sont tous dépendants d'un objet indépendant qui lui fait partie de Dw,t. L'œuvre fictionnelle en vient à être appréhendée comme constituant une sorte de domaine externe, mais auquel on a accès par le biais d'objets réels, indépendants. On a maintenant une forme de domaine externe auquel on a accès grâce à la relation de dépendance ontologique. Pour être exhaustif, tout cela doit maintenant être implémenté et expliqué dans une structure modale bi-dimensionnelle, mais on laissera cela pour des recherches ultérieures.

6. Correction pour la logique libre dynamique des fictions
6.1 Dialogues et tableaux

Dans l'approche dialogique la validité est définie à l'égard de la notion de « stratégie gagnante ».

Une description systématique des stratégies gagnantes disponibles pour **P** dans le contexte des choix possibles de **O**, peuvent être obtenus auprès des considérations suivantes[258] :

Si **P** doit gagner contre tout choix d'**O**, on devra envisager deux cas différents :

- les cas dialogiques dans lesquels **O** a jouée une formule complexe, et
- les cas dialogiques dont **P** a jouée une formule complexe.

Nous appelons ces situations principales les cas-**O** et les cas-**P**, respectivement. Pour les deux cas on doit distinguer le suivant:

(i) **P** gagne en choisissant un attaque dans les cas-**O** ou une défense dans les cas-**P**, ssi il peut gagner au moins un des dialogues qu'il a choisi.

(ii) Lorsque **O** choisi une défense dans les cas-**O** ou un attaque dans les cas-**P**, **P** gagne ssi il gagne dans tous les dialogues qu'**O** a choisi.

La description des stratégies disponibles produira une version des tableaux sémantiques de Beth, très répandus après les célèbres arbres sémantiques développés par Raymond-Smullyan (1968), où **O** tient pour **T** (côté gauche) et **P** pour **F** (côté droit) et le cas (ii) conduira à une règle de branchement.

On introduit maintenant les tableaux pour la logique dynamique des fictions :

---

[258] Lorenzen 1978, 217-220; Rahman 1993, 33-40, Rahman/Rückert/Fischmann 1997. La relation avec la déduction naturelle a été récemment travaillée dans Rahman/Clerbout/Keiff 2010, 301-336.

Règles pour tableau

Pour les quantificateurs:

(O)-*Cases*	**(P)-*Cases***
$\Sigma, (O)\forall x\, A$	$\Sigma, (P)\forall x A$
--------------------	--------------------
$\Sigma, <(P)_{?\tau}> (O)A_{[\tau*/x]}$	$\Sigma, <(O)_{?\tau*}> (P)A_{[\tau*/x]}$
τ *a été étiqueté avec un astérisque avant*	$\tau*$ *est nouvelle*
$\Sigma, (O)\exists x\, A$	$\Sigma, (P)\, \exists x\, A$
--------------------	--------------------
$\Sigma, <(P)_?> (O)A_{[\tau*/x]}$	$\Sigma, <(O)_?> (P)A_{[\tau*/x]}$
$\tau*$ *est nouvelle*	τ *a été étiqueté avec un astérisque avant*

Pour les particules :

(O)-*Cases*	**(P)-*Cases***
$\Sigma, (\mathbf{O})A\vee B$	$\Sigma, (\mathbf{P})\, A\vee B$
------------------------------	--------------------
$\Sigma, <(\mathbf{P})_{?\text{-}\vee}> (\mathbf{O})A \mid \Sigma, <(\mathbf{P})_{?\text{-}\vee}> (\mathbf{O})B$	$\Sigma, <(\mathbf{O})_{?\text{-}\vee}> (\mathbf{P})A$ $\Sigma, <(\mathbf{O})_{?\text{-}\vee}> (\mathbf{P})B$
$\Sigma, (\mathbf{O})\, A\wedge B$	$\Sigma, (\mathbf{P})\, A\wedge B$
--------------------	------------------------------
$\Sigma, (\mathbf{O})A$ $\Sigma, (\mathbf{O})B$	$\Sigma, (\mathbf{P})A \mid \Sigma, (\mathbf{P})B$
$\Sigma, (\mathbf{O})\neg\neg A$	$\Sigma, (\mathbf{P})\neg\neg A$
--------------------	----------------
$\Sigma, (\mathbf{O})A$	$\Sigma, (\mathbf{P})A$

$$\Sigma, (\mathbf{O})\, A \rightarrow B$$

$$\Sigma + (\mathbf{O})A \, , (\mathbf{P})?\, A \mid \Sigma, (\mathbf{P})B$$

$$\Sigma, (\mathbf{P})\, A \rightarrow B$$

$$\Sigma, (\mathbf{O})A$$
$$\Sigma, (\mathbf{P})B$$

Règles de clôture additionnelles : une branche est fermée :

(i)   lorsqu'elle contient $(\mathbf{O})A$ et $(\mathbf{P})p$, pour certains variables propositionnelles p

(ii)   lorsqu'elle contient $(\mathbf{O})\, A_{[\tau^*]}$ et $(\mathbf{P})\, A_{[\tau^*]}$ pour certains formules atomiques $A_{[\tau^*]}$.

6.2. Modèle

Un modèle pour la logique dialogique libre dynamique est donc une séquence $<D_I, D_O, I>$ où D_I tient pour le domaine interne, D_O pour le domaine externe et I la fonction d'interprétation.

Succinctement, D_I peut être considéré comme le domaine (interne) qui contient les entités existantes, D_O le domaine (externe) des entités non-existantes. Les quantificateurs habituels, interprétés de façon actualiste, ne portent que sur D_I. Les termes singuliers k peuvent prendre leur valeur dans l'union de D_I et D_O. Les prédicats sont quant à eux définis aussi sur les deux domaines.

6.2.1 Fonction interprétation

L'interprétation I quant à elle est une fonction définie sur $D_I \cup D_O$ comme suit :

(i)   Pour tout terme singulier k, I(k) est un membre de $D_I \cup D_O$.

(ii)   Pour tout prédicat à n places P, I(P) est un ensemble de n-tuples de membres de $D_I \cup D_O$.

(iii)   Tout membre de $D_I \cup D_O$ a un nom dans L.

(iv)   Pour l'interprétation des quantificateurs on considère une fonction g qu'assigne des objets aux variables telle que : $g(x) \in D_I$

Les quantificateurs ne portent que sur D_I. Les prédicats sont définis sur l'union des deux domaines. Par conséquent, des entités non-existantes peuvent faire partie de l'extension d'un prédicat.

6.2.2 Pour la fonction valuation :

Pour la fonction valuation on introduit le paramètre t comme nomme collectif pour les constantes ou les variables. Ainsi, on peut définir $\|t\|_{M,g}$ (l'interprétation du paramètre t dans le modèle M sous l'assignation g) , comme suit :

$\|t\|_{M,g} = I(t)$ si t est une constante (t=k / I(t) $\in$ {$D_I \cup D_O$})
$\|t\|_{M,g} = g(x)$ si t est une variable (t=x / $g(x) \in$ {D_I})

On définit maintenant la valuation $V_M(A)$ dans un modèle M sous une assignation g comme suit :

Valuations :
(i) $V_M(P^n t_1,\ldots, t_n) = 1$ Ssi. $<I(t_1), \ldots, I(t_n)> \in I(P^n)$.
(ii) $V_M(t_i = t_j) = 1$ Ssi. $I(t_i)$ est le même que $I(t_j)$.
(iii) $V_M(\neg\phi) = 1$ Ssi. $V_M(\phi) = 0$.
(iv) $V_M(\phi \wedge \psi) = 1$ Ssi. $V_M(\phi) = 1$ et $V_M(\psi) = 1$.
(v) $V_M(\phi \vee \psi) = 1$ Ssi. $V_M(\phi) = 1$ ou $V_M(\psi) = 1$.
(vi) $V_M(\phi \rightarrow \psi) = 1$ Ssi. $V_M(\phi) = 0$ ou $V_M(\psi) = 1$.
(vii) $V_M(\forall x\phi) = 1$ ssi quelque soit le $g(x) \in$ {D_I}, $V_{M,g}(\phi[x/g(x)]) = 1$
(viii) $V_M(\exists x\phi) = 1$ ssi pour au moins un $g(x) \in$ {D_I}, $V_{M,g}(\phi[x/g(x)]) = 1$

La portée des quantificateurs est restreinte au domaine interne, tandis que les prédicats et les paramètres prennent leurs valeurs sur les deux domaines. Ainsi, en ce qui concerne la spécification, il se pourrait que toutes les entités du domaine interne vérifient $\forall x\phi$, mais que l'entité désignée par t_1 appartienne en fait au domaine externe et ne satisfasse pas ϕ - infirmant ainsi $\phi[x/k_1]$. Inversement, si t_1 prend sa valeur dans le domaine externe, alors le fait que t_1 satisfasse ϕ n'implique pas qu'une entité du domaine interne ait cette propriété, ce qui invalide la particularisation.

6.3. Conforme à un modèle

Considérons l'ensemble S de formules étiquetées (O ou P) possédant des paramètres. On dit que S est conforme au modèle M = <D_I, D_O, I> à l'égard de l'assignation g s'il y a une fonction de corrélation f (mappage f) assignant à chaque formule étiqueté d'une branche un valeur de vérité dans le modèle M tel que :

(D1) Si XA est dans S (où X correspond aux étiquettes O ou P), alors $v_{M,g}(A) \in \{0,1\}$. Autrement dit, A est fausse ou vrai dans le modèle M d'accord à l'assignation g, selon le suivant :

$$f_g(OA) = v_{M,g}(A) = 1$$
$$f_g(PA) = v_{M,g}(A) = 0$$

(D2) Si dans la formule A il y a une constante k, la fonction f le fait correspondre I(t) dans le modèle tel que I(t) $\in \{D_I \cup D_O\}$

(D3) Si dans la formule A il y a une constante k*, la fonction f le fait correspondre g(x) dans le modèle tel que g(x) $\in \{D_I\}$

Etant donné que S est un ensemble de formules, les mouvements suivants n'auront pas de corrélation dans un modèle :

 ? $\vee$i,
 ?-$\wedge$i,
 ?-$\forall$ x/k,
 ?$\exists$

<u>Définition 1</u> : une branche d'un dialogue est conforme à un modèle si l'ensemble de formules qui le composent est conforme à un modèle

<u>Définition 2</u> : un dialogue est conforme à un modèle s'il possède au moins une branche conforme à un modèle.

6.3.1 Lemme de correction 1 (LC1) :

Un dialogue clos (gagné par le proposant) n'est pas conforme à un modèle

Preuve

(i) considérons un dialogue qui à la fois est clos et conforme à un modèle.

(ii) comme il est conforme à un modèle le dialogue possède au moins une branche conforme à un modèle (déf 2). Soit **S** l'ensemble de formules qui composent la branche, ils sont conformes à un modèle **M** selon une fonction de corrélation f.

(iii) Etant donné que le dialogue est clos, on doit avoir dans la branche OA et PA pour une formule atomique A quelconque. Ainsi, $f_g(OA) = v_{M,g}(A) = 1$ et $f_g(PA) = v_{M,g}(A) = 0$ seront le cas dans M, ce qui est impossible.

6.3.2 Lemme de correction 2 (LC2):

Lorsqu'une section d'un dialogue est conforme à un modèle et une branche de cette section est étendue en suivant des règles de tableau, le résultat sera une nouvelle section de tableau conforme à modèle.

Preuve :

Soit **T** une section d'un dialogue conforme à un modèle **M** et **B** une branche qui est étendue.

L'extension se fait à partir d'une dernière formule (étiqueté o ou P) de la branche et par application d'un règle de tableau.

On considère que l'ensemble de formules **S** dans **B** est conforme au modèle **M** = < D_I, D_O, I > par rapport à la fonction de corrélation f et selon l'assignation g. L'extension de S à S' – d'accord à D1, D2 et D3 – se fait en accord avec le suivant : (a) S' finisse par une formule A sans constantes (expression quantifié) ; (b) S' finisse par une formule A avec constantes k ; (c) S' finisse par une formule A avec constantes k* (provenant d'attaquer ou défendre un quantificateur). Ainsi, aussi pour $f_g(\mathbf{O}A)= v_{\mathrm{M},g}(A){=}1$ que pour $f_g(\mathbf{P}A)= v_{\mathrm{M},g}(A){=}0$, on doit tenir compte des cas suivants :

(i) S finisse par $\mathbf{O}(\exists x\varphi)$ ou $\mathbf{P}(\exists x\varphi)$ et s'étend à S' selon (c) :

(i.a) pour $\mathbf{O}(\exists xA)$: on applique la règle correspondant et on obtienne $\mathbf{O}A_{[\mathrm{k}^*/\mathrm{x}]}$ où k^* est une constante nouvelle dans la branche. On doit montrer que le nouvelle ensemble S' qui consiste en S plus $(\mathrm{O})A_{[\mathrm{k}^*/\mathrm{x}]}$ est conforme au modèle M. Etant donné que S est par hypothèse conforme au modèle M, alors $f_g(\mathbf{O}\exists xA)= v_{\mathrm{M},g}(\exists xA){=}1$. Et si $v_{\mathrm{M},g}(\exists xA){=}1$, il y a au moins un g(x)$\in\{\mathrm{D}_\mathrm{I}\}$ tel que $v_{\mathrm{M},g[\mathrm{x}/g(\mathrm{x})]}(A){=}1$. Et ce dernier confirme le fait que si dans le tableau il y a une formule A avec une constante k^* (qui est le cas pour le tableau), la fonction de corrélation f le fait correspondre un g(x) $\in$ $\{\mathrm{D}_\mathrm{I}\}$ dans le modèle tel que $v_{\mathrm{M},g[\mathrm{x}/g(\mathrm{x})]}(A){=}1$ (voir D3)

(i.b) pour $\mathbf{P}(\exists xA)$: on applique la règle correspondant et on obtienne $\mathbf{P}A_{[\mathrm{k}^*/\mathrm{x}]}$ où k^* a été étiqueté avec un astérisque avant dans la branche. On doit montrer que le nouvel ensemble S' qui consiste en S plus $\mathbf{P}A_{[\mathrm{k}^*/\mathrm{x}]}$ est conforme au modèle M. Etant donné que S est par hypothèse conforme au modèle M, alors $f_g(\mathbf{P}\exists xA)= v_{\mathrm{M},g}(\exists xA){=}0$. Et si dans le modèle $v_{\mathrm{M},g}(\exists xA){=}0$, alors $v_{\mathrm{M},g[\mathrm{x}/g(\mathrm{x})]}(A){=}0$, c'est-à-dire, pour tout g(x)$\in\{\mathrm{D}_\mathrm{I}\}$ se vérifie que g(x) n'appartient pas à l'interprétation d'A. Et ce dernier conclusion coïncide avec le fait que $f_g(\mathbf{P}A)= v_{\mathrm{M},g}(A){=}0$ (par hypothèse), en sachant que dans la formule A il y a une k^* qui doit correspondre à une g(x)$\in\{\mathrm{D}_\mathrm{I}\}$ dans le modèle M (voir D3).

(ii) S finisse par $\mathbf{O}(\forall x\varphi)$ ou $\mathbf{P}(\forall x\varphi)$ et s'étend à S' selon (c) :

(ii.a) pour $\mathbf{O}(\forall xA)$: on applique la règle correspondant et on obtienne $\mathbf{O}A_{[\mathrm{k}^*/\mathrm{x}]}$ où k^* a été étiqueté avec un astérisque avant dans la branche. On doit montrer que le nouvel ensemble S' qui consiste en S plus $\mathbf{O}A_{[\mathrm{k}^*/\mathrm{x}]}$ est conforme au modèle M. Etant donné que S est par hypothèse conforme au modèle M, alors $f_g(\mathbf{O}\forall xA){=}$

$v_{M,g}(\forall xA)=1$. Si $v_{M,g}(\forall xA)=1$, quelque soit le $g(x)\in\{D_I\}$ se vérifie $v_{M,g[x/g(x)]}(A)=1$. Ce dernier affirmation, en effet, coïncide avec le fait que pour l'extension $OA_{[k^*/x]}$ de la branche S on doit vérifier $f_g(OA)=v_{M,g}(A)=1$ pour une k^* que la fonction f le fait correspondre $g(x)$ dans le modèle tel que $g(x)\in\{D_I\}$.

(ii.a) pour $P(\forall xA)$: on applique la règle correspondant et on obtienne $PA_{[k^*/x]}$ où k^* est nouvelle dans la branche. On doit montrer que le nouvel ensemble S' qui consiste en S plus $PA_{[k^*/x]}$ est conforme au modèle M. Autrement dit, on doit montrer qu'à l'extension de la branche $PA_{[k^*/x]}$ la fonction f le fait correspondre $v_{M,g[x/g(x)]}(A)=0$. Etant donné que S est par hypothèse conforme au modèle M, alors $f_g(P\forall xA)=v_{M,g}(\forall xA)=0$. Si $v_{M,g}(\forall xA)=0$, il existe au moins une $g(x)\in\{D_I\}$ tel que $v_{M,g[x/g(x)]}(A)=0$. Ainsi, on peut considérer que ce dernier est le même $g(x)$ dont la fonction f fait correspondre dans le modèle M la valuation $v_{M,g[x/g(x)]}(A)=0$ à $PA_{[k^*/x]}$ en accord avec D3.

(iii) lorsqu'on étend S à S' avec une formule qui contient constantes k (cas (b)), cette formule suit d'un des expressions suivantes : $A\wedge B$, $A\vee B$, $A\rightarrow B$, $\neg B$, $\neg A$.

Pour $A\wedge B$ on a deux cas : 1. $OA\wedge B$ et 2. $PA\wedge B$

1. Pour $O(A\wedge B)_{[k/x]}$ la preuve se déroule comme suit : si S finisse par $O(A\wedge B)_{[k/x]}$, on applique la règle de tableau correspondant et on obtient S' qui finisse par $OA_{[k/x]}$ et $OB_{[k/x]}$. On doit montrer que le nouvel ensemble S' qui consiste en S plus $OA_{[k/x]}$ et $OB_{[k/x]}$ est conforme au même modèle M par rapport auquel S est conforme. Ça veut dire qu'on doit prouver que $f_g(OA_{[k/x]})=v_{M,g[x/g(x)]}(A)=1$ et $f_g(OB_{[k/x]})=v_{M,g[x/g(x)]}(A)=1$ pour $g(x)\in\{D_I\cup D_O\}$. Etant donné que S est par hypothèse conforme au modèle M, alors $f_g(O(A\wedge B)_{[k/x]})=v_{M,g[x/g(x)]}(A\wedge B)=1$. En conséquence, si $v_{M,g[x/g(x)]}(A\wedge B)=1$, alors $v_{M,g[x/g(x)]}(A)=1$ et

$v_{M,g[x/g(x)]}(B)=1$ qui est justement ce qu'on voudrait prouver pour $f_g(OA_{[k/x]})$ et $f_g(OB_{[k/x]})$.

2. Pour $P(A\wedge B)_{[k/x]}$ la preuve se déroule comme suit : si S finisse par $P(A\wedge B)_{[k/x]}$, on applique la règle de tableau correspondant et on obtient S' avec le branchement suivant : $OA_{[k/x]}$ ou $OB_{[k/x]}$. On doit montrer que le nouvel ensemble S' qui se continue de S avec le branchement $OA_{[k/x]}$ ou $OB_{[k/x]}$ est conforme au même modèle M par rapport auquel S est conforme. Ça vaut pour le suivant : dans S' au moins un des deux branches doit être conforme au modèle M, autrement dit soit $f_g(PA_{[k/x]})= v_{M,g[x/g(x)]}(A)=0$ soit $f_g(PB_{[k/x]})= v_{M,g[x/g(x)]}(A)=0$ pour $g(x) \in \{D_I \cup D_O\}$. Etant donné que S est par hypothèse conforme au modèle M, alors $f_g(P(A\wedge B)_{[k/x]})= v_{M,g[x/g(x)]}(A\wedge B)=0$. En conséquence, si $v_{M,g[x/g(x)]}(A\wedge B)=0$, soit $v_{M,g[x/g(x)]}(A)=0$ soit $v_{M,g[x/g(x)]}(B)=0$, qui est justement ce qu'on voudrait prouver pour $f_g(OA_{[k/x]})$ ou $f_g(OB_{[k/x]})$.

Pour les particules restantes la preuve se déroule de manière équivalente.

Pour le théorème de correction on assume le suivant : lorsque deux constantes k ou k* désignent le même individu, la valuation de la formule où ils apparaissent reste la même (*salva veritate*). En outre, pour deux assignations g et g', en plus de se différencier dans l'individu qu'elles dénotent, n'altèrent pas la valuation de la formule où ils apparaissent.

6.4. Théorème de correction

Si P possède une stratégie gagnante pour A utilisant les règles de tableau, A est valide.

Preuve

Supposons que P a une stratégie gagnante pour *A* utilisant les règles de tableau correspondants (i), mais *A* n'est pas valide (ii). Nous montrerons qu'à partir de cette hypothèse une contradiction se suit.

(i) Etant donné que P <u>a une stratégie gagnante</u> pour A suivant les règles de tableau, il ya un tableau clos D qui commence par PA qui est la thèse du tableau. La section suivante de D se construit par extension à partir de la thèse PA.

LC1: Un dialogue clos (gagné par le proposant) n'est pas conforme à un modèle

(ii) A <u>n'est pas valide</u>, alors il y a un modèle **M** où A n'est pas vraie. Alors, si on fait une corrélation f de PA dans le même modèle **M**, on obtient $f_g(PA)= v_{M,g}(A)=0$ qui est en accord avec D1. Ainsi D est conforme à un modèle. Et par application de LC2, tout branche D' obtenu comme une extension à partir de D sera conforme à un modèle.

Mais si le tableau est clos par hypothèse, et tous les tableaux clos ne sont pas conformes à modèle (LC1), alors la conclusion de (ii) : D est conforme à un modèle, est impossible.

Quod erat demonstrandum

7. Complétude pour la logique libre dynamique des fictions

En général ce que nous voulons prouver c'est le suivant : si une formule est valide dans M_0 (modèle du domaine intérieur & extérieur), il aura une preuve dialogique dans la Logique Libre dynamique. Notre stratégie consistera à prouver la contre-positive, c'est-à-dire, s'il n'y a pas de preuve pour une formule φ (une stratégie gagnante pour P) dans LLd (il y a une branche ouverte dans les dialogues développés), il y aura un modèle où la formule n'est pas vraie (un contremodèle dans M_0).

Préparatifs

Comme pour la preuve de correction, nous allons nous servir de la réécriture des dialogues en tant que des tableaux. Autrement dit, au lieu de cette notation :

	O				P	
					iX	0
1	*iV*				*i.nZ*	4
3	*i.nY*				*i.W*	2

On écrira :

$\quad$ 0 $\quad$ i**P**X

$\quad$ 1 $\quad$ i**O**V

$\quad$ 2 $\quad$ i**P**W

$\quad$ 3 $\quad$ i.n**O**Y

$\quad$ 4 $\quad$ i.n**P**Z

On introduit maintenant les tableaux pour la logique dynamique des fictions :

Pour les quantificateurs:

(O)-*Cases*	(P)-*Cases*
$\Sigma, (O)\forall x A$	$\Sigma, (P)\forall x A$
-------------------	-------------------
$\Sigma, <(P)_{?\tau}> (O)A_{[\tau^*/x]}$	$\Sigma, <(O)_{?\tau^*}> (P)A_{[\tau^*/x]}$
τ *a été étiqueté avec un astérisque avant*	τ^* *est nouvelle*

(O)-Cases	(P)-Cases
Σ, (O)$\exists$x A	Σ, (P) $\exists$x A
--------------------	--------------------
Σ, <(P)?> (O)$A_{[\tau*/x]}$	Σ, <(O)?> (P)$A_{[\tau*/x]}$
$\tau*$ est nouvelle	τ a été étiqueté avec un astérisque avant

Pour les particules :

(O)-Cases	(P)-Cases
Σ, (O)$A\vee B$	Σ, (P) $A\vee B$
-------------------------------	--------------------
Σ, <(P)?-$_\vee$> (O)A | Σ, <(P)?-$_\vee$> (O)B	Σ, <(O)?-$_\vee$> (P)A Σ, <(O)?-$_\vee$> (P)B
Σ, (O) $A\wedge B$	Σ, (P) $A\wedge B$
--------------------	-------------------------------
Σ, (O)A Σ, (O)B	Σ, (P)A | Σ, (P)B
Σ, (O)$\neg\neg A$	Σ, (P)$\neg\neg A$
--------------------	----------------
Σ, (O)A	Σ, (P)A
Σ, (O) $A\rightarrow B$	Σ, (P) $A\rightarrow B$
------------------	------------------
Σ+(O)A , (P)? A | Σ, (P)B	Σ, (O)A Σ, (P)B

Arbres développés systématiquement pour LLd

Pour commencer on a besoin d'une méthode systématique pour construire un arbre, qui assure que si on commence par une formule déterminé le résultat sera un arbre développé dans un nombre finit de pas. On suit la méthode systématique suivante :

Première pas : la thèse

Deuxième pas :

(i) on choisi la branche de l'arbre qui est ouverte.

(ii) on choisi les formules pas atomiques et on applique la procédure suivante :

On divise les formules en deux :

(i)   Formules α = celles où **O** a le choix : $P(\forall x\varphi)$ et $O(\exists x\varphi)$

(ii)   Formules β = celles où **P** a le choix : $O(\forall x\varphi)$ et $P(\exists x\varphi)$

(1) On développe d'abord les formules du type α. Le résultat sera des formules avec au moins un k* (un k avec étoile). Disons en général que les formules α développés selon (i) auront un nombre 'n' de k* (k_n*).

(2) dans les formules développés selon (1), si c'est les cas, on applique les règles de tableau pour particules.

(3) On développe les formules du type β avec la restriction suivante : P doit choisir les k parmi les k avec étoiles (k*) qui se trouvent déjà dans le branche. En fait le choix de P concerne tous les k* qui se trouvent dans le branche (k_n*). Ainsi, par exemple, une même formule $O(\forall x\varphi)$ sera développé selon $\varphi[x/ k_n$*$]$, c'est-à-dire, $\varphi[x/ k_1$*$]$, $\varphi[x/ k_2$*$]$, …, $\varphi[x/ k_n$*$]$, une à continuation de l'autre.

(4) dans les formules développés selon (3), si c'est les cas, on applique les règles de tableau pour particules.

On coche (ð) tous les formules qui ont fait l'objet de l'application d'une règle.

Après tout cela a été fait, faire de même pour la deuxième branche depuis la gauche et ainsi de suite.

Un arbre dialogique pour LLd a été développé lorsqu'on a appliqué la méthode pour développer systématiquement des arbres dans toutes les branches ouvertes (produites par une règle de branchement).

Considérons l'exemple suivant : $\exists xAx \rightarrow \forall x[(Ak_1 \wedge Ax) \rightarrow \exists x(Bx)]$

(i) on commence par la thèse :
    1) P $\exists xAx \rightarrow \forall x[(Ak_1 \wedge Ax) \rightarrow \exists x(Bx)]$

(ii) on couche et développe la thèse :
    1) P $\exists xAx \rightarrow \forall x[(Ak_1 \wedge Ax) \rightarrow \exists x(Bx)]$ ð
    2) O $\exists xAx$
    3) P $\forall x[(Ak_1 \wedge Ax) \rightarrow \exists x(Bx)]$

(iii) on a deux formules type α, on couche et développe d'abord 3) :
    1) P $\exists xAx \rightarrow \forall x[(Ak_1 \wedge Ax) \rightarrow \exists x(Bx)]$ ð
    2) O $\exists xAx$
    3) P $\forall x[(Ak_1 \wedge Ax) \rightarrow \exists x(Bx)]$ ð
    4) P $(Ak_1 \wedge Ak^*_1) \rightarrow \exists x(Bx)$

(iv) par la suite on développe 4) et 5) :
    1) P $\exists xAx \rightarrow \forall x[(Ak_1 \wedge Ax) \rightarrow \exists x(Bx)]$ ð
    2) O $\exists xAx$
    3) P $\forall x[(Ak_1 \wedge Ax) \rightarrow \exists x(Bx)]$ ð
    4) P $(Ak_1 \wedge Ak^*_1) \rightarrow \exists x(Bx)$ ð
    5) O $Ak_1 \wedge Ak^*_1$ ð
    6) P $\exists xBx$
    7) O Ak_1
    8) O Ak_1^*

(v) Avant de développer 6) on doit finir avec les formules du type α : on couche et développe 2) :
    1) P $\exists xAx \rightarrow \forall x[(Ak_1 \wedge Ax) \rightarrow \exists x(Bx)]$ ð
    2) O $\exists xAx$ ð
    3) P $\forall x[(Ak_1 \wedge Ax) \rightarrow \exists x(Bx)]$ ð
    4) P $(Ak_1 \wedge Ak^*_1) \rightarrow \exists x(Bx)$ ð
    5) O $Ak_1 \wedge Ak^*_1$ ð

6) P $\exists xBx$
7) O Ak_1
8) O $Ak_1{}^*$
9) O $Ak_2{}^*$

(vi) Pour développer 6) (formule du type beta), on tient compte de tous les $k_n{}^*$ de le branche :

1) P $\exists xAx \rightarrow \forall x[(Ak_1 \wedge Ax) \rightarrow \exists x(Bx)]$ ð
2) O $\exists xAx$ ð
3) P $\forall x[(Ak_1 \wedge Ax) \rightarrow \exists x(Bx)]$ ð
4) P $(Ak_1 \wedge Ak^*{}_1) \rightarrow \exists x(Bx)$ ð
5) O $Ak_1 \wedge Ak^*{}_1$ ð
6) P $\exists xBx$
7) O Ak_1
8) O $Ak_1{}^*$
9) O $Ak_2{}^*$
10) P $Bk_1{}^*$
11) P $Bk_2{}^*$

Modèle (M_O)

Un modèle pour la logique dialogique libre dynamique est donc une séquence $<D_I, D_O, I>$ où D_I tient pour le domaine interne, D_O pour le domaine externe et I la fonction d'interprétation. Succinctement, D_I peut être considéré comme le domaine (interne) qui contient les entités existantes, D_O le domaine (externe) des entités non-existantes. Les quantificateurs habituels, interprétés de façon actualiste, ne portent que sur D_I. Les termes singuliers k peuvent prendre leur valeur dans l'union de D_I et D_O. Les prédicats sont quant à eux définis aussi sur les deux domaines.

Fonction interprétation

L'interprétation I quant à elle est une fonction définie sur $D_I \cup D_O$ comme suit :

(i)   Pour tout terme singulier k, I(k) est un membre de $D_I \cup D_O$.

(ii)   Pour tout prédicat à n places P, I(P) est un ensemble de n-tuples de membres de $D_I \cup D_O$.

(iii)   Tout membre de $D_I \cup D_O$ a un nom dans L.

(iv)   Pour l'interprétation des quantificateurs on considère une fonction **g** qu'assigne des objets aux variables telle que : **g**(x) $\in D_I$

Les quantificateurs ne portent que sur D_I. Les prédicats sont définis sur l'union des deux domaines. Par conséquent, des entités non-existantes peuvent faire partie de l'extension d'un prédicat.

Pour la fonction valuation :

Pour la fonction valuation on introduit le paramètre t comme nomme collectif pour les constantes ou les variables. Ainsi, on peut définir $\|t\|_{M,g}$ (l'interprétation du paramètre t dans le modèle M sous l'assignation **g**) , comme suit :

$\|t\|_{M,g} = I(t)$ si t est une constante (t=k / I(t) $\in \{D_I \cup D_O\}$)

$\|t\|_{M,g} = g(x)$ si t est une variable (t=x / **g**(x) $\in \{D_I\}$)

On définit maintenant la valuation $V_M(A)$: valuation de A dans un modèle M sous une assignation **g** comme suit :

Valuations :

(ix) $V_M(P^n t_1, \ldots, t_n) = 1$ Ssi. $<I(t_1), \ldots, I(t_n)> \in I(P^n)$.

(x) $V_M(t_i = t_j) = 1$ Ssi. $I(t_i)$ est le même que $I(t_j)$.

(xi) $V_M(\neg\phi) = 1$ Ssi. $V_M(\phi) = 0$.

(xii) $V_M(\phi \wedge \psi) = 1$ Ssi. $V_M(\phi) = 1$ et $V_M(\psi) = 1$.

(xiii) $V_M(\phi \vee \psi) = 1$ Ssi. $V_M(\phi) = 1$ ou $V_M(\psi) = 1$.

(xiv) $V_M(\phi \rightarrow \psi) = 1$ Ssi. $V_M(\phi) = 0$ ou $V_M(\psi) = 1$.

(xv) $V_M(\forall x\phi) = 1$ ssi quelque soit le **g**(x) $\in \{D_I\}$, $V_{M,g}(\phi[x/g(x)]) = 1$

(xvi) $V_M(\exists x\phi) = 1$ ssi pour au moins un **g**(x) $\in \{D_I\}$, $V_{M,g}(\phi[x/g(x)]) = 1$

La portée des quantificateurs est restreinte au domaine interne, tandis que les prédicats et les paramètres prennent leurs valeurs sur les deux domaines. Ainsi, en ce qui concerne la spécification, il se pourrait que toutes les entités du domaine interne vérifient $\forall x\phi$, mais que l'entité désignée par t_1 appartienne en fait au domaine externe et ne satisfasse pas ϕ - infirmant ainsi

$\phi[x/k_1]$. Inversement, si t_1 prend sa valeur dans le domaine externe, alors le fait que t_1 satisfasse ϕ n'implique pas qu'une entité du domaine interne ait cette propriété, ce qui invalide la particularisation.

Modèles et branches

Définition 1 (D1) : élaboration d'un modèle à partir d'une branche.

Prenons un arbre développé systématiquement[259] avec une branche **B** ouverte. Nous montrons comment construire un modèle **M** dans laquelle **B** est *conforme* au modèle pour une formule atomique *A* qui apparaisse dans **B**.

Si O*A* apparait dans **B**, où *A* est une formule atomique, on a $v(A)=1$ dans **M**

Si P*A* apparait dans **B**, où *A* est une formule atomique, on a $v(A)=0$ dans **M**

Définition 2 (D2) Si la formule φ (atomique ou pas) apparait dans **B**, et dans φ il y a une constante k, à k le correspond I(t) dans le modèle tel que $I(t) \in \{D_I \cup D_O\}$

Définition 3 (D3) Si la formule φ (atomique ou pas) apparait dans **B**, et dans φ il y a une constante k*, à k* le correspond g(x) dans le modèle tel que $g(x) \in \{D_I\}$.

Etant donné que **S** est un ensemble de formules, les mouvements suivants n'auront pas de corrélation dans un modèle :

> ? $\vee$i,
> ?-$\wedge$i,
> ?-$\forall$ *x/k,*
> ? $\exists$

---

[259] Hintikka-tree

Lemme de Complétude

Thèse : Pour chaque formule φ (atomique ou pas) sur la branche ouverte **B** d'un arbre élaboré systématiquement, on peut déterminer un modèle M_O de la manière suivante :

Si **O**φ se produit dans **B**, alors $v(φ)=1$ dans M_O

Si **P**φ se produit dans **B**, alors $v(φ)=0$ dans M_O

Preuve

Par induction sur la complexité de la formule φ.

<u>Base inductive</u> : on assume que φ est la formule atomique *A*. Ainsi, d'après D1 on a :

Si **O***A* apparait dans **B**, on a $v(A)=1$ dans M_O

Si **P***A* apparait dans **B**, on a $v(A)=0$ dans M_O, puisque **B** est une branche ouverte et **O***A* n'apparait pas.

<u>Pas inductif</u> : On continue la preuve pour les cas suivants : pour φ=(A→B) on a (i) **O**(A→B) et (ii) **P**(A→B); pour φ=(A∨B) on a (iii) **O**(A∨B) et (iv) **P**(A∨B) ; pour φ=(A∧B) on a (v) **O**(A∧B) et (vi) **P**(A∧B) ; pour φ=(¬A) on a (vii) **O**(¬A) et (viii)**P**(¬A) ; pour φ=∀xψ on a (ix) **O**∀xψ et (x) **P**∀xψ ; pour φ=∃xψ on a (xi) **O**∃xψ et (xii) **P**∃xψ.

(1) on veut montrer que si **O**(A→B), alors $M_O ⊨(A→B)$ [(A→B) est vraie dans le modèle M_O]

Si **O**(A→B), pour application des règles de tableau se suit que **P***A* ou **O***B*. Mais si **P***A* ou **O***B*, pour application de CD1, on a : $M_O⊭A$ ou $M_O⊨B$. Par conséquent, selon la définition de la fonction valuation dans M_O, il se suit que $M_O⊨(A→B)$ qui était ce qu'on voudrait démontrer.

(2) on veut montrer que si **P**(A→B), alors $M_O⊭(A→B)$ [(A→B) est fausse dans le modèle M_O]

Si **P**(A→B), pour application des règles de tableau se suit que **O***A* et **P***B*. Mais si **O***A* et **P***B*, pour application de D1, on a : $M_O⊨A$ et $M_O⊭B$

desquels se suit, selon la définition de la fonction valuation dans M_O, que $M_O \nvDash (A \rightarrow B)$ qui était ce qu'on voudrait démontrer.

(3) on veut montrer que si $O(A \lor B)$, alors $M_O \vDash (A \lor B)$

Si $O(A \lor B)$, pour application des règles de tableau se suit que OA ou OB. Mais si OA ou OB, pour application de D1, on a : $M_O \vDash A$ ou $M_O \vDash B$ desquels se suit, selon la définition de la fonction valuation dans M_O, que $M_O \vDash (A \lor B)$ qui était ce qu'on voudrait démontrer.

(4) on veut montrer que si $P(A \lor B)$, alors $M_O \nvDash (A \lor B)$

Si $P(A \lor B)$, pour application des règles de tableau se suit que PA et PB. Mais si PA et PB, pour application de D1, on a : $M_O \nvDash A$ et $M_O \nvDash B$ desquels se suit, selon la définition de la fonction valuation dans M_O, que $M_O \nvDash (A \lor B)$ qui était ce qu'on voudrait démontrer.

(5) on veut montrer que si $O(A \land B)$, alors $M_O \vDash (A \land B)$

Si $O(A \land B)$, pour application des règles de tableau se suit que OA et OB. Mais si OA et OB, pour application de D1, on a : $M_O \vDash A$ ou $M_O \vDash B$ desquels se suit, selon la définition de la fonction valuation dans M_O, que $M_O \vDash (A \land B)$ qui était ce qu'on voudrait démontrer.

(6) on veut montrer que si $P(A \land B)$, alors $M_O \nvDash (A \land B)$

Si $P(A \land B)$, pour application des règles de tableau se suit que PA ou PB. Mais si PA ou PB, pour application de D1, on a : $M_O \nvDash A$ ou $M_O \nvDash B$ desquels se suit, selon la définition de la fonction valuation dans M_O, que $M_O \nvDash (A \land B)$ qui était ce qu'on voudrait démontrer.

De même pour la négation.

(7) on veut montrer que si $O(\forall x \psi)$, alors $M_O \vDash (\forall x \psi)$

Si $O(\forall x \psi)$, pour application des règles de tableau se suit que $O\psi_{[k^*/x]}$. Mais si $O\psi_{[k^*/x]}$ – par application de D3, à tous les k (qu'ont été étiquetés avec une étoile auparavant) qui apparaissent dans la branche (d'accord au développement systématique du tableau) le correspond un $g(x)$ dans le modèle tel que $g(x) \in \{D_1\}$. On doit prouver maintenant que ça se vérifie pour toute assignation $g(x)$. Prenons, par exemple, une assignation $g'(x)$ choisie arbitrairement (tel que $g'(x) \in \{D_I\}$). Tel assignation $g'(x)$ correspondra au moins une fois au même objet que g assigne à l'égard de k^*. Ainsi, dans le modèle, $\psi[x/g(x)] = \psi[x/g'(x)]$. Si par hypothèse nous avons $O\psi_{[k^*/x]}$, dans le modèle se vérifie $v(\psi[x/g'(x)]) = 1$ pour toute assignation g' (g' arbitraire), alors (en remplissant la condition (vii) dans M_O), nous avons $M_O \vDash (\forall x \psi)$.

hypothèse		Thèse
(1) $O(\forall x \psi)$		$M_O \vDash (\forall x \psi)$
Démonstration à partir de (1) :		
(2) $O\psi_{[k^*/x]}$	Règle tableau syst. dévelop.	
(3) $v(\psi_{[g(x)/x]}) = 1$	D1, D3	
(4) $\psi_{[g(x)/x]} = \psi_{[g'(x)/x]}$	$g'(x)$ arbitraire	
(5) $v(\forall x \psi) = 1$	(3), (4), cond. (vii) dans M_O	
(6) $M_O \vDash (\forall x \psi)$		

(8) on veut montrer que si $P(\forall x \psi)$, alors $M_O \nvDash (\forall x \psi)$

Si $P(\forall x \psi)$, pour application des règles de tableau se suit que $P\psi_{[k^*/x]}$ pour tout k^* qui apparaisse dans la branche (d'accord aux tableaux systématiquement développés). Si $P\psi_{[k^*/x]}$, par D1 se vérifie dans le modèle que $v(\psi_{[g(x)/x]}) = 0$, pour k^* qui correspond à $g(x)$ dans le modèle tel que $g(x) \in \{D_I\}$. Si $v(\psi_{[g(x)/x]}) = 0$ dans le modèle, il y a au moins un $g(x)$ qui ne le vérifie pas, alors $M_O \nvDash (\forall x \psi)$ puisque ne remplie pas la condition (vii) qu'exige qui soit vrai pour tout $g(x)$.

hypothèse		Thèse
(1) $P(\forall x \psi)$		$M_O \nvDash (\forall x \psi)$
Démonstration à partir de (1) :		
(2) $P\psi_{[k^*/x]}$	Règle tableau syst. dév.	
(3) $v(\psi_{[g(x)/x]}) = 0$	D1, D3	
(4) $v(\forall x \psi) = 0$	(3), cond. (vii) dans M_O	
(5) $M_O \nvDash (\forall x \psi)$		

De même pour le quantificateur existentiel.

Théorème de complétude

Thèse : si la formule ψ est valide dans le modèle M_O, il y a un arbre fermé où ψ est la thèse.

Par contraposition : S'il n'y a pas une preuve pour une formule ψ (il y a un arbre avec une branche ouverte), à l'aide du lemme de complétude on peut construire un modèle où ψ n'est pas valide (thèse du théorème de complétude).

Lorsque, par hypothèse, il n'y a pas de preuve pour ψ, l'arbre développé systématiquement ne fermera pas. Penser à ψ comme valide (vraie pour tout modèle M) mène à une contradiction.

Conclusions

Même si ces développements n'ont pas encore un caractère pleinement achevé, on a montré ici l'importance de tenir compte de la notion de choix, de l'action, pour dépasser l'usage du prédicat d'existence. Dans le contexte de la logique dialogique, l'existence en vient à être considérée comme une fonction de choix, déterminée selon l'application de règles logiques, et non plus simplement comme une propriété exprimée de façon statique par un prédicat d'existence. Et si la dialogique est si efficace sur ce point, c'est probablement parce qu'elle permet de traiter les problèmes dans un contexte qui fait le lien entre considérations logiques, pragmatiques et épistémiques.

On remarquera qu'au cours de ces développements, les enjeux ont implicitement eu tendance à se renverser. En effet, jusqu'aux premiers développements et la dialogique libre dynamique, on a expliqué de façon parallèle le rôle de la fiction dans la compréhension des quantificateurs ainsi que le rôle des raisonnements fictionnels dans la compréhension des processus logiques. A partir de la dialogique des fictions avec relation de dépendance ontologique, on a montré comment la logique permettait de comprendre la fiction. En effet, là où la logique libre négative devait s'en tenir à la vacuité des termes singuliers fictionnels et là où la logique libre positive devait postuler un domaine externe, la dialogique des fictions montre qu'on doit considérer les non-existants comme constituant le domaine d'un sous-monde du monde « réel ». Cette façon de concevoir la non-existence a l'intérêt d'expliquer comment il est possible de connaître ce qui semble correspondre à un domaine externe.

Qui plus est, la théorie artéfactuelle de Thomasson apporte des solutions crédibles au problème de la référence aux fictions. En effet, si l'on peut se laisser méprendre par les similitudes entre le prédicat « E! » et le prédicat « D » dans ce qui précède, ces deux prédicats n'expriment pas la même chose et ne fonctionnent pas de la même manière. En effet, dans le cas de « E! », il s'agit d'une primitive, qui n'est pas explicité et qui n'est pas justifiée. Ce prédicat ne sert qu'à rendre explicite les suppositions de façon statique. Il n'en est pas de même pour « D » dont la signification est dégagée au sein des attaques et des réponses qui dépendent de l'application des règles logiques au cours du dialogue. En fait, « *D* » ne fait que rendre explicites certains choix, ainsi que les relations qu'entretiennent les fictions entre le réel. Ainsi, la relation de dépendance exprimée par « *D* » nous permet de concevoir une notion de fiction qui est celle d'opérer une scission à l'intérieur du domaine.

Dans la logique dialogique des fictions que nous proposons ici on ne capture pas encore tous les aspects de la création et de la dépendance ontologique. L'acte de création n'est pas encore pris en compte même si la dialogique des fictions telles qu'elle est développée jusqu'à présent peut considérer le cas où l'auteur est encore en vie, dans le même moment et le même monde que la fiction. Nous nous intéressons surtout aux relations de dépendance constantes à l'égard du domaine des entités dépendantes et du domaine du monde réel. La dépendance qu'on capture ici est également générique car, sans faire varier les contextes et les mondes possibles, on ne peut pas stipuler une dépendance rigide.

Désormais, le défi qui se présente au développement de la dialogique libre dynamique de la fiction consistera, d'une part, à implémenter les fondements exposés dans une structure bi-dimensionnelle, espérant ainsi affiner et achever la théorie artéfactuelle du point de vue de l'identité – autre que la sémantique des désignateurs rigides de Kripke utilisée par Thomasson, il serait plus intéressant d'utiliser la sémantique des *world-lines* d'Hintikka de façon à mieux cerner les différentes manifestations d'un même individu à travers différents contextes ; d'autre part, afin de mesurer le pouvoir explicatif de la logique dynamique de la fiction, une application directe aux œuvres littéraires semble appropriée. Et, parmi les œuvres littéraires, nous croyons que celle de Jorge Luis Borges – qui constitue l'une des sources des idées développées dans cet ouvrage –, représente le plus grand défi pour notre travail. A l'aide des notions développées dans la logique dynamique de la fiction, nous croyons qu'il est possible d'accomplir une lecture des nouvelles de Borges élucidant des significations novatrices concernant les notions de création et de fiction, pour ne nommer que quelques-unes des notions pour lesquelles notre travail pourrait apporter des nouveautés.

Annexes

Annexe 1 : Logique Dialogique, Remarques historiques : la notion de contexte

Depuis la Grèce antique, et suivant l'influence des sophistes, ou de philosophes comme Platon ou Aristote, l'argumentation a acquis une place prépondérante dans notre compréhension de la science. Plus généralement, et au-delà de la tradition occidentale, l'argumentation a joué, et joue encore, un rôle important dans les processus d'acquisition de la connaissance et ce, tant dans les sciences que dans la vie quotidienne. La notion d'argumentation est étroitement liée au concept même de raisonnement. En effet, on peut voir l'histoire des sciences comme le développement et la confrontation de différentes techniques d'argumentation ou de raisonnement ayant pour objet la quête du savoir. L'étude de ces techniques d'argumentation est par nature interdisciplinaire : différents régimes d'argumentation valent pour différents contextes. Or la logique porte justement sur les relations de ces genres d'arguments : les inférences. L'intérêt de l'étude logique des inférences est d'analyser la relation des éléments qui composent un argument. Plus précisément, il s'agit d'élucider les conclusions qui peuvent *légitimement* être obtenues à partir d'un ensemble de prémisses ; et une telle entreprise partage la dimension intrinsèquement interdisciplinaire de la théorie générale de l'argumentation.

Après les développements formels (mathématiques) de la logique dus à l'influence des travaux - entre autres - de Boole, Frege, Peano, Russell, Hilbert, Gödel et Tarski, la logique est également devenue un objet d'étude pour des sciences comme les mathématiques, l'informatique et la linguistique. Mais c'est en philosophie que la logique a occupé une place de choix. La philosophie n'était pas indifférente à l'émergence de la nouvelle science. Les philosophes se sont aperçus très tôt des conséquences profondes de l'avènement de la logique moderne sur les mathématiques, l'épistémologie et sur la philosophie elle-même, comme en témoignent la richesse et la diversité des travaux de Husserl. Il est important de signaler que l'on commence à peine à reconnaître que la naissance des deux courants majeurs de la philosophie contemporaine (phénoménologie et philosophie analytique) est le fruit de la réflexion des philosophes de l'époque sur les problèmes relatifs aux fondements de la logique et des mathématiques. La phénoménologie, qui s'est développée sur le continent, et dont Husserl est le fondateur, a éliminé, de même que Frege, le psychologisme de la philosophie. La philosophie analytique, de Frege, Russell, puis Wittgenstein, s'est quant à elle plutôt focalisée sur l'analyse du rapport ente langage, sens et référence.

Entretenant un contact dynamique et critique à l'égard de la logique moderne, la philosophie analytique a connu un développement constant (et relativement inattendu), qui a fini par donner un nouvel élan à la philosophie contemporaine. Ce contact fructueux a par ailleurs permis de renouveler la façon dont on aborde certaines questions qui relèvent de la philosophie traditionnelle. Le lecteur (continental) est peut-être surpris d'apprendre que la logique moderne pourrait être à l'origine de la découverte de nouveaux horizons dont l'intérêt est d'abord et avant tout philosophique. En quoi la logique moderne interpelle-t-elle la philosophie ? Et comment la logique peut-elle être matière à réfléchir ?

Comme on l'a déjà mentionné, les inférences sont composées de prémisses et de conclusions, et celles-ci sont composées à leur tour de propositions. Mais alors qu'est-ce qu'une proposition ? Est-ce une entité linguistique ou une construction mentale ? Serait-ce plutôt un objet atemporel existant indépendamment du monde et du sujet qui le saisit ? Et pourquoi devrions-nous supposer qu'une proposition donnée est vraie ou fausse indépendamment de notre capacité à reconnaître quelle valeur de vérité s'applique ? Les propositions sont-elles vraies parce que nous en avons une preuve ? Mais alors qu'est-ce qu'une preuve ? Est-ce au contraire parce que les propositions sont vraies que nous en avons une preuve ? Et dans ce cas, que signifie la vérité en tant qu'on applique cette notion à une proposition ?

Outre ces questions, se pose également le problème de la vérité des propositions portant sur des fictions. Russell, considérant qu'une entité fictive ne peut appartenir à l'extension d'un prédicat, affirme que toutes les propositions au sujet des fictions sont fausses, excepté leur négation. Mais est-on prêt à adopter cette posture et à exclure de notre univers du discours logique les propositions portant sur les objets fictifs ? Les propositions portant sur les objets fictifs, autres que celles affirmant leur non-existence, sont-elles toutes fausses ou insensées ? Afin d'éviter ce genre de conclusion fâcheuse, ne peut-on pas introduire différents niveaux ontologiques ? Mais dans ce cas, que signifie exactement le fait de dire « il y a un objet fictif duquel on peut prédiquer P » ? Par ailleurs, et plus généralement, l'existence est-elle un prédicat ? Si elle ne l'est pas, qu'est-elle donc ? Si k est le nom d'un objet fictif, ce nom a-t-il une fonction autre que celle de désigner un objet ?

Enfin, y a-t-il une seule logique ou plusieurs ? Une logique universelle est-elle suffisante pour comprendre le raisonnement dans les différentes sciences ? Ne devrions-nous pas chercher plutôt différentes logiques pour différentes formes de raisonnement ? Que signifie alors le fait d'avoir des logiques différentes ? Y a-t-il différents connecteurs logiques, ou différentes manières de définir la notion d'inférence ? Et quelle est la signification d'un connecteur logique si l'on change la notion d'inférence ? Plus généralement, qu'est-ce que la signification en logique ?

Au fond, toutes ces questions se rapportent à une question plus générale : qu'est-ce que tirer « légitimement » une conclusion des prémisses ? Au lieu de se contenter de définir la légitimité, la manière de procéder typiquement philosophique consiste à chercher d'abord un cadre conceptuel qui fonde cette définition, et d'étudier ensuite les relations entre ce cadre conceptuel et les procédés techniques, qu'il légitime ou qu'il interdit.

En fait, on peut même se demander si, en cherchant à déterminer la notion de légitimité d'une conclusion, on doit essentiellement considérer la relation des propositions entre elles ou s'il faut plutôt s'intéresser à la relation entre le sujet épistémique et les propositions. Les philosophes qui veulent souligner la différence entre les deux types de relation utilisent dans le premier cas la notion de *conséquence logique* et ce n'est que dans le second cas qu'ils parlent d'*inférence*.

Aux origines de la tradition analytique, la logique était considérée comme l'instrument principal de la réflexion philosophique et opérait la liaison avec le domaine fascinant de l'étude du langage, qui domine actuellement la linguistique et la philosophie du langage. Celle dernière est d'ailleurs marquée de manière décisive par les travaux de Wittgenstein. Ce même lien se trouve au cœur des derniers développements de l'Intelligence Artificielle, particulièrement dans le cas des systèmes experts utilisés dans l'étude du raisonnement juridique et dans le développement des programmes de traduction automatique. L'Intelligence Artificielle, la logique et le langage permettent aussi de considérer sous un nouveau jour certaines questions philosophiques traditionnelles comme celle du rapport entre le corps et l'âme. En fait, aux débuts de la philosophique analytique, l'idée était généralement admise que l'étude de la pensée n'était possible qu'à travers l'analyse du langage. Et l'analyse du langage est une tâche qui ne peut être menée à bien que par le recours à la logique. Au sein du courant dominant, on a pu défendre le recours exclusif à la logique formelle. Ce genre de thèse détermine aussi, bien entendu, le rôle du logicien en matière de philosophie des sciences. Trois types d'opérations relèvent de la compétence du logicien : 1. la formalisation des inférences typiques d'une science donnée ou d'un contexte donné de l'acquisition d'une connaissance ; 2. le développement de procédés techniques qui ressemblent à l'application de la formalisation envisagée ; 3. la réflexion sur les propriétés formelles et conceptuelles de la formalisation réalisée.

Dans son œuvre tardive, Ludwig Wittgenstein a usé sans relâche d'arguments contre les hypothèses réalistes et leur cohorte de « choses », « valeurs de vérité » et « signes », ou encore contre l'existence de rapports qui lieraient ces entités indépendamment du sujet qui en prendrait connaissance. En somme, il se pose en opposition au réalisme logique qui voit dans la logique une structure réelle et autonome, que l'homme ne ferait que découvrir. Contre cette approche de la logique, Wittgenstein attribue un rôle essentielle à la notion de contexte pour comprendre les usages du langage (et donc de la logique), développant ainsi une « théorie des jeux de langage », qu'on appelle de façon plus générale « approche pragmatique ».

L'enjeu qui se présente dès lors est de concevoir une logique qui supposerait une approche pragmatique et ne reculerait pas devant le questionnement critique. Une première réponse est le fruit des considérations suivantes : la logique formelle n'est pas quelque chose que l'on découvre, et qui détermine la structure sous-jacente de tout langage. On ne découvre pas la logique formelle, on la construit : elle est une normalisation, que l'on introduit pour répondre à des fins précises et qui correspond, en conséquence, à une pratique déterminée. S'il apparaît qu'elle n'est pas adéquate pour cette pratique, elle doit être modifiée.

L'interprétation dialogique de la logique, suggérée par Paul Lorenzen et mise au point par Kuno Lorenz[260], est justement la première re-conception fondamentale de la logique qui réponde au défi de l'approche pragmatique.

On abordera donc la logique dialogique propositionnelle, puis la logique dialogique de premier ordre et enfin la logique dialogique modale propositionnelle. On commencera systématiquement par définir le langage (propositionnel, de premier ordre, modal) qu'on utilise, puis on présentera le langage pour la logique dialogique. Ce langage permettra ensuite d'exposer et d'expliquer de façon minutieuse – et en s'appuyant sur la notion d'*état d'un dialogue* - les règles de particules ainsi que les règles structurelles des dialogues.

---

[260] Lorenzen P. et Lorenz K., 1978.

Annexe 2 : Hugh MacColl, notes biographiques

Malheureusement il n'y a pas de documents sur la vie de MacColl. Nous nous fierons donc aux informations contenues dans le second contrat de mariage de MacColl, signé de sa propre main. Nous suivrons ici la méthode utilisée dans la biographie de MacColl publiée en 2001 par M. Astroh, I. Grattan-Guinness et S. Read qui avec l'article de Rahman[261] (1997b) contiennent les contours principaux de la présente biographie.

Hugh MacColl naquit à Strontian, Argyllshire, le 11 ou 12 Janvier 1837. Il fut le fils de John MacColl et de Martha Marc Rae. Hugh fut leur plus jeune enfant. Il avait trois frères et deux sœurs. Son père était un berger et agriculteur du Glencamgarry dans le Kilmalie (entre Glenfinnan et Fort William) qui se maria avec Martha Mac Rae dans la paroisse de Kilmalie le 6 Février 1823.

Le décès prématuré du père de Hugh eut un impact considérable sur toute la famille. Le père était âgé de 45 ans et le petit Hugh seulement de trois ans. Après sa mort, la mère et les enfants partirent pour Letterfearn puis pour Ballachulish. Ce n'est qu'à partir de ce moment que les enfants se mirent à apprendre l'anglais, avant leur mère ne leur parlait qu'en gaélique. En 1841, Malcolm, le frère aîné de Hugh, alors âgé de neuf ans vivait seul avec sa tante et sa grand-mère. Malcolm étudiait tellement bien à l'école qu'une richissime femme paya pour lui afin qu'il puisse suivre un séminaire à Dalkeith, près d'Edinburgh, là où les professeurs d'écoles étaient formés. Il enseigna en différents endroits et fut ordonné prêtre à St Mary de Glasgow par l'évêque de Glasgow en Août 1857.

En ce temps, Malcolm soutenait son jeune frère Hugh pendant ses études. Mais malheureusement cette aide cessa avant que MacColl n'eût le temps de les finir : son frère fut impliqué dans une discorde qui divisa

---

[261] Rahman, 1997b.

l'église épiscopale en 1857-1858 ; refusant de soutenir la position de l'évêque, il fut excommunié.

À partir 1858, Hugh occupa différentes fonctions telles que celle d'enseignant en Grande-Bretagne, et ce, jusqu'à ce qu'il quitte le pays quelques années plus tard. En 1865 il partit pour Boulogne-sur-Mer (France) et s'y établit jusqu'à la fin de ses jours. Les raisons pour lesquelles il quitta son pays sont inconnues mais il n'est pas difficile d'imaginer des motivations économiques. Si nous prenons en considération l'immense flux migratoire qu'a subi la Grande-Bretagne au 19ième siècle, il n'est pas difficile d'imaginer que changer de pays soit chose courante à l'époque. À cette époque, Boulogne-sur-Mer était une ville prospère avec des liens économiques et culturels très étroits avec les britanniques. Par conséquent, un endroit agréable pour des personnes désireuses de quitter la Grande-Bretagne.

Avant de partir, MacColl se maria avec Mary Elisabeth Johnson de Loughborough dans le Leicestershire. Elle vint en France avec lui, où en Avril 1866 leur première fille Mary Janet vit le jour. En tout cinq enfants, quatre filles et un garçon, virent le jour à Boulogne-sur-Mer.

Pendant ces années, la situation financière était difficile voire souvent précaire. Hugh travaillait essentiellement en tant que professeur particulier, enseignant les mathématiques, l'anglais et la logique.

En contraste avec cette description, une publication nécrologique dans *La France du Nord* du 30 Décembre 1909 dépeint MacColl comme un professeur du *Collège Communal*. Toutefois il n'est pas possible d'identifier MacColl comme étant l'un des membres de l'équipe enseignante puisque son nom n'apparaît nullement dans les documents ou brochures du collège. Néanmoins ni les restrictions budgétaires ni l'agrandissement de la famille ne l'ont empêché de continuer à étudier. Il s'est préparé et a obtenu le BA en qualité d'étudiant extérieur à l'université de Londres en 1876[262].

---

[262] Université de Londres. 1877. Calendrier de l'année 1877. London: Taylor and Francis.

Grâce à ses fréquentes publications dans différents journaux scientifiques et à ses échanges avec les plus grands hommes de sciences de son temps, nous pouvons présumer que MacColl espérait une reconnaissance envers ses travaux en logique. On peut tout aussi bien imaginer qu'il aspirait à un poste d'universitaire. Ce point est étayé par une lettre adressée à Bertrand Russell en 1901 dans laquelle MacColl, âgé de 64 ans, se recommande lui-même comme maître de conférence en logique.[263]

Sa première femme, Mary Elisabeth mourut le 2 Février 1884 après une longue maladie. Trois années plus tard, le 17 Août 1887, MacColl se remaria avec Mlle Hortense Lina Marchal, native de Thann (Alsace). Les conditions de vie de MacColl s'améliorèrent sur le plan économique et social, notamment grâce à la position financière stable de la famille de sa nouvelle épouse. Hortense et sa sœur, Mme Busch-Marchal, étaient gestionnaires du très connu pensionnat de jeunes filles dans le milieu chic de Boulogne. Les parents de Hortense vivaient de leurs rentes privées, pendant que son frère, Jules Marchal et son beau frère Gustave Busch tenaient une boutique à Boulogne. Le couple constitua une vie de famille harmonieuse avec de solides bases économiques.

Dans les années qui suivirent la mort de sa première femme, MacColl abandonna ses publications habituelles au profit d'intérêts littéraires. En 1888 et 1891, il publia deux romans *Mr Stranger's Sealed Packet et Ednor Whitlock*. Le premier est un écrit de science fiction.

Bien que dans les livres classiques de l'histoire de la logique on puisse difficilement trouver une étude systématique ou même une description de son travail, à son époque ses contributions scientifiques étaient vivement discutées, en atteste ses publications ainsi que les échanges avec d'autres scientifiques dont entre autres Bertrand Russell et Charles Sanders Pierce. Pour preuve, au moins à partir de 1865, MacColl contribua à de nombreux et prestigieux journaux tels que : *The Educational Times and Journal of the College of Preceptors, Proceedings of the London Mathematical Society, Mind,*

---

[263] MacColl, 1901c.

The London, Edinburgh and Dublin philosophical Magazine and Journal of Science et *L'Enseignement Mathématique.*

Ces idées furent discutées et également très souvent franchement critiquées. Une discussion riche prit place entre MacColl, Russell et T. Sherman sur l'engagement existentiel des propositions. Malheureusement, nombre de logiciens influents venant de la tradition booléenne tels que W.S. Jevons,, furent très hostiles aux innovations de MacColl. Dans un article de 1881, Jevons, critique la formulation propositionnelle du conditionnel « si..., alors... » présentée par MacColl dans l'article « *Implication and equational logic* » de la même année[264]. MacColl y écrit ce qui suit :

« Friendly contests are at present waged in the 'Educational Times' among the supporters of rival logical methods. I hope Prof. Jevons will not take it amiss if I venture to invite him to enter the lists with me, and there make good the charge of "ante-Boolian confusion" which he brings against my method. »

La réponse de Jevons, vint sans délai :

« It is difficult to believe that there is any advantage in these innovations [...]. His proposals seem to me to tend towards throwing Formal Logic back into its Ante-Boolian confusion [...] I certainly do not feel bound to sacrifice my peace of mind for the next few years by engaging to solve any problems which the ingenuity and leisure of Mr. MacColl or his friends may enable them to devise. »[265]

En réalité, le point est que MacColl recherchait une formulation logique du conditionnel conciliable avec la notion de jugement hypothétique de la tradition philosophique (Rahman 2000). Une notion de conditionnel dont des personnes telles que Jevons, et Venn, comme nous venons de la voir, voulaient se débarrasser.

---

[264] MacColl, 1880o, paragraphe 43.
[265] Jevons, 1881, p.486.

Gottlob Frege avait lui aussi connaissance des travaux de MacColl (ce qui n'était malheureusement pas réciproque). Il compare sa *Begriffsschrift* avec le travail de Boole et avec celui de MacColl dans l'article *Über den Zweck der Begriffsschrift*[266], où il critique le talon d'Achille du projet de MacColl, à savoir le défaut d'une notion précise reliant le niveau propositionnel avec celui du premier ordre.

Ernst Schröder, qui dans son célèbre *Vorlesungen über die Algebra der Logik* cite et discute énormément les contributions de MacColl, a de prime abord une impression quelque peu négative sur les innovations de MacColl même si plus tard il semble changer d'avis, concédant que l'algèbre de MacColl possède un haut degré de généralisation et de simplicité, particulièrement dans les contextes de la logique appliquée. Par contre, Schröder rejette définitivement l'interprétation propositionnelle que donne MacColl de la syllogistique aristotélicienne.

C. Ladd-Franklin, alors reconnu pour être un disciple de Pierce, accuse la communauté scientifique britannique d'avoir ignoré la contribution de MacColl pour la formalisation des propositions universelles à l'aide d'un conditionnel :

« The logic of the non-symmetrical affirmative copula, "all a is b", was first worked out by Mr. Maccoll. Nothing is stranger in the recent history of Logic in England, than the non-recognition which has befallen the writings of this author. [...], it seems incredible that English logicians should not have seen that the entire task accomplished by Boole has been accomplished by Maccoll with far greater conciseness, simplicity and elegance... »[267]

En effet, les commentaires les plus positifs ne sont pas venus de Grande-Bretagne : dans son *Formulaire de Mathématique* de 1895 G. Peano reconnaît la dette qu'il a envers la logique propositionnelle de MacColl. Il en va de même pour ce que G. Vailati et L. Couturat écrivent de MacColl en 1899 dans le volume VII de la *Revue de métaphysique et morale*. Couturat fait

---

[266] Frege, 1882, p.4 ou p.100 dans l'édition de Angelleli de 1964.
[267] Ladd-Franklin, 1889.

ressortir le travail de MacColl sur la logique propositionnelle, même s'il exclut sa logique modale et sa logique probabiliste :

« Ceci n'est vrai que pour les propositions à sens constant, qui sont toujours vraies ou toujours fausses, mais non pour les propositions *à sens variable*, qui sont tantôt fausses, en d'autres termes, qui sont *probables*. C'est ce qui explique la divergence entre le Calcul logique que nous exposons ici et le *Calcul des jugements équivalents* de M. MacColl, fondé sur la considération des probabilités. »[268]

La plus grande influence du travail de MacColl est certainement celle qui s'enracine dans les développements de l'implication stricte et de la logique modale formelle que l'on retrouve chez C. I. Lewis.

Mais à la fin des années 1890, la *London Mathematical Society* refusa de publier davantage de contributions de MacColl. Cherchant un autre moyen de présenter la forme achevée de sa logique, il participa au *Premier Congrès International de Philosophie*[269] à Paris (1901) et aux publications de *L'enseignement Mathématique*[270]. Quelques années plus tard il publia une version anglaise augmentée : *Symbolic logic and its Applications* (1906). Trois années après cela, il publia *Origin, Destiny and Duty*[271], un essai avec sa conception de la science et de la religion. Comme nous le verrons dans notre appendice, la posture que MacColl adopte en tant qu'écrivain contraste avec l'image que nous pouvons nous faire de lui au regard des ses travaux scientifiques, à savoir celle d'un logicien novateur et tolérant. Malheureusement, comme c'est si souvent le cas dans l'histoire des sciences, ses conceptions politiques, sociales et éthiques ne se situèrent pas à un niveau aussi élevé que l'ouverture d'esprit dont il sut faire preuve en logique.

MacColl mourut le 27 Décembre 1909 à Boulogne en citoyen français. Hortense, sa femme, mourut, le 13 Octobre 1918.

---

[268] Couturat, 1899, p.621.
[269] MacColl, 1901f.
[270] MacColl, 1903e. MacColl, 1904j.
[271] MacColl, 1909a.

MaccColl et la fiction littéraire

La planète Mars a toujours eu une présence inquiétante. Déjà dans les temps anciens en raison de ces mouvements dérangeant à travers le ciel, ou plus récemment à cause des similarités physiques avec notre planète. En réalité, il y a un nombre troublant de similarités : sa magnitude, sa surface solide et son atmosphère, la probable présence d'eau. Toutes ces caractéristiques ont mené à penser une possible forme de vie éloignée sur Mars. Qui plus est, en 1877 l'astronome Asaph Hall (1829-1907) a découvert deux lunes à Mars, *Deimos* et *Phobos*. Il y a un autre fait encore plus intéressant si l'on considère comment une fiction peut avoir des répercussions sur notre monde réel. L'astronome italien Giovanni Virginio Schiaparelli (1835-1910) rapporta qu'avec l'aide d'un télescope, il observa des lignes droites sur Mars. Il appela ces lignes « *channels* » (sillons) en italien mais ce nom fut (peut-être intentionnellement) maladroitement traduit en « *canals* » (canaux). Cette traduction encouragea la spéculation à propos de la présence d'êtres intelligents qui auraient construit ces canaux. Sans surprise, la traduction erronée de son propos augmenta les espérances populaires et fantaisistes.

Comme Stein Haugom Olsen l'a déjà mis en évidence dans son article exhaustif sur le travail littéraire de MacColl (1999), tous ces éléments rendirent cette planète très populaire lorsque Hugh MacColl décida d'écrire de la science fiction. En plus de *Man's Origin, Destiny, and Duty* ainsi que son travail logique, MacColl a aussi publié deux romans, *Mr. Stranger's Sealed Packet* (Chatto & Windus, London, 1889) et *Ednor Whitlock* (Chatto & Windus, London, 1891). Dans *Mr. Stranger's Sealed Packet*, MacColl fut aussi un pionnier dans le choix de son sujet : un voyage sur la planète Mars. Quelques années avant lui, un autre écrivain explora la possibilité de voyager dans l'espace : Jules Vernes. L'écrivain français choisit la Lune pour destination dans son roman *De la Terre à la Lune* de 1865 et *Autour de la Lune* de 1870. Le succès qu'eurent les romans de Jules Vernes en France, ont sûrement inspiré MacColl pour étendre l'idée à Mars. MacColl ne fut pas le premier mais le troisième à proposer un roman en anglais impliquant un tel genre d'aventures. En 1880, Percy Gregg publia *Across the Zodiac* (dans lequel un habitant de la Terre utilise une gravité négative pour voyager à travers l'espace, découvrant sur Mars une société utopique disposant d'une supériorité technologique et pratiquant la télépathie) ; en 1887, Hudor Genone publia *Bellona's Bridegroom : A Romance* (dans lequel, encore un habitant de la Terre découvre sur Mars une société idéale anglophone qui rajeunit au lieu de vieillir). Bien sûr MacColl ne fut pas le dernier. Quelques années plus tard le livre le plus populaire sur le sujet fut publié : *The War of the Worlds* (1898) par H.G. Wells.

Ce qu'il y a de frappant, c'est que ce n'est pas un travail fantaisiste, comme *Advntures of Hans Pfaal* (1835) de Edgar Allan Poe, mais belle et bien de la science fiction dans le style de Jules Verne, bien que, tristement, dans le travail de MacColl la visée pédagogique de la vulgarisation de la science se fasse au détriment de la qualité littéraire.

La première approche de ses romans est décevante pour un lecteur de science fiction moderne. En réalité, MacColl ne fut pas réellement inspiré pour imaginer un « monde différent ». Dans M*r Stranger's Sealed Packet*, il projeta simplement sur Mars le monde autour de lui. À cet égard, le roman ne diffère pas de beaucoup des deux premiers travaux de science fiction publiés à propos de Mars. Le point intéressant est que MacColl n'a pas eu une approche réellement littéraire de la science fiction, mais il comprit ce genre de littérature plutôt comme illustration de la science ou moyen de la rendre populaire. Malheureusement, le lecteur le remarque dès le début. Ce qui est surprenant pour un lecteur connaissant les écrits logiques de MacColl est sa manière on ne peut plus conservatrice de penser les mondes alternatifs au notre. Dans sa logique, MacColl conçoit des mondes où sont présents toutes sortes de fictions, y incluant même des objets contradictoires, alors que ce n'est pas le cas dans le monde de sa science fiction.

Le personnage principal de son écrit de science fiction, Mr Stranger, réalise le souhait de son père décédé, qui se dédia lui-même exclusivement à la science. Mr Stranger continua de développer les théories et découvertes de son père, construisant un véhicule produisant une force gravitationnelle artificielle. Avec ce vaisseau spatial anti-gravitationnel, il visite les lunes de Mars – déjà découvertes dans le monde réel – et ensuite la planète rouge elle-même. Bien que la planète soit rouge, ses habitants sont bleuâtres. Mars, elle-même, est comme la Terre, et les martiens sont des humains, transférés lorsque la proximité de la planète rouge permit le transfert gravitationnel d'un grand nombre de personnes sur Mars lors d'un désastre préhistorique. Les martiens se comportent similairement aux humains, mais il y a des éléments utopiques dans leur description. Leur société est très rationnelle, avec une morale supérieure et rigide, avec une structure uniforme et harmonieuse. Il n'y a pas de maladie, pas de conflit social, et aucune technologie de guerre.

Dans les deux romans de MacColl, nous reconnaissons des thèmes typiquement représentatifs de l'époque victorienne, à savoir le conflit entre science et religion. C'est une période durant laquelle la réexamination des suppositions commença en raison des nouvelles découvertes en science, telles que celles de Charles Darwin et Charles Lydell. A cette époque, se tinrent de nombreuses discussions sur l'Homme et le monde, sur la science et l'histoire, et pour finir sur la religion et la philosophie. Cet inéluctable sens de la nouveauté donna lieu à un intérêt profond pour la relation entre modernité et continuité culturelle. C'est cet intérêt que reflète MacColl dans son roman. Bien que les deux romans soient différents, ils partagent nombre de thèmes et intérêts, et anticipent bon nombre des arguments que MacColl présenta plus tardivement dans *Man's Origin, Destiny, and Duty*.[272]

MacColl fait preuve d'attitudes et d'opinions conservatrices lorsqu'il en vient à ces questions fondamentales, particulièrement lorsqu'il écrit sur le rôle des hommes et des femmes, de la famille, du mariage, ainsi de suite. A cette époque, en Grande-Bretagne, l'importance de la pureté féminine alliée au stress du rôle de la femme dans la gestion de la maison, aida à créer un espace libre de pollution et de la corruption de la société.[273]

Sur Mars, Mr Stranger rencontre une famille dans laquelle il est le bienvenu. Il tombe amoureux de la fille de la famille et se marie avec elle. Sa nouvelle femme possède toutes les caractéristiques d'une chrétienne de l'ère

---

[272] Voir Cuypers, 1999 et la remarque déjà mentionnée de l'article d'Olsen, 1999.
[273] Cf. Cuypers, 1999 et Olsen, 1999.

victorienne typique d'Angleterre. C'est une femme docile avec son mari, compatissante, une femme aimante avec suffisamment de force émotionnelle et de sagesse pour devenir la valeur centrale de la famille, de la société (victorienne) en général. Elle meurt lors d'une visite sur Terre à cause de son intolérance aux bactéries terriennes. Un sujet assez commun dans la fiction : l'alternative fictionnelle au monde est pure alors que la Terre est impure. Les personnages fictifs meurent lorsqu'ils se retrouvent sur la Terre. La Terre, lieu où fiction et réalité se rencontrent, fait mourir les personnages fictifs. Comme dans *Don Quijote*, le personnage fictif meurt à cause de la « réalité ». Malheureusement MacColl ne se soucie pas beaucoup de ces excitantes caractéristiques de la fiction. Une fois encore, le lecteur qui connaît MacColl à travers ses écrits sur la logique des fictions peut s'attendre à ce que ce même auteur explore les possibilités logiques et littéraires résultant de la rencontre entre des habitants de différents mondes, puisque MacColl suggère quelques idées sur cette possibilité dans sa logique de la fiction, où certains domaines contiennent des objets du monde réel et d'autres purement fictifs. Pourtant si un même lecteur lit la littérature fictionnelle de MacColl, il sera absolument déçu. MacColl ne s'applique, ici, pas à lui-même.

Comme nous en avons fait mention auparavant, le roman a une visée éducative : instruisant son public aux possibilités ouvertes par la science. MacColl fait un usage abondant de théories et de faits pour rendre l'histoire de Mr Stranger aussi plausible que possible. Sans aucune surprise, ceci contrecarre la valeur littéraire de l'ensemble du projet.

Ednor Whitlock n'est pas un roman de science fiction, mais présente tout de même des caractéristiques similaires. Les premiers moments sont suffisants pour se faire une idée de ce dont il s'agit : Ednor, un jeune homme des années quatre-vingt-dix, cherchant à s'abriter de la pluie dans une librairie, par chance ramasse une édition de *Westminster Review*. Là, il trouve un article et se retrouve absorbé par les arguments contre les croyances religieuses. Sa foi est ébranlée par ce qu'il apprend des nouvelles idées scientifiques et des critiques historiques de la Bible. Les propres croyances de MacColl sont concernées dans ce récit. Ce roman est techniquement plus simple que l'autre mais développe plus attentivement la thèse selon laquelle l'incroyance cause l'immoralité.

Une autre caractéristique que nous voulons souligner ici concerne les rapports que MacColl a avec l'Allemagne et avec la culture germanique. Premièrement, il ne connaissait pas l'allemand – donc il ne pouvait pas lire les travaux des penseurs germaniques. Il le souligna lui-même dans une lettre à Bertrand Russell :

« …unfortunately all German works are debarred to me because I do not know the language, so that I know nothing of Cantor's and Dedekind's views on infinity. »[274]

Pourtant il semble difficile de croire que MacColl n'a pas lu les penseurs allemands simplement parce qu'il ne connaissait pas leur langue, particulièrement depuis que MacColl, qui habita en France de nombreuses années, fit expérience de situations où différentes langues sont utilisées.

Certains préjugés sociaux et politiques, partagés à la fois par la société britannique et la société française, ont pu jouer un rôle contre les allemands. Comme Cuypers et Olsen l'ont déjà remarqué, l'écrit *Ednor Whitlock* nous fournit des indices appuyant cette thèse. Dans le roman, l'Allemagne prend corps dans le Révèrent Milford et Mademoiselle Hartman. Cette dernière est, dans le roman, un personnage antipathique. MacColl la dote de qualités peu attrayantes, de toute évidence en lien avec ses ancêtres allemands. Le premier développe, quant à lui, des arguments en faveur du théisme.

Ces préjugés politico-sociaux furent assez souvent basés sur ce qui était considéré comme une attaque de la foi chrétienne. L'Allemagne et les universités allemandes furent la source du « Criticisme allemand radical », dû plus particulièrement au rationalisme scientifique qui devint populaire en Allemagne grâce aux efforts d'Ernst Haeckel (1834-1919), qui rendit le darwinisme accessible. Il créa les conditions pour que le darwinisme touche un large public. En réalité, Haeckel apparaît comme la principale cible des

---

[274] MacColl, 1909c.

attaques de *Man's Origin, Destiny, and Duty*, le dernier livre de MacColl qui résume l'ensemble de son point de vue à propos du conflit entre science et religion.

Il est triste que ces préjugés l'empêchèrent de lire les mathématiciens et logiciens allemands de son temps. Cela aurait pu lui fournir les instruments dont il avait besoin pour mener à terme ses diverses propositions novatrices en logique.

Auteur

Juan Redmond a écrit la thèse de doctorat (PhD) intitulée *Logique Dynamique de la Fiction. Pour une Approche Dialogique* (2010) à l'Université de Lille 3, sous la direction du Professeur Shahid Rahman. Redmond est actuellement membre associé du laboratoire *Savoirs, Textes, Langage* (UMR8163) et collaborateur actif du groupe de recherche *Pragmatisme Dialogique* dirigé par Shahid Rahman (Lille 3).

Main Publications

[2007]: « Hugh McColl and the birth of logical pluralism» (with Shahid Rahman), D.Gabbay/J.Woods, **Handbook of the history of logic**, vol.4, **Elsevier**. p.536-606; [2007]: *Hugh MacColl. An overview of his Logical Work with Anthology* (with Shahid Rahman), College Publications; [2007]: Translation of the book *Gottlob Frege zur Einführung* by Markus Stepanians, College Publications (Cuadernos de Lógica, Epistemología y Lenguaje, vol.1); [2008]: *Logique Dialogique : une introduction – Première partie : Méthode de dialogique : règles et exercices* (with Matthieu Fontaine), col. Cahiers de logique et d'épistémologie, Vol. 5, D. Gabbay & Sh. Rahman Eds., College Publications, London; [2008]: *Hugh MacColl et la naissance du pluralisme logique* (with Shahid Rahman), in "Cahiers de logique et Épistémologie" N°3, College Publications.; [2011]: "To Be is To Be Chosen – A Dialogical Understanding of Ontological Commitment" (with Matthieu Fontaine), in *Logic of Knowledge. Theory and Applications*, C. Bares Gomez, S. Magniez et F. Salguero (eds.), col. Dialogues and Games of Logic, Sh. Rahman, N. Clerbout et M. Fontaine (eds.), College Publication, London (in print.)

juanredmond@yahoo.fr

Bibliographie

ADAMS, Fred, *FULLER*, Gary & STECKER, Robert. 1997. "The Semantics of Fictional Names" Pacific Philosophical Quarterly 78, pp. 128-148.

ALMEIDA, Ivan. "Celebración del apócrifo en Tlön, Uqbar, Orbis Tertius", dans *El Fragmento infinito. Estudios sobre Tlön, Uqbar, Orbis Tertius de J.L.Borges*, Prensas Universitarias de Zaragoza, 2006. pp. 99-122.

ANGELL, R. B., 2002. *A-Logic*, Lanham: University Press of America.

ANGELL, R. B., 1962. "A Propositional Logic with Subjunctive Conditionals", *Journal of Symbolic Logic* 27, pp. 327-343.

ARISTOTE, *Poétique*, (trad. J. Lallot et R. Dupont-Roc), Éditions du Seuil, coll. « Poétique », 1980.

ARISTOTLE, 1928. *The Works of Aristotle Translated into English,* vol. I, Oxford University Press, Oxford.

ASTROH, M. Grattan-Guiness, I. Read, S., 2001. 'A survey of the life of Hugh MacColl (1837-1909)', *History and Philosophy of Logic*. vol. 22, Num 2 (June).

ASTROH, M., 1993. 'Der Begriff der Implikation in einigen frühen Schriften von Hugh McColl', in W. Stelzner, S. W. Stelzner *Philosophie und Logik, Frege-Kolloquien Jena 1989/1991*, Walter de Gruyter, Berlin, New York, 1993, pp. 128-144.

ASTROH, M., 1999a. 'Connexive Logic', *Nordic Journal of Philosophical Logic,* vol. 4, pp. 31-71.

ASTROH, M., 1999b. 'MacColl's evolutionary design of language', dans: Astroh, M., Read, S. (eds.): [1999], pp. 141-173.

ASTROH, M., Read, S. (eds.), 1999. *Proceedings of the Conference "Hugh MacColl and the Tradition of Logic." at Greifswald* (1998), *Nordic Journal of Philosophical Logic*, vol 3/1/dec.1998.

AUSTIN, John, 1976. *How to do things with words,* Oxford : Oxford university press.

BALDERSTON, Daniel, 1996. *Fuera de contexto ? : Referencialidad histórica y expresión de la realidad en Borges*. Buenos Aires : B. Viterbo.

BALDERSTON, Daniel, 1996. 'Borges, Averroes, Aristotle: The poetics of poetics' *Hispania*, Vol. 79, N° 2, pp. 201-207.

BENCIVENGA, Ermanno, 1978 (November). "Free Semantics for Indefinite Descriptions." *Journal of Philosophical Logic*, 7(4) : pp. 389-405.

BENCIVENGA, Ermanno, 1980 (December). "Free Semantics for Definite Descriptions." *Logique et Analyse*, 23(92) : pp. 393-405.

BENCIVENGA, Ermanno, 1983. "Free Logics" Dans Dov M. Gabbay, F. Guenther, eds., *Handbook of Philosophical Logic. Vol. 3: Alternatives to Classical Logic*, pp. 373-426. Synthese Library, 166. Dordrecht, Holland: Reidel.

BENCIVENGA, Ermanno, 1984. "Supervaluations and Theories." *Grazer Philosophische Studien*, 21: pp. 89-98.

BENCIVENGA, Ermanno, 1985. "Strong Completeness of a Pure Free Logic." *Zeitschrift für Mathematische Logik und Grundlagen der Mathematik*, 31(1): pp. 35-38.

BENCIVENGA, Ermanno, 1986. « Free Logics », *in Handbook of Philosophical Logic* vol. 3 (VI, pp. 373-427), D. Gabbay & F. Guenther (Eds.), Dordrecht : Reidel.

BENCIVENGA, Ermanno, 1998. 'Free Logics' dans Edward Craig, ed., *Routledge Encyclopedia of Philosophy*, Vol. 3, pp. 738-739. London and New York: Routledge.

BENCIVENGA, Ermanno. 'Free Semantics' dans Maria Luisa della Chiara, ed., *Italian Studies in the Philosophy of Science*, pp. 31-48. Boston Studies in the Philosophy of Science, 47. Dordrecht, Holland: Reidel, 1981.

BLANCO, Mercedes, 2006. "Arqueologías de Tlön. Borges y el *Urn Burial* de Browne." *El Fragmento infinito. Estudios sobre Tlön, Uqbar, Orbis Tertius de J.L.Borges*. Prensas Universitarias de Zaragoza. pp.73-99.

BLOCK de Behar, Lisa, 1987. *Al margen de Borges*. Siglo veintiuno editores.

BOETHIUS, A. M. T. S., 1969, *De hypotheticis syllogismis*, Paideia, Brescia.

BORGES, Jorge Luis, 1974. *Obras Completas*. Vol. I. Buenos Aires.

BORGES, Jorge Luis, 1993 (vol. 1), 1999 (vol. 2). *Œuvres Complètes*. Gallimard.

BORGES, Jorge Luis, 1994. *Ficciones/Fictions*. Gallimard (édition bilígue).

BOSTOK, David, 1997. *Intermediate Logic*. Oxford : Clarendon press.

BRENTANO, F., *Psychologie vom empirischen Standpunkt*, Leipzig: Duncke & Humblot, 1874. (2ème edition par Oskar Kraus, 1924, Leipzig: Meiner). *Psychologie du point de vue empirique*, traduction par M. de Gandillac-J-F Courtine. Paris : J. Vrin, 2008.

CASSIN, Barbara, « Du faux ou du mensonge à la fiction (de pseudos à plasma) », *Le Plaisir de parler*, actes du colloque de Cerisy, Editions de Minuit, Arguments, 1986.

CERVANTES Saavedra, Miguel de, 2005. *El ingenioso hidalgo Don Quijote de la Mancha*, Tomo I, Oviedo : Ed. Nobel.

CHOUVIER, Bernard, *Jorge Luis Borges, L'homme et le labyrinthe*. Presses Universitaires de Lyon, 1994.

COCCHIARELLA N., 1987. "Russell, Meinong and the logic of Non-Existence" dans N. Cocchiarella, *Logical Studies in Early Analytic Philosophy*, Columbus, Ohio State University Press.

COPERNIC, Nicolas, 1998. *Des révolutions des orbes célestes*; trad. et introd. d'Alexandre Koyré. Paris : Diderot.

Correia, F., 2005. *Existential Dependence and Cognate Notions*. Muniche Philosophia.

COUTURAT L., 1899. « La Logique mathématique de M. Peano », *Revue de Métaphysique et de Morale*, vol. 7, pp. 616-646.

CURRIE, Gregory. 1990. *The Nature of Fiction*. Cambridge: Cambridge University Press.

CUYPERS, S. E., 1999. « The Metaphysical foundations of Hugh MacColl's religious ethics », dans: Astroh, M., Read, S. (eds.), 1999, pp. 175-196.

DUBUCS, J. P., 2006a "L'"absence" des objets mathématiques. Remarques sur la philosophie des mathématiques de J.-T. Desanti", à paraître dans *Philosophie*.

DUBUCS, J. P., 2006b "Unfolding cognitives capacities", in M. Okada & alli (eds.), *Reasoning and Cognition*, Keio University Press. 2006, p.95-101.

DUBUCS, J. P., 2006c (avec P. Egré) "Jacques Herbrand", in Michel Bitbol & Jean Gayon (eds.), *L'épistémologie française, 1850-1950*. Paris: P.U.F.

DUBUCS, J.P., à paraître, Fiction : la carte logique, in Dubucs J.P. et Hill, Br. (eds.), *Logique de la fiction*, Londres, College Publications.

EVANS, Gareth. 1982 (ed. John McDowell) *The Varieties of Reference*. Oxford: Oxford University Press.

FELSCHER, W., 1985. "Dialogues as a foundation for intuitionistic logic". In *Handbook of Philosophical Logic*, Vol. 3., D.Gabbay and F. Guenthner (eds.), Kluwer, Dordrecht.

FONTAINE, M. & RAHMAN, S., 2010. Fiction, Creation and Fictionality. An Overview. *Méthodos*, Univ. Lille3.

FONTAINE, M., REDMOND J., RAHMAN S., 2009. "Etre et Etre choisi, Vers une logique dynamique de la fiction", in *Fictions : logiques, langages, mondes*, col. Cahiers de logique et d'Epistémologie, J. Dubucs & B. Hill Eds., College Publications, Londres. (A Paraître).

FREGE Gottlob, 1882, *Über den Zweck der Begriffsschrift*. Dans: I. Angelelli (ed.)., *Gottlob Frege, Begriffsschrift und andere Aufsätze*. Darmstadt: Wissenschaftliche Buchgesellschaft, 1964, pp. 97-105.

FREGE Gottlob, 1884. *Grundlagen der Arithmetik*. Breslau: Keubner,. [1969 : *Les Fondements de l'Arithmétique. Une Recherche Logico-Mathématique sur le Concept de Nombre*, trad. par Claude Imbert. Paris : Seuil.]

FREGE Gottlob, 1892. Über Sinn und Bedeutung. *Zeitschrift für Philosophie und philosophische Kritik*, NF 100, 1892, S. 25-50. [dans Gottlob Frege. *Écrits Logiques et Philosophiques*, trad. par Claude Imbert (1994; 1971 pour la première édition). Paris: Seuil, "Points essais".]

FREGE Gottlob, 1962. *Grundgesetze der Arithmetik*. Begriffsschriftlich abgeleitet [Lois Fondamentales de l'Arithmétique. Dérivées Conceptographiquement] Hildesheim.

FREGE Gottlob, 1967. *Kleine Schriften*. Angelelli, Ignacio, éd. Darmstadt. On y trouve, entre autres, "Über die Begriffsschrift des Herrn Peano und meine eigene", "Rechnungsmethoden, die sich auf eine Erweiterung des Grössenbegriffes gründen", "Funktion und Begriff", "Über Sinn und Bedeutung", "Über Begriff und Gegenstand", "Was ist eine Funktion ?", "Über die Grundlagen der Geometrie. II", "Der Gedanke", "Die Verneinung", "Gedankengefüge". [Gottlob Frege. *Écrits Logiques et Philosophiques*, trad. par Claude Imbert (1994; 1971 pour la première édition). Paris: Seuil, "Points essais".]

FREGE Gottlob, 1976. *Wissenschaftlicher Briefwechsel* [Correspondance Scientifique], Gabriel, Gottfried, et autres, éd. Hamburg. On en trouve une sélection dans Briefwechsel mit D. Hilbert, E. Husserl, B. Russell sowie ausgewählte Einzelbriefe, Gabriel, Gottfried/ Kambartel, Friedrich/Thiel, Christian, éds. (1980). Hamburg.

FREGE Gottlob, 1983. *Nachgelassene Schriften*, Hermes, Hans/ Kambartel, Friedrich/ Kaulbach, Friedrich, éds. Hamburg. On en trouve une sélection dans Schriften zur Logik und Sprachphilosophie. Aus dem Nachlass, Gabriel, Gottfried, éd. (1978). Hamburg. [Gottlob Frege, 1994. *Écris Posthumes*. Trad. sous la direction de Philippede Rouilhan et de Claudine Thiercelin. Nîmes: Éditions Jacqueline Chambon.]

GABBAY, D. M., 1987. *Modal Provability Foundations for Negation by Failure*, ESPRIT, Technical Report TI 8, Project 393, ACORD.

GAMUT, L. T. F. 1991. *Logic, language, and meaning. Vol1. Introduction to logic -- Vol. 2. Intensional logic and logical grammar*. Chicago : University of Chicago Press.

GARDNER, M., 1996. *The Universe in a Handkerchief. Lewis Carroll's Mathematical Recreations, Games, Puzzles and Word Plays*, Copernicus (Springer-Verlag), New York.

GENETTE, Gérard, *Fiction et diction*, Seuil, Poétique, 1991.

GOLOBOFF, Mario, 2006. *Leer Borges*. Buenos Aires: Catálogos.

GOODMAN, Nelson, 1954. *Fact, Fiction, and Forecast*. University of London: Athlone Press. (4th ed. Cambridge, MA: Harvard UP, 1983).

GOODMAN, Nelson, 1978. *Ways of world making*. Hackett Publishing Company. (*Manières de faire des mondes*; trad. de l'anglais par Marie-Dominique Popelard. Nimes : J. Chambon, 1992.)

GOODMAN, Nelson, 1984. *Of mind and other matters*. Harvard University Press, Cambridge, Mass.

GOODMAN, Nelson, 1994. *Reconceptions en philosophie dans d'autres arts et dans d'autres sciences*, traduit de l'anglais par Jean-Pierre Cometti et Roger Pouivet, Paris : Presses Universitaires de France.

GOCHET, P., GRIBOMONT, P., THAYSE, A., 2000. *Logique. Volume 3, méthodes pour l'intelligence artificielle*. Paris : Hermes science.

GRAFF, Gerard, 1985-86. "Interpretation on Tlön: A Response to Stanley Fish." *New Literary History* 17, pp. 109-17.

GRATTAN-GUINESS, I., 1999. "Are other logics possible? MacColl's logic and some English reactions, 1905-1912", dans: Astroh, M., Read, S. (eds.), [1999], pp. 1-16.

GRAU, Cristina, 1992. *Borges et l'architecture*. Paris : Editions du Centre Pompidou

GRICE, H. P.: 1967, *Conditionals. Privately Circulated Notes*, University of California, Berkeley.

GRICE, H. P.: 1989, *Studies in the Way of Words*, MIT-Press, Cambridge, MA.

HAAS, G., 1980 "Hypothesendialoge, konstrucktiver Sequenzenkalkül une die Rechtfertigung von Dialograhmenregeln", in *Theorie des wissenschaftlichen Argumentierens*, Suhrkamp Verlag, Frankfurt.

HAILPERIN, T., 1996. *Sentential Probability Logic*, Lehigh UP/Associated UP, Bethlehem/London.

HAMBURGER Käte, 1986. *Logique des genres littéraires*. Paris, Seuil.

HINTIKKA, J., 1966. « On the Logic of Existence and Necessity I : Existence », *in The Monist*, vol. 50, pp. 55-76.

HINTIKKA, J., 1969. 'Semantics for Propositional Attitudes', dans J. W. Davis, D.J.Hockney et W.K.Wilson (eds.), *Philosophical Logic*, Dordrecht: Reidel, pp.21-45. References are to the reprint in Hintikka, J., 1969, *Models for Modalities*, Dordrecht: Reidel, pp. 87-111.

HINTIKKA, Jaakko et SANDU, Gabriel, 1995, 'The fallacies of the New Theory of Reference' Springer NL, revue Synthèse volume 104, pp. 245-283.

HOEPELMAN, J. P. and A. J. M. van Hoof, 1988. "The Success of Failure", *Proceedings of COLING*, Budapest, pp. 250-254.

HOWELL, Robert, 1979. "Fictional Objects: How They Are and How They Aren't" Poetics 8: pp. 129-177.

HUME, 2000. *A Treatise of Human Nature*. Edited by David Fate Norton and Mary J. Norton, Oxford: Oxford University Press.

HUSSERL, Edmund, 1900/1970. *Logical Investigations*, (Engl. Transl. by Findlay, J.N.), London: Routledge and Kegan Paul.

HUSSERL, Edmund, 1913. *Ideen zu einer Ph´§nomenologie und ph´§nomenologischen Philosophie*, Halle: Niemeyer.

INGARDEN, Roman Time and Modes of Being. Translated by Helen R. Michejda. Springfield, Illinois: Charles C. Thomas Publisher, 1964.

INGARDEN, Roman, 1931. *The Literary Work of Art*. Translated by George Grabowicz. Evanston, Illinois: Northwestern University Press.

JACQUETTE D., 1996 : *Meinongian Logic. The Semantics of Existence and Nonexistence*. Berlin de Gruyter.

JASKOWSKI, S., 1934. « On the rules of supposition in formal logic », *in Studia Logica 1*, pp.   5-32.

JASKOWSKI, S., 1969 [1948]. "Propositional Calculus for Contradictory Deductive Systems", *Studia Logica* 24, pp. 79-90.

JASKOWSKI, S., 1999. "Propositional Calculus for Inconsistent Deductive Systems", *Logic and logical philosophy*. Vol. 7, pp. 35-56.

KANT, Immanuel, 1781/1789. Kritik der reinen Vernunft. (ed. Wilhelm Weischedel), Darmstadt: Wissenschaftliche Buchgesellschaft, 4.

KAPLAN, Marina E., 1984. "Tlön, Uqbar, Orbis Tertius" y "Urn Burial", *Comparative Literature*. Duke University Press on behalf of the University of Oregon. Vol. 36, No. 4, pp. 328-342.

KEIFF, L., 2009. « Dialogical Logic », entrée de la *Stanford Encyclopedi of Philosophy*.

KRIPKE, Saul, 1963/1971. "Semantical Considerations on Modal Logic", *Reference and Modality,* ed. Leonard Linsky. Oxford: Oxford University Press.

KRIPKE, Saul, 1972. *Naming and Necessity.* Cambridge, MAssachussets, Harvard Uniersity Press.

KRIPKE, Saul, 1979, « A puzzle about belief » In *Meaning and Use* (ed. Margalit), Dordrecht, Reidel, pp. 239-83.

LADD-FRANKLIN, C., 1889. "On Some Characteristics of Symbolic Logic", *American Journal of Psychology,* (Neudruck 1966), pp. 543-567.

LAFON, Michel, 1990. *Borges ou la réécriture.* Paris : Seuil.

LAFON, Michel, 2008. *Une vie de Pierre Menard.* Gallimard,.

LAMBERT, Karel, 1960. « The Definition of E(xistence)! In Free Logic », *in Abstracts : International Congress for Logic, Methodology and Philosophie of science*, Stanford, CA, Stanford University Press.

LAMBERT, Karel, 1983. *Meinong and the Principle of Independence.* Cambridge, The University Press.

LAMBERT, Karel, 1986. (avec Ermanno Bencivenga et Bas van Fraassen) *Logic, Bivalence and Denotation.* Ridgeview, Atascadero, CA, 2nd edition en 1991.

LAMBERT, Karel, 1991. *Philosophical Applications of Free Logic* (Editor and contributor). Oxford.

LAMBERT, Karel, 1997. *Free Logics: Their Foundations, Character, and Some Applications Thereof.* ProPhil: Projekte zur Philosophie, Bd. 1. Sankt Augustin, Germany: Academia.

LAMBERT, Karel, 2003. *Free Logic: Selected Essays.* Cambridge & New York: Cambridge University Press.

LAMBERT, Karel. Free *Logic: Selected Essays,* Cambridge, The University Press, 2003.

LAUENER, Henri, 1986. 'The langage of fiction' dans *Bulletin de la Société Mathématique de Belgique*, t. XXXVIII.

LAVOCAT, François, 2004. Paradoxes et fictions. Les nouveaux mondes possibles à la Renaissance », dans Usages *et théories de la fiction. Les théories contemporaines à l'épreuve des textes anciens*, ouvrage collectif du C.L.A.M. textes réunis par F. Lavocat, Presses Universitaires de Rennes, Avant-propos pp. 9-14 ; article pp. 87-111.

LAVOCAT, François, 2004. *Usages et théories de la fiction. Le débat contemporain à l'épreuve des textes anciens (XVI-XVIIIe siècles) – PUR.*

LAVOCAT, François, 2007. « Fiction juridique contre fiction poétique : le cas de la sorcellerie », *Raisons politiques*, dir. Anne Simonin et Astrid von Budekist.

LAVOCAT, François, 2007. Les théories de la fiction, *Livre blanc de la S.F.L.G.C*, Presses universitaires de Valenciennes.

LAVOCAT, François, à paraître 2008. « Les typologies des mondes possibles de la fiction. Panorama critique et propositions », dans *La théorie des mondes possibles et l'analyse littéraire*, dir. F. Lavocat.

LEJEWSKI, Czesław "Logic and existence", *The British Journal for the Philosophy of Science*, vol. V, n°18 (Aug. 1954), pp. 104-119. Oxford University Press.

LEONARD, Henri S., 1956 (june). "The logic of existence", *Philosophical Studies*, vol. VII, n°4, Michigan State University.

LEONARD, Henri S., Goodman, Nelson, 1940 (june). "The calculus of individuals and its uses", *The Journal of Symbolic Logic*, vol. 5, N°2, Association for Symbolic Logic.

LEWIS, D., 1978. "Truth in Fiction" American Philosophical Quarterly 15, pp. 37-46. Reeditado en sus Philosophical Papers vol.1.

LEWIS, D., 1986. On the Plurality of Worlds. Oxford: Blackwell.

LINSKY B. et ZALTA E., 1994. "In Defense of the Simplest Quantified Modal Logic", *Philosophical Perspectives* 8: 431-58.

LORENZ, Kuno, 1990. *Einführung in die philosophische Anthropologie.* Darmstadt: Wissenschaftliche Buchgesellschaft.

LORENZ, Kuno, 1996a. Sinnliche Erkenntnis als Kunst und begriffliche Erkenntnis als Wissenschaft. In: Schildknecht / Teichert

LORENZ, Kuno, 1996b. Artikulation und Prädikation: Dans: Dascal et alia [1996], 2. Halbband, S. 1098-1122

LORENZEN P. et LORENZ K, 1978. *Dialogische Logik*, Darmstadt, WBG.

MACCOLL, H. *Symbolic Logic and its Applications*, London/New York/Bombay: Longmans, Green & Co., 1906. [dans Rahman, S. & Redmond, J., 2007. *Hugh MacColl. An overview of his Logical Work with Anthology.* London: College Publications. (Trad. Sébastien Magnier : *Hugh MacColl Et La Naissance Du Pluralisme Logique: Suivi D'extraits Majeurs De Son Œuvre*, college publications]

MACDONALD, Margaret, 1954. "The language of fiction", Proceedings of the Aristotelian Society, suppl. Vol. 27, (trad: « Le langage de la fiction », Poétique n°78, avril 1979.)

MARTINICH, A. P. and Avrum Stroll, 2007. *Much Ado about Nonexistence: Fiction and Reference.* Lanham, Maryland: Rowman and Littlefield.

MCCALL, S., 1963. *Aristotle's Modal Syllogisms*, North-Holland, Amsterdam.

MCCALL, S., 1964. "A New Variety of Implication', *Journal of Symbolic Logic*, vol. 29, pp. 151-152.

MCCALL, S., 1966. "Connexive conditional", *Journal of Symbolic Logic*, vol. 31, pp. 415-432

MCCALL, S., 1967a. "Connexive conditional and the Syllogism", *Mind*, vol. 76, pp. 346-356.

MCCALL, S., 1967b. "MacColl", dans P. Edwards (ed.): 1975, *Encyclopedia of Philosophy*, Macmillan, London. vol. IV, pp. 545-546.

MCCALL, S., 1990. "Connexive conditional", dans A. R. Anderson, and N. D. Belnap, *Entailment* I, Princeton University Press, Princeton, NJ, pp. 432-441.

MCCALL, S., 2007. « Sequent calculus for Connexive Logic », Manuscript.

MACCOLL, H., 1880p. Symbolical Reasoning (I). *Mind*, vol. 5, pp. 45-60.

MACCOLL, H., 1880o Implication and Equational Logic. *The London, Edinburgh and Dublin philosophical Magazine and Journal of Science*, vol. 11, pp. 40-43.

MACCOLL, H., 1901c. *Letter to Bertrand Russell*, 10. IX. 1901.

MACCOLL, H., 1901f. La Logique Symbolique et ses Applications. *Bibliothèque du 1° Congrès International de Philosophie. Logique et Histoire des Sciences,* pp. 135-183.

MACCOLL, H., 1903d. Symbolic Logic III. *The Athenaeum*, p. 385.

MACCOLL, H., 1903e. La logique symbolique. *L'Enseignement mathématique*, vol. 5, pp. 415-430.

MACCOLL, H., 1904j. La logique symbolique (II). *L'Enseignement mathématique*, vol. 6, pp. 372-375.

MACCOLL, H., 1905o. Symbolic[al] Reasoning (VI). *Mind,* Vol. 14, pp. 74-81.

MACCOLL, H., 1906a. *Symbolic Logic and its Applications*, Longmans, Green and Co., London.

MACCOLL, H., 1909a. *Man's Origin, Destiny and Duty*, Williams and Norgate, London.

MACCOLL, H., 1909c. *Letter to Bertrand Russell*, 18. XII. 1909.

MEINONG, Alexius, 1904a (ed.), *Untersuchungen zur Gegenstandstheorie und Psychologie*, Leipzig: J. A. Barth. Cette publication composée de l'École Graz à propos de la théorie des objets et de la psychologie expérimentale [*Grazer Schule der Gegenstandstheorie und Experimentalpsychologie*] contient l'article "Über Gegenstandstheorie" de Meinong et dix contributions philosophiques et psychologiques de ses élèves.

MEINONG, Alexius, 1904b. "Über Gegenstandstheorie" in Meinong 1904a, 1–51. Reprinted in Meinong 1968–78, Vol. II: 481–535. (*Théorie de l'objet*, 1999. trad. Jean-François Courtine et Marc de Launay, Vrin.)

MEINONG, Alexius, 1915. *Über Möglichkeit und Wahrscheinlichkeit. Beiträge zur Gegenstandstheorie und Erkenntnistheorie*, Leipzig: J. A. Barth. Reprinted in Meinong 1968–78,Vol. VI: XIII–XXII, 1–728.

MEINONG, Alexius, 1978. *Alexius Meinong Ergänzungsband zur Gesamtausgabe. Kolleghefte und Fragmente. Schriften aus dem Nachlaß*, ed. by Reinhard Fabian and Rudolf Haller, Graz: Akademische Druck- u. Verlagsanstalt. Suppl. Vol. of Meinong 1968–78.

MONTALBETTI, Christine, 2001. *La Fiction*. GF Flammarion, Paris.

MORETTI, Franco, 1988. *Signs taken for wonders : essays in the sociology of literary forms,* London ; New York : Verso.

MORETTI, Franco, 2005. *Graphs, maps, trees : abstract models for a literary history.* London: Verso.

MORSCHER, Edgar et HIEKE, Alexander, eds., 2001. *New Essays in Free Logic: In Honour of Karel Lambert.* Applied Logic Series, 23. Dordrecht & Boston: Kluwer.

NEF, Frédéric, 1991. Pourquoi y a t-il un monde actuel et pourquoi est-il unique? (Fantaisie modale), *Les Cahiers de philosophie*, n°13.

OLSEN, S. H., 1999. "Hugh MacColl-Victorian", in: Astroh, M., Read, S. (eds.), pp. 197-229.

ORWELL, G., 2001. *Animal Farm.* Cambridge : Icon ; New York (N.Y) : Palgrave Macmillan.

PARSONS, Terence, 1980. *Non-existent Objects.* New Haven: Yale University Press.

PASNICZEK, J., 1998. *The logic of intentional Objects. A Meinogian Version of Classical Logic, Dordrecht*, Kluwer Academic Publishers.

PASNICZEK, J., 1998. *The logic of intentional Objects. A Meinogian Version of Classical Logic, Dordrecht*, Kluwer Academic Publishers.

PAVEL, Thomas, 1986. *Fictional Worlds.* Cambridge, MA: Harvard University Press,.

PAVEL, Thomas, 1988. *Univers de la fiction.* Paris : Éd. du Seuil.

PEACOCK, Kent A. and IRVINE, Andrew D. (eds.), 2005. *Mistakes of Reason: Essays in Honour of John Woods.* Toronto: Toronto University Press.

PECKHAUS, V., 1996. "Case studies towards the establishment of a social history of logic". *History and Philosophy of Logic*, vol. 7, pp. 185-186.

PECKHAUS, V., 1999. "Hugh MacColl and the German Algebra of Logic", in: Astroh, M., Read, S. (eds.), 1999, pp. 141-173.

PEZZONI, Enrique, 1999. *Lector de Borges.* Compilación y prólogo: Annick Louis. Sudamericana.

PIGLIA, Ricardo, 2001. *Critica y ficcion,* Barcelona : Anagrama.

PIGLIA, Ricardo, 2005. El último lector, Barcelona : Editorial Anagrama.

PINCIROLI, Gabriel, 2006. « Tras las huellas del caballo de Tlön » . Dans http://gabriel.juansaenz.de/index.php?post=1165428878

POUIVET, Roger, 1996. *Esthétique et logique*. Bruxelles : Mardaga.

PRIEST, Graham, 1983. *On Paraconsistency* (with R. Routley). Research Report #l3, Research School of Social Sciences, Australian National University.

PRIEST, Graham, 1999. "Negation as Cancellation and Connexive Logic", *Topoi*, vol. 18, pp. 141-148.

PRIEST, Graham, 2000. *Logic: a Very Short Introduction*, Oxford University Press.

PRIEST, Graham, 2005. *Towards Non-Being. The logic and Metaphysics of Intentionality*. Oxford, Clarendon Press, Oxford.

PRIEST, Graham, 2006. *Doubt Truth to be a Liar*, Oxford University Press.

PRIEST, Graham, 2008. *Introduction to Non-Classical Logic: from If to Is*, Cambridge University Press.

QUINE Willard von Orman. 1939. "Designtation and existence", *J. Philosophy* 36, pp. 701-709.

QUINE Willard von Orman. 1948. "On What There Is", *Review of Metaphysics*. Reprinted in 1953 *From a Logical Point of View*. Harvard University Press.

QUINE, Willard von Orman, 1953 (1961 : 2ᵉ ed. révisée). *From a Logical Point of View* (I, pp.1-20), Harvard, Harvard University Press.

QUINE, Willard von Orman, 1960. Word and Object. Cambridge, MA: the MIT Press.

RAHMAN S. & van BENDEGEM J. P., 2002. "The dialogical dynamics of adaptive paraconsistency". In A. Carnielli, M. Coniglio and I.M. Loffredo D'Ottaviano (eds.), *Paraconsistency: The Dialogical Way to the Inconsistent*, Proceedings of the World Congress Held in São Paulo. New York: CRC Press. p. 295ff.

RAHMAN S., RÜCKERT H. and FISCHMANN M., 1997. "On Dialogues and Ontology. The Dialogical Approach to Free Logic". *Logique et Analyse*, vol. 160, pp. 357-374.

RAHMAN, S. and CARNIELLI, W. A., 2000. "The Dialogical Approach to Paraconsistency". *Synthese*, 125(1–2), pp. 201–232.

RAHMAN, S. & KEIFF, L., 2004."On how to be a dialogician". In D. Vanderveken (ed.): *Logic, Thought and Action*, Dordrecht: Springer, pp. 359–408.

RAHMAN, S. & REDMOND, J., 2007. *Hugh MacColl. An overview of his Logical Work with Anthology* London: College Publications. [Trad. Sébastien Magnier, (2008)]

RAHMAN, S. & REDMOND, J., 2008. *"Hugh MacColl and the Birth of Logical Pluralism"*. In : J. Woods § D. Gabbay *Handbook of History of Logic*, Elsevier, vol. 4, pp. 535-606.

RAHMAN, S. & TULENHEIMO, T., 2009a. "From games to dialogues and back: towards a general frame for validity", in O. Majer, A. Pietarinen, and T. Tulenheimo (eds.), *Games: Unifying Logic, Language, and Philosophy*, Logic, Epistemology and the Unity of Science 15, Dordrecht: Springer, pp. 153–208.

RAHMAN, S. & TULENHEIMO, T., 2011. "Fictions as Creations and the Fictionality operator". A paraître.

RAHMAN, S. (2009e). Idealizations as Prescriptions and the Role of Fiction in Science. Towards a Formal Semantics. À paraître *Marco Pina, Models and Metaphors - Between Science and Art* (ed.), London : College Publications.

RAHMAN, S. & REDMOND, J., 2007 (traduction Magnier S.) *Hugh MacColl et la naissance du pluralisme logique – suivi d'extraits majeurs de son oeuvre*, London : College Publications, Londres.

RAHMAN, S., 2001. "On Frege's Nightmare. A Combination of Intuitionistic, Free and Paraconsistent Logics". In H. Wansing, (ed.), *Essays on Non-Classical Logic*, River Edge, New Jersey: World Scientific, pp. 61–85.

RAHMAN, S., 2002. "Non-normal dialogics for a wonderful world and more". In J. van Benthem, G. Heinzmann, M. Rebuschi, and H. Visser (eds.), *The Age of Alternative Logics: Assessing Philosophy of Logic and Mathematics Today*, Dordrecht: Springer.

RAHMAN, S., 2009a. Hugh MacColl's Ontological Domains. À paraître *Hugh MacColl*. A. Mofteki (ed.), London : College Publications.

RAHMAN, S., DAMIEN, L. and GORISSE, M. H., 2004. "La dialogique temporelle ou Patrick Blackburn par lui même" in *Philosophia Scientiae*, 8(2), pp. 39–59.

RAHMAN, S. & FONTAINE, M., 2010. Fiction, Creation and Fictionality An Overview. *Revue Methodos* (CNRS, UMR 8163, STL). A paraître.

READ, S., 1994. *Thinking About Logic*, Oxford University Press, Oxford, New York.

READ, S., 1999. *Hugh MacColl and the Algebra of Strict Implication*, in: Astroh, M., Read, S. (eds.), 1999, pp. 59-83.

REDMOND, J. & FONTAINE, M., 2008. *Logique Dialogique : une introduction – Première partie : Méthode de dialogique : règles et exercices*, col. Cahiers de logique et Epistémologie Vol. 5, D. Gabbay & Sh. Rahman Eds., College Publications, Londres.

REICHER, Maria, 2006. Nonexistent Objects. Stanford Encyclopedia of Philosophy.

Restall, Greg., 2006. *Logic. An Introduction.* McGill-Queen's University Press.

Rorty, Richard, 1976. "Realism and Reference" The Monist, 59.

Routley, R. and H. Montgomery, 1968. "On Systems Containing Aristotle's Thesis", *The Journal of Symbolic Logic* 3, pp. 82-96.

Routley, R., 1980. *Exploring Meinong's Jungle and Beyond. An investigation of noneism and the theory of items,* Canberra, Departemental Monograph #3, Philosophy Department, RSSS, ANU.

Russell, Bertrand, 1903. The Principles of Mathematics, Cambridge: At the University Press. Reprint with an introduction by John G. Slater, London: Routledge, 1992.

Russell, Bertrand, 1904. "Meinong's Theory of Complexes and Assumptions", Mind, n.s. 13: 204–19; 336–54; 509–24. Review of Meinong 1899 and 1902.

Russell, Bertrand, 1905. « On Denoting », *in Mind* (14) pp. 479-493.

Russell, G.W.E. (ed.), 1914. "M. MacColl, Memoirs and Correspondence", London: Smith Elder & Co.

Sainsbury, Mark, 2005. *Reference without Referents.* Oxford: Clarendon Press.

Sainsbury, R. M. (à publier a). "Serious Uses of Fictional Names". (A parître dans A. Everett, H. Deutsch eds. Volume on Fictional Objects, Empty Names, and Existence).

Sainsbury, R. M. (à publier b). "Famous and Infamous Fictional Characters".

Salmon, Nathan, 1998. "Nonexistence", *Noûs* 32:3, 277-319.

Salmon, Nathan, 2002. "Mythical Objects" en Campbell, J., O'Rourke, M. & Shier, D. (eds.) *Meaning and Truth. Investigations in Philosophical Semantics.* New York: Seven Bridges Press, pp. 105-123.

Schaeffer Jean-Marie, 1987. *L'image précaire,* Paris, Éditions du Seuil, coll. « Poétique ».

Schaeffer Jean-Marie, 1989. *Qu'est-ce qu'un genre littéraire ?,* Paris, Éditions du Seuil, coll. « Poétique ».

Schaeffer Jean-Marie, 1995. *Nouveau Dictionnaire encyclopédique des sciences du langage* (avec Oswald Ducrot), Paris, Éditions du Seuil.

Schaeffer Jean-Marie, 1999. *Pourquoi la fiction ?,* Paris, Éditions du Seuil, coll. « Poétique ».

Schaeffer Jean-Marie, 2000. *Adieu à l'esthétique,* Paris, Presses universitaires de France.

Schaeffer Jean-Marie, 2004. *Art, création, fiction* (avec Nathalie Heinich), Paris, Éditions Jacqueline Chambon.

Schiffer, Stephen, 1996. "Language-Created Language-Independent Entities". *Philosophical Topics* 24:1, pp. 149-167.

SCHOLES, Robert, 1979. *Fabulation and Metafiction,* Urbana : University of Illinois Press, 1979.

SEARLE, John, 1979. *Expression and Meaning: Studies in the Theory of Speech Acts.* Cambridge: Cambridge University Press.

SEARLE, John, 1982. «Le statut logique du discours de la fiction», *Sens et expression, études de théorie des actes de langage,* Paris, éditions de Minuit.

SEARLE, John, 1983. *Intentionality.* Cambridge University Press.

SIMONS, P., 1987. *Parts. A study in ontology.* Clarendon Press. Oxford.

SIMONS, P., 1999. "MacColl and Many-Valued Logic: An Exclusive Conjunction", in: Astroh, M., Read, S. (eds.), 1999, pp. 85-90.

SMITH, David Woodruff, MCINTYRE Ronald, 1982. *Husserl and Intentionality.* Dordrecht: D. Reidel Publishing Co.

SMULLYAN, R., 1968. *First Order Logic,* Dover Publications, New York.

STEGMÜLER, W., 1964. "Remarks on the completeness of logical systems relative to the validity of concepts of P. Lorenzen and K. Lorenz". *Notre Dame Journal of Formal Logic,* 5, pp. 81-112.

STELZNER, W., 1999. "Context-Sensitivity and the Truth-Operator in Hugh MacColl's Modal Distinctions", Astroh, M., Read, S. (eds.),1999, pp. 91-118

STEPANIANS, Markus, 2001. *Gottlob Frege zur Einführung.* Junius Verlag (Hamburg), (trad. Alexandre Thiercelin, college publications, 2007).

STRAWSON, P.F., 1950. On Referring. *Mind* 59.

SULEIMAN, Susan,1993. *Authoritarin Fictions: The Ideological Novel as a Literary Genre* Princeton University Press.

SUNDHOLM, G., 1999. "MacColl on Judgement and Inference", Astroh, M., Read, S. (eds.), 1999, pp. 141-173

THIEL, C., 1996. "Reasearch of the history of logic at Erlangen", I. Angelelli and M. Cerzo (eds.); Studies on the History of Logic, De Gruter, Berlin, N. York, 1996, pp. 397-401.

THOMASSON, Amie L., 1999. *Fiction and Metaphysics.* Cambridge: Cambridge University Press.

THOMASSON, Amie L., 2003. "Speaking of Fictional Characters". *Dialectica,* Vol. 57, No.2: 207-226.

TULENHEIMO, Tero, 2009. "Remarks on Individuals in Modal Contexts." (à paraître dans *Revue Internationale de Philosophie*)

VAN BENDEGEM, Jena-Paul. Paraconsistency and Dialogical Logic. Critical Examination and Further Explorations, Synthese, vol. 127, nos. 1-2, 2001, pp. 35-55., 2001, Jean Van Bendegem

VAN BENDEGEM, Jena-Paul. The Creative Growth of Mathematics, Dov Gabbay, Shahid Rahman, John Symons en Jean Paul Van Bendegem (eds.), Logic, Epistemology and the Unity of Science (LEUS), Volume 1, Dordrecht: Kluwer Academic, 2004, pp. 229-255, 2004

VAN FRAASSEN, B.C., 1966. « Singular terms, truth-value gaps and free logics », *Journal of Philosophy*, vol. 67, pp. 481-95.

VAN INWAGEN, Peter, 1977. "Creatures of Fiction." *Americal Philosophical Quarterly* 14, n°4, pp. 299-308.

VAN INWAGEN, Peter, 1983. "Fiction and Metaphysics". *Philosophy and Literature* 7: pp. 67-77

VAN INWAGEN, Peter, 2003. "Existence, Ontological Commitment, and Fictional Entities", *The Oxford Handbook of Metaphysics*, ed. Michael Loux and Dean Zimmerman. Oxford: Oxford University Press.

VIDELA, Gloria, 1971. El Ultraísmo : estudios sobre movimientos poéticos de Vanguardia en España. Madrid : Gredos.

VOLTOLINI, Alberto. *How Ficta Follow Fiction. A Syncretistic Account of Fictional Entities*, Springer, Dordrecht, 2006.

WALTON, Kendall, 1973. "Pictures and Make-Believe." *The Philosophical Review*, Vol. 82, No. 3. pp. 283-319.

WALTON, Kendall, 1990. *Mimesis as Make-Believe. On the Foundations of the Representational Arts.* Cambridge, MA: Harvard University Press.

WANSING, H., 2005. "Connexive Modal Logic", in: R. Schmidt et al. (eds.), *Advances in Modal Logic. Volume 5*, London: King's College Publications, pp.367-383.

WOLENSKI, J., 1999. "MacColl on Modalities", dans: Astroh, M., Read, S. (eds.), pp.133-141.

WOLTERSTORFF, Nicholas, 1980. *Works and Worlds of Art.* Oxford: Clarendon Press.

WOODRUFF, P.W., 1971. « Free logic, modality and truth » (manuscrit non publié cité par E. Bencivenga, 1986.

WOODRUFF, P.W., 1984. « On supervaluations in free logics », *in Journal of Symbolic Logic*, vol. 49, pp.943-50.

WOODS, John, 1974. *The Logic of Fiction. A Philosophical Sounding of Deviant Logic*, La Haye, Mouton.

WOODS, John, 2007. "Fictions and their logic". In Dale Jacquette, editor, *Handbook of the Philosophy of Science,* edited by Dov M. Gabbay, Paul Thagard and John Woods, volume 5, *Philosophy of Logic,* pages 1061-1126. Amsterdam: North-Holland.

WOODS, John, 2009. *New Essays on the Philosophy of Fiction,* edited by John Woods. Munich: Philosophia Verlag.

ZALTA, Edward, 1983. *Abstract Objects.* The Netherlands: Reidel.

ZALTA, Edward, 2003. "Referring to Fictional Characters", *Dialectica* 57: 243-54.

Index Nominum

Index Rerum

www.ingramcontent.com/pod-product-compliance
Lightning Source LLC
LaVergne TN
LVHW052124070326
832902LV00038B/1744